新一代信息技术系列教材

大数据基础应用

刘黎志 刘 玮 张 明 编著

机械工业出版社

本书首先介绍了大数据基础应用：重点讲解了如何搭建 Hadoop 分布式集群平台，使用 Java 语言进行 MapReduce 分布式编程；HBase 及 Hive 数据库环境的安装和数据的增、删、改、查操作；Spark 平台的搭建、RDD 操作及 Spark SQL 查询；Flink 平台的搭建，Kafka 消息中间件的使用及流批一体计算。其次对数据预处理的常用方法及如何使用 Matplotlib 实现数据可视化进行了讨论。最后讲解了大数据与机器学习、深度学习。本书将机器学习算法划分为分类及回归两个问题进行了讨论，并结合 scikit-learn 进行了实例讲解。在深度学习部分，对深度神经网络及卷积神经网络进行了介绍，就如何使用 Keras 框架实现图像分类进行了实例讲解，此外介绍了循环神经网络 LSTM 的原理及应用。

本书适用于计算机类及信息技术类相关专业在读本科生及研究生，也可供大数据及人工智能相关领域的技术人员参考。

为了方便教学，本书配备电子课件、程序源代码等教学资源。凡选用本书作为教材的教师均可登录机械工业出版社教育服务网（www.cmpedu.com）注册后免费下载。

图书在版编目（CIP）数据

大数据基础应用 / 刘黎志，刘玮，张明编著. 北京：机械工业出版社，2024.7. --（新一代信息技术系列教材）. --ISBN 978-7-111-76386-4

Ⅰ. TP274

中国国家版本馆 CIP 数据核字第 2024H98K25 号

机械工业出版社（北京市百万庄大街 22 号　邮政编码 100037）
策划编辑：王玉鑫　　　　　　　责任编辑：王玉鑫
责任校对：王　延　陈　越　　　封面设计：王　旭
责任印制：刘　媛
唐山三艺印务有限公司印刷
2024 年 9 月第 1 版第 1 次印刷
184mm×260mm・19 印张・493 千字
标准书号：ISBN 978-7-111-76386-4
定价：59.80 元

电话服务　　　　　　　　　　网络服务
客服电话：010-88361066　　　机　工　官　网：www.cmpbook.com
　　　　　010-88379833　　　机　工　官　博：weibo.com/cmp1952
　　　　　010-68326294　　　金　书　网：www.golden-book.com
封底无防伪标均为盗版　　　　机工教育服务网：www.cmpedu.com

前　言

与云计算、大数据、移动互（物）联网、人工智能和区块链技术相关的新业态、新模式已经成为新的 GDP 增长点，信息产业已经成为名副其实的支柱产业。为满足新兴的业态和新经济发展模式对人才的需求，国家、社会和产业都对计算机专业技术人才培养提出了新的要求，要求面向新产业、新经济、新业态来建设新工科，教育部先后实施了"卓越工程师计划"和"新工科建设计划"来保障这一战略目标的实现。2016 年我国正式签署了《华盛顿协议》，成为该协议的第 18 个成员。这一系列举措，促使高校对传统的教学模式进行改革，按工程教育专业认证的理念组织课堂及实践教学，培养符合新经济模式下社会所需的计算机专业工程技术人才。工程教育专业认证的三大理念为"以学生为中心""产出导向（OBE）""持续改进"，三者相辅相成，形成一个封闭的循环体，不断地对教学过程和人才培养质量进行完善，提高专业的办学水平。

建设新工科及按工程教育认证的要求进行教学，其核心目的是提升学生的能力，使学生能在工作中解决复杂工程问题。随着社会经济的发展，"互联网+"向各行各业的渗透及改造，产业及社会对计算机类专业的人才需求的规格也越来越高。目前，计算机相关专业的教材大多还是针对学科领域中的一些经典问题进行讲解，偏重于知识传授和理论学习，对如何引导学生利用学到的知识去解决现实中的实际问题，则言之甚少，或者内容陈旧，已经跟不上时代的节奏。对于计算机类专业的学生，更重要的是要锻炼动手实践能力，学到本领，成为能在计算机及人工智能领域中从事应用系统的设计和开发、产品管理和运维等工作的高素质应用型工程技术人才及行业骨干，毕业后经过 5 年左右的工作锻炼，具备胜任工程师或者相应职称的专业技术能力。本书的主要特点如下：

1）本书偏重工程实践，重点训练学生以多个虚拟机或者计算机搭建分布式集群环境，在分布式环境下进行数据的存储、计算、编程，切实提升学生的动手实践能力。

2）学生在大数据、分布式计算、人工智能领域相关技术的学习过程中，对各种不同的数学概念、公式、算法、框架、模型往往无从下手，通过网络查阅的一些文献质量也往往良莠不齐。本书结合多年的教学实践过程对大数据、分布式计算、人工智能领域的知识进行了归纳，所有程序代码均经过严格的测试及教学过程检验，能很好地指导学生进行学习，从而使学生具备对实际问题展开分析研究，并提出合理解决方案的能力。

3）按照大数据应用基础、大数据统计分析、大数据机器学习这个脉络，完整地介绍了大数据应用与实践的整个技术架构，并能引导学生进行后续的深入学习。

武汉工程大学计算机科学与工程学院、人工智能学院副院长刘玮教授，张明博士参与了本书的部分章节编写，对本书的内容提出了许多中肯有益的修改意见，在此，对二位老师的辛勤付出表示感谢。2022 级硕士研究生胡龙元、杨博韬、陈兰兰，2023 级硕士研究生穆鑫程、季生雲、袁嘉净参与了本书的文字校对和代码的审阅工作，在此，也对他们表示感谢。书中的不妥和疏漏之处，望读者不吝指正。

刘黎志

目 录

前言

第 1 章　Hadoop 分布式集群 ··············· 1
1.1　什么是大数据 ···························· 1
1.1.1　大数据的基本概念 ················ 1
1.1.2　大数据的产生和应用 ············ 2
1.2　大数据关键技术 ························ 2
1.2.1　文件系统 ····························· 2
1.2.2　数据库系统 ························· 3
1.2.3　索引与查询技术 ·················· 4
1.2.4　大数据分析技术 ·················· 5
1.2.5　大数据处理工具 ·················· 6
1.2.6　机器学习与深度学习 ············ 7
1.3　Hadoop 生态圈 ························ 8
1.4　Hadoop 分布式集群环境搭建 ····· 11
1.4.1　实验环境安装及配置 ············ 11
1.4.2　Hadoop 集群平台的搭建 ······· 16
1.4.3　MapReduce 测试 ················· 21

第 2 章　分布式计算框架 MapReduce ··············· 23
2.1　MapReduce 分布式框架 ············ 23
2.1.1　MapReduce 原理 ················· 23
2.1.2　合并函数（Combiner） ········ 26
2.2　WordCount 的处理过程 ············ 27
2.2.1　WordCount 示例代码运行 ····· 27
2.2.2　WordCount 源码分析 ··········· 28
2.2.3　WordCount 详细处理过程 ····· 32
2.2.4　MapReduce 新旧版区别 ······· 33
2.3　MapReduce 编程示例 ··············· 33
2.3.1　Eclipse 开发环境搭建 ·········· 33
2.3.2　数据去重 ···························· 38
2.3.3　数据排序 ···························· 41
2.3.4　平均成绩 ···························· 43
2.3.5　单表关联 ···························· 45
2.3.6　多表关联 ···························· 51
2.3.7　倒排索引 ···························· 54

第 3 章　NoSQL 数据库 ··············· 60
3.1　NoSQL 数据库概述 ··················· 60
3.1.1　NoSQL 数据库的特点 ·········· 60
3.1.2　NoSQL 数据库与关系数据库的比较 ········ 61
3.1.3　NoSQL 数据库的分类 ·········· 61
3.2　HBase 列式数据库 ···················· 62
3.2.1　HBase 的基本概念 ··············· 62
3.2.2　HBase 的安装及基本操作 ····· 64
3.2.3　HBase 客户端编程 ··············· 69
3.3　Hive 数据仓库工具 ··················· 82
3.3.1　Hive 的安装及环境配置 ······· 82
3.3.2　Hive 的基本使用 ················· 86

第 4 章　分布式计算框架 Spark ··············· 93
4.1　Spark 分布式计算引擎 ·············· 93
4.1.1　Spark 的基本概念 ················ 93
4.1.2　Spark 的核心技术 ················ 95
4.1.3　Spark 生态系统 ··················· 96
4.1.4　Spark 技术分析 ··················· 96
4.1.5　Spark 的应用场景 ················ 97
4.2　Spark 分布式集群环境搭建 ········ 98
4.2.1　环境搭建 ···························· 98
4.2.2　环境测试 ···························· 100
4.3　RDD 分布式编程技术 ··············· 102
4.3.1　RDD 的基本使用 ················· 102
4.3.2　RDD 操作 ··························· 104
4.3.3　共享变量 ···························· 115
4.4　Spark SQL 查询分析技术 ·········· 118
4.4.1　DataSet（DataFrame）和 RDD ···· 119
4.4.2　Spark SQL 操作 ·················· 121
4.4.3　Spark SQL 与数据源的交互 ···· 125
4.4.4　Spark SQL 与 Hive 交互 ······· 126
4.4.5　Spark SQL 的分区及分桶 ····· 127

第 5 章　流式计算 ··············· 130
5.1　Flink 的基本概念 ····················· 130
5.1.1　Flink 框架 ·························· 130

5.1.2 Flink 的应用 ·················· 131
5.2 Flink 的安装和开发环境设置 ········ 133
　5.2.1 Flink 本地安装 ·············· 133
　5.2.2 Flink 开发环境设置 ··········· 134
5.3 数据流接口 ························ 137
　5.3.1 DataStream 概述 ············· 137
　5.3.2 数据流接口的基本应用 ······· 144
　5.3.3 Kafka 消息中间件 ············ 148
5.4 水位线和窗口 ····················· 161
　5.4.1 水位线（WaterMark） ········ 161
　5.4.2 窗口（Window） ············· 165
　5.4.3 应用举例 ···················· 169
5.5 表接口和表查询 ··················· 175
　5.5.1 动态表 ······················ 176
　5.5.2 表接口和表查询的应用 ······· 179

第 6 章　数据可视化分析与预处理 ······ 184

6.1 数据可视化分析 ··················· 184
　6.1.1 分位数与箱线图 ············· 184
　6.1.2 数据的相关性与散点图 ······· 186
　6.1.3 数据的分布与直方图 ········· 189
　6.1.4 Matplotlib 绘图 ············· 191
6.2 数据预处理 ······················· 203
　6.2.1 连续型输入特征的
　　　　 处理（归一化） ·············· 204
　6.2.2 类别（离散）型输入特征的
　　　　 处理 ························ 206
　6.2.3 分类标签的处理 ············· 209
　6.2.4 主成因分析（PCA-Principal
　　　　 Component Analysis） ········ 209

第 7 章　大数据与机器学习 ············ 214

7.1 使用 scikit-learn 进行机器学习 ···· 214
　7.1.1 scikit-learn 简介 ··········· 214
　7.1.2 使用 scikit-learn 进行
　　　　 机器学习 ··················· 215
7.2 分类问题 ························· 218
　7.2.1 逻辑回归 ··················· 219
　7.2.2 混淆矩阵 ··················· 222
　7.2.3 多分类 ····················· 224
　7.2.4 不平衡分类 ················· 226
　7.2.5 交叉验证和参数寻优 ········· 235
7.3 回归问题 ························· 237
　7.3.1 一元线性回归 ··············· 237
　7.3.2 多元线性回归 ··············· 246

第 8 章　大数据与深度学习 ············ 254

8.1 深度学习概述 ····················· 254
　8.1.1 从神经网络到深度学习 ······· 255
　8.1.2 深度学习框架 Keras ········· 262
8.2 深度神经网络 ····················· 263
　8.2.1 深度神经网络示例 ··········· 263
　8.2.2 模型的保存和读取 ··········· 266
　8.2.3 模型训练的历史过程 ········· 267
8.3 卷积神经网络 ····················· 268
　8.3.1 卷积神经网络的层 ··········· 270
　8.3.2 使用 CNN 进行图像分类 ······ 278
　8.3.3 使用 VGG16 网络模型 ········ 285
8.4 循环神经网络 ····················· 287
　8.4.1 RNN ························ 287
　8.4.2 LSTM ······················· 289

参考文献 ··························· 296

第 1 章

Hadoop 分布式集群

近年来,随着"互联网+"向各个行业的渗透,信息技术的发展成果正逐步走向大众的生活,在中国,大多数人的生活已经离不开手机,以华为、腾讯、百度、阿里巴巴和京东为代表的中国信息科技巨头公司生产的各类移动应用软件正在深刻地改变着人们的工作、生活、学习和娱乐方式。移动应用软件为人们提供服务需要数据的支撑,人们在使用这些应用软件时,也会不知不觉地产生数据,各种数据正在以前所未有的速度不断地增长和累积,大数据时代已经来到。学术界、工业界以及政府机构已经开始密切关注大数据问题,并对其产生浓厚的兴趣。就学术界而言,自然杂志早在 2008 年就推出了大数据专刊。计算社区联盟在 2008 年发表了报告"Big-Data Computing: Creating revolutionary breakthroughs in commerce, science, and society",阐述了在数据驱动的研究背景下,解决大数据问题所需的技术以及面临的一些挑战。科学杂志在 2011 年 2 月推出专刊 Dealing with Data,主要围绕着科学研究中大数据的问题展开讨论,说明大数据对于科学研究的重要性。美国一些知名的数据管理领域的专家学者则从专业的研究角度出发,联合发布了一份白皮书 Challenges and Opportunities with Big Data,该白皮书从学术的角度出发介绍了大数据的产生,分析了大数据的处理流程,并提出大数据所面临的若干挑战。本章重点介绍大数据的基本概念、关键技术,Hadoop 生态圈及 Hadoop 分布式计算平台的搭建。

1.1 什么是大数据

1.1.1 大数据的基本概念

大数据本身是一个比较抽象的概念,单从字面来看,它表示数据规模的庞大。但是仅仅数量上的庞大显然无法看出大数据这一概念和以往的"海量数据"(Massive Data),"超大规模数据"(Very Large Data)等概念之间有何区别。对于大数据尚未有一个公认的定义,不同的定义基本是从大数据的特征出发,通过这些特征的阐述和归纳试图给出其定义。在这些定义中,比较有代表性的是 4V 定义,即认为大数据需满足 4 个特点:规模性(Volume)、多样性(Variety)、高速性(Velocity)、价值性(Value),大数据的价值往往呈现出稀疏性的特点。维基百科对大数据的定义则简单明了:大数据是指利用常用软件工具捕获、管理和处理数据所耗时间超过可容忍时间的数据集。目前,在大数据定义问题上很难达成一个完全的共识,这点和云计算的概念刚提出时的情况是相似的。在面对实际问题时,不必过度地拘泥于具体的定义之中。

1.1.2 大数据的产生和应用

人类历史上从未有哪个时代和今天一样，产生如此海量的数据。数据的产生已经完全不受时间、地点的限制。从最初采用数据库作为数据管理的主要方式开始，人类社会的数据产生方式大致经历了3个阶段，而正是数据产生方式的巨大变化才最终引起大数据的产生。

1）运营式系统阶段。数据库的出现使得数据管理的复杂度大大降低，现实中数据库大都为运营系统所采用，作为运营系统的数据管理子系统，比如超市的销售记录系统、银行的交易记录系统、医院病人的医疗记录等。人类社会数据量第1次大的飞跃正是建立在运营式系统开始广泛使用数据库的基础之上。这个阶段最主要的特点是，数据往往伴随着一定的运营活动而产生并记录在数据库中，比如超市销售出一件商品相应的就会在数据库中产生一条销售记录。这种数据的产生方式是被动的。

2）用户原创内容阶段。互联网的诞生促使人类社会数据量出现第2次大的飞跃，但是真正的数据爆发产生于 Web 2.0 时代，而 Web 2.0 的最重要标志就是用户原创内容（User Generated Content，UGC）。这类数据近些年一直呈现爆炸性的增长，主要有两方面的原因：首先是以博客、微博、QQ 和微信为代表的新型社交网络的出现和快速发展，使得用户产生数据的意愿更加强烈；其次是以智能手机、平板计算机为代表的新型移动设备的出现，这些易携带、全天候接入网络的移动设备使得人们在网上发表自己意见的途径更为便捷，这个阶段数据的产生方式是主动的。

3）感知式系统阶段。人类社会数据量第3次大的飞跃最终引起了大数据的产生，现如今正处于这个阶段。这次飞跃的根本原因在于感知式系统的广泛使用。随着技术的发展，人们已经有能力制造极其微小的带有处理功能的传感器，并开始将这些设备广泛地部署，通过这些设备来对整个社会的运转进行监控。这些设备会源源不断地产生新数据，这种数据的产生方式是自动的。

简单来说，数据产生经历了被动、主动和自动3个阶段。这些被动、主动和自动的数据共同构成了大数据的数据来源，但其中自动式的数据才是大数据产生的最根本原因。

1.2 大数据关键技术

大数据价值的完整体现需要多种技术的协同。文件系统提供底层存储能力的支持，为了便于数据管理，需要在文件系统之上建立数据库系统。通过索引等的构建，对外提供高效的数据查询等常用功能。最终通过数据分析技术从数据库的大数据中提取出有益的知识。

1.2.1 文件系统

文件系统是支撑上层应用的基础，具有代表性的是谷歌公司的 GFS（Google File System），GFS 是构建在大量廉价服务器之上的一个可扩展的分布式文件系统，GFS 主要针对文件较大，且读远大于写的应用场景，采用主从（Master-Slave）结构。通过数据分块、追加更新（Append-Only）等方式实现了海量数据的高效存储。

除了 GFS 外，众多企业和学者也从不同方面对满足大数据存储需求的文件系统进行了详尽的研究。微软自行开发的 Cosmos 支撑着其搜索、广告等业务。HDFS 和 CloudStore 都是模仿 GFS 的开源实现。GFS 类的文件系统主要是针对较大文件设计的，而在图片存储等应用场景，文件系统主要存储海量小文件，此时 GFS 等文件系统因为频繁读取元数据等原因，效率很低。针对这种情况，Facebook 推出了专门针对海量小文件的文件系统 Haystack，通过多个逻辑文件共享同一个物理文件、增加缓存层、部分元数据加载到内存等方式有效地解决了 Facebook 海量图片的存储问题。淘宝推出了类似的文件系统 TFS（Tao File System），通过将小文件合并成大文件、文件名隐含部分元数据等方式实现了海量小文件的高效存储。

1.2.2 数据库系统

原始的数据存储在文件系统之中，但是用户习惯通过数据库系统来存取文件。因为这样会屏蔽掉底层的细节，且方便数据管理。直接采用关系模型的分布式数据库并不能适应大数据时代的数据存储，主要因为：

1）规模效应所带来的压力。大数据时代的数据量远远超过单机所能容纳的数据量，因此必须采用分布式存储的方式。这就需要系统具有很好的扩展性，但这恰恰是传统数据库的弱势之一。因为传统的数据库产品对于性能的扩展更倾向于纵向扩展（Scale-Up）的方式，而这种方式对于性能的增加速度远低于需要处理数据的增长速度，且性能提升存在上限。适应大数据的数据库系统应当具有良好的横向扩展（Scale-Out）能力，而这种性能扩展方式恰恰是传统数据库所不具备的。即便是性能最好的并行数据库产品，其 Scale-Out 能力也相对有限。

2）数据类型的多样化。传统的数据库比较适合结构化数据的存储，但是数据的多样性是大数据时代的显著特征之一。这也意味着除了结构化数据，半结构化和非结构化数据也将是大数据时代的重要数据类型组成部分。如何高效地处理多种数据类型是大数据时代数据库技术面临的重要挑战之一。

3）设计理念的冲突。关系数据库追求的是"One size fits all"的目标，希望将用户从繁杂的数据管理中解脱出来，在面对不同的问题时，不需要重新考虑数据管理问题，从而可以将重心转向其他部分。但在大数据时代不同的应用领域在数据类型、数据处理方式以及数据处理时间的要求上有极大的差异。在实际的处理中，几乎不可能有一种统一的数据存储方式能够应对所有场景。比如对于海量 Web 数据的处理就不能和天文图像数据采取同样的处理方式。在这种情况下，很多公司开始尝试从"One size fits one"和"One size fits one domain"的设计理念出发来研究新的数据管理方式，并产生了一系列非常有代表性的工作成果。

4）数据库事务特性。众所周知关系数据库中事务的正确执行必须满足 ACID 特性，即原子性（Atomicity）、一致性（Consistency）、隔离性（Isolation）和持久性（Durability）。对于数据强一致性的严格要求使其在很多大数据场景中无法应用。这种情况下出现了新的 BASE 特性，即只要求满足基本可用（Basically Available）、柔性状态（Soft State）和最终一致（Eventually Consistent）。从分布式领域著名的 CAP 理论的角度来看，ACID 追求一致性，而 BASE 更加关注可用性。正是在事务处理过程中对 ACID 特性的严格要求，使得关系型数据库的可扩展性极其有限。

面对这些挑战，以谷歌为代表的一批技术公司纷纷推出了自己的解决方案。Bigtable 是谷歌早期开发的数据库系统，它是一个多维稀疏排序表，由行和列组成，每个存储单元都有一个时间戳，形成三维结构。不同的时间对同一个数据单元的多个操作形成数据的多个版本之间由时间戳来区分。除了 Bigtable，Amazon 的 Dynamo 和 Yahoo 的 PNUTS 也都是非常具有代表性的系统。Dynamo 综合使用了键/值存储、改进的分布式哈希表（DHT）、向量时钟（Vector Clock）等技术实现了一个完全的分布式、去中心化的高可用系统。PNUTS 是一个分布式的数据库，在设计上使用弱一致性来达到高可用性的目标，主要的服务对象是相对较小的记录，比如在线的大量单个记录或者小范围记录集合的读和写访问，不适合存储大文件、流媒体等。HBase 是一个构建在 HDFS 上的分布式列存储系统，是基于 Google Bigtable 模型开发的，典型的 Key/Value 系统，是 Apache Hadoop 生态系统中的重要一员，主要用于海量结构化数据存储。Bigtable、Dynamo、PNUTS、HBase 等的成功促使人们开始对关系数据库进行反思，由此产生了一批未采用关系模型的数据库，这些方案现在被统一称为 NoSQL（Not Only SQL）。NoSQL 并没有一个准确的定义，但一般认为 NoSQL 数据库应当具有以下的特征：模式自由（Schema-Free）、支持简易备份（Easy Replication Support）、简单的应用程序接口（Simple API）、最终一致性（或者说支持 BASE 特性，不支持 ACID）、支持海量数据（Huge Amount of Data）。典型的 NoSQL 数据库分类，见表 1-1。

表 1-1　典型 NoSQL 数据库

类别	匹配数据库	性能	可扩展性	灵活性	复杂度	优点	缺点
键/值	Redis Riak	高	高	高	无	查询效率高	存储的数据缺乏结构
列式存储	HBase Cassandra	高	高	一般	低	查询效率高	功能少
文档	CouchDB MongoDB	高	可变	高	低	对数据结构的限制很小	查询性能低
图	Neo4J OrientDB	可变	可变	高	高	图形算法成熟	数据规模相对较低

1.2.3　索引与查询技术

数据查询是数据库最重要的应用之一，而索引则是解决数据查询问题的有效方案。NoSQL 数据库针对主键的查询效率一般较高，因此有关的研究集中在 NoSQL 数据库的多值查询优化上。针对 NoSQL 数据库上的查询优化研究主要有两种思路。

1）采用 MapReduce 并行技术优化多值查询：当利用 MapReduce 并行查询 NoSQL 数据库时，每个 MapTask 处理一部分的查询操作，通过实现多个部分之间的并行查询来提高多值查询的效率。此时每个部分的内部仍旧需要进行数据的全扫描。

2）采用索引技术优化多值查询：很多的研究工作尝试从添加多维索引的角度来加速 NoSQL 数据库的查询速度。表 1-2 列举了一些已有的解决方案的对比。

ITHbase、IHbase、CCIndex 和 Asynchronous View 是典型的采用多个一维二级索引来加速多值查询优化的实现方案。其中 ITHbase 和 IHbase 是两个开源的实现方案，ITHbase 主要关注于数据一致性，事务性是其重要特性。IHbase 与 ITHbase 类似，从 HBase 源码级别进行了扩展，重新定义和实现了 Server 端和 Client 端的处理逻辑。CCIndex（Complemental Clustering Index）是中国科学院提出的另外一种索引结构，它在索引中既存储索引项，也存储记录的其他列的数据，以便在查询时直接在索引表中通过顺序扫描找到相应的数据，大幅度减少查询时间。该方法本质是以空间代价来换取查询效率。CCIndex 的索引更新代价比较高，会影响系统的吞吐量。索引创建以后不能够动态增加或修改。Asynchronous View 以异步视图的方式来实现非主键的查询，提出了两种视图方案：远端视图表（Remote View Tables, RVTs）和局部视图表（Local View Tables, LVTs）。

表 1-2 采用索引加速多值查询的方案对比

索引类型	优点	缺点	示例
多个一维索引	实现和维护都很容易	低效的多维查询和高空间冗余	ITHbase IHbase CCIndex 异步视图（Asynchronous View）
多维索引	良好的可扩展性	索引的实现和维护很复杂	RT-CAN QT-Chord EMINC A-Tree
空间索引	高写入吞吐量和低维护成本	一致性维护很复杂	MD-HBase UQE-Index

RT-CAN 采用多维索引加速多值查询。其局部索引采用 R-Tree，全局索引中采用了能够支持多维查询的 CAN 覆盖网络。QT-Chord 是另一种双层索引结构，它的局部索引采用的是改进的四叉树，全局索引采用的 Chord 覆盖网络。EMINC 针对每个局部节点建立一个 KD-tree，然后选择 KD-tree 的部分节点作为全局索引。每一个局部索引节点被看成是一个多个维度组成的立方体，然后在全局索引中用 R-Tree 对这些立方体进行索引。A-Tree 提出了另外一种方案。基本思路是：针对每一个存储节点构建 R-Tree，同时创建一个布隆过滤器（Bloom Filter）。这样在进行点查询时，首先通过 Bloom Filter 进行验证，如果查询点不在其中，则不再进行 R-Tree 查询，否则继续进行 R-Tree 查询。

MD-HBase 提出一种基于空间目标排序的索引方法。基于空间目标排序的索引方法的基本思想是：按照一定规则将覆盖整个研究区的范围划分为大小相等的格子，并给每一格网分配一个编号，用这些编号为空间目标生成一组具有代表意义的数字。其实质是将 k 维空间的实体映射到一维空间，因此可以利用现有数据库管理系统中比较成熟的一维索引技术。UQE-Index 主要针对海量物联网应用场景的时空特性，在时间维度上把数据分成当前数据和历史数据，对当前数据和历史数据进行不同粒度的索引，对当前数据，在时间段和子空间上进行索引，从而减少索引更新的次数，降低索引维护的代价，提高系统的吞吐量；对历史数据，批量地建立记录级别的索引；在建立子空间索引时，为了确保数据分布均匀，采用 KD-Tree 进行动态划分。但是如果所有的数据都需要经过 KD-Tree 来索引也会带来较高的代价，会影响数据的插入速度，因此可以对数据进行采样，对采样得到的数据利用 KD-Tree 进行索引，从而得到空间上的划分方案。

就已有方案来看，针对 NoSQL 数据库上的查询优化技术并不成熟，仍有很多关键性问题亟待解决。

1.2.4 大数据分析技术

在对数据进行分析之前，数据分析师首先需要对数据的一些特征进行探讨，如均值、方差、协方差等，从而了解数据的一些基本数字特征。在此基础上，还需要借助统计学的一些知识，进一步了解数据的分布情况，研究数据是否服从或者近似服从一些已知的分布，如正态分布、二次分布、泊松分布等。如果数据中包含多个变量，还需要对变量之间的相关性进行分析。一些数据预测模型，如线性回归，在根据训练集建立好模型后，还需要借助于统计学的方法对模型进行残差分析及假设检验，以了解模型的构建是否正确，是否能够用于实际的数据预测。总之，统计学是大数据的分析与预测模型建立的重要基础，数据分析师必须认真地掌握及熟练的应用。

俗话说，"一图抵千言，有图有真相"，说明图形相对于枯燥的数据，更容易让人们理解。因此数据分析师必须掌握图形的绘制技术，使得数据可视化，让数据分析的结果和模型预测的效果能够更加清晰和形象化的展示。很多软件都有图形绘制功能，如Excel、Matlab等，图形绘制需要遵循特定的图形绘制语法，R语言中的ggplot2包是基于Wilkinson在 *Grammar of Graphics* 一书中所提出的图形语法的具体实现，这套图形语法把绘图过程归纳为data、transformation、scale、coordinates、elements、guides、display等一系列独立的步骤，通过将这些步骤搭配组合，来实现个性化的统计绘图。基于该图形语法，Hadley Wickham所开发的ggplot2可以根据人们的自然思维进行作图，使用加号完成了一系列图形语法叠加，从而使得用R语言来进行统计绘图功能强大且使用简单。

1.2.5 大数据处理工具

关系数据库在很长的时间里成为数据管理的最佳选择，但是在大数据时代，数据管理、分析等的需求多样化使得关系数据库在很多场景不再适用。本节将对现今主流的大数据处理工具进行一个简单的归纳和总结。

Hadoop是目前最为流行的大数据处理平台。Hadoop最先是Doug Cutting模仿GFS、MapReduce实现的一个云计算开源平台，之后贡献给Apache。Hadoop已经发展成为包括文件系统（HDFS）、数据库（HBase、Cassandra）、数据处理（MapReduce）等功能模块在内的完整生态系统（Ecosystem）。某种程度上可以说Hadoop已经成为大数据处理工具事实上的标准。

对Hadoop改进并将其应用于各种场景的大数据处理已经成为新的研究热点。主要的研究成果集中在对Hadoop平台性能的改进、高效的查询处理、索引构建和使用、在Hadoop之上构建数据仓库、Hadoop和数据库系统的连接、数据挖掘、推荐系统等。

除了Hadoop，还有很多针对大数据的处理工具。这些工具有些是完整的处理平台，有些则是专门针对特定的大数据处理应用。表1-3归纳总结了现今一些主流的处理平台和工具，这些平台和工具或是已经投入商业使用，或是开源软件。在已经投入商业使用的产品中，绝大部分也是在Hadoop基础上进行功能扩展，或者提供与Hadoop的数据接口。

表1-3 大数据工具列表

类别		示例
平台	Local	Hadoop, MapR, Cloudera, Hortonworks, InfoSphere BigInsights, ASTERIX
	Cloud	AWS, Google Compute Engine, Azure
数据库	SQL	Greenplum, Aster Data, Vertica
	NoSQL	HBase, Cassandra, MongoDB, Redis
	NewSQL	Spanner, Megastore, FI
数据仓库		Hive, HadoopDB, Hadapt

(续)

类别		示例
数据处理	批量	MapReduce, Dryad
	流处理	Storm, S4, Kafka, Flink
查询语言		HiveQL, Pig Latin, DryadLINQ, MRQL, SCOPE
统计与机器学习		Mahout, Weka, MLib
日志处理		Splunk, Loggly

1.2.6 机器学习与深度学习

机器学习（Machine Learning）是近 20 多年兴起的一门多领域交叉学科，涉及概率论、统计学、逼近论、凸分析、算法复杂度理论等多门学科。

机器学习理论主要是设计和分析一些让计算机可以自动学习的算法。机器学习算法是一类从数据中自动分析获得规律，并利用规律对未知数据进行预测的算法。因为学习算法中涉及了大量的统计学理论，机器学习与统计推断学联系尤为密切，也被称为统计学习理论。在算法设计方面，机器学习理论关注可以实现的、行之有效的学习算法。很多相关问题的算法复杂度较高，而且很难找到固有的规律，所以部分的机器学习研究是开发容易处理的近似算法。机器学习在数据挖掘、计算机视觉、自然语言处理、生物特征识别、搜索引擎、医学诊断、检测信用卡欺诈、证券市场分析、DNA 序列测序、语言与手写识别、战略游戏与机器人运用等领域有着十分广泛的应用。它无疑是当前数据分析领域的一个热点内容。

机器学习的算法繁多，其中很多算法是一类算法，而有些算法又是从其他算法中衍生出来的，因此可以按照不同的角度将其分类。可以通过学习方式和算法类似性这两个角度将机器学习算法进行分类。

1. 学习方式

1）监督式学习。从给定的训练数据集中学习出一个函数，当新的数据到来时，可以根据这个函数预测结果。监督学习的训练集需要包括输入和输出，也可以说是特征和目标。训练集中的目标是由人标注的。常见的监督式学习算法包括回归分析和统计分类。

2）非监督式学习。与监督学习相比，训练集没有人为标注的结果。常见的非监督式学习算法有聚类。

3）半监督式学习。输入数据部分被标识，部分没有被标识，介于监督式学习与非监督式学习之间。常见的半监督式学习算法有支持向量机。

4）强化学习。在这种学习模式下，输入数据作为对模型的反馈，不像监督模型，输入数据仅仅是作为一个检查模型对错的方式，在强化学习下，输入数据直接反馈到模型，模型必须对此立刻做出调整。常见的强化学习算法有时间差学习。

2. 算法类似性

1）决策树学习。根据数据的属性采用树状结构建立决策模型。决策树模型常常用来解决分类和回归问题。常见的算法包括 CART（Classification And Regression Tree）、ID3、C4.5、随机森林（Random Forest）等。

2）回归算法。试图采用对误差的衡量来探索变量之间的关系的一类算法。常见的回归算法包括最小二乘法（Least Square）、逻辑回归（Logistic Regression）和逐步式回归（Stepwise Regression）等。

3）聚类算法。通常按照中心点或者分层的方式对输入数据进行归并。所有的聚类算法都试图找到数据的内在结构，以便按照最大的共同点将数据进行归类。常见的聚类算法包括 K-Means 算法以及期望最大化算法（Expectation Maximization）等。

4）人工神经网络。模拟生物神经网络，是一类模式匹配算法。通常用于解决分类和回归问题。人工神经网络算法包括感知器神经网络（Perceptron Neural Network）、反向传递（Back Propagation）和深度学习等。

5）支持向量机。支持向量机（SVM）是 20 世纪 90 年代中期发展起来的基于统计学习理论的一种机器学习方法，通过寻求结构化风险最小来提高学习机泛化能力，实现经验风险和置信范围的最小化，从而达到在统计样本量较少的情况下，亦能获得良好统计规律的目的。

预测模型可以用于数据的分类（类别预测）和回归（数值预测），分类是根据模型预测样本数据所属的分类，如是否购买计算机、是否患上心脏病和玩家的等级等，回归则根据模型预测某个样本数据的具体值，如孩子未来的身高、股票未来的价格和城市的 GDP 等。Hadoop 及 Spark 集群环境下的机器学习包 Mahout 及 MLib 可以在集群环境下利用机器学习算法建立大数据模型，并对数据进行预测。

深度学习的概念来源于深度人工神经网络（DNN），随着研究和应用的发展和深入，主要应用于计算机视觉领域的卷积神经网络（CNN），应用于序列预测的循环神经网络（RNN，以 Long Short-Term Memory Networks 为主要代表）也归入到深度学习的范畴中。

深度学习是目前许多现代 AI 应用的基础。自从深度学习在语音识别和图像识别任务中展现出突破性的成果，使用基于深度学习的应用数量呈爆炸式增加。深度学习的方法被大量应用在无人驾驶汽车、癌症检测和游戏 AI 等方面。在许多领域中，DNN 目前的准确性已经超过人类。最具震撼力的成果是能够战胜人类顶尖围棋选手的围棋机器人 Alpha GO。1990 年，当 Deep Blue 依靠其强大的计算和存储能力战胜国际象棋大师卡斯帕罗时，人们对 AI 的理解还局限于计算机的搜索和运算能力，但围棋的对弈步骤和棋谱几乎可以认为是无限的，计算机不可能通过搜索和计算步骤来战胜人类顶尖的围棋大师。Alpha GO 依靠深度学习的算法做到了，即教会机器去主动学习，而不是记忆、搜索和计算。深度学习起源于人工神经网络（Artificial Neural Network），研究的目的是让机器模拟人类大脑主动思考，Alpha GO 的成功极大地引发了深度学习在各个领域里的研究和应用。深度学习的方法目前也广泛地应用于大数据预测模型，如 CNN、LSTM 等。

1.3　Hadoop 生态圈

Hadoop 是 Apache 的一个开源项目，由 HDFS、MapReduce、HBase、Hive 和 ZooKeeper 等成员组成。其中，HDFS 和 MapReduce 是两个最基础、最重要的成员。Hadoop2.X 生态系统如图 1-1 所示。

1. Hadoop 分布式文件系统

Hadoop 分布式文件系统（HDFS）被设计成适合运行在通用硬件（Commodity Hardware）上的分布式文件系统，是 Google GFS 的开源版本。它和现有的分布式文件系统有很多共同点，但也有一些自身的特点，描述如下：

1）HDFS 是一个高度容错性的系统，适合部署在廉价的机器上。

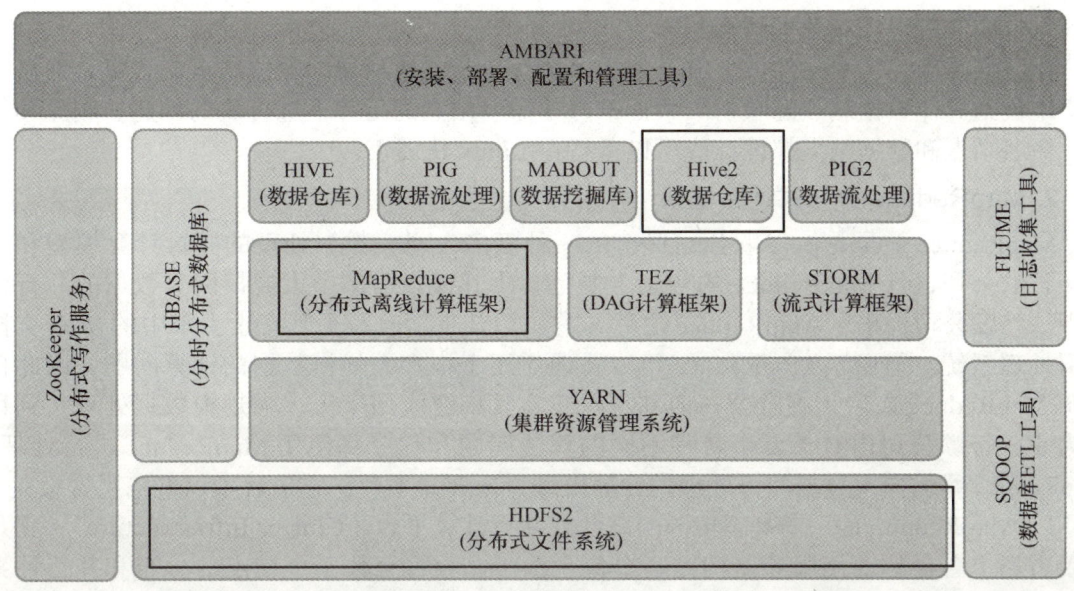

图 1-1 Hadoop2.X 生态系统

2）HDFS 能提供高吞吐量的数据访问，非常适合大规模数据集上的应用。

3）HDFS 放宽了一部分 POSIX 约束，来实现流式读取文件系统数据的目的。

HDFS 在最开始是作为 Apache Nutch 搜索引擎项目的基础架构而开发的，HDFS 是 Apache Hadoop Core 项目的一部分。

HDFS 有着高容错性（Fault-Tolerant）的特点，并且设计用来部署在低廉的（Low-Cost）硬件上。而且它提供高吞吐量（High Throughput）来访问应用程序的数据，适合那些有着超大数据集（Large Data Set）的应用程序。HDFS 放宽了 POSIX 的要求，可以实现流的形式访问文件系统中的数据。它能够提供高吞吐量的数据访问，适合存储海量（PB 级）的大文件（通常超过 64MB），其原理如图 1-2 所示。

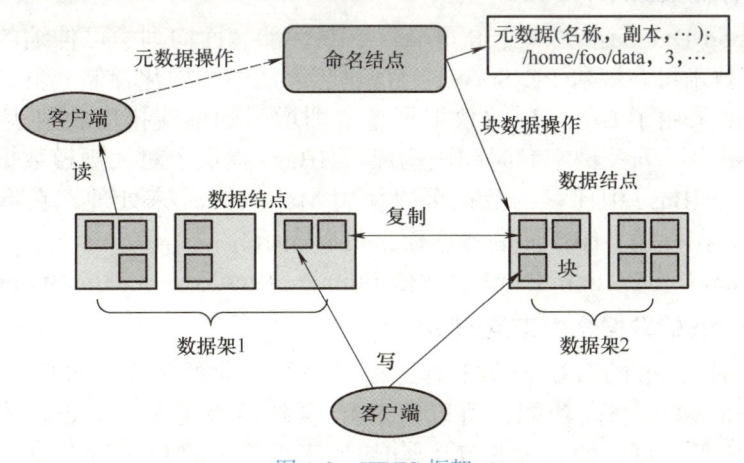

图 1-2 HDFS 框架

HDFS 采用主 / 从结构，HDFS 集群由一个命名结点（Name Node）和多个数据结点（Data Node）组成。命名结点是中心结点，负责维护集群内的元数据，管理文件系统的命名空间和客户端对文件的访问，提供创建、打开、删除和重命名文件或目录的功能。数据结点存储数据，并负责处理数据的读写请求，数据结点定期向命名结点上报心跳。命名结点通过响应心跳来控制数据结点。

在结点内部,一个文件被分成一个或多个块,这些块存储在数据结点集合里,命名结点决定块到具体数据结点的映射。数据结点在命名结点的指挥下进行块的创建、删除和复制。命名结点和数据结点都设计成可以运行在 Linux 机器上。

2. MapReduce 分布式计算框架

MapReduce 最早是由谷歌公司提出的一种面向大规模数据处理的并行计算模型和方法。谷歌公司设计 MapReduce 的初衷主要是解决其搜索引擎中大规模网页数据的并行化处理。谷歌公司提出了 MapReduce 之后,首先用其重新改写了其搜索引擎中的 Web 文档索引处理系统。但由于 MapReduce 可以普遍应用于很多大规模数据的计算问题,因此自发明 MapReduce 以后,谷歌公司内部进一步将其广泛应用于很多大规模数据处理。到目前为止,谷歌公司内有上万个各种不同的算法问题和程序都使用 MapReduce 进行处理。MapReduce 是面向大数据并行处理的计算模型、框架和平台,它包含了以下三层含义:

1)MapReduce 是一个基于集群的高性能并行计算平台(Cluster Infrastructure)。它允许用市场上普通的商用服务器构成一个包含数十、数百至数千个结点的分布和并行计算集群。

2)MapReduce 是一个并行计算与运行软件框架(Software Framework)。它提供了一个庞大但设计精良的并行计算软件框架,能自动完成计算任务的并行化处理,自动划分计算数据和计算任务,在集群结点上自动分配和执行任务以及收集计算结果,将数据分布存储、数据通信、容错处理等并行计算涉及的很多系统底层的复杂细节交由系统负责处理,大大减少了软件开发人员的负担。

3)MapReduce 是一个并行程序设计模型与方法(Programming Model & Methodology)。它借助函数式程序设计语言 Lisp 的设计思想,提供了一种简便的并行程序设计方法,用 Map 和 Reduce 两个函数编程实现基本的并行计算任务,提供了抽象的操作和并行编程接口,简单方便地完成大规模数据的编程和计算处理。

3. 分布式列存储数据库 HBase

HBase–Hadoop Database 是一个高可靠性、高性能、面向列、可伸缩的分布式存储系统,利用 HBase 技术可在廉价 PC Server 上搭建起大规模结构化存储集群。和传统关系数据库不同,HBase 采用了 Bigtable 的数据模型,即增强的稀疏排序映射表(Key/Value)。其中,键由行关键字、列关键字和时间戳构成。HBase 提供了对大规模数据的随机、实时读写访问。同时,HBase 中保存的数据可以使用 MapReduce 来处理,它将数据存储和并行计算完美地结合在一起。HBase 的数据模型可以表示为:

Schema → Table → Column Family → Column → RowKey → TimeStamp → Value

4. 基于 Hadoop 的数据仓库工具 Hive

Hive 是基于 Hadoop 的数据仓库工具,可以将结构化的数据文件映射为一张数据库表,并提供简单的 SQL 查询功能,可以将 SQL 语句转换为 MapReduce 任务进行运行。其优点是学习成本低,可以通过类 SQL 语句快速实现简单的 MapReduce 统计,不必开发专门的 MapReduce 应用,非常适合数据仓库的统计分析。Hive 提供了一系列的工具,可以用来进行数据提取转化加载(ETL),这是一种可以存储、查询和分析存储在 Hadoop 中的大规模数据的机制。Hive 定义了简单的类 SQL 查询语言,称为 HQL,它允许熟悉 SQL 的用户查询数据。同时,这个语言也允许熟悉 MapReduce 开发者开发自定义的 Mapper 和 Reducer 来处理内建的 Mapper 和 Reducer 无法完成的复杂的分析工作。

5. ZooKeeper 分布式协作服务

ZooKeeper 是一个分布式的，开放源码的分布式应用程序协调服务，是谷歌的 Chubby 一个开源的实现，是 Hadoop 和 HBase 的重要组件。它是一个为分布式应用提供一致性服务的软件，提供的功能包括：配置维护、域名服务、分布式同步和组服务等。ZooKeeper 的目标是封装好复杂易出错的关键服务，将简单易用的接口和性能高效、功能稳定的系统提供给用户。ZooKeeper 包含一个简单的原语集，提供 Java 和 C 语言接口。

6. 机器学习算法库

目前在集群环境下较成熟的机器学习算法库有 Mahout 和 MLib。Mahout 起源于 2008 年，最初是 Apache Lucent 的子项目，它在极短的时间内取得了长足的发展，现在是 Apache 的顶层项目。Mahout 的主要目标是创建一些可扩展的机器学习领域经典算法的实现，旨在帮助开发人员更加方便快捷地创建智能应用程序。Mahout 现在已经包含了聚类、分类、推荐引擎（协同过滤）和频繁项集挖掘等广泛使用的数据挖掘方法。除了算法，Mahout 还包含数据的输入/输出工具、与其他存储系统（如数据库、MongoDB 或 Cassandra）集成等数据挖掘支持架构。

MLib 是 Spark 集群环境下的机器学习库，其设计目标是使机器学习算法的应用更加简单及可扩展。MLib 提供了以下工具：

1）机器学习算法。如分类、回归、聚类和协同过滤等。
2）特征化。特征的抽取、转换、降维和选择。
3）管道化。提供创建、评价和调整的管道工具。
4）持续化。存储及加载算法、模型及管道。
5）其他工具集。线性代数、统计分析和数据处理等工具。

集群环境下的机器学习算法可以充分发挥集群分布式计算的优势，部分算法的设计是并行执行的，较串行执行的算法，在时间性能上有很大的提升。

1.4 Hadoop 分布式集群环境搭建

1.4.1 实验环境安装及配置

1. 虚拟机操作系统安装

Hadoop 集群环境一般需要结点安装 Linux 操作系统，可根据计算机是 32 位还是 64 位机，选择安装不同的操作系统（Ubuntu、CentOS、RedHat）。本书采用将服务器划分为多个虚拟机的形式来安装及配置 Hadoop 集群环境。所采用的服务器为 DELL PowerEdge R720，其配置为：两个物理 CPU（Intel Xeon E5-2620 V2 2.10GHz，每个 CPU 含 6 个内核，共 12 个内核），32GB 内存，8TB 硬盘，4 个物理网卡。服务器安装 VMWare esxi6.0.0 操作系统，虚拟化整个服务器环境。客户端使用 VMWare vSphere Client 6.0.0 将服务器划分为 4 个虚拟机，每个虚拟机的配置为 3 内核 CPU，8GB 内存，2TB 硬盘，1 个物理网卡。VMWare esxi 及 VMWare vSphere Client 如何虚拟化服务器及划分虚拟机的具体步骤，在此不详细说明，读者可自行查阅相关资料。每个虚拟机安装 Ubuntu-18.04.1-LTS 操作系统。

在每个虚拟机安装 Ubuntu 的过程中，选择默认配置，在硬盘配置的选择上，选择硬盘上的一个分区还是使用整个硬盘作为一个分区，应根据机器硬盘的分区情况，按照安装过程中的提示完成。注意选择整个硬盘为安装分区，不选择 lvm 方式，安装成功后，运行 sudo fdisk –l 命令，显示：

```
Device     Boot    Start        End    Sectors  Size Id Type
/dev/sda1   *       2048  4278192127 4278190080   2T 83 Linux
/dev/sda2       4278194174 4294965247   16771074   8G  5 Extended
/dev/sda5       4278194176 4294965247   16771072   8G 82 Linux swap / Solaris
```

运行 df –hl 命令，显示：

```
hadoop@datanode1:~/hbase$ df -hl
Filesystem      Size  Used Avail Use% Mounted on
udev            3.9G     0  3.9G   0% /dev
tmpfs           799M  8.9M  790M   2% /run
/dev/sda1       2.0T  3.4G  1.9T   1% /
tmpfs           3.9G     0  3.9G   0% /dev/shm
tmpfs           5.0M     0  5.0M   0% /run/lock
tmpfs           3.9G     0  3.9G   0% /sys/fs/cgroup
tmpfs           799M     0  799M   0% /run/user/1000
```

若使用 lvm 方式，/dev/sda1 默认只有 500MB 左右，实际使用过程中出现过 /dev/sda1 空间已经耗尽，不能再更新 Ubuntu 系统的情况。

安装过程中使用 hadoop 作为默认的用户名，密码为 123。使用 hadoop 作为默认用户名，系统会在 /Home 目录下建立 hadoop 目录作为用户的主目录，hadoop-2.7.3.tar.gz 包，将解压到该目录下。

系统安装完毕后，使用 hadoop 用户登录到系统，输入命令 sudo passwd root，根据提示设置 root 用户的密码（先输入 hadoop 用户的密码，再输入两遍 root 用户的设置密码），就可以使用 root 用户登录系统。虽然可以用 sudo 完成大多数 root 用户的功能，但特殊情况需要具有最高权限的 root 用户登录后进行操作，如设置网卡的配置等。

2. 软件环境安装

运行 Hadoop 平台需要 java jdk、ssh 及 jps 等软件，都可以使用 apt-get install 命令通过网络安装。用 root 用户登录后，输入 java –version 命令，系统会提示需要安装的 java jdk 包，根据实际情况，选择对应的安装包。实验过程中选择安装的 jdk 包为 default-jdk，在命令提示符下输入 apt-get install default-jdk 后，系统会通过网络下载 jdk 包，然后自动安装。通过网络安装的前提条件是系统可以上网，由于服务器连接在一个 24 口的路由器上（路由器本身可以上网），故系统在安装的过程中，对网卡进行了自动配置，通过 dhcp 的方式获得 IP 地址，然后通过路由器上网。至于如何通过配置网卡，使用静态的内部 IP 地址上网，将在网络配置中详细解释。在命令提示符下输入 apt-get install ssh，安装 ssh，输入 apt-get install jps 安装 jps，可以直接输入 jps，然后根据提示选择安装的包。

3. 网络环境配置

集群中各个虚拟机结点规划的网络配置见表 1-4。

表 1-4 虚拟机网络配置表

虚拟机主机名	IP 地址	用途
datanode1	192.168.1.151	命名结点，数据结点
datanode2	192.168.1.152	数据结点
datanode3	192.168.1.153	数据结点
datanode4	192.168.1.154	数据结点

编辑位于每个结点的 /etc/network 目录下的 interfaces 文件，在 #The primary interface 结点下输入以下内容：

```
auto ens160
iface ens160  inet static
address 192.168.X.X（规划的IP地址）
gateway 192.168.1.1
netmask 255.255.255.0
broadcast 255.255.255.255
```

编辑每个结点的 /etc/resolvconf/resolv.conf.d/base 文件，输入以下内容：

```
nameserver 202.103.24.68
```

注意 resolv.conf.d 目录不能直接进入，需要从上一级目录进入（同 networking 命令，不能在 /etc/init.d 目录中执行，必须在上一级目录执行一样），或在 init.d 目录输入 ./networking 执行。设置 DNS 服务器地址，具体的 DNS 服务器地址，根据实际情况设定，可以设置多个 DNS 服务器地址。注意不能直接修改 /etc/resolv.conf 文件，该文件会在每次重启后被重置，从而导致 DNS 解析无效。（注：以上为较旧版本的 Ubuntu 配置 DNS 的做法，新版的 Ubuntu 在 interfaces 文件中加入 dns-nameservers 202.103.24.68。）

设置 hosts 文件：Hadoop 平台使用计算机主机名来识别集群中的计算机，故集群中的每个结点，都需要设置 hosts 文件，以便相互访问。每个结点的 hosts 文件内容全部一样，均为：

```
127.0.0.1         localhost
192.168.1.151     datanode1
192.168.1.152     datanode2
192.168.1.153     datanode3
192.168.1.154     datanode4
```

若新加入一个结点，则需要修改每个结点的 hosts 文件。hosts 文件中的 127.0.0.1 这一行，一定要去掉。

4. 设置 ssh 无密码访问

Hadoop 平台的每个结点之间通过 ssh 协议进行通信，故需要在集群中配置 ssh 无密码访问。具体配置步骤为：

1）在 datanode1 以 hadoop 用户身份登录系统。

2）用 ssh datanode2 连接 datanode2，连接后，输入 exit 命令退出，系统会在 /home/hadoop 目录下产生一个 .ssh 的隐藏目录。

3）输入 ssh-keygen –t rsa 命令（一直按"Enter"键，保证密码为空），会在 .ssh 目录下生成 id_rsa、id_rsa.pub 两个文件（公钥和私钥）。

4）输入 cp id_rsa.pub authorized_keys 生成登录用的公钥文件。

5）输入命令 ssh datanode2 测试是否可以无密码登录本机。

6）使用 scp ./ssh/id_rsa   hadoop@ datanode2:/home/hadoop/.ssh

scp ./ssh/id_rsa.pub   hadoop@ datanode2:/home/hadoop/.ssh

scp ./ssh/ authorized_keys   hadoop@ datanode2:/home/hadoop/.ssh

将文件复制到 datanode2 的 .ssh 目录中，以同样的方式复制到 datanode3 及 datanode4 的 .ssh 目录中。

7）测试 datanode1、datanode2、datanode3 和 datanode4 相互之间可以用 ssh 无密码

登录，这一步必须成功，否则无法搭建 Hadoop 集群平台。

5. 时间设置

特别注意服务器时间的配置，选择 vSphere Client 主界面的"配置"→"时间配置"，出现如图 1-3 所示的界面。

注意：若日期和时间显示为红色，则表示系统时间和本地时间不一致，需要指定 NTP 服务器，在图 1-3 所示的界面单击右上角的"属性"项，出现如图 1-4 所示的界面，选择"NTP 客户端已启用"复选项。

图 1-3　服务器时间配置

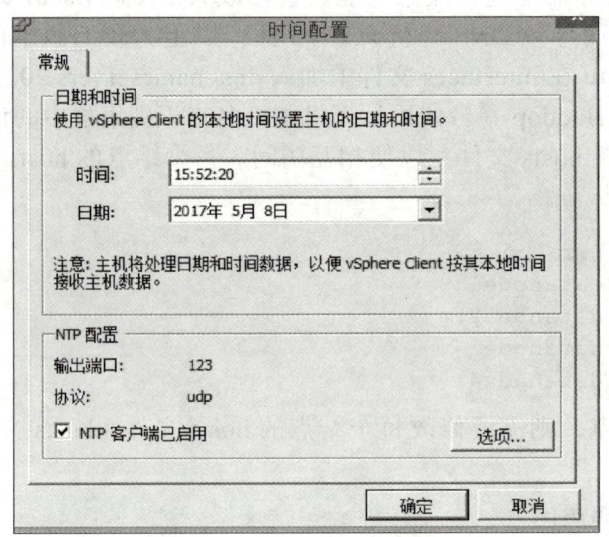

图 1-4　NTP 配置界面

单击图 1-4 所示界面的"选项"按钮，出现如图 1-5 所示的界面。

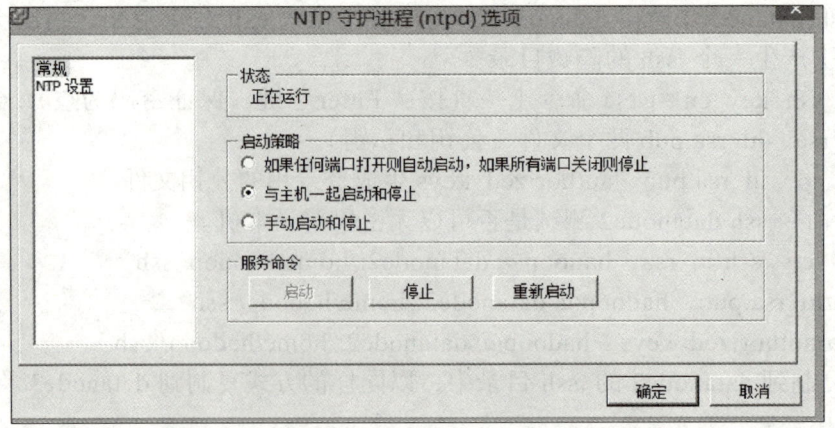

图 1-5　NTP 守护进程界面

在图 1-5 所示界面中选择"与主机一起启动和停止"单选项,单击"NTP 设置"项,出现如图 1-6 所示的界面。

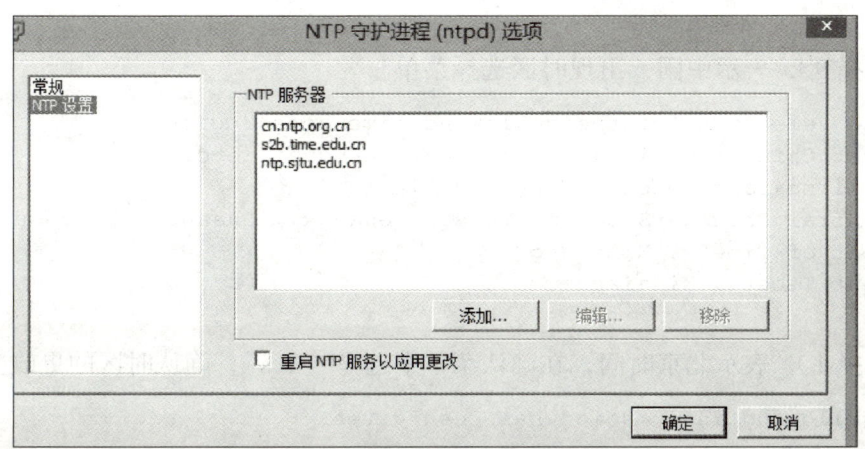

图 1-6 NTP 服务器设置界面

在图 1-6 所示的界面中,添加对应的 NTP 服务器列表。

若 vSphere 的时间配置不正确,则 Hadoop 集群中的所有日志时间也不正确。注意 Ubuntu 在安装时,会提示安装结点的时区信息,如果正确,应该是 Asia/Shanghai,安装成功后,在命令提示符下输入 :date –R 命令,显示:

```
hadoop@datanode1:~/hbase$ date -R
Mon, 08 May 2017 15:55:28 +0800
```

在 +0800 时区就是正确的。否则,需要调整系统的时区及 NTP 服务器,具体步骤为:

1)执行 sudo tzselect,输入 root 用户的密码后,出现区域选择的菜单。

```
swfsadmin@swfsubuntu:~$ sudo tzselect
[sudo] password for swfsadmin:
Sorry, try again.
[sudo] password for swfsadmin:
Please identify a location so that time zone rules can be set
correctly.
Please select a continent or ocean.
 ...
  5) Asia
...
11) none - I want to specify the time zone using the Posix TZ format.
#? 5
```

2)选择 5)表示亚洲区域,出现国家选择菜单。

```
Please select a country.
 1) Afghanistan       18) Israel          35) Palestine
 2) Armenia           19) Japan           36) Philippines
 3) Azerbaijan        20) Jordan          37) Qatar
 4) Bahrain           21) Kazakhstan      38) Russia
 5) Bangladesh        22) Korea (North)   39) Saudi Arabia
 6) Bhutan            23) Korea (South)   40) Singapore
 7) Brunei            24) Kuwait          41) Sri Lanka
```

```
        8) Cambodia         25) Kyrgyzstan        42) Syria
        9) China            26) Laos              43) Taiwan
...
#? 9
```

3）选择 9），表示中国，出现时区选择菜单。

```
Please select one of the following time zone regions.
1) east China - Beijing, Guangdong, Shanghai, etc.
2) Heilongjiang (except Mohe), Jilin
3) central China - Sichuan, Yunnan, Guangxi, Shaanxi, Guizhou, etc.
4) most of Tibet & Xinjiang
5) west Tibet & Xinjiang
#? 1
```

4）选择 1），表示北京时间，在确认菜单中选择"Yes"，确认时区的更改。

```
The following information has been given:
        China
        east China - Beijing, Guangdong, Shanghai, etc.
Therefore TZ='Asia/Shanghai' will be used.
Local time is now:      Tue Dec 17 18:22:10 CST 2013.
Universal Time is now:  Tue Dec 17 10:22:10 UTC 2013.
Is the above information OK?
1) Yes
2) No
#? 1
You can make this change permanent for yourself by appending the line
        TZ='Asia/Shanghai'; export TZ
to the file '.profile' in your home directory; then log out and log in
again.
Here is that TZ value again, this time on standard output so that you
can use the /usr/bin/tzselect command in shell scripts:
Asia/Shanghai
```

5）复制文件到 /etc 目录下。

`sudo cp /usr/share/zoneinfo/Asia/Shanghai /etc/localtime`

6）更新时间。

`sudo ntpdate time.windows.com`

1.4.2　Hadoop 集群平台的搭建

Hadoop 软件升级非常快，官方文档的支持较欠缺，故通过搜索引擎查询得到的一些配置和安装过程都需要按照其指定的版本进行。若是 32 位的计算机，最好安装 hadopp-2.4.1 以前的版本，因为在该版本之前，Hadoop 自带的本地库是 32 位的（本地库为解压后的目录 lib/native 中的 libhadoop.so.1.0.0、libhdfs.so.0.0.0 文件）。hadoop-2.5.0 以后，Hadoop 自带的本地库为 64 位的。用 file libhadoop.so.1.0.0 命令查看文件属性，显示 Intel 386，则是 32 位，若显示 X86-64，则为 64 位。本次安装在虚拟机上的为 hadoop-2.7.3 版本，Hadoop 自带的本地库为 64 位。

选定好要安装的 Hadoop 版本后，在官方镜像网站下载相应的安装包，下面以在

datandoe1 上安装和配置 hadoop-2.7.3 为例，说明 Hadoop 的安装及配置过程。注意所有操作均以 hadoop 用户的身份登录系统。

1. 安装 hadoop-2.7.3

1）将下载的 hadoop-2.7.3.tar.gz 文件复制到 U 盘，插入 USB 接口。
2）执行 sudo fdisk -l 命令，查看 U 盘的设备号，一般为 /dev/sdb1。
3）执行 sudo mkdir /mnt/usb 命令，建立挂载 U 盘的目录。
4）执行 sudo mount /dev/sdb1 /mnt/usb，挂载 U 盘。
5）执行 cp /mnt/usb/hadoop-2.7.3.tar.gz ～/，复制安装包到主目录。
6）执行 tar -xzvf hadoop-2.7.3 解压软件包到 hadoop-2.7.3 目录。

2. 配置 .bashrc 文件

运行 Hadoop 软件需要配置一些环境变量，在 .bashrc 文件的尾部添加以下内容。

```
export HADOOP_HOME=/home/hadoop/hadoop-2.7.3
export HADOOP_MAPRED_HOME=$HADOOP_HOME
export HADOOP_COMMON_HOME=$HADOOP_HOME
export HADOOP_HDFS_HOME=$HADOOP_HOME
export YARN_HOME=$HADOOP_HOME
export HADOOP_CONF_DIR=$HADOOP_HOME/etc/hadoop
export JAVA_HOME=/usr/lib/jvm/java-8-openjdk-amd64
export JRE_HOME=/usr/lib/jvm/java-8-openjdk-amd64/jre
export HBASE_HOME=/home/hadoop/hbase-1.2.3
export CLASSPATH=.:$JAVA_HOME/lib:$JRE_HOME/lib:$HADOOP_HOME/lib/native:$HBASE_HOME/lib:$CLASSPATH
export PATH=$PATH:$HADOOP_HOME/bin:$HADOOP_HOME/sbin:$HBASE_HOME/bin
export LD_LIBRARY_PATH=$HADOOP_HOME/lib/native
#export HADOOP_ROOT_LOGGER=DEBUG,console。
# 本行表示设置执行命令时，是否显示 debug 信息，若要知道命令的执行过程中有什么错误，
# 该设置非常有用。一般情况下，可不显示 debug 信息，请注释本行。
```

配置完成后，使用 source ～/.bashrc 命令使得 .bashrc 文件重新生效，使用 env 命令查看环境变量是否配置成功。

3. 建立 Hadoop 必需的目录

在 hadoop-2.7.3 目录下建立执行以下命令，建立以下目录。

```
mkdir tmp
mkdir hdfs
mkdir hdfs/name
mkdir hdfs/data
mkdir mapred
mkdir mapred/system
mkdir mapred/local
```

这些目录在后续的配置文件中会出现。

4. 配置 core-site.xml 文件

在 hadoop-2.7.3/etc/hadoop 目录下的 core-site.xml 文件中输入以下内容：

```
<configuration>
    <property>
        <name>io.native.lib.available</name>
```

```
      <value>true</value>
    </property>
    <property>
      <name>fs.default.name</name>
      <value>hdfs://datanode1:9000</value>
      <final>true</final>
    </property>
    <property>
      <name>hadoop.native.lib</name>
      <value>true</value>
    </property>
    <property>
      <name>hadoop.tmp.dir</name>
      <value>/home/hadoop/hadoop-2.7.3/tmp</value>
    </property>
</configuration>
```

5. 配置 hdfs-site.xml 文件

在 hadoop-2.7.3/etc/hadoop 目录下的 hdfs-site.xml 文件中输入以下内容:

```
<configuration>
  <property>
     <name>dfs.namenode.name.dir</name>
     <value>file:///home/hadoop/hadoop-2.7.3/hdfs/name</value>
     <final>true</final>
  </property>
  <property>
     <name>dfs.datanode.data.dir</name>
     <value>file:///home/hadoop/hadoop-2.7.3/hdfs/data</value>
     <final>true</final>
  </property>
  <property>
     <name>dfs.replication</name>
     <value>3</value>
  </property>
  <property>
     <name>dfs.permissions.enabled</name>
     <value>false</value>
  </property>
</configuration>
```

6. 配置 mapred-site.xml 文件

若目录中无此文件，则输入 cp mapred-site.xml.template mapred-site.xml，生成该文件。

```
<configuration>
 <property>
   <name>mapreduce.framework.name</name>
   <value>yarn</value>
 </property>
 <property>
   <name>mapreduce.jobtracker.address</name>
```

```xml
    <value>datanode1:9001</value>
    <final>true</final>
</property>
<property>
    <name>mapreduce.jobtracker.system.dir</name>
    <value>file:///home/hadoop/hadoop-2.7.3/mapred/system</value>
    <final>true</final>
</property>
<property>
    <name>mapreduce.cluster.local.dir</name>
    <value>file:///home/hadoop/hadoop-2.7.3/mapred/local</value>
    <final>true</final>
</property>
</configuration>
```

7. 配置 yarn-site.xml 文件

在 hadoop-2.7.3/etc/hadoop 目录下的 yarn-site.xml 文件中输入以下内容：

```xml
<configuration>
<!-- Site specific YARN configuration properties  -->
<property>
    <name>yarn.resourcemanager.hostname</name>
    <value>datanode1</value>
</property>
<property>
    <name>yarn.nodemanager.aux-services</name>
    <value>mapreduce_shuffle</value>
</property>
<property>
    <name>yarn.nodemanager.aux-services.mapreduce_shuffle.class</name>
    <value>org.apache.hadoop.mapred.ShuffleHandler</value>
</property>
</configuration>
```

8. 配置 hadoop-env.sh 文件

在 etc/hadoop 目录中的文件尾部，输入以下内容：

```
export HADOOP_IDENT_STRING=$USER
export JAVA_HOME=/usr/lib/jvm/java-8-openjdk-amd64
export HADOOP_HOME=/home/hadoop/hadoop-2.7.3
export HADOOP_PID_DIR=/home/hadoop/pids
export HADOOP_CONF_DIR=$HADOOP_HOME/etc/hadoop
export HADOOP_SECURE_DN_PID_DIR=${HADOOP_PID_DIR}
export PATH=$PATH:$HADOOP_HOME/bin:$HADOOP_HOME/sbin
```

9. 配置 slaves 文件

在 slaves 文件中输入以下内容：（hadoop-2.X.X 之后，没有 masters 文件）。

```
datanode1
datanode2
datanode3
datanode4
```

10. 初始化 Hadoop

执行 hadoop namenode-format 格式化命名结点，注意，若多次格式化命名结点，则会造成命名结点或数据结点不能启动，原因是两者的 uuid 由于重新格式化后，出现了不一致。出现这种情况，删除 tmp 及 hdfs 目录后，重新格式化命名结点，再次启动 Hadoop，问题一般可以得到解决。

11. 复制文件到集群中其他的结点

使用 scp 命令，将 datanode1 主目录下的 .bashrc、hadoop-2.7.3/etc/hadoop 目录下的 hadoop-env.sh、core-site.xml、hdfs-site.xml、mapred-site.xml、yarn-site.xml 文件复制到集群中的每个结点上。（前提：集群中各个结点的 java-jdk、hadoop-2.7.3 的安装路径和 datanode1 上一致。）

12. 启动 Hadoop

使用 start-dfs.sh、start-yarn.sh 启动 Hadoop 软件（停止为 stop-dfs.sh、stop-yarn.sh）。若启动成功，在 datanode1 上运行 jps，显示：

```
Jps
DataNode
SecondaryNameNode
ResourceManager
NodeManager
NameNode
```

执行命令：netstat -anp | grep 9000

```
hadoop@datanode1:~/hadoop-2.7.3/lib$ netstat -anp | grep 9000
(Not all processes could be identified, non-owned process info
 will not be shown, you would have to be root to see it all.)
tcp        0      0 192.168.2.151:9000      0.0.0.0:*               LISTEN      1359/java
tcp        0      0 192.168.2.151:9000      192.168.2.153:46784     ESTABLISHED 1359/java
tcp        0      0 192.168.2.151:9000      192.168.2.152:52710     ESTABLISHED 1359/java
tcp        0      0 192.168.2.151:9000      192.168.2.154:39422     ESTABLISHED 1359/java
tcp        0      0 192.168.2.151:34990     192.168.2.151:9000      TIME_WAIT   -
tcp        0      0 192.168.2.151:60474     192.168.2.151:9000      ESTABLISHED 1489/java
```

确认是 192.168.2.151（datanode1）的 9000 端口已经打开，而不是 127.0.0.1，如果显示 127.0.0.1 则检查 hosts 文件的配置。

在集群中的其他结点中运行 jps 显示：

```
Jps
DataNode
NodeManager
```

在 datanode1 上执行 hdfs dfsadmin -report 命令，若配置成功，则显示 1 个命名结点和 4 个数据结点的信息（注意 datanode1 也是一个数据结点）。

在同一个网络的 PC 上的浏览器中输入 http://192.168.1.151:8088，则出现如图 1-7 所示的界面。注意安装的 Hadoop 版本不同，端口号也可能不同，如 hadoop 3.X 的端口号为 9870，具体请参阅对应版本的 SDK 文档说明。

单击 Nodes 出现如图 1-8 所示的界面。

图 1-8 显示有四个结点在运行。在浏览器中输入 http://192.168.1.151:50070，出现如图 1-9 所示的界面。

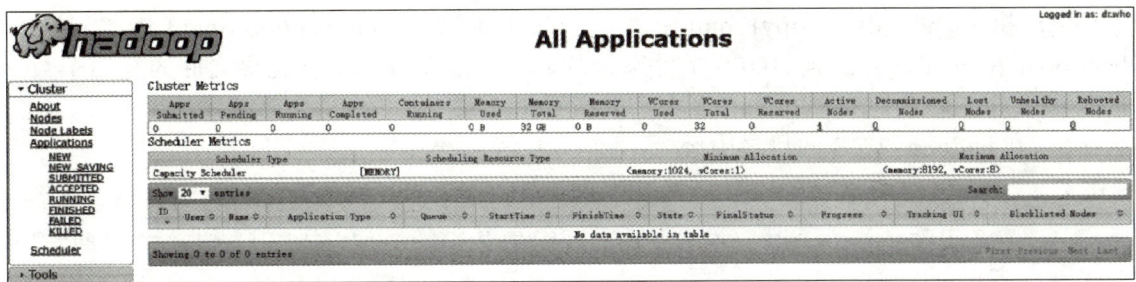

图 1-7　Hadoop 集群启动界面

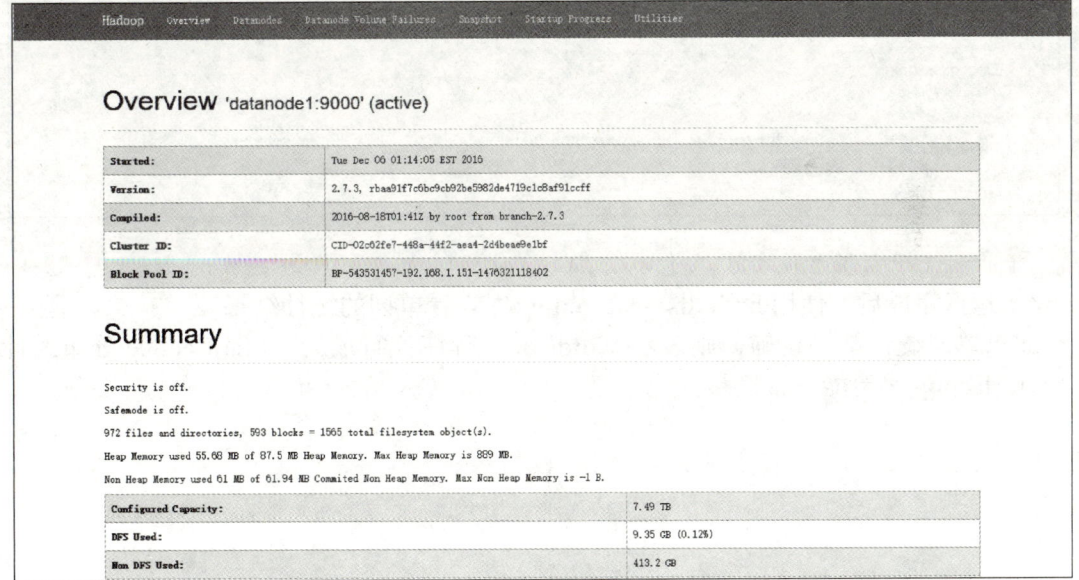

图 1-8　Hadoop 集群结点界面

图 1-9　集群 HDFS 管理界面

1.4.3　MapReduce 测试

Hadoop 集群搭建完成后，可以用自带的 WordCount 程序测试 MapReduce 分布式框架是否能在集群下正常运行，步骤为：

1）执行 hdfs dfs –mkdir /input 在 HDFS 文件系统中建立 input 目录。

2）执行 hdfs dfs –copyFromLocal ～/hadoop-2.7.3/etc/hadoop /input 将本地 etc/hadoop 的配置文件复制到 HDFS 文件系统的 /input 目录中。注意观察文件的复制个数和 hdfs-site.xml 文件中 dfs.replication 属性的设置是一致的。

3）在 hadoop-2.7.3 的目录中运行：

```
hadoop jar
~ /hadoop-2.7.3/share/hadoop/mapreduce/hadoop-mapreduce-examples-
2.7.3.jar
wordcount  /input  /output
```

WordCount 为 MapReduce 的一个示例程序，用于统计 /input 目录中所有文件的单词个数，并将结果存储在 /output 目录中。观察程序运行的过程及在浏览器中观察任务在各个结点的分配过程。单击 Datanodes 出现如图 1-10 所示的界面。

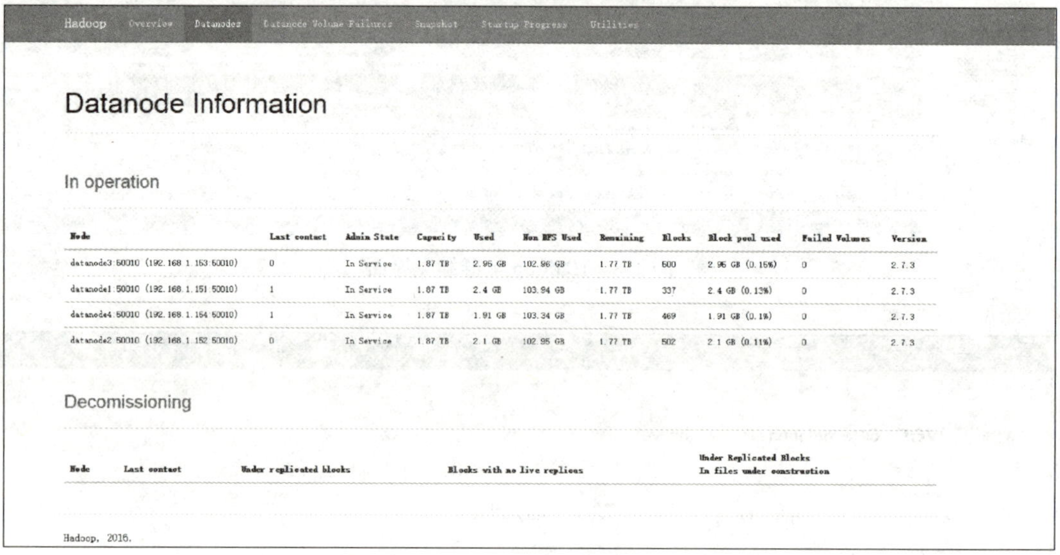

图 1-10　结点 HDFS 管理界面

4）运行完成后，使用 hdfs dfs –cat /output/* 查看单词的统计结果。

如果单词统计结果正确，则表示 WordCount 程序执行成功，MapReduce 分布式计算框架在 Hadoop 平台能正常运行。

第 2 章

分布式计算框架 MapReduce

MapReduce 框架的核心步骤主要分两部分：映射（Map）和归约（Reduce）。当向 MapReduce 框架提交一个计算作业时，它会首先把计算作业拆分成若干个 Map 任务，然后分配到不同的结点上去执行，每一个 Map 任务处理输入数据中的一部分，当 Map 任务完成后，它会生成一些中间文件，这些中间文件将会作为 Reduce 任务的输入数据。Reduce 任务的主要目标就是把前面若干个 Map 的输出汇总到一起并输出。

2.1 MapReduce 分布式框架

2.1.1 MapReduce 原理

InfoWord 将 MapReduce 评为 2009 年十大新兴技术的冠军。MapReduce 是大规模数据（TB 级）计算的利器，第一个提出该技术框架的是谷歌（Google）公司，而 Google 的灵感则来自于函数式编程语言，如 LISP、Scheme、ML 等。从高层抽象来看，MapReduce 的执行过程如图 2-1 所示，数据流如图 2-2 所示。

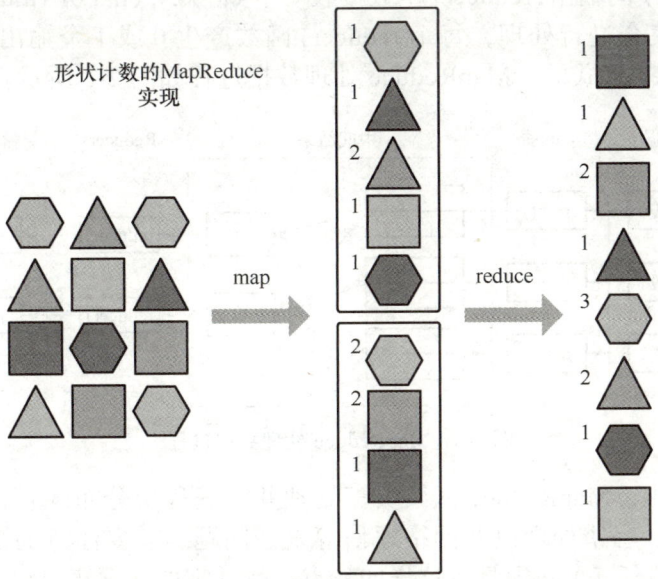

图 2-1　MapReduce 执行过程

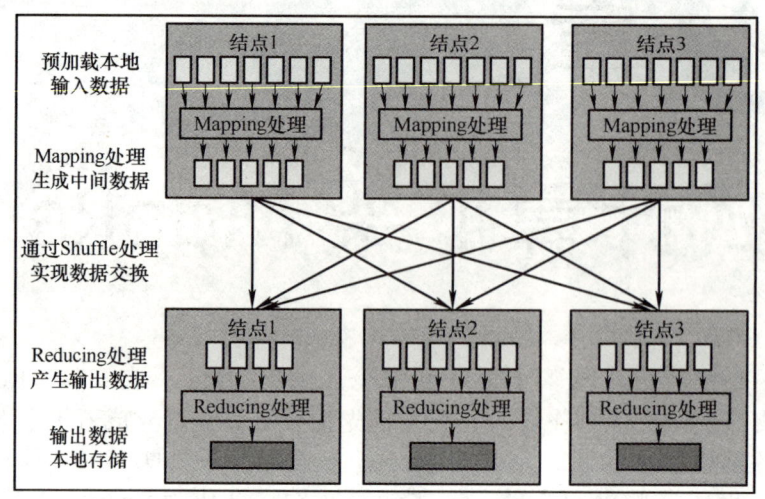

图 2-2　MapReduce 数据流

MapReduce 采用"分而治之"的思想，把对大规模数据集的操作，分发给一个主结点管理下的各个分结点共同完成，然后通过整合各个结点的中间结果，得到最终结果。简单地说，MapReduce 就是"任务的分解与结果的汇总"。在 Hadoop 中，用于执行 MapReduce 任务的机器角色有两个：一个是作业跟踪器（JobTracker），另一个是任务跟踪器（TaskTracker）。JobTracker 是用于调度工作的，TaskTracker 是用于执行工作的，一个 Hadoop 集群中只有一台 JobTracker。

在 Hadoop 中，每个 MapReduce 任务都被初始化为一个作业（Job），每个 Job 又可以分为两种阶段：Map 阶段和 Reduce 阶段。这两个阶段分别用两个函数表示，即 map() 函数和 reduce() 函数。map() 函数接收一个 <key,value> 形式的输入，然后同样产生一个 <key,value> 形式的中间输出，reduce() 函数接收一个如 <key,(list of values)> 形式的输入，然后对这个 value 集合进行处理，每个 reduce() 函数产生 0 或 1 个输出，reduce() 函数的输出也是 <key,value> 形式的。MapReduce 处理数据过程如图 2-3 所示。

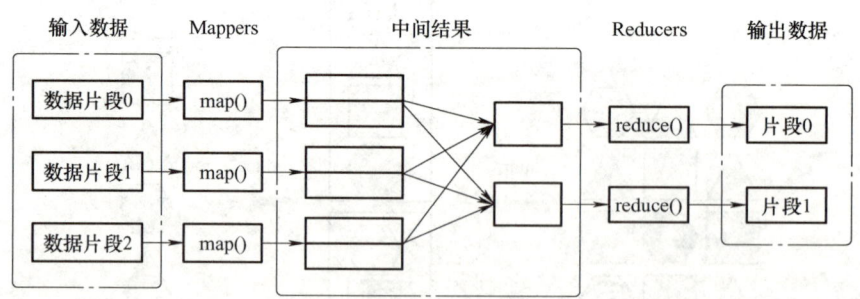

图 2-3　MapReduce 处理数据过程

在分布式计算中，MapReduce 框架负责处理并行编程中分布式存储、工作调度、负载均衡、容错均衡、容错处理以及网络通信等复杂问题。需要注意的是，用 MapReduce 来处理的数据集（或任务）必须具备这样的特点：待处理的数据集可以分解成许多小的数据集，而且每一个小数据集都可以完全并行地进行处理。MapReduce 的核心过程：洗牌（Shuffle）和排序（Sort），如图 2-4 所示。

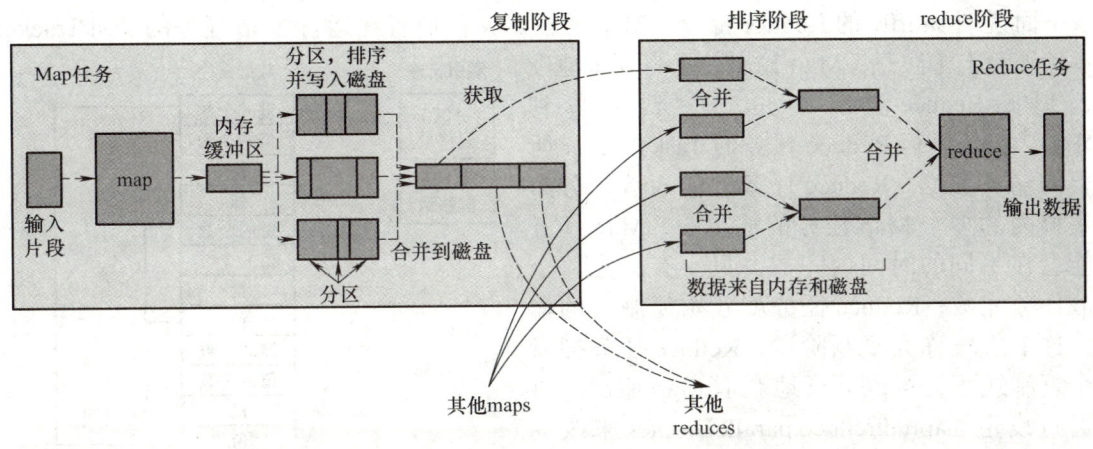

图 2-4　Shuffle 和 Sort

　　Shuffle 是指从 Map 产生输出开始，包括系统执行排序以及传送 Map 输出到 Reduce 作为输入的过程。下面将详细阐述 Shuffle 是如何工作的，因为对基础的理解有助于对 MapReduce 程序进行调优。首先从 Map 端开始分析，当 Map 开始产生输出的时候，并不是简单地把数据写到磁盘，因为频繁的操作会导致性能严重下降，数据将首先写到内存中的一个缓冲区，并作一些预排序，以提升效率。

　　每个 Map 任务都有一个用来写入输出数据的循环内存缓冲区，这个缓冲区默认大小是 100MB，可以通过 io.sort.mb 属性来设置具体的大小，当缓冲区中的数据量达到一个特定的阈值（io.sort.mb * io.sort.spill.percent，其中 io.sort.spill.percent 默认是 0.80）时，系统将会启动一个后台线程把缓冲区中的内容写入（spill）到硬盘。在 spill 过程中，Map 的输出将会继续写入到缓冲区，但如果缓冲区已经满了，Map 就会被阻塞直到 spill 完成。spill 线程在把缓冲区的数据写到硬盘前，会对它进行一个二次排序，首先根据数据所属的分区（Partition）排序，然后每个 Partition 中再按键（Key）排序。输出包括一个索引文件和数据文件，如果设定了合并函数（Combiner），将在排序输出的基础上进行。Combiner 就是一个 Mini Reducer，它在执行 Map 任务的结点本身运行，先对 Map 的输出作一次简单的 Reduce，使得 Map 的输出更紧凑，更少的数据会被写入硬盘和传送到 Reducer。spill 文件保存在由 mapred.local.dir 指定的目录中，Map 任务结束后删除。

　　每当内存中的数据达到 spill 阈值的时候，都会产生一个新的 spill 文件，所以在 Map 任务写完它的最后一个输出记录的时候，可能会有多个 spill 文件，在 Map 任务完成前，所有的 spill 文件将会被归并排序为一个索引文件和数据文件。如图 2-5 所示。这是一个多路归并过程，最大归并路数由 io.sort.factor 控制（默认是 10）。如果设定了 Combiner，并且 spill 文件的数量至少是 3（由 min.num.spills.for.combine 属性控制），那么 Combiner 将在输出文件被写入硬盘前运行以压缩数据。spill 文件结构如图 2-5 所示。

　　对写入到硬盘的数据进行压缩可以使得数据写入硬盘的速度更快，节省硬盘空间，并减少需要传送到 Reducer 的数据量。默认输出是不被压缩的，可以设置 mapred.compress.map.output 为 true 启用该功能。

　　当 spill 文件归并完毕后，Map 将删除所有的临时 spill 文件，并告知 TaskTracker 任务已完成。Reducer 通过 HTTP 来获取对应的数据。用来传输 partitions 数据的工作线程个数由 tasktracker.http.threads 控制，这个设定是针对每一个 TaskTracker 的，并不是单个 Map，默认值为 40，在运行大作业的大集群上可以增大以提升数据传输速率。

下面说明 shuffle 的 Reduce 部分。Map 的输出文件放置在运行 Map 任务的 TaskTracker 的本地硬盘上（注意：Map 输出总是写到本地硬盘，但是 Reduce 输出不是，一般是写到 HDFS），它是运行 Reduce 任务的 TaskTracker 所需要的输入数据。Reduce 任务的输入数据分布在集群内的多个 Map 任务的输出中，Map 任务可能会在不同的时间内完成，只要有其中一个 Map 任务完成，Reduce 任务就开始复制它的输出。这个阶段称为复制阶段，Reduce 任务拥有多个复制线程，可以并行地获取 Map 输出。可以通过设定 mapred.reduce.parallel.copies 来改变线程数。

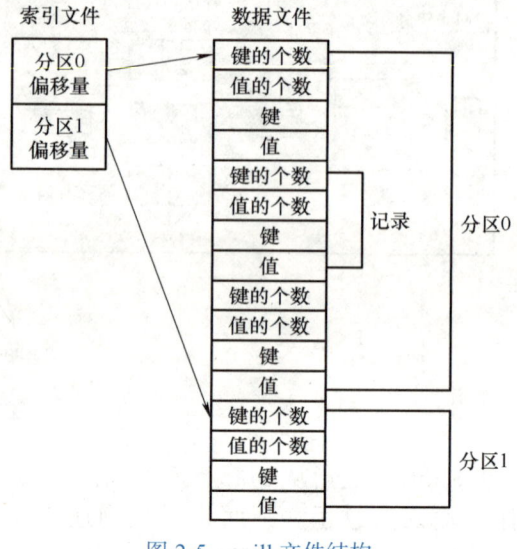

图 2-5　spill 文件结构

Reduce 是怎么知道从哪些 TaskTracker 中获取 Map 的输出呢？当 Map 任务完成之后，会通知它们的父 TaskTracker，告知状态更新，然后 TaskTracker 再转告 JobTracker，这些通知信息是通过心跳通信机制传输的，因此针对一个特定的作业，JobTracker 知道 Map 输出与 TaskTracker 的映射关系。Reduce 中有一个线程会间歇地向 JobTracker 询问 Map 输出的地址，直到把所有的数据都取到。在 Reducer 取走了 Map 输出之后，TaskTracker 不会立即删除这些数据，因为 Reduce 可能会失败，它们会在整个作业完成之后，JobTracker 告知它们要删除的时候才去删除。

如果 Map 输出足够小，它们会被复制到 Reduce TaskTracker 的内存中（缓冲区的大小由 mapred.job.shuffle.input.buffer.percnet 控制），或者达到了 Map 输出的阈值的大小（由 mapred.inmem.merge.threshold 控制），缓冲区中的数据将会被归并然后 spill 到磁盘。复制来的数据叠加在磁盘上，有一个后台线程会将它们归并为更大的排序文件，这样做节省了后期归并的时间。对于经过压缩的 Map 输出，系统会自动把它们解压到内存方便对其执行归并。当所有的 Map 输出都被复制后，Reduce 任务进入排序阶段（更恰当地说应该是归并阶段，因为排序在 Map 端就已经完成了），这个阶段会对所有的 Map 输出进行归并排序，这个工作需重复多次才能完成。

假设这里有 50 个 Map 输出（可能有保存在内存中的），并且归并因子是 10（由 io.sort.factor 控制，就像 Map 端的归并一样），那最终需要 5 次归并。每次归并会把 10 个文件归并为一个，最终生成 5 个中间文件。在这一步之后，系统不再把 5 个中间文件归并成一个，而是排序后直接"喂"给 Reduce() 函数，省去向磁盘写数据这一步。最终归并的数据可以是混合数据，既有内存上的也有磁盘上的。在 Reduce 阶段，Reduce() 函数会作用在排序输出的每一个 Key 上。这个阶段的输出被直接写到输出文件系统，一般是 HDFS。在 HDFS 中，因为 TaskTracker 结点也运行着一个 DataNode 进程，所以第一个块备份会直接写到本地硬盘。到此，MapReduce 的 Shuffle 和 Sort 执行完毕。

2.1.2　合并函数（Combiner）

众所周知，Hadoop 框架使用 Mapper 将数据处理成一个 <key,value> 键值对，在网络结点间对其进行整理（Shuffle），然后使用 Reducer 处理数据并进行最终输出。在上述过程中，可以看到至少两个性能瓶颈：

1）如果有 10 亿个数据，Mapper 会生成 10 亿个键值对在网络间进行传输，但如果只是对数据求最大值，那么很明显的 Mapper 只需要输出它所知道的最大值即可。这样做不仅可以减轻网络压力，同样也可以大幅度提高程序效率。

2）如果数据的分布是不平衡的，出现数据倾斜情况，也就是数据中的大多数值只属于某一个键，这样不仅 Mapper 中的键值对、中间阶段（Shuffle）的键值对等，大多数的键值对最终会聚集于一个单一的 Reducer 之上，从而大大降低程序的性能。

Mapreduce 中的 Combiner 就是为了避免 Map 任务和 Reduce 任务之间的数据传输而设置的，Hadoop 允许用户针对 Map Task 的输出指定一个合并函数。即为了减少网络传输量和 Reducer 之上的负载。例如求和过程的数据格式转换为：

```
map: (K, 1) → list(K, list(1,1…,1))
combine: (K, list(1,1…,1)) → (K, CV = sum(list(1,1…,1)))
reduce: (K, list(CV1,CV2,…,CVn)) → (K, RV=sum(list(CV1,CV2,…,CVn)))
```

注意：Combine 的输入和 Reduce 的完全一致，输出和 Map 的完全一致。

单词计数程序是一个可以说明 Combiner 的用处的例子，程序中的 map() 函数为每一个扫描到的词生成了一个（word，1）键值对。所以如果在同一个文档内 "cat" 出现了 3 次，（"cat"，1）键值对会被生成 3 次，通过使用 Combiner，这些键值对可以被压缩为（"cat"，3）送到 Reducer。这样每一个结点针对每一个词只会发送一个值到 Reducer，大大减少了 Shuffle 过程所需要的带宽并加速了作业的执行。

2.2 WordCount 的处理过程

单词计数是最简单也是最能体现 MapReduce 思想的程序之一，可以称为 MapReduce 版 "Hello World"，该程序的完整代码可以在 Hadoop 安装包的 "share\hadoop\mapreduce\hadoop-mapreduce-examples-X.X.X.jar" 文件包中找到。单词计数主要完成功能是统计一系列文本文件中每个单词出现的次数。

2.2.1 WordCount 示例代码运行

1）执行 hdfs dfs -mkdir /input 在 HDFS 文件系统中建立 input 目录。

2）执行 hdfs dfs -copyFromLocal ～ /hadoop-2.7.3/etc/hadoop /input 将本地 etc/hadoop 的配置文件复制到 HDFS 文件系统的 /input 目录中。注意观察文件的复制个数是和 hdfs-site.xml 文件中 dfs.replication 节的设置一致。

3）在 hadoop-2.7.3 的目录中运行：

```
hadoop jar ~ /hadoop-2.7.3/share/hadoop/mapreduce/hadoop-mapreduce-examples-2.7.3.jar wordcount /inp-ut /output
```

WordCount 为 MapReduce 的一个示例程序，用于统计 /input 目录中所有文件的单词个数，并将结果存储在 /output 目录中。观察程序运行的过程及在浏览器中观察任务在各个结点的分配过程。

4）运行完成后，使用 hdfs dfs -cat /output/* 查看单词的统计结果。

2.2.2 WordCount 源码分析

1. 数据类型介绍

Hadoop 提供了如下内容的数据类型，这些数据类型都实现了 WritableComparable 接口，以便用这些类型定义的数据可以被序列化进行网络传输和文件存储，以及进行大小比较。

- BooleanWritable：标准布尔型数值。
- ByteWritable：单字节数值。
- DoubleWritable：双字节数。
- FloatWritable：浮点数。
- IntWritable：整型数。
- LongWritable：长整型数。
- Text：使用 UTF8 格式存储的文本。
- NullWritable：当 <key,value> 中的 key 或 value 为空时使用。

2. 旧版源代码

1）main() 函数分析。

```
...
public static void main(String[] args) throws Exception {
    JobConf conf = new JobConf(WordCount.class);
    conf.setJobName("wordcount");
    conf.setOutputKeyClass(Text.class);
    conf.setOutputValueClass(IntWritable.class);
    conf.setMapperClass(Map.class);
    conf.setCombinerClass(Reduce.class);
    conf.setReducerClass(Reduce.class);
    conf.setInputFormat(TextInputFormat.class);
    conf.setOutputFormat(TextOutputFormat.class);
    FileInputFormat.setInputPaths(conf, new Path(args[0]));
    FileOutputFormat.setOutputPath(conf, new Path(args[1]));
    JobClient.runJob(conf);
}
```

首先讲解一下作业（Job）的初始化过程。main() 函数调用 Jobconf 类来对 MapReduce Job 进行初始化，然后调用 setJobName() 方法命名这个 Job。对 Job 进行合理的命名有助于更快地找到 Job，以便在 JobTracker 和 Tasktracker 的页面中对其进行监视。

```
JobConf conf = new JobConf(WordCount. class );
conf.setJobName("wordcount" );
```

接着设置 Job 输出结果 <key,value> 中的 key 和 value 数据类型，因为结果是 < 单词, 个数 >，所以 key 设置为 "Text" 类型，相当于 Java 中的 String 类型。Value 设置为 "IntWritable"，相当于 Java 中的 int 类型。

```
conf.setOutputKeyClass(Text.class );
conf.setOutputValueClass(IntWritable.class );
```

然后设置 Job 处理的 Mapper、Combiner 以及 Reducer 的相关处理类。这里用 Reduce 类来进行 Map 产生的中间结果合并，即 Combine 操作，避免给网络数据传输产生压力。

```
conf.setMapperClass(Map.class);
conf.setCombinerClass(Reduce.class);
conf.setReducerClass(Reduce.class);
```

接着就是调用 setInputPath() 和 setOutputPath() 设置输入输出路径。

```
conf.setInputFormat(TextInputFormat.class );
conf.setOutputFormat(TextOutputFormat.class );
```

InputFormat 和 InputSplit：InputSplit 是 Hadoop 定义的用来传送给每个单独的 Map 的数据，InputSplit 存储的并非数据本身，而是一个分片长度和一个记录数据位置的数组。生成 InputSplit 的方法可以通过 InputFormat 来设置。当数据传送给 Map 时，Map 会将输入分片传送到 InputFormat，InputFormat 则调用方法 getRecordReader() 生成 RecordReader，RecordReader 再通过 creatKey()、creatValue() 方法创建可供 Map 处理的 <key,value> 对。简而言之，InputFormat 是用来生成可供 map 处理的 <key,value> 对。Hadoop 预定义了多种方法将不同类型的输入数据转化为 Map 能够处理的 <key,value> 对，它们都继承自 InputFormat，分别是：

```
InputFormat
    |
    |---BaileyBorweinPlouffe.BbpInputFormat
    |---ComposableInputFormat
    |---CompositeInputFormat
    |---DBInputFormat
    |---DistSum.Machine.AbstractInputFormat
    |---FileInputFormat
        |---CombineFileInputFormat
        |---KeyValueTextInputFormat
        |---NLineInputFormat
        |---SequenceFileInputFormat
        |---TeraInputFormat
        |---TextInputFormat
```

其中 TextInputFormat 是 Hadoop 默认的输入方法，在 TextInputFormat 中，每个文件（或其一部分）都会单独地作为 Map 的输入，而这个是继承自 FileInputFormat 的。之后，每行数据都会生成一条记录，每条记录则表示成 <key,value> 形式：key 值是每个数据的记录在数据分片中字节偏移量，数据类型是 LongWritable；value 值是每行的内容，数据类型是 Text。

OutputFormat：每一种输入格式都有一种输出格式与其对应。默认的输出格式是 TextOutputFormat，这种输出方式与输入类似，会将每条记录以一行的形式存入文本文件。不过，它的键和值可以是任意形式的，因为程序会调用 toString() 方法将键和值转换为 String 类型再输出。

2）Map 类中 map() 函数分析。

```
...
public static class Map extends MapReduceBase implements
    Mapper<LongWritable, Text, Text, IntWritable> {
    private final static IntWritable one = new IntWritable(1);
    private Text word = new Text();
    public void map(LongWritable key, Text value,
        OutputCollector<Text, IntWritable> output, Reporter reporter)
```

```
        throws IOException {
          String line = value.toString();
          StringTokenizer tokenizer = new StringTokenizer(line);
          while (tokenizer.hasMoreTokens()) {
              word.set(tokenizer.nextToken());
              output.collect(word, one);
          }
        }
    }
```

Map 类继承自 MapReduceBase，并且它实现了 Mapper 接口，此接口是一个规范类型，它有 4 种形式的参数，分别用来指定 Map 的输入 key 值类型、输入 value 值类型、输出 key 值类型和输出 value 值类型。在本例中，因为使用的是 TextInputFormat，它的输出 key 值是 LongWritable 类型，输出 value 值是 Text 类型，所以 Map 的输入类型为 <LongWritable,Text>。在本例中需要输出 <word,1> 这样的形式，因此输出的 key 值类型是 Text，输出的 value 值类型是 IntWritable。实现此接口类还需要实现 map() 方法，map() 方法会具体负责对输入进行操作，在本例中，map() 方法对输入的行以空格为单位进行切分，然后使用 OutputCollect 收集输出的 <word,1>。

3）Reduce 类中 reduce() 函数分析。

```
...
public static class Reduce extends MapReduceBase implements
Reducer<Text, IntWritable, Text, IntWritable> {
    public void reduce(Text key, Iterator<IntWritable> values,
    OutputCollector<Text, IntWritable> output, Reporter reporter)
    throws IOException {
        int sum = 0;
        while (values.hasNext()) {
            sum += values.next().get();
        }
        output.collect(key, new IntWritable(sum));
    }
}
```

Reduce 类也是继承自 MapReduceBase 的，需要实现 Reducer 接口。Reduce 类以 Map 的输出作为输入，因此 Reduce 的输入类型是 <Text,IntWritable>。而 Reduce 的输出是单词和它的数目，因此，它的输出类型是 <Text,IntWritable>。Reduce 类也要实现 reduce() 方法，在此方法中，reduce() 函数将输入的 key 值作为输出的 key 值，然后将获得的多个 value 值加起来，作为输出的值。

3. 新版 WordCount 分析

1）map() 函数。

```
...
public static class TokenizerMapper extends Mapper<Object, Text, Text,
IntWritable>{
  private final static IntWritable one = new IntWritable(1);
  private Text word = new Text();
  public void map(Object key, Text value, Context context)
    throws IOException, InterruptedException {
      StringTokenizer itr = new StringTokenizer(value.toString());
```

```
      while (itr.hasMoreTokens()) {
        word.set(itr.nextToken());
        context.write(word, one);
      }
    }
  }
```

Map 过程继承 org.apache.hadoop.mapreduce 包中 Mapper 类，并重写其 map() 方法。通过在 map() 方法中添加将 key 值和 value 值输出到控制台的代码，可以发现 map() 方法中 value 值存储的是文本文件中的一行（以回车符为行结束标记），而 key 值为该行的首字母相对于文本文件的首地址的偏移量。然后 StringTokenizer 类将每一行拆分成一个个的单词，并将 <word,1> 作为 map() 方法的结果输出，其余的工作都交由 MapReduce 框架处理。

2）reduce() 函数。

```
...
public static class IntSumReducer extends Reducer<Text,IntWritable,Text,IntWritable> {
    private IntWritable result = new IntWritable();
    public void reduce(Text key, Iterable<IntWritable> values,Context context)
    throws IOException, InterruptedException {
        int sum = 0;
        for (IntWritable val : values) {sum += val.get();}
        result.set(sum);
        context.write(key, result);
    }
}
```

Reduce 过程继承 org.apache.hadoop.mapreduce 包中 Reducer 类，并重写其 reduce() 方法。Map 过程输出 <key,values> 中 key 为单个单词，而 values 是对应单词的计数值所组成的列表，Map 的输出就是 Reduce 的输入，所以 reduce() 方法只要遍历 values 并求和，即可得到某个单词的总次数。

3）main() 函数。

```
public static void main(String[] args) throws Exception {
    Configuration conf = new Configuration();
    String[] otherArgs = new GenericOptionsParser(conf, args).getRemainingArgs();
    if (otherArgs.length != 2) {
        System.err.println("Usage: wordcount <in> <out>");
        System.exit(2);
    }
    Job job = new Job(conf, "word count");
    job.setJarByClass(WordCount.class);
    job.setMapperClass(TokenizerMapper.class);
    job.setCombinerClass(IntSumReducer.class);
    job.setReducerClass(IntSumReducer.class);
    job.setOutputKeyClass(Text.class);
    job.setOutputValueClass(IntWritable.class);
    FileInputFormat.addInputPath(job, new Path(otherArgs[0]));
```

```
FileOutputFormat.setOutputPath(job, new Path(otherArgs[1]));
System.exit(job.waitForCompletion(true) ? 0 : 1);
}
```

在 MapReduce 中，由 Job 对象负责管理和运行一个计算任务，并通过 Job 的一些方法对任务的参数进行相关的设置。此处设置了使用 TokenizerMapper 完成 Map 过程中的处理和使用 IntSumReducer 完成 Combine 和 Reduce 过程中的处理。还设置了 Map 过程和 Reduce 过程的输出类型：key 的类型为 Text，value 的类型为 IntWritable。任务的输出和输入路径则由命令行参数指定，并由 FileInputFormat 和 FileOutputFormat 分别设定。完成相应任务的参数设定后，即可调用 job.waitForCompletion() 方法执行任务。

2.2.3 WordCount 详细处理过程

本节将对 WordCount 进行更详细的讲解。进行多个文件单词统计的 MapReduce 的执行步骤描述如下：

1）将文件拆分成 splits，由于测试用的文件较小，所以每个文件为一个 split，并将文件按行分割形成 <key,value> 对，如图 2-6 所示。这一步由 MapReduce 框架自动完成，其中偏移量（即 key 值）包括了回车所占的字符数（Windows 和 Linux 环境会不同）。

2）将分割好的 <key,value> 对交给用户定义的 map() 方法进行处理，生成新的 <key,value> 对，如图 2-7 所示。

图 2-6　分割过程　　　　　　　图 2-7　执行 map() 方法

3）得到 map() 方法输出的 <key,value> 对后，Mapper 会将它们按照 key 值进行排序，并执行 Combine 过程，将 key 值相同的 value 值累加，得到 Mapper 的最终输出结果，如图 2-8 所示。

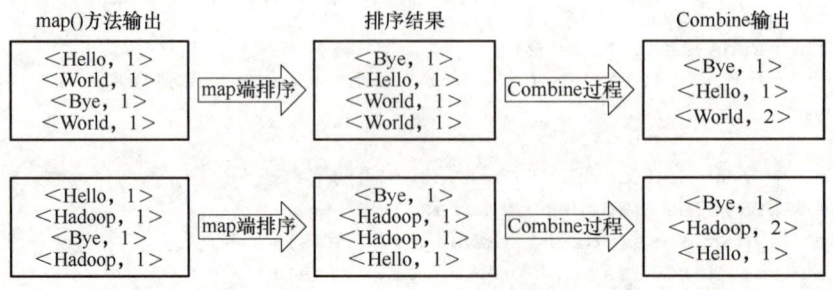

图 2-8　Map 端排序及 Combine 过程

4）Reducer 先对从 Mapper 接收的数据进行排序，再交由用户自定义的 reduce() 方法进行处理，得到新的 <key,value> 对，并作为 WordCount 的输出结果，如图 2-9 所示。

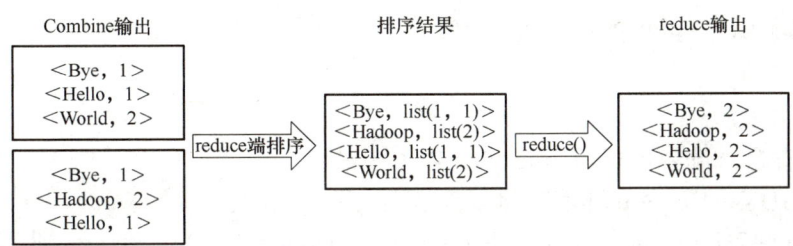

图 2-9　Reduce 端排序及输出结果

2.2.4　MapReduce 新旧版区别

Hadoop 新版本的 MapReduce Release 0.20.0 的 API 包括了一个全新的 MapReduce JAVA API，有时候也称为上下文对象。新的 API 类型上不兼容以前的 API，所以，以前的应用程序需要重写才能使新的 API 有效。新的 API 和旧的 API 之间有下面几个明显的区别：

1）新的 API 倾向于使用抽象类，而不是接口，因为这更容易扩展。例如，可以添加一个方法（用默认的实现）到一个抽象类而不需修改类之前的实现方法。在新的 API 中，Mapper 和 Reducer 是抽象类。

2）新的 API 是在 org.apache.hadoop.mapreduce 包（和子包）中的。之前版本的 API 则是放在 org.apache.hadoop.mapred 中的。

3）新的 API 广泛使用上下文对象（context object），并允许用户代码与 MapReduce 系统进行通信。例如，MapContext 基本上充当着 JobConf 的 OutputCollector 和 Reporter 的角色。

4）新的 API 同时支持"推"和"拉"式的迭代。在这两个新老 API 中，键/值记录对被推入 Mapper 中，但除此之外，新的 API 允许把记录从 map() 方法中拉出，这也适用于 Reducer。"拉"式的一个有用的例子是分批处理记录，而不是一个接一个。

5）新的 API 统一了配置。旧的 API 有一个特殊的 JobConf 对象用于作业配置，这是一个对于 Hadoop 通常的 Configuration 对象的扩展。在新的 API 中，这种区别被删除，所以作业配置通过 Configuration 来完成。作业控制的执行由 Job 类来负责，而不是 JobClient，它在新的 API 中已经被取代。

2.3　MapReduce 编程示例

2.3.1　Eclipse 开发环境搭建

以 windows8.1 + Eclipse 4.6.1 + Hadoop-2.7.3 为例说明在 Eclipse 环境下开发 MapReduce 程序的设置过程。

1. 软件准备

JDK：jdk-8u111-windows-x64.exe。

Eclipse：进入 Eclipse 官网，在线更新 Eclipse 到 4.6.1 版本。

Hadoop：hadoop-2.7.3.tar.gz。

Hadoop-Src：hadoop-2.7.3-src.tar.gz（华中科技大学镜像网站下载）。

Hadoop-eclipse-plugin：hadoop-eclipse-plugin-2.7.1.jar（没有 2.7.3 的对应包，测试

2.7.1 可用，压缩包为 eclipse-hadoop.zip）。

2. 搭建环境

（1）安装 JDK8

安装过程省略，读者可以自行查询相关文献安装。

（2）配置 JDK、Hadoop 环境变量

解压 hadoop-2.7.3.tar.gz、eclipse-hadoop.zip、hadoop-2.7.3-src.tar.gz 到本地硬盘，位置任意。配置系统环境变量 JAVA_HOME、HADOOP_HOME，并将这些环境变量的 bin 子目录配置到 path 变量中。将 eclipse-hadoop.zip 的所有文件（含 hadoop.dll 和 winutils.exe）解压后复制到 HADOOP_HOME/bin 目录下。

（3）配置 Eclipse

将 eclipse-hadoop.zip 中的 hadoop-eclipse-plugin-2.7.3.jar 复制到 eclipse 的 plugins 目录下。启动 eclipse，并设置好 workspace。插件安装成功并启动后可以看到如图 2-10 所示内容（注意只有在 Project 视图可以看到）。

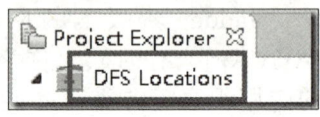

图 2-10　DFS 位置

如果没有出现"DFS Locations"，按以下方式处理：

1）通过 cmd 启动 Eclipse 时带上 -clean 参数，如 eclipse.exe -clean。

2）删除整个目录 /eclipse/configuration/org.eclipse.update/，重启 Eclipse。

（4）配置 Hadoop

打开"window"→"Preferenes"→"Hadoop Map/Reduce"，配置到 Hadoop_Home 目录。

打开"window"→"show view"→"Mepreduce Tools"→"Map/Reduce Locations"，创建一个 Locations，配置如图 2-11 及图 2-12 所示。

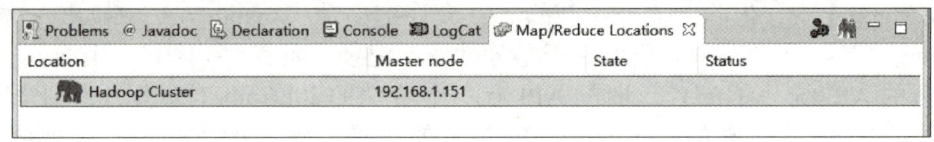

图 2-11　配置 Hadoop

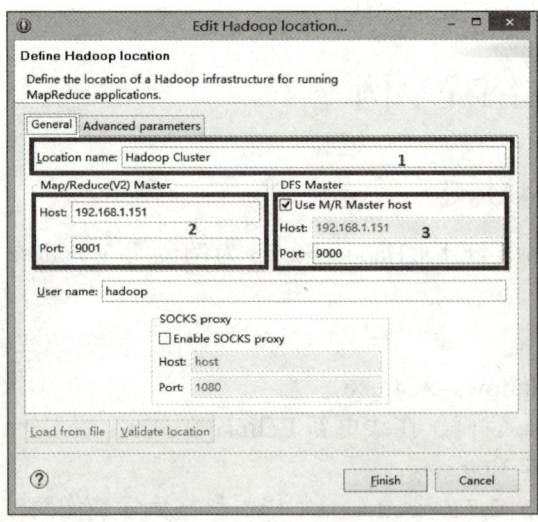

图 2-12　Hadoop 位置配置

1）位置为配置的名称，任意。
2）位置为 mapred-site.xml 文件中的 mapreduce.jobtracker.address 配置。
3）位置为 core-site.xml 文件中的 fs.default.name 配置。

配置好以上信息之后，可以在 Project Explorer 中看到如图 2-13 所示的内容，即表示配置成功。

图 2-13 表示读取到了配置的 hdfs 信息，一共有 3 个文件夹 input、output、output1，input 目录下有 3 个文件。

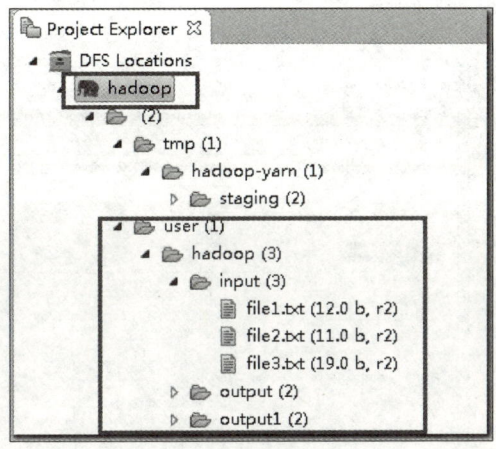

图 2-13　配置成功示例

3. 创建示例程序

（1）新建一个 WordCount 类

打开 eclipse，创建一个 Map/Reduce Project，并创建一个 WordCount 类。注意将 hadoop-2.7.3\share\hadoop 目录下的 common、hdfs、mapreduce、yarn 目录中的所有 jar 包通过 configure Build Path 在项目中引用。

复制 hadoop-2.7.3\share\hadoop\mapreduce\hadoop-mapreduce-examples-2.7.3.jar 包中的 WordCount.java 文件中的内容到新创建的类中。

（2）配置 log4j

在 src 目录下，创建 log4j.properties 文件。

```
log4j.rootLogger=debug, stdout, R
log4j.appender.stdout=org.apache.log4j.ConsoleAppender
log4j.appender.stdout.layout=org.apache.log4j.PatternLayout
log4j.appender.stdout.layout.ConversionPattern=%5p - %m%n
log4j.appender.R=org.apache.log4j.RollingFileAppender
log4j.appender.R.File=mapreduce_test.log
log4j.appender.R.MaxFileSize=1MB
log4j.appender.R.MaxBackupIndex=1
log4j.appender.R.layout=org.apache.log4j.PatternLayout
log4j.appender.R.layout.ConversionPattern=%p %t %c - %m%
log4j.logger.com.codefutures=DEBUG
```

（3）配置运行参数

选择"run"-"run configurations"，在"Arguments"里加入：

"hdfs://datanode1:9000/input hdfs://datanode1:9000/output"。

格式为"输入路径 输出路径",如果是输出路径,则必须为空或未创建,否则会报错。运行参数配置如图2-14所示。

注:如果"Java Application"下面没有"WordCount",可以单击右键,"新建"一个即可。

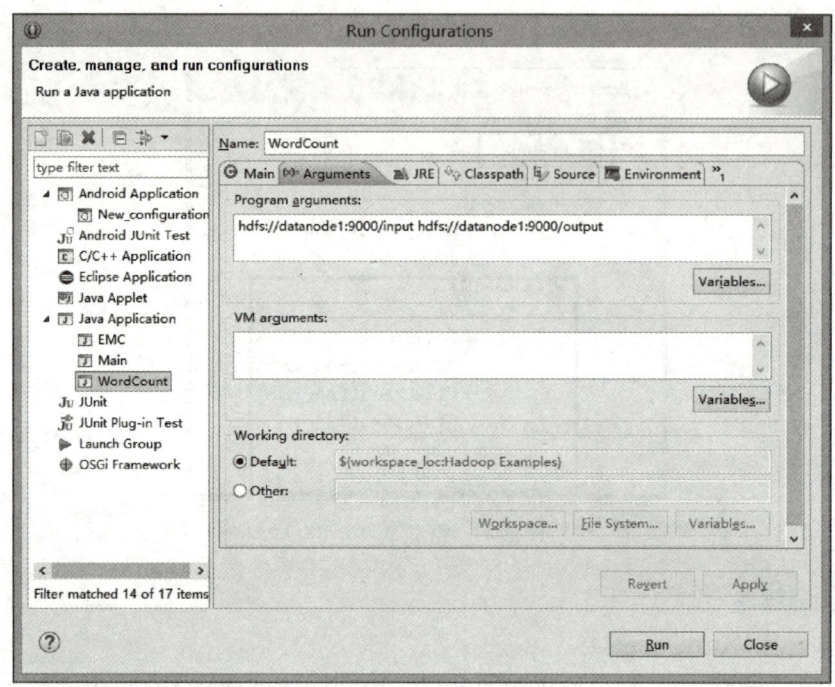

图2-14 运行参数配置

(4)执行查看结果

配置好之后,执行。查看控制台输出以下内容,表示执行成功。

```
INFO - Job job_local1914346901_0001 completed successfully
INFO - Counters: 38
  File System Counters
    FILE: Number of bytes read=4109
    …
  Map-Reduce Framework
    Map input records=3
  …
Shuffle Errors
    BAD_ID=0
    …
File Input Format Counters
    Bytes Read=42
File Output Format Counters
    Bytes Written=40
```

在"DFS Locations"下,刷新刚创建的"Hadoop"看到本次任务的输出目录下是否有输出文件。输出文件如图2-15所示。

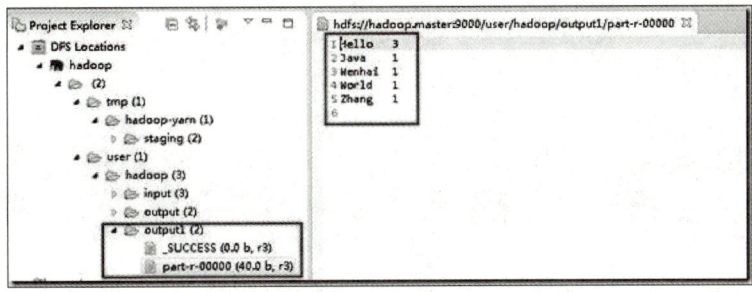

图 2-15　WordCount 运行结果

（5）在全分布环境下运行 WordCount 程序

上述的方法运行 WordCount 程序时，是在 Eclipse 的本地环境运行的，在集群运行 JPS 看不到正在运行的程序，在 Hadoop 的 Web 页面的 Application 中也看不到运行的程序记录，若需要将程序远程提交到集群中运行，需要执行以下的步骤：

1）将 core-site.xml、mapred-site.xml、hdfs-site.xml、yarn-site.xml 复制到项目的 src 文件夹中，如图 2-16 所示。

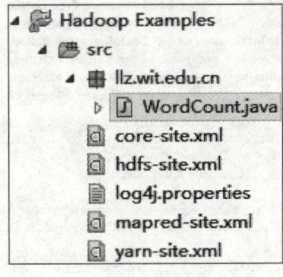

图 2-16　复制配置文件

2）在 WordCount 的 main() 函数中添加以下的语句。

```
conf.set("mapreduce.app-submission.cross-platform", "true");
conf.set("mapreduce.job.jar", "e:\\2\\SparkWordCount.jar");
```

其中，“e:\\2\\SparkWordCount.jar”为将 Hadoop Examples 项目导出到本地的 jar 包。

3）WordCount 程序在集群环境中运行时的结点情况如图 2-17 所示。

Cluster Metrics

Apps Submitted	Apps Pending	Apps Running	Apps Completed	Containers Running	Memory Used	Memory Total	Memory Reserved	VCores Used	VCores Total	VCores Reserved	Active Nodes	Decommissioned Nodes	Lost Nodes	Unhealthy Nodes	Rebooted Nodes
1	0	1	0	31	32 GB	32 GB	0 B	31	32	0	4	0	0	0	0

Scheduler Metrics

Scheduler Type	Scheduling Resource Type	Minimum Allocation	Maximum Allocation
Capacity Scheduler	[MEMORY]	<memory:1024, vCores:1>	<memory:8192, vCores:8>

Show 20 entries　Search:

Node Labels	Rack	Node State	Node Address	Node HTTP Address	Last health-update	Health-report	Containers	Mem Used	Mem Avail	VCores Used	VCores Avail	Version
	/default-rack	RUNNING	datanode1:36042	datanode1:8042	Mon Oct 21 15:44:10 +0800 2019		7	8 GB	0 B	7	1	2.7.3
	/default-rack	RUNNING	datanode3:45596	datanode3:8042	Mon Oct 21 15:42:07 +0800 2019		8	8 GB	0 B	8	0	2.7.3
	/default-rack	RUNNING	datanode4:33481	datanode4:8042	Mon Oct 21 15:42:08 +0800 2019		8	8 GB	0 B	8	0	2.7.3
	/default-rack	RUNNING	datanode2:38330	datanode2:8042	Mon Oct 21 15:42:08 +0800 2019		8	8 GB	0 B	8	0	2.7.3

Showing 1 to 4 of 4 entries　First Previous 1 Next Last

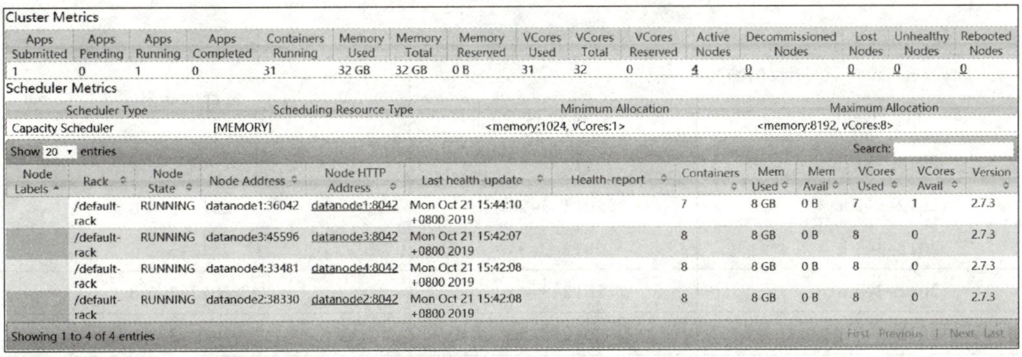

图 2-17　WordCount 程序在集群环境中运行时的结点情况

单击“Applications”链接，可以观察 WordCount 程序在集群中运行的详细情况，如图 2-18 所示。

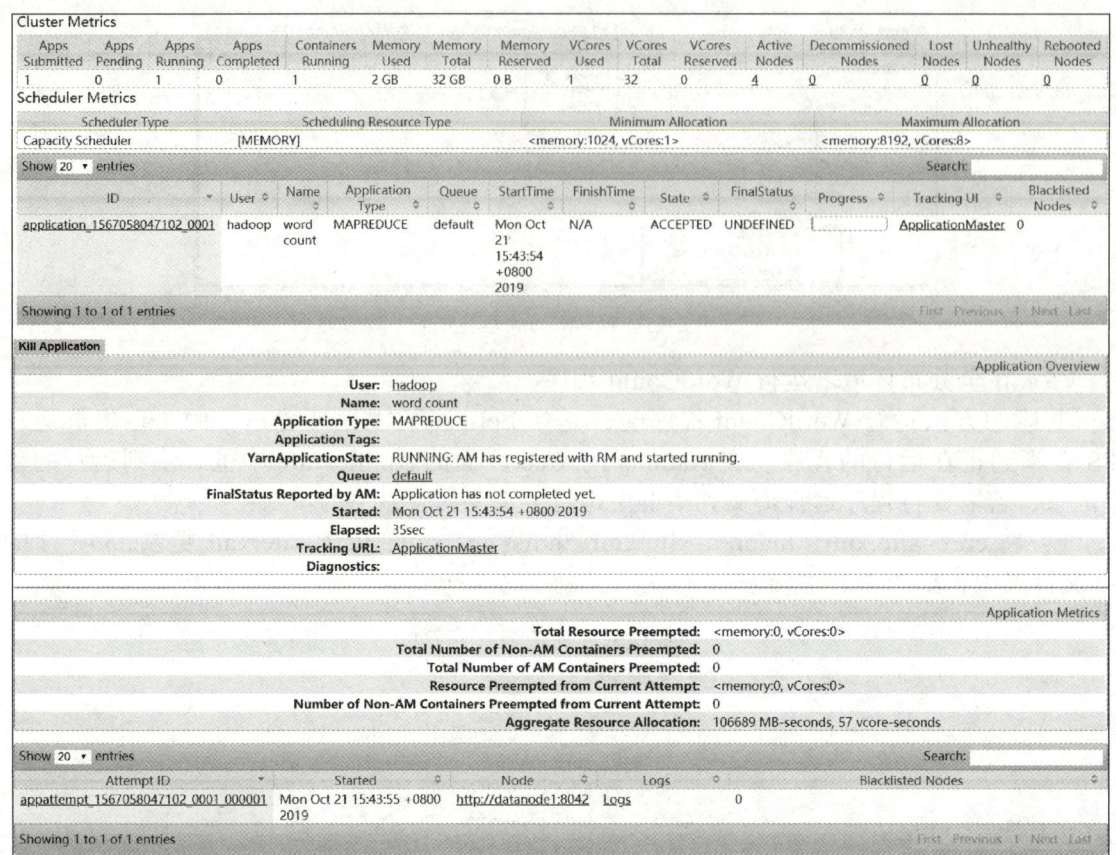

图 2-18　WordCount 程序在集群环境中运行的详细情况

2.3.2　数据去重

统计大数据集上的数据种类个数、从网站日志中计算访问地等这些看似庞杂的任务都会涉及数据去重。下面说明这个实例的 MapReduce 程序设计。

1. 实例描述

对数据文件中的数据进行去重。数据文件中的每行都表示一个数据，见表 2-1。

表 2-1　数据文件

样例输入		样例输出
file1.txt	file2.txt	
2012-3-1 b	2012-3-1 a	2012-3-1 a
2012-3-2 a	2012-3-2 b	2012-3-1 b
2012-3-3 b	2012-3-3 c	2012-3-2 a
2012-3-4 d	2012-3-4 d	2012-3-2 b
2012-3-5 a	2012-3-5 a	2012-3-3 b
2012-3-6 c	2012-3-6 b	2012-3-3 c
2012-3-7 d	2012-3-7 d	2012-3-4 d
2012-3-3 c	2012-3-3 c	2012-3-5 a

（续）

样例输入		样例输出
file1.txt	file2.txt	
		2012-3-6 b
		2012-3-6 c
		2012-3-7 c
		2012-3-7 d

可以看到在样例输出中，重复的数据已被删去。

2. 设计思路

数据去重的目标是让原始数据中出现次数超过一次的数据在输出文件中只出现一次。自然而然会想到将同一个数据的所有记录都交给一台 Reduce 机器，无论这个数据出现多少次，只需在最终结果中输出一次。具体就是 Reduce 的输入应该以数据作为 key，而对 value-list 则没有要求。当 reduce 接收到一个 <key,value-list> 时就直接将 key 复制到输出的 key 中，并将 value 设置成空字符。

在 MapReduce 流程中，Map 的输出 <key,value> 经过 Shuffle 过程聚集成 <key,value-list> 后会交给 Reduce。所以从设计好的 Reduce 输入可以反推出 Map 的输出 key 应为数据，value 任意。在这个实例中每个数据代表输入文件中的一行内容，所以 Map 阶段要完成的任务就是在采用 Hadoop 默认的作业输入方式之后，将 value 设置为 key，并直接输出（输出中的 value 任意）。Map 中的结果经过 Shuffle 过程之后交给 Reduce。Reduce 阶段不用理会每个 key 有多少个 value，它直接将输入的 key 复制为输出的 key，并输出（输出中的 value 可设置成空字符）。

3. 程序代码

程序代码如下所示。

```
...
public class Dedup {
    //map 将输入中的 value 复制到输出数据的 key 上，并直接输出
    public static class Map extends Mapper<Object,Text,Text,Text>{
        private static Text line=new Text();      // 每行数据
        public void map(Object key,Text value,Context context)
                                                  // 实现 map() 函数
                throws IOException,InterruptedException{
            line=value;
            context.write(line, new Text(""));
        }
    }
    //reduce 将输入中的 key 复制到输出数据的 key 上，并直接输出
    public static class Reduce extends Reducer<Text,Text,Text,Text>{
        // 实现 reduce() 函数
        public void reduce(Text key,Iterable<Text> values,Context context)
                throws IOException,InterruptedException{
            context.write(key, new Text(""));
        }
    }
}
```

```
public static void main(String[] args) throws Exception{
    Configuration conf = new Configuration();
    String[] ioArgs=new String[]{"hdfs://localnode:9000/dedup_in",
                                 "hdfs://localnode:9000/dedup_out"};
    Job job = Job.getInstance(conf, "Data Deduplication");
    job.setJarByClass(Dedup.class);
    // 设置 Map、Combine 和 Reduce 处理类
    job.setMapperClass(Map.class);
    job.setCombinerClass(Reduce.class);
    job.setReducerClass(Reduce.class);
    job.setOutputKeyClass(Text.class);          // 设置输出类型
    job.setOutputValueClass(Text.class);
    // 设置输入和输出目录
    FileInputFormat.addInputPath(job, new Path(ioArgs[0]));
    FileOutputFormat.setOutputPath(job, new Path(ioArgs[1]));
    System.exit(job.waitForCompletion(true) ? 0 : 1);
}
}
```

4. 代码测试

1）准备测试数据。通过 Eclipse 下面的 "DFS Locations" 在 "/user/hadoop" 目录下创建输入文件 "dedup_in" 文件夹（备注： "dedup_out" 不需要创建），如图 2-19 所示，已经成功创建。

然后在本地建立两个 txt 文件，通过 Eclipse 上传到 "/user/hadoop/dedup_in" 文件夹中，两个 txt 文件的内容如 "实例描述" 中的两个文件一样，成功上传之后如图 2-20 所示。

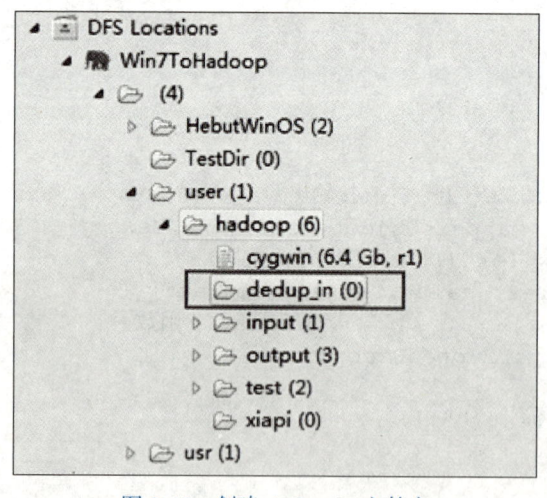

图 2-19　创建 dedup_in 文件夹

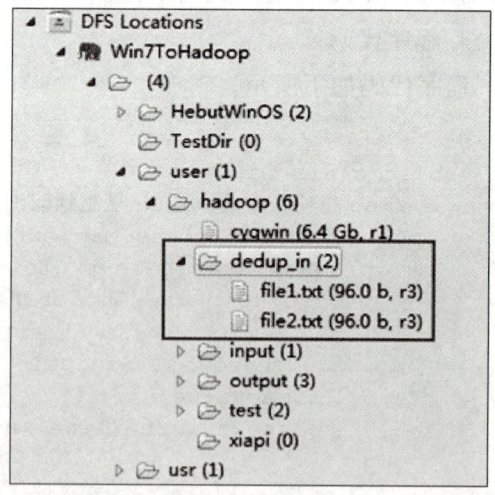

图 2-20　上传 "file*.txt"

2）查看运行结果。这时右击 Eclipse 的 "DFS Locations" 中 "/user/hadoop" 文件夹进行刷新，这时会发现多出一个 "dedup_out" 文件夹，且里面有 3 个文件，然后打开其 "part-r-00000" 文件，会在 Eclipse 中间把内容显示出来。如图 2-21 所示。

对比结果和预期相一致。后续的实例的操作步骤与此例类似，故不再具体说明。

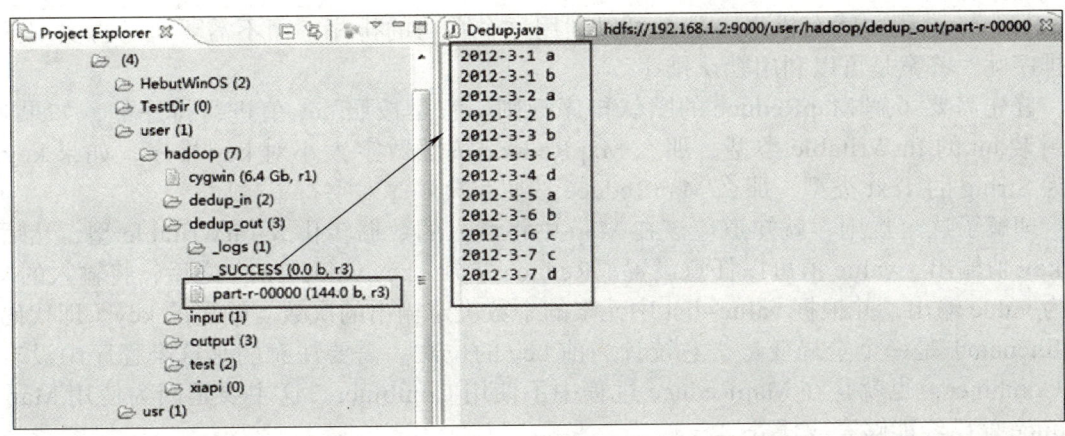

图 2-21　运行结果

2.3.3　数据排序

"数据排序"是许多实际任务执行时要完成的第一项工作,比如学生成绩对比、数据建立索引等。这个实例和数据去重类似,下面进入这个实例。

1. 实例描述

对输入文件中的数据进行排序,见表 2-2。输入文件中的每行内容均为一个数字,即一个数据。要求在输出中每行有两个间隔的数字,其中第一个代表原始数据在原始数据集中的位次,第二个代表原始数据。

表 2-2　输入文件

样例输入			样例输出
1.txt	2.txt	3.txt	
2	5956	26	1　2
32	22	54	2　6
654	650	6	3　15
32	92		4　22
15			5　26
756			6　32
65223			7　32
			8　54
			9　92
			10　650
			11　654
			12　756
			13　5956
			14　65223

2. 设计思路

这个实例仅仅要求对输入数据进行排序,熟悉 MapReduce 过程的读者会很快想到在

MapReduce 过程中就有排序，是否可以利用这个默认的排序，而不需要自己再实现具体的排序呢？答案是可以利用默认排序。

首先需要了解 MapReduce 的默认排序规则。它是按照 key 值进行排序的，如果 key 为封装 int 的 IntWritable 类型，那么 MapReduce 按照数字大小对 key 排序，如果 key 封装为 String 的 Text 类型，那么 MapReduce 按照字典顺序对字符串排序。

理解了这个规则，就知道应该在 Map 中将读入的数据转化成 IntWritable 型，然后作为 key 值输出，value 值可以任意设置。Reduce 拿到 <key,value-list> 之后，将输入的 key 作为 value 输出，并根据 value-list 中元素的个数决定输出的次数。输出的 key（即代码中的 linenum）是一个全局变量，它统计当前 key 的位次。需要注意的是这个程序中没有配置 Combiner，也就是在 MapReduce 过程中不使用 Combiner。这主要是因为使用 Map 和 Reduce 就已经能够完成任务。

3. 程序代码

程序代码如下所示。

```java
...
public class SortDemo {
    //map 将输入中的 value 转化成 IntWritable 类型，作为输出的 key
    public static class Map extends Mapper<Object,Text,IntWritable,IntWritable>{
        private static IntWritable data=new IntWritable();
        // 实现 map() 函数
        public void map(Object key,Text value,Context context)
                throws IOException,InterruptedException{
            String line=value.toString();
            data.set(Integer.parseInt(line));
            context.write(data, new IntWritable(2));  //value 设置为任意值
        }
    }
    //reduce 将输入中的 key 复制到输出数据的 key 上，然后根据输入的 value-list 中元素的
    // 个数决定 key 的输出次数，用全局 linenum 来代表 key 的位次
    public static class Reduce extends
        Reducer<IntWritable,IntWritable,IntWritable,IntWritable>{
        private static IntWritable linenum = new IntWritable(1);
        // 实现 reduce() 函数
        public void reduce(IntWritable key,Iterable<IntWritable> values,Context context)
                throws IOException,InterruptedException{
            for(IntWritable val:values){
                context.write(linenum, key);
                linenum = new IntWritable(linenum.get()+1);
            }
        }
    }
    public static void main(String[] args) throws Exception{
        Configuration conf = new Configuration();
        String[] ioArgs=new String[]{"hdfs://localnode:9000/sort_in",
                            "hdfs://localnode:9000/sort_out"};
        Job job = Job.getInstance(conf, "Data Sort");
        job.setJarByClass(SortDemo.class);
```

```
        // 设置 Map 和 Reduce 处理类
        job.setMapperClass(Map.class);
        job.setReducerClass(Reduce.class);
        // 设置输出类型
        job.setOutputKeyClass(IntWritable.class);
        job.setOutputValueClass(IntWritable.class);
        // 设置输入和输出目录
        FileInputFormat.addInputPath(job, new Path(ioArgs[0]));
        FileOutputFormat.setOutputPath(job, new Path(ioArgs[1]));
        System.exit(job.waitForCompletion(true) ? 0 : 1);
    }
}
```

2.3.4 平均成绩

对 WordCount 程序进行细微的修改，就能实现计算平均成绩，详细描述如下。

1. 实例描述

输入文件中的每行内容均为一个学生的姓名和他相应的成绩，见表 2-3，如果有多门学科，则每门学科为一个文件。要求在输出中每行有两个间隔的数据，其中，第一个代表学生的姓名，第二个代表其平均成绩。

表 2-3 输入文件

样例输入			样例输出
Math 1.txt	China 2.txt	English 3.txt	
张三 88	张三 78	张三 80	张三 82
李四 99	李四 89	李四 82	李四 90
王五 66	王五 96	王五 84	王五 82
赵六 77	赵六 67	赵六 86	赵六 76

2. 设计思路

计算学生平均成绩是一个仿"WordCount"的例子，用来重温开发 MapReduce 程序的流程。程序包括两部分的内容：Map 部分和 Reduce 部分，分别实现了 map 和 reduce 的功能。

Map 处理的是一个纯文本文件，文件中存放的数据每一行表示一个学生的姓名和相应一科成绩。Mapper 处理的数据是由 InputFormat 分解过的数据集，其中 InputFormat 的作用是将数据集切割成小数据集 InputSplit，每一个 InputSplit 将由一个 Mapper 负责处理。此外，InputFormat 中还提供了一个 RecordReader 的实现，并将一个 InputSplit 解析成 <key,value> 对提供给了 map() 函数。InputFormat 的默认值是 TextInputFormat，它针对文本文件，按行将文本切割成 InputSplit，并用 LineRecordReader 将 InputSplit 解析成 <key,value> 对，key 是行在文本中的位置，value 是文件中的一行。

Mapper 处理的结果对 <key,value> 会通过 partion 分发到 Reducer，在 Reducer 中进行合并，合并的时候，有相同 key 的键/值对则送到同一个 Reducer 上。Reducer 的输入是 key 和这个 key 对应的所有 value 的集合列表，同时还有 Reducer 的上下文。Reduce 的结果由 Reducer.Context 的 write() 方法输出到文件中，以 OutputFormat 的格式输出。

3. 程序代码

程序代码如下所示。

```java
...
public class AvgDemo {
    public static class Map extends Mapper<LongWritable, Text, Text, IntWritable> {
        // 实现map()函数
        public void map(LongWritable key, Text value, Context context)
                throws IOException, InterruptedException {
            // 将输入的纯文本文件的数据转化成String
            String line = value.toString();
            // 将输入的数据首先按行进行分割
            StringTokenizer tokenizerArticle = new StringTokenizer(line);
            // 分别对每一行进行处理
            while (tokenizerArticle.hasMoreElements()) {
                String strName = tokenizerArticle.nextToken();
                                                    // 学生姓名部分
                String strScore = tokenizerArticle.nextToken();
                                                    // 成绩部分
                Text name = new Text(strName);
                int scoreInt = Integer.parseInt(strScore);
                // 输出姓名和成绩
                context.write(name, new IntWritable(scoreInt));
            }
        }
    }
    public static class Reduce extends Reducer<Text, IntWritable, Text, IntWritable> {
        // 实现reduce()函数
        public void reduce(Text key, Iterable<IntWritable> values,
                Context context) throws IOException, InterruptedException {
            int sum = 0;
            int count = 0;
            Iterator<IntWritable> iterator = values.iterator();
            while (iterator.hasNext()) {
                sum += iterator.next().get();      // 计算总分
                count++;                            // 统计总的科目数
            }
            int average = (int) sum / count;       // 计算平均成绩
            context.write(key, new IntWritable(average));
        }
    }
    public static void main(String[] args) throws Exception {
        Configuration conf = new Configuration();
        String[] ioArgs = new String[] { "hdfs://localnode:9000/avg_in",
                                "hdfs://localnode:9000/avg_out" };
        Job job = Job.getInstance(conf, "Score Average");
        job.setJarByClass(AvgDemo.class);
        // 设置Map、Combine和Reduce处理类
        job.setMapperClass(Map.class);
        job.setCombinerClass(Reduce.class);
```

```
        job.setReducerClass(Reduce.class);
        // 设置输出类型
        job.setOutputKeyClass(Text.class);
        job.setOutputValueClass(IntWritable.class);
        // 将输入的数据集分割成小数据块 splits, 提供一个 RecordReder 的实现
        job.setInputFormatClass(TextInputFormat.class);
        // 提供一个 RecordWriter 的实现, 负责数据输出
        job.setOutputFormatClass(TextOutputFormat.class);
        // 设置输入和输出目录
        FileInputFormat.addInputPath(job, new Path(ioArgs[0]));
        FileOutputFormat.setOutputPath(job, new Path(ioArgs[1]));
        System.exit(job.waitForCompletion(true) ? 0 : 1);
    }
}
```

2.3.5 单表关联

单表关联这个实例要求从给出的数据中寻找所关心的数据,它是对原始数据所包含信息的挖掘。下面将介绍这个实例。

1. 实例描述

实例中给出 child-parent(孩子 – 父母)表,见表 2-4,要求输出 grandchild-grandparent(孙子 – 爷奶)表。

表 2-4 孩子 – 父母表

样例输入		样例输出	
1.txt			
child	parent	grandchild	grandparent
Tom	Lucy	Tom	Alice
Tom	Jack	Tom	Jesse
Jone	Lucy	Jone	Alice
Jone	Jack	Jone	Jesse
Lucy	Mary	Tom	Mary
Lucy	Ben	Tom	Ben
Jack	Alice	Jone	Mary
Jack	Jesse	Jone	Ben
Terry	Alice	Philip	Alice
Terry	Jesse	Philip	Jesse
Philip	Terry	Mark	Alice
Philip	Alma	Mark	Jesse
Mark	Terry		
Mark	Alma		

2. 设计思路

分析这个实例,显然需要进行单表连接,连接的是左表的 parent 列和右表的 child

列,且左表和右表是同一个表。连接结果中除去连接的两列就是所需要的结果——"grandchild grandparent"表。要用 MapReduce 解决这个实例,首先应该考虑如何实现表的自连接;其次就是连接列的设置;最后是结果的整理。考虑到 MapReduce 的 Shuffle 过程会将相同的 key 连接在一起,所以可以将 map 结果的 key 设置成待连接的列,然后列中相同的值就自然会连接在一起了。家族树状关系谱如图 2-22 所示。

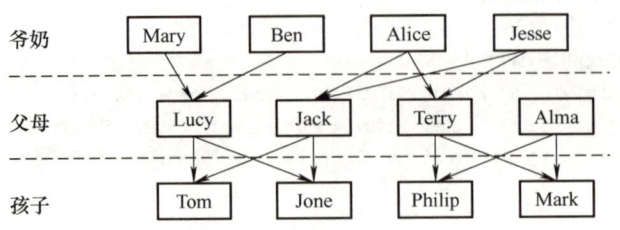

图 2-22　家族树状关系谱

与最开始的分析联系起来:要连接的是左表的 parent 列和右表的 child 列,且左表和右表是同一个表,所以在 map 阶段将读入数据分割成 child 和 parent 之后,会将 parent 设置成 key,child 设置成 value 进行输出,并作为左表;再将同一对 child 和 parent 中的 child 设置成 key,parent 设置成 value 进行输出,作为右表。为了区分输出中的左右表,需要在输出的 value 中再加上左右表的信息,比如在 value 的 String 最开始处加上字符 1 表示左表,加上字符 2 表示右表。这样在 map 的结果中就形成了左表和右表,然后在 Shuffle 过程中完成连接。reduce 接收到连接的结果,其中每个 key 的 value-list 就包含了"grandchild-grandparent"关系。取出每个 key 的 value-list 进行解析,将左表中的 child 放入一个数组,右表中的 parent 放入一个数组,然后对两个数组求笛卡儿积就是最后的结果。

3. 程序代码

程序代码如下所示。

```
...
public class STjoin {
    public static int time = 0;
    //map将输出分割child和parent,然后正序输出一次作为右表,反序输出一次作为左表,
    //需要注意的是在输出的value中必须加上左右表的区别标识。
    public static class Map extends Mapper<Object, Text, Text, Text> {
        // 实现map()函数
        public void map(Object key, Text value, Context context)
                throws IOException, InterruptedException
        {
            String childname = new String();       // 孩子名称
            String parentname = new String();      // 父母名称
            String relationtype = new String();    // 左右表标识
            // 输入的一行预处理文本
            StringTokenizer itr=new StringTokenizer(value.toString());
            String[] values=new String[2];
            int i=0;
            while(itr.hasMoreTokens())
            {
                values[i]=itr.nextToken();
                i++;
```

```java
            }
            if (values[0].compareTo("child") != 0) {
                childname = values[0];
                parentname = values[1];
                // 输出左表
                relationtype = "1";
                context.write(new Text(values[1]),
                    new Text(relationtype + "+" + childname + "+" +
                    parentname));
                // 输出右表
                relationtype = "2";
                context.write(new Text(values[0]),
                    new Text(relationtype + "+" + childname + "+" + parentname));
            }
        }
    }
    public static class Reduce extends Reducer<Text, Text, Text, Text> {
        // 实现 reduce() 函数
        public void reduce(Text key, Iterable<Text> values,
                Context context) throws IOException, InterruptedException
        {
            // 输出表头
            if (0 == time) {
                context.write(new Text("grandchild"), new Text("grandparent"));
                time++;
            }
            int grandchildnum = 0;
            String[] grandchild = new String[10];
            int grandparentnum = 0;
            String[] grandparent = new String[10];
            Iterator<Text> ite = values.iterator();
            while (ite.hasNext()) {
                String record = ite.next().toString();
                int len = record.length();
                if (0 == len) {
                    continue;
                }
                String[] result = record.split("\\+");
                // 取得左右表标识
                String relationtype = result[0];
                // 定义孩子和父母变量
                String childname = result[1];
                String parentname = result[2];
                // 左表,取出 child 放入 grandchildren
                if ("1".compareTo(relationtype) == 0 ) {
                    grandchild[grandchildnum] = childname;
                    grandchildnum++;
                }
                // 右表,取出 parent 放入 grandparent
                if ("2".compareTo(relationtype) == 0 ) {
                    grandparent[grandparentnum] = parentname;
                    grandparentnum++;
```

```
                }
            }
            //grandchild 和 grandparent 数组求笛卡儿积
            if (0 != grandchildnum && 0 != grandparentnum) {
                for (int m = 0; m < grandchildnum; m++) {
                    for (int n = 0; n < grandparentnum; n++) {
                        // 输出结果
                        context.write(new Text(grandchild[m]), new
                        Text(grandparent[n]));
                    }
                }
            }
        }
    }
    public static void main(String[] args) throws Exception {
        Configuration conf = new Configuration();
        String[] ioArgs = new String[] { "hdfs://localnode:9000/STjoin_in",
                                "hdfs://localnode:9000/STjoin_out" };
        Job job = Job.getInstance(conf, "Single Table Join");
        job.setJarByClass(STjoin.class);
        // 设置 Map 和 Reduce 处理类
        job.setMapperClass(Map.class);
        job.setReducerClass(Reduce.class);
        // 设置输出类型
        job.setOutputKeyClass(Text.class);
        job.setOutputValueClass(Text.class);
        // 设置输入和输出目录
        FileInputFormat.addInputPath(job, new Path(ioArgs[0]));
        FileOutputFormat.setOutputPath(job, new Path(ioArgs[1]));
        System.exit(job.waitForCompletion(true) ? 0 : 1);
    }
}
```

4. 代码测试

1）Map 处理。map() 函数输出结果见表 2-5。

表 2-5　map() 函数输出结果

child　parent	Map 输出结果
Tom　Lucy	<Lucy, 1+Tom+Lucy>
	<Tom, 2+Tom+Lucy >
Tom　Jack	<Jack, 1+Tom+Jack>
	<Tom, 2+Tom+Jack>
Jone　Lucy	<Lucy, 1+Jone+Lucy>
	<Jone, 2+Jone+Lucy>
Jone　Jack	<Jack, 1+Jone+Jack>
	<Jone, 2+Jone+Jack>
Lucy　Mary	<Mary, 1+Lucy+Mary>
	<Lucy, 2+Lucy+Mary>

（续）

child　parent	Map 输出结果
Lucy　Ben	<Ben, 1+Lucy+Ben>
	<Lucy, 2+Lucy+Ben>
Jack　Alice	<Alice, 1+Jack+Alice>
	<Jack, 2+Jack+Alice>
Jack　Jesse	<Jesse, 1+Jack+Jesse>
	<Jack, 2+Jack+Jesse>
Terry　Alice	<Alice, 1+Terry+Alice>
	<Terry, 2+Terry+Alice>
Terry　Jesse	<Jesse, 1+Terry+Jesse>
	<Terry, 2+Terry+Jesse>
Philip　Terry	<Terry, 1+Philip+Terry>
	<Philip, 2+Philip+Terry>
Philip　Alma	<Alma, 1+Philip+Alma>
	<Philip, 2+Philip+Alma>
Mark　Terry	<Terry, 1+Mark+Terry>
	<Mark, 2+Mark+Terry>
Mark　Alma	<Alma, 1+Mark+Alma>
	<Mark, 2+Mark+Alma>

2）Shuffle 处理。在 Shuffle 过程中完成连接见表 2-6。

表 2-6　Shuffle 结果

map() 函数输出	排序结果	Shuffle 连接
<Lucy, 1+Tom+Lucy>	<Alice, 1+Jack+Alice>	<Alice, 1+Jack+Alice,
<Tom, 2+Tom+Lucy>	<Alice, 1+Terry+Alice>	1+Terry+Alice>
<Jack, 1+Tom+Jack>	<Alma, 1+Philip+Alma>	< Alma, 1+Philip+Alma,
<Tom, 2+Tom+Jack>	<Alma, 1+Mark+Alma>	1+Mark+Alma >
<Lucy, 1+Jone+Lucy>	<Ben, 1+Lucy+Ben>	<Ben, 1+Lucy+Ben>
<Jone, 2+Jone+Lucy>	<Jack, 1+Tom+Jack>	<Jack, 1+Tom+Jack,
<Jack, 1+Jone+Jack>	<Jack, 1+Jone+Jack>	1+Jone+Jack,
<Jone, 2+Jone+Jack>	<Jack, 2+Jack+Alice>	2+Jack+Alice,
<Mary, 1+Lucy+Mary>	<Jack, 2+Jack+Jesse>	2+Jack+Jesse>
<Lucy, 2+Lucy+Mary>	<Jesse, 1+Jack+Jesse>	<Jesse, 1+Jack+Jesse,
<Ben, 1+Lucy+Ben>	<Jesse, 1+Terry+Jesse>	1+Terry+Jesse >
<Lucy, 2+Lucy+Ben>	<Jone, 2+Jone+Lucy>	<Jone, 2+Jone+Lucy,
<Alice, 1+Jack+Alice>	<Jone, 2+Jone+Jack>	2+Jone+Jack>
<Jack, 2+Jack+Alice>	<Lucy, 1+Tom+Lucy>	<Lucy, 1+Tom+Lucy,
<Jesse, 1+Jack+Jesse>	<Lucy, 1+Jone+Lucy>	1+Jone+Lucy,

（续）

map() 函数输出	排序结果	Shuffle 连接
<Jack, 2+Jack+Jesse>	<Lucy, 2+Lucy+Mary>	2+Lucy+Mary,
<Alice, 1+Terry+Alice>	<Lucy, 2+Lucy+Ben>	2+Lucy+Ben>
<Terry, 2+Terry+Alice>	<Mary, 1+Lucy+Mary>	<Mary, 1+Lucy+Mary>
<Jesse, 1+Terry+Jesse>	<Mark, 2+Mark+Terry>	<Mark, 2+Mark+Terry,
<Terry, 2+Terry+Jesse>	<Mark, 2+Mark+Alma>	2+Mark+Alma>
<Terry, 1+Philip+Terry>	<Philip, 2+Philip+Terry>	<Philip, 2+Philip+Terry,
<Philip, 2+Philip+Terry>	<Philip, 2+Philip+Alma>	2+Philip+Alma>
<Alma, 1+Philip+Alma>	<Terry, 2+Terry+Alice>	<Terry, 2+Terry+Alice,
<Philip, 2+Philip+Alma>	<Terry, 2+Terry+Jesse>	2+Terry+Jesse,
<Terry, 1+Mark+Terry>	<Terry, 1+Philip+Terry>	1+Philip+Terry,
<Mark, 2+Mark+Terry>	<Terry, 1+Mark+Terry>	1+Mark+Terry>
<Alma, 1+Mark+Alma>	<Tom, 2+Tom+Lucy>	<Tom, 2+Tom+Lucy,
<Mark, 2+Mark+Alma>	<Tom, 2+Tom+Jack>	2+Tom+Jack>

3）Reduce 处理。首先由语句 "0 != grandchildnum && 0 != grandparentnum" 得知，只要在 "value-list" 中没有左表或者右表，就不会做处理，可以根据这条规则去除无效的 Shuffle 连接。去掉无效的 Shuffle 连接的结果见表 2-7。

表 2-7 去掉无效的 Shuffle 连接的结果

无效的 Shuffle 连接	有效的 Shuffle 连接
<Alice, 1+Jack+Alice, 1+Terry+Alice>	<Jack, 1+Tom+Jack, 1+Jone+Jack, 2+Jack+Alice, 2+Jack+Jesse >
< Alma, 1+Philip+Alma, 1+Mark+Alma >	
<Ben, 1+Lucy+Ben>	<Lucy, 1+Tom+Lucy, 1+Jone+Lucy, 2+Lucy+Mary, 2+Lucy+Ben>
<Jesse, 1+Jack+Jesse, 1+Terry+Jesse >	
<Jone, 2+Jone+Lucy, 2+Jone+Jack>	<Terry, 2+Terry+Alice, 2+Terry+Jesse, 1+Philip+Terry, 1+Mark+Terry>
<Mary, 1+Lucy+Mary>	
<Mark, 2+Mark+Terry, 2+Mark+Alma>	
<Philip, 2+Philip+Terry, 2+Philip+Alma>	
<Tom, 2+Tom+Lucy, 2+Tom+Jack>	

然后根据下面语句进一步对有效的 Shuffle 连接做处理。

```
// 左表，取出 child 放入 grandchildren
if ('1' == relationtype) {
    grandchild[grandchildnum] = childname;
    grandchildnum++;
}
if ('2' == relationtype) {  // 右表，取出 parent 放入 grandparent
    grandparent[grandparentnum] = parentname;
    grandparentnum++;
}
```

针对一条数据进行分析：

```
<Jack, 1+Tom+Jack,
       1+Jone+Jack,
       2+Jack+Alice,
       2+Jack+Jesse >
```

分析结果：左表用"字符 1"表示，右表用"字符 2"表示，上面的 <key,value-list> 中的"key"表示左表与右表的连接键。而"value-list"表示以"key"连接的左表与右表的相关数据。

根据上面针对左表与右表不同的处理规则，取得两个数组的数据见表 2-8。

表 2-8　结果分析

grandchild	Tom、Jone（grandchild[grandchildnum] = childname;）
grandparent	Alice、Jesse（grandparent[grandparentnum] = parentname;）

然后根据下面语句进行处理。

```
for (int m = 0; m < grandchildnum; m++) {
    for (int n = 0; n < grandparentnum; n++) {
        context.write(new Text(grandchild[m]), new Text(grandparent[n]));
    }
}
```

处理语句的示意图如图 2-23 所示。

处理结果如下所示。

```
Tom    Jesse
Tom    Alice
Jone   Jesse
Jone   Alice
```

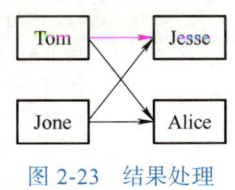

图 2-23　结果处理示意图

其他的有效 Shuffle 连接处理都是如此。

2.3.6　多表关联

多表关联和单表关联类似，它也是通过对原始数据进行一定的处理，从其中挖掘出关心的信息。下面将介绍这个实例。

1. 实例描述

输入的是两个文件，一个代表工厂表，包含工厂名列和地址编号列；另一个代表地址表，包含地址名列和地址编号列。要求从输入数据中找出工厂名和地址名的对应关系，输出"工厂名地址名"表，样例输入见表 2-9。

表 2-9 样例输入

样例输入				样例输出	
factory：1.txt		address：2.txt			
factoryname	addressID	addressID	addressname	factoryname	addressname
Beijing Red Star	1	1	Beijing	Back of Beijing	Beijing
Shenzhen Thunder	3	2	Guangzhou	Beijing Red Star	Beijing
Guangzhou Honda	2	3	Shenzhen	Beijing Rising	Beijing
Beijing Rising	1	4	Xian	Guangzhou Development Bank	Guangzhou
Guangzhou Development Bank	2			Guangzhou Honda	Guangzhou
Tencent	3			Shenzhen Thunder	Shenzhen
Back of Beijing	1			Tencent	Shenzhen

2. 设计思路

多表关联和单表关联相似,都类似于数据库中的自然连接。相比单表关联,多表关联的左右表和连接列更加清楚。所以可以采用和单表关联相同的处理方式,Map 识别出输入的行属于哪个表之后,对其进行分割,将连接的列值保存在 key 中,另一列和左右表标识保存在 value 中,然后输出。Reduce 拿到连接结果之后,解析 value 内容,根据标识将左右表内容分开存放,然后求笛卡儿积,最后直接输出。这个实例的具体分析参考单表关联实例。

3. 程序代码

程序代码如下所示。

```
...
public class MTjoin {
    public static int time = 0;
    // 在 map 中先区分输入行属于左表还是右表,然后对两列值进行分割,
    // 保存连接列在 key 值,剩余列和左右表标识在 value 中,最后输出
    public static class Map extends Mapper<Object, Text, Text, Text> {
        // 实现 map() 函数
        public void map(Object key, Text value, Context context)
                throws IOException, InterruptedException {
            String line = value.toString();           // 每行文件
            String relationtype = new String();       // 左右表标识
            // 输入文件首行,不处理
            if (line.contains("factoryname") == true
                || line.contains("address") == true) {
                return;
            }
            // 输入的一行预处理文本
            StringTokenizer itr = new StringTokenizer(line);
            String mapkey = new String();
            String mapvalue = new String();
            int i = 0;
            while (itr.hasMoreTokens()) {
```

```java
        // 先读取一个单词
        String token = itr.nextToken();
        // 判断读取单词是否为 addressID
        if (token.charAt(0) >= '0' && token.charAt(0) <= '9') {
            mapkey = token;
            if (i > 0) {
                relationtype = "1";
            } else {
                relationtype = "2";
            }
            continue;
        }
        // 存工厂名
        mapvalue += token + " ";
        i++;
    }
    // 输出左右表
    context.write(new Text(mapkey), new Text(relationtype + "+"+ mapvalue));
    }
}
//reduce 解析 map 输出，将 value 中数据按照左右表分别保存，
//然后求出笛卡儿积，并输出
public static class Reduce extends Reducer<Text, Text, Text, Text> {
    // 实现 reduce() 函数
    public void reduce(Text key, Iterable<Text> values, Context context)
        throws IOException, InterruptedException {
        // 输出表头
        if (0 == time) {
            context.write(new Text("factoryname"), new Text("addressname"));
            time++;
        }
        int factorynum = 0;
        String[] factory = new String[10];
        int addressnum = 0;
        String[] address = new String[10];
        Iterator<Text> ite = values.iterator();
        while (ite.hasNext()) {
            String record = ite.next().toString();
            int len = record.length();
            int i = 2;
            if (0 == len) {
                continue;
            }
            // 取得左右表标识
            char relationtype = record.charAt(0);
            // 左表
            if ('1' == relationtype) {
                factory[factorynum] = record.substring(i);
                factorynum++;
```

```
                }
                if ('2' == relationtype) {
                    address[addressnum] = record.substring(i);
                    addressnum++;
                }
            }
            // 求笛卡儿积
            if (0 != factorynum && 0 != addressnum) {
                for (int m = 0; m < factorynum; m++) {
                    for (int n = 0; n < addressnum; n++) {
                        // 输出结果
                        context.write(new Text(factory[m]),
                            new Text(address[n]));
                    }
                }
            }
        }
    }

    public static void main(String[] args) throws Exception {
        Configuration conf = new Configuration();
        String[] ioArgs = new String[] { "hdfs://localnode:9000/MTjoin_in",
                            "hdfs://localnode:9000/MTjoin_out" };
        Job job = Job.getInstance(conf, "Multiple Table Join");
        job.setJarByClass(MTjoin.class);
        // 设置 Map 和 Reduce 处理类
        job.setMapperClass(Map.class);
        job.setReducerClass(Reduce.class);
        // 设置输出类型
        job.setOutputKeyClass(Text.class);
        job.setOutputValueClass(Text.class);
        // 设置输入和输出目录
        FileInputFormat.addInputPath(job, new Path(ioArgs[0]));
        FileOutputFormat.setOutputPath(job, new Path(ioArgs[1]));
        System.exit(job.waitForCompletion(true) ? 0 : 1);
    }
}
```

2.3.7 倒排索引

"倒排索引"是文档检索系统中最常用的数据结构,被广泛地应用于全文搜索引擎。它主要是用来存储某个单词(或词组)在一个文档或一组文档中的存储位置的映射,即提供了一种根据内容来查找文档的方式。由于不是根据文档来确定文档所包含的内容,而是进行相反的操作,因而称为倒排索引(Inverted Index)。

1. 实例描述

通常情况下,倒排索引由一个单词(或词组)以及相关的文档列表组成,文档列表中的文档或者是标识文档的 ID 号,或者是文档所在位置的 URL,如图 2-24 所示。

从图 2-24 可以看出,单词 1 出现在 { 文档 1,文档 4,文档 13,…} 中,单词 2 出现在 { 文档 3,文档 5,文档 15,…} 中,而单词 3 出现在 { 文档 1,文档 8,文档 20,…}

中。在实际应用中,还需要给每个文档添加一个权值,用来指出每个文档与搜索内容的相关度,如图 2-25 所示。

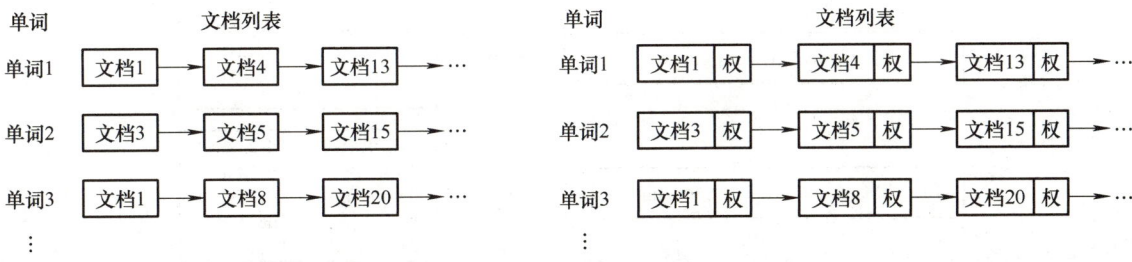

图 2-24　倒排索引结构　　　　　　　　　图 2-25　添加权重的倒排索引

最常用的是使用词频作为权重,即记录单词在文档中出现的次数。以英文为例,如图 2-26 所示,索引文件中的"MapReduce"一行表示:"MapReduce"这个单词在文本 T0 中出现过 1 次,T1 中出现过 1 次,T2 中出现过 2 次。当搜索条件为"MapReduce""is""simple"时,对应的集合为:{T0,T1,T2} ∩ {T0,T1} ∩ {T0,T1}={T0,T1},即文档 T0 和 T1 包含了所要索引的单词,而且只有 T0 是连续的。

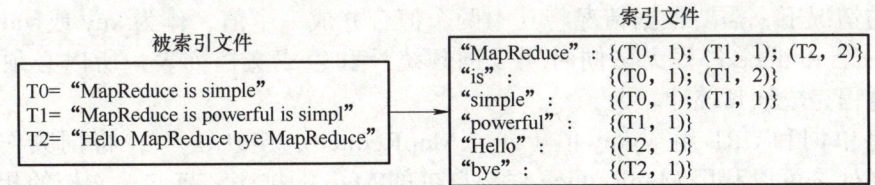

图 2-26　倒排索引实例

更复杂的权重还可能要记录单词在多少个文档中出现过,以实现 TF-IDF(Term Frequency-Inverse Document Frequency)算法,或者考虑单词在文档中的位置信息(单词是否出现在标题中,反映了单词在文档中的重要性)等。实例的输入文件见表 2-10。

表 2-10　实例的输入文件

样例输入		样例输出
file1.txt:MapReduce is simple	MapReduce	file1.txt:1;file2.txt:1;file3.txt:2;
file2.txt:MapReduce is powerful is simple	is	file1.txt:1;file2.txt:2;
file3.txt:Hello MapReduce bye MapReduce	simple	file1.txt:1;file2.txt:1;
	Powerful	file2.txt:1;
	Hello	file3.txt:1;
	bye	file3.txt:1;

2. 设计思路

实现"倒排索引"只需关注的信息为:单词、文档 URL 及词频,如图 2-26 所示。但是在实现过程中,索引文件的格式与图 2-26 会略有所不同,以避免重写 OutPutFormat 类。下面根据 MapReduce 的处理过程给出倒排索引的设计思路。

1)Map 过程。首先使用默认的 TextInputFormat 类对输入文件进行处理,得到文本中每行的偏移量及其内容。显然,Map 过程首先必须分析输入的 <key,value> 对,得到倒排索引中需要的三个信息：单词、文档 URL 和词频，如图 2-27 所示。

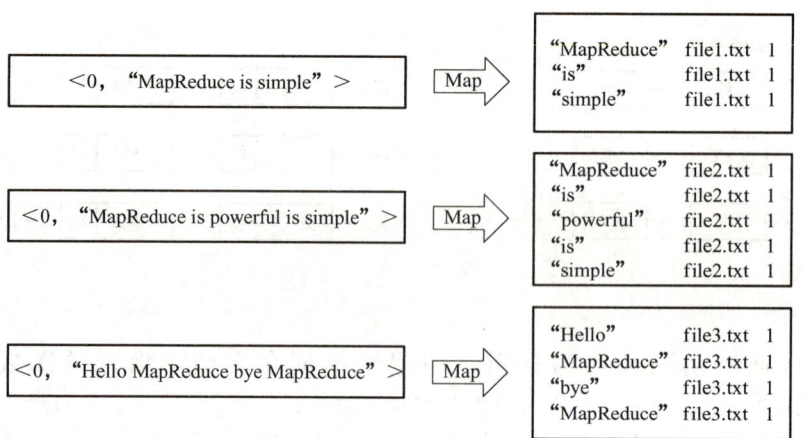

图 2-27　Map 过程输入 / 输出

这里存在两个问题：第一，<key,value> 对只能有两个值，在不使用 Hadoop 自定义数据类型的情况下，需要根据情况将其中两个值合并成一个值，作为 key 或 value 值；第二，通过一个 Reduce 过程无法同时完成词频统计和生成文档列表，所以必须增加一个 Combine 过程完成词频统计。

这里将单词和 URL 组成 key 值（如"MapReduce：file1.txt"），将词频作为 value，这样做的好处是可以利用 MapReduce 框架自带的 Map 端排序，将同一文档的相同单词的词频组成列表，传递给 Combine 过程，实现类似于 WordCount 的功能。

2）Combine 过程。经过 map() 方法处理后，Combine 过程将 key 值相同的 value 值累加，得到一个单词在文档中的词频，如图 2-28 所示。如果直接将图 2-28 所示的输出作为 Reduce 过程的输入，在 Shuffle 过程时将面临一个问题：所有具有相同单词的记录（由单词、URL 和词频组成）应该交由同一个 Reducer 处理，但当前的 key 值无法保证这一点，所以必须修改 key 值和 value 值。这次将单词作为 key 值，URL 和词频组成 value 值（如"file1.txt：1"）。这样做的好处是可以利用 MapReduce 框架默认的 HashPartitioner 类完成 Shuffle 过程，将相同单词的所有记录发送给同一个 Reducer 进行处理。

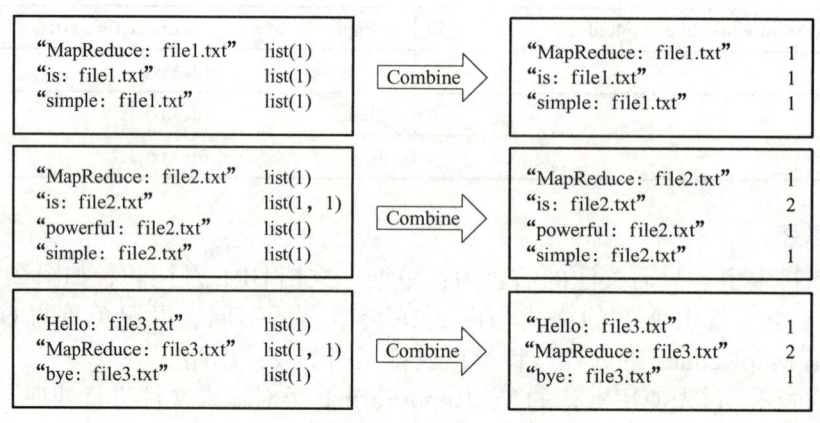

图 2-28　Combine 过程输入 / 输出

3）Reduce 过程。经过上述两个过程后，Reduce 过程只需将相同 key 值的 value 值组合成倒排索引文件所需的格式即可，剩下的事情就可以直接交给 MapReduce 框架进行处理了。如图 2-29 所示。索引文件的内容除分隔符外与图 2-26 解释相同。

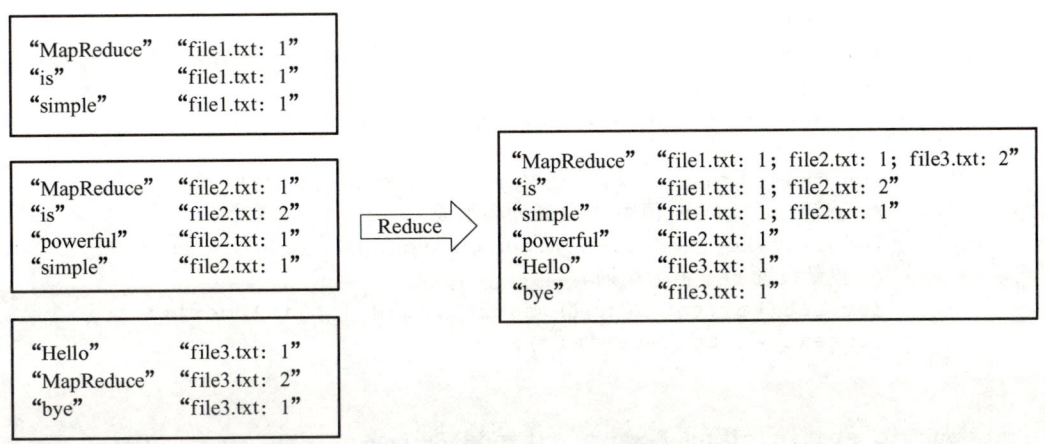

图 2-29　Reduce 过程输入 / 输出

3. 程序代码

程序代码如下所示。

```
...
public class InvertedIndex {
    public static class Map extends Mapper<Object, Text, Text, Text> {
        private Text keyInfo = new Text();         // 存储单词和 URL 组合
        private Text valueInfo = new Text();       // 存储词频
        private FileSplit split;                   // 存储 Split 对象
        // 实现 map() 函数
        public void map(Object key, Text value, Context context)
                throws IOException, InterruptedException {
            // 获得 <key,value> 对所属的 FileSplit 对象
            split = (FileSplit) context.getInputSplit();
            StringTokenizer itr = new StringTokenizer(value.toString());
            while (itr.hasMoreTokens()) {
                // key 值由单词和 URL 组成，如 "MapReduce:file1.txt"
                // 获取文件的完整路径
                // keyInfo.set(itr.nextToken()+":"+split.getPath().
                toString());
                // 这里为了好看，只获取文件的名称
                int splitIndex = split.getPath().toString().
                indexOf("file");
                keyInfo.set(itr.nextToken() + ":"   +
                split.getPath().toString().substring(splitIndex));
                // 词频初始化为 1
                valueInfo.set("1");
                context.write(keyInfo, valueInfo);
            }
        }
    }
```

```java
public static class Combine extends Reducer<Text, Text, Text, Text> {
    private Text info = new Text();
    // 实现 reduce() 函数
    public void reduce(Text key, Iterable<Text> values,
            Context context)throws IOException, InterruptedException {
        // 统计词频
        int sum = 0;
        for (Text value : values) {
            sum += Integer.parseInt(value.toString());
        }
        int splitIndex = key.toString().indexOf(":");
        // 重新设置 value 值由 URL 和词频组成
        info.set(key.toString().substring(splitIndex + 1) + ":" + sum);
        // 重新设置 key 值为单词
        key.set(key.toString().substring(0, splitIndex));
        context.write(key, info);
    }
}
public static class Reduce extends Reducer<Text, Text, Text, Text> {
    private Text result = new Text();
    // 实现 reduce() 函数
    public void reduce(Text key, Iterable<Text> values, Context context)
            throws IOException, InterruptedException {
        // 生成文档列表
        String fileList = new String();
        for (Text value : values) {
            fileList += value.toString() + ";";
        }
        result.set(fileList);
        context.write(key, result);
    }
}
public static void main(String[] args) throws Exception {
    Configuration conf = new Configuration();
    String inputPath = "hdfs://localnode:9000/Index_in";
    String outputPath = "hdfs://localnode:9000/Index_out";
    String[] ioArgs = new String[] { inputPath, outputPath };
    Job job = Job.getInstance(conf, "Inverted Index");
    job.setJarByClass(InvertedIndex.class);
    // 设置 Map、Combine 和 Reduce 处理类
    job.setMapperClass(Map.class);
    job.setCombinerClass(Combine.class);
    job.setReducerClass(Reduce.class);
    // 设置 Map 输出类型
    job.setMapOutputKeyClass(Text.class);
    job.setMapOutputValueClass(Text.class);
    // 设置 Reduce 输出类型
    job.setOutputKeyClass(Text.class);
    job.setOutputValueClass(Text.class);
    // 删除已存在的文件
    FileSystem fileSystem = FileSystem.get(new URI(outputPath), new
```

```
        Configuration());
        Path path = new Path(outputPath);
        if(fileSystem.exists(path)){
            fileSystem.delete(path, true);
        }
        // 设置输入和输出目录
        FileInputFormat.addInputPath(job, new Path(ioArgs[0]));
        FileOutputFormat.setOutputPath(job, new Path(ioArgs[1]));
        System.exit(job.waitForCompletion(true) ? 0 : 1);
    }
}
```

第 3 章

NoSQL 数据库

NoSQL 是一种不同于关系数据库的数据库管理系统设计方式，是对非关系数据库的统称，它采用类似键值对、文档、列式等非关系模型。NoSQL 数据库没有固定的表结构，没有严格遵守 ACID 约束。因此，与关系数据库相比，NoSQL 具有灵活的水平可扩展性，可以支持海量数据存储。NoSQL 数据库可以使用 API、结构化查询语言进行查询，这也正是它们被称为"Not Only SQL"数据库的原因所在。本章重点介绍 NoSQL 数据库的基本概念、HBase 列式数据库和 Hive 数据仓库工具。

3.1 NoSQL 数据库概述

3.1.1 NoSQL 数据库的特点

NoSQL 数据库满足了在大数据时代对数据的海量存储、高并发、高扩展及高可用性的要求，具体有以下几个特点。

1）灵活的可扩展性。传统的关系数据库由于自身设计机理的原因，通常很难实现"横向扩展"，在面对数据库负载大规模增加时，往往需要通过升级、扩充服务器来实现"纵向扩展"。NoSQL 数据库在设计之初是为了满足"横向扩展"的需求，因此天生具备良好的水平扩展能力。"横向扩展"可在无须升级硬件的情况下，通过添加廉价的服务器来扩展存储和处理数据的能力，也可以在支持高度分布式部署的服务器群集中运行单个大型数据库。

2）灵活的数据模型。关系数据库有规范的数据模型定义，遵守严格的范式约束条件，能保证业务系统对数据一致性、完整性的要求，但是过于单一的数据模型，也意味着无法满足日益复杂和多样的业务需求。相反，NoSQL 数据库采用键值对、列式等非关系模型，支持在一个数据元素里存储不同类型的数据、列可以任意扩充等特性，从而支持高频率软件发布周期的需求，适合更快、更灵活的应用开发。灵活的数据模型开发人员带来了更多的自由，使其能够更快速、更灵活地更改架构和查询，从而适应数据需求。以聚合形式存储的信息能够更加便捷地实现快速迭代改进，且前期无须进行架构设计。

3）与云计算紧密结合。云计算具有很好的横向扩展能力，可以根据资源使用情况进行自由伸缩，各种资源可以动态加入或退出，NoSQL 数据库可以凭借自身良好的横向扩展能力，充分自由利用云计算基础设施，很好地融入云计算环境中，构建基于 NoSQL 的云数据库服务。

3.1.2 NoSQL 数据库与关系数据库的比较

在大数据的时代,传统的关系数据库已经无法满足海量数据的存储、查询和管理的需求。例如关系数据库的核心事务机制,在数秒钟就能产生数亿条数据的时代,实现的代价是难以承受的;关系数据库的"纵向扩充"模式,即难以应对海量数据的存储需求,又会在数据收缩时,造成资源浪费,相比于 NoSQL 数据库的"横向扩充",可扩展性和可伸缩性不够。但在大数据时代,传统的关系数据库也不是毫无用武之处,在处理复杂的结构化数据的查询、计算和分析方面,关系数据库多年的技术沉淀仍然是"定海神针"。NoSQL 数据库和关系数据库的简单比较见表 3-1。

表 3-1 NoSQL 数据库和关系数据库的简单比较

比较对象	关系数据库	NoSQL 数据库	说明
理论基础	完善	不完善	关系数据库基于数学模型;NoSQL 数据库没有类似的模型
数据规模	大	非常大	关系数据库的性能会随着数据量的增加而降低,因此它通常不适合处理非常大的数据;NoSQL 数据库可以通过添加更多的设备来增加存储容量
模式	固定	灵活	关系数据库必须首先定义模式;NoSQL 数据库可以是无模式的
查询	快	高效的简单查询	关系数据库使用索引,可以很好地支持单个数据查询和范围查询;NoSQL 数据库没有索引,虽然可以使用 MapReduce 加速查询处理,但效率仍然较低
一致性	强一致性	弱一致性	关系数据库服从 ACID;NoSQL 数据库服从 BASE
可扩展性	一般	好	关系数据库很难扩展;NoSQL 数据库可以通过添加新的结点,从而较方便的实现扩展
可用性	好	非常好	关系数据库由于其强一致性的限制,当数据量非常大时,可用性相对较差;NoSQL 数据库可以通过降低 ACID 的约束来获得更好的可用性
标准	有	无	关系数据库有标准(SQL);NoSQL 数据库没有这样的标准
技术支持	高	低	对关系数据库的技术支持高,文档多,应用也成熟;对 NoSQL 数据库的技术支持低,文档少且杂乱,多数为开源软件,缺乏专业的团队对 SDK 文档进行维护
维护性	复杂	复杂	关系数据库可以有专门的 DBA 负责维护,且工作任务明确;NoSQL 数据库现在还不成熟,所以它的维护也很困难

注:1. CAP 理论:一个分布式系统不可能同时满足一致性、可用性(Availability)和分区容错性(Partition Tolerance),最多只能同时满足其中两个。
2. BASE 特性:即只要求满足基本可用(Basically Available)、柔性状态(Soft State)和最终一致(Eventually Consistent)。

3.1.3 NoSQL 数据库的分类

4 种最常见的 NoSQL 数据库类型为:键值对、文档、列式及图形数据库。

1)键值对数据库。键值数据库(Key-Value Database)的表中有一个特定的 Key 和一个指针指向特定的 Value。Key 可以用来定位 Value，即存储和检索具体的 Value。Value 对数据库而言是透明不可见的，不能对 Value 进行索引和查询，只能通过 Key 进行查询。Value 可以用来存储任意类型的数据，包括整型、字符型、数组和对象等。相关的产品有 Redis、Riak、SimpleDB、Chordless、Scalaris 和 Memcached 等。

2）文档数据库。将数据作为文档存储和查询，文档数据库的灵活、半结构化和层级性质允许它们随应用程序的需求而变化，文档数据库支持灵活的索引、强大的临时查询和文档集合分析。相关的产品有 MongoDB、CouchDB、ThruDB、CloudKit、Perservere 和 Jackrabbit 等。

3）列式数据库。数据库中同一列族中的列的数量可以不一致。同一列族中的列下的行数也可以不一致，并且可以容纳不同类型的数据和名称，列可以根据数据的需求随时扩充和缩减。相关产品有 Bigtable、HBase、Cassandra、HadoopDB、GreenPlum 和 PNUTS 等。

4）图形数据库。应用图形方式存储实体之间关系，以点、边为基础存储单元，以高效存储、查询图数据为设计原理的数据库。相关产品有 Neo4J、OrientDB、InfoGrid 和 GraphDB。

本章后续将重点介绍 HBase 列式数据库和 Hive 数据仓库工具，其他 NoSQL 数据库请读者查阅相关的文献学习。

3.2 HBase 列式数据库

3.2.1 HBase 的基本概念

HBase 是一个构建在 HDFS 上的分布式列式数据库，是基于 Google Bigtable 模型开发的典型的列式存储模型，是 Apache Hadoop 生态系统中的重要一员，主要用于海量数据存储。从逻辑上讲，HBase 将数据按照表、行和列进行存储。与 Hadoop 一样，HBase 表主要依靠横向扩展，通过不断增加廉价的商用服务器，来增加计算和存储能力。HBase 表的特点为：

1）大。一个表可以有数十亿行，上百万列。

2）无模式。每行都有一个可排序的主键和任意多的列，列可以根据需要动态的增加，同一张表中不同的行可以有截然不同的列。

3）面向列。面向列（族）的存储和权限控制，列（族）独立检索。

4）稀疏。空（null）列并不占用存储空间，表可以设计得非常稀疏。

5）数据多版本。每个单元中的数据可以有多个版本，默认情况下版本号自动分配，是单元格插入时的时间戳（TimeStamp）。

6）数据类型单一。HBase 中的数据都是字符串，以 Byte array 存储，没有具体的类型。

1. HBase 表

HBase 表的一些基本概念列举如下：

1）RowKey。Byte array 类型，是表中每条记录的"主键"，方便快速查找，Table 中记录按照 RowKey 排序，因此 RowKey 的设计非常重要。

2）Column Family。列族，一个 Table 在水平方向有一个或者多个列族，列族可由任意多个 Column 组成，列族支持动态扩展，无须预定义数量及类型，列族为二进制存储，用户需自行进行类型转换。

3）Column。列属于某一个列族 Column Family，以 Column Family:Column Name 的形式出现，列可以动态添加。

4）Value(Cell)。Byte array 类型，为记录在对应列上的实际存储。属于某个列族中某个列的 Cell 可以有多个版本（Version），系统用 Timestamp 区分各个不同的版本。

示例的 HBase 表结构如图 3-1 所示。

行键	时间戳	CF1		CF2	
		名称	年龄	性别	班级
00001	t1	张三	10	男	1
	t2	李四	20	男	
	t3	王五	30		2
00002	t1	赵四		男	3
	t2		10		1
	t3	杨二	20	女	4

图 3-1　HBase 表结构

2. HBase 物理存储

1）表中所有行都按照行键（RowKey）的字典序排列。

2）表在行的方向上分割为多个数据区（Region）。

3）每个表开始只有一个数据区，随着数据增多，数据区不断增大，当增大到一个阈值的时候，数据区就会等分为两个新的数据区，每个数据区由 [起始键，结束键] 表示，不同数据区会被主服务器分配给相应的数据区服务器进行管理。随着数据的不断增多，新的数据区会不断地产生。

4）数据区是 HBase 中分布式存储和负载均衡的最小单元，不同数据区分布到不同数据区服务器上，数据区与数据区服务器之间的关系如图 3-2 所示。

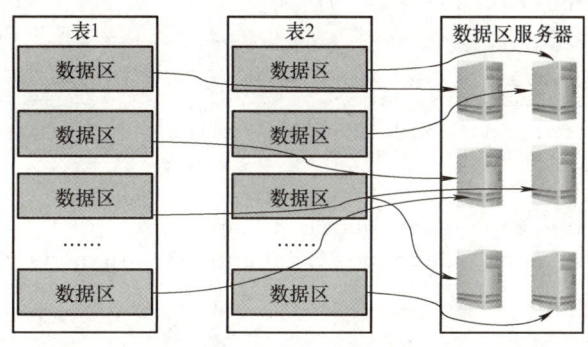

图 3-2　Region 关系示意图

5）数据区虽然是分布式存储的最小单元，但并不是存储的最小单元。数据区由一个或者多个存储单元（Store）组成，每个存储单元保存一个列族。每个存储单元又由一个内存存储（MemStore）和零至多个存储文件（StoreFile）组成，存储文件包含哈希文件（HFile）。内存存储在内存中，存储文件存储在 HDFS 上，存储文件如图 3-3 所示。

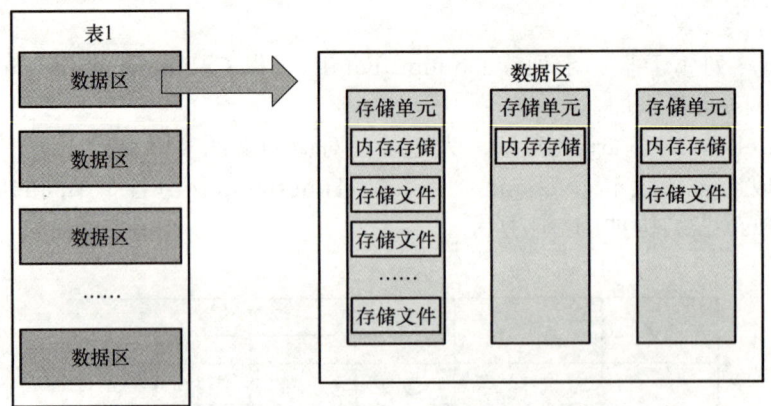

图 3-3 StoreFile 存储示意图

3.2.2 HBase 的安装及基本操作

1. HBase 的安装

1）启动 Hadoop 集群，以 hadoop 用户登录 datanode1 结点。

2）下载 hbase-1.2.3.tar.gz，解压到 /home/hadoop 目录中。

3）进入 hbase-1.2.3/lib 目录，查看 hadoop*.jar，若版本和安装的 hadoop 版本不一致，则需要用 hadoop 目录中的 jar 包替换，hbase-1.2.3 默认使用的是 hadoop-2.5.1 包。

4）修改 conf 目录中的以下配置文件。

① hbase-site.xml。

```
<configuration>
    <property>
        <name>hbase.rootdir</name>
        <value>hdfs://datanode1:9000/hbase</value>
    </property>
    <property>
        <name>hbase.cluster.distributed</name>
        <value>true</value>
    </property>
    <property>
        <name>hbase.master</name>
        <value>hdfs://datanode1:60000</value>
    </property>
    <property>
        <name>hbase.zookeeper.quorum</name>
        <value>datanode1,datanode2,datanode3,datanode4</value>
    </property>
    <property>
        <name>dfs.datanode.max.xcievers</name>
        <value>4096</value>
    </property>
</configuration>
```

② hbase-env.sh。

```
// 指定 jdk 的位置
```

```
export JAVA_HOME=/usr/lib/jvm/java-8-openjdk-amd64
// 使用 hbase 自带的 zookeeper
export HBASE_MANAGES_ZK=true
// 指定 pid 临时文件的目录
export HBASE_PID_DIR=/home/hadoop/pids
// 指定 hbase 需要的本地包
export HBASE_CLASSPATH=/home/hadoop/hbase-1.2.3/lib:/home/hadoop/hadoop-2.7.3/lib/native
```

③ regionservers。

```
datanode1
datanode2
datanode3
datanode4
```

5）修改 /hadoop/home 下的 .bashrc 文件。

```
export HADOOP_HOME=/home/hadoop/hadoop-2.7.3
export HADOOP_MAPRED_HOME=$HADOOP_HOME
export HADOOP_COMMON_HOME=$HADOOP_HOME
export HADOOP_HDFS_HOME=$HADOOP_HOME
export YARN_HOME=$HADOOP_HOME
export HADOOP_CONF_DIR=$HADOOP_HOME/etc/hadoop
export JAVA_HOME=/usr/lib/jvm/java-8-openjdk-amd64
export JRE_HOME=/usr/lib/jvm/java-8-openjdk-amd64/jre
export HBASE_HOME=/home/hadoop/hbase-1.2.3
export CLASSPATH=.:$JAVA_HOME/lib:$JRE_HOME/lib:$HADOOP_HOME/lib/native:$HBASE_HOME/lib:$CLASSPATH
export PATH=$PATH:$HADOOP_HOME/bin:$HADOOP_HOME/sbin:$HBASE_HOME/bin
export LD_LIBRARY_PATH=$HADOOP_HOME/lib/native
```

注：加粗部分是需要修改的地方。

6）将 datanode1 下的 hbase-1.2.3 整个目录及 /home/hadoop 下的 .bashrc 文件复制到 hadoop 集群中的其他结点中。

7）在 datanode1 结点键入命令 start-hbase.sh 启动 hbase-1.2.3，若启动成功，在 datanode1 结点键入 jps 出现以下的项目列表。

```
hadoop@datanode1:~$ jps
30944 Jps
4752 DataNode
4592 NameNode
5251 NodeManager
4948 SecondaryNameNode
5111 ResourceManager
5815 HQuorumPeer
5883 HMaster
6046 HRegionServer
```

在集群中的其他结点键入 jps 会出现如下所示的项目列表。

```
2836 NodeManager
3143 HRegionServer
3032 HQuorumPeer
19723 Jps
2700 DataNode
```

在浏览器中键入 http://datanode1:16010/，会出现如图 3-4 所示的界面。

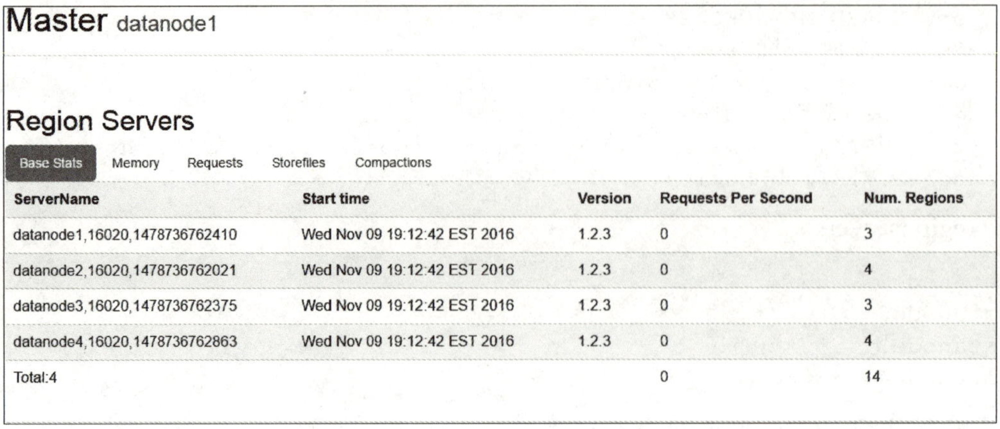

图 3-4　HBase 启动界面

8）在 datanode1 结点输入命令 hbase shell，进入 HBase 的命令操作界面。

```
hbase(main):034:0>
```

2. HBase Shell 的基本操作

以学生选课情况为例说明 HBase 的基本操作，Student 表的结构见表 3-2。

表 3-2　Student 表结构

行键	Std（列族）				Course			
200115121	Name（列）	gender	birth	dept	math	arts	phy	…
	Jack（Cell 值）	Male	1998-12-04	CS	96	89	76	

行键为学生的学号，Std 列族记录学生的基本信息，Course 列族记录学生的选课情况，根据 HBase 的特性，Std 及 Course 列族中的列数量，都是可以根据需要随时增加的。表结构的定义及操作如下：

（1）表操作

1）创建 Student 表，在 HBase 的命令操作界面输入命令：

```
create 'Student','Std',{NAME=>'Course',VERSIONS=>3}
```

Student 为表名，Std 为记录学生信息的列族名，Course 为记录学生选课信息的列族名，VERSIONS=>3 表示 Course 列族中的每个列最多可以有三个历史版本。

输入 list 命令可以查看建立的 Student 表，输入 desc 'Student' 命令可以查看 Student 表的详细信息：

```
hbase(main):038:0> desc 'Student'
Table Student is ENABLED
Student
COLUMN FAMILIES DESCRIPTION
{NAME => 'Course', BLOOMFILTER => 'ROW', VERSIONS => '3', IN_MEMORY => 'false', KEEP_DELETED_CELLS =
> 'FALSE', DATA_BLOCK_ENCODING => 'NONE', TTL => 'FOREVER', COMPRESSION => 'NONE', MIN_VERSIONS => '
0', BLOCKCACHE => 'true', BLOCKSIZE => '65536', REPLICATION_SCOPE => '0'}
{NAME => 'Std', BLOOMFILTER => 'ROW', VERSIONS => '1', IN_MEMORY => 'false', KEEP_DELETED_CELLS => '
FALSE', DATA_BLOCK_ENCODING => 'NONE', TTL => 'FOREVER', COMPRESSION => 'NONE', MIN_VERSIONS => '0',
 BLOCKCACHE => 'true', BLOCKSIZE => '65536', REPLICATION_SCOPE => '0'}
2 row(s) in 0.1170 seconds
```

2）表结构的修改。表结构的修改需要先将表 disable，输入命令：

```
disable 'Student'
```

先将 Student 表停用。然后输入命令：

```
alter 'Student',{NAME=>'Course',VERSIONS=>5}
```

将列族 Course 的历史版本改为 5。输入命令：

```
alter 'Student','Test'
```

在 Student 表中增加一个列族 Test。输入命令：

```
alter 'Student', NAME=>'Test', METHOD=>'delete'
```

将增加的 Test 列族删除。输入命令：

```
enable 'Student'
```

启用表。

3）删除表。首先输入命令 disable 'Student'，然后输入命令 drop 'Student' 删除学生表。

（2）表中记录的增、删、改

1）添加学生记录，输入命令：

```
put 'Student', '200215121', 'Std:name','Jack'
put 'Student', '200215121', 'Std:gender','Male'
put 'Student', '200215121', 'Std:birth','1997-01-24'
put 'Student', '200215121', 'Std:dept','CS'
put 'Student', '200215121', 'Course:math',98
put 'Student', '200215121', 'Course:arts',76
put 'Student', '200215121', 'Course:phy',88
```

put 命令的第一个参数为表名，第二个参数为行键，第三个参数为列名称（列族名：列名），第四个参数为该列的值。

输入命令：

```
get 'Student', '200215121'
```

可以查看刚刚添加的学生记录：

```
hbase(main):090:0> get 'Student','200215121'
COLUMN                CELL
 Course:art           timestamp=1479295109682, value=76
 Course:math          timestamp=1479295101588, value=98
 Course:phy           timestamp=1479295116868, value=88
 Std:birth            timestamp=1479295051502, value=1997-01-24
 Std:dept             timestamp=1479295070070, value=CS
 Std:gender           timestamp=1479295016388, value=Male
 Std:name             timestamp=1479294606143, value=Jack
7 row(s) in 0.0500 seconds
```

2）修改学生记录。修改学生数据的命令和增加的命令一样，也是 put 命令，如修改学号为'200215121'的学生的出生日期为'1998-01-25'，则输入命令：

```
put 'Student', '200215121', 'Std:birth', '1998-01-25'
```

修改学号为'200215121'的学生的数学考试成绩为 100 分，则输入命令：

```
put 'Student', '200215121', 'Course:math',100
```

需要注意的是，在定义表结构时，Std 列族没有定义 VERSIONS，而 Course 列族的 VERSIONS 为 3，表示 Course 列族中的每个列可以最多有三个历史版本的记录。输入命令：

```
get 'Student', '200215121', {COLUMN=>'Course:math', VERSIONS=>3}
```

可以得到学号为'200215121'的学生数学成绩的修改历史记录，历史记录以时间戳区分。

```
hbase(main):101:0> get 'Student','200215121',{COLUMN=>'Course:math',VERSIONS=>3}
COLUMN                    CELL
 Course:math              timestamp=1479346751941, value=100
 Course:math              timestamp=1479295101588, value=98
2 row(s) in 0.0230 seconds
```

如果需要修改某个特定历史版本的单元格（Cell）值，则需要加上时间戳信息。例如，修改学号为'200215121'的学生第一个历史版本的数学成绩为 78，则输入命令：

```
put 'Student', '200215121', 'Course:math' ,78, 1479295101588
```

3）删除学生记录。删除某个单元格。

```
delete 'Student', '200215121', 'Course:math'
```

删除某个单元格的指定历史版本。

```
delete 'Student', '200215121', 'Course:math', 1479295101588
```

删除一行。

```
Deleteall 'Student', '200215121'
```

清空整个数据表，但保留结构。

```
truncate 'Student'
```

（3）数据的查询

1）查询数据库中的所有表。

```
list
```

2）统计表中行的个数。

```
count 'Student'
```

3）查询整个表的数据。

```
scan 'Student'
```

4）查询指定的行键数据。

```
get 'Student', '200215121'
```

5）查询某个列族的全部列。

```
get 'Student', '200215121', 'Std'
```

6）查询某个列族的指定列值。

```
get 'Student', '200215121', 'Std:name'
```

7）查询某个列族的指定列的所有历史版本值。

```
get 'Student', '200215121', {COLUMN=>'Course:math', VERSIONS=>3}
```

8）查询某个列族的指定列的指定历史版本值。

```
get 'Student', '200215121', {COLUMN=>'Course:math', TIMESTAMPLE=>
1479295101588}
```

3.2.3 HBase 客户端编程

可以使用 Eclipse 开发环境，在客户端使用 Java 语言来操作 HBase 数据库，首先将 HBase 安装包中和客户端程序开发相关的 jar 包引用到项目中，主要为 org.apache.hadoop. hbase.* 类的包，注意将 hbase-site.xml 文件复制到项目的 conf 目录中。本节仍然以 Student 学生表为例，说明在客户端如何对 HBase 数据库进行操作。

1. 创建 Student 表

Std 表的结构如表 3-2 所示，首先需要声明静态配置 HBaseConfiguration 的实例类，如下所示。

```
static Configuration cfg=HBaseConfiguration.create();
```

创建 Student 表的代码如下所示。

```
...
public class HBaseTest {
    //声明静态配置 HBaseConfiguration
    static Configuration cfg=HBaseConfiguration.create();
    //创建学生表
    public static void createStdTable() throws Exception {
        //数据表名
        String tablename="Student";
        //列族名列表
        String[] columnFamilys= new String[] {"Std","Course"};
        //建立连接
        Connection con = ConnectionFactory.createConnection(cfg);
        //获得 Admin 对象
        Admin admin = con.getAdmin();
        //获得表对象
        TableName tName  = TableName.valueOf(tablename);
        //判断表是否存在
        if (admin.tableExists(tName)) {
           System.out.println("table Exists!");
           System.exit(0);
        }
        else{
           HTableDescriptor tableDesc = new HTableDescriptor(tName);
           //添加列族
           for(String cf:columnFamilys)
           {
                HColumnDescriptor cfDesc = new HColumnDescriptor
                (cf);
                if(cf.equals("Course"))//设置课程的最大历史版本
                  cfDesc.setMaxVersions(3);
                tableDesc.addFamily(cfDesc);
```

```
                }
                // 创建表
                admin.createTable(tableDesc);
                System.out.println("create table success!");
            }
            admin.close();
            con.close();
        }
        public static void main (String [] agrs) throws Throwable {
        try {
            createStdTable();
        }
        catch (Exception e) {
            e.printStackTrace();
        }
    }
}
```

2. Student 表模式的修改

表模式的修改包括增加新的列族，修改列族属性，删除列族，删除整个数据表。下面的代码演示了表模式修改的具体实现过程。

1）增加新的列族。下面的代码演示在学生表中添加新的列族 Test。

```
...
public static void AddStdColFamily () throws Throwable {
    Connection con = ConnectionFactory.createConnection(cfg);
    // 获得表对象
    TableName tablename = TableName.valueOf("Student");
    // 获得 Admin 对象
    Admin admin = con.getAdmin();
    HColumnDescriptor newCol = new HColumnDescriptor("Test");
    newCol.setMaxVersions(3);
    if(admin.tableExists(tablename)){
      try
        {
            admin.disableTable(tablename);
            admin.addColumn(tablename, newCol);
        }catch(Exception ex){
          ex.printStackTrace();
        }
    }
    admin.enableTable(tablename);
    admin.close();
    con.close();
}
```

2）修改列族属性。列族定义完后，可以修改列族的一些属性。下面的代码演示了如何修改 Test 列族的最大历史版本数为 5。

```
...
public static void ModifyStdColFamily () throws Throwable {
  Connection con = ConnectionFactory.createConnection(cfg);
    // 获得表对象
```

```
    TableName tablename = TableName.valueOf("Student");
    // 获得 Admin 对象
     Admin admin = con.getAdmin();
     HColumnDescriptor modCol = new HColumnDescriptor("Test");
     modCol.setMaxVersions(5);
     if(admin.tableExists(tablename)){
       try
       {
           admin.disableTable(tablename);
           admin.modifyColumn(tablename, modCol);
       }catch(Exception ex){
          ex.printStackTrace();
       }
     }
     admin.enableTable(tablename);
     admin.close();
     con.close();
}
```

3）删除列族。下面的代码演示如何将 Test 列族删除。

```
...
public static void DeleteStdColFamily() throws Throwable {
    Connection con = ConnectionFactory.createConnection(cfg);
    // 获得表对象
    TableName tablename = TableName.valueOf("Student");
    // 获得 Admin 对象
    Admin admin = con.getAdmin();
    if(admin.tableExists(tablename)){
      try
      {
          admin.disableTable(tablename);
          admin.deleteColumn(tablename, Bytes.toBytes("Test"));
      }catch(Exception ex){
         ex.printStackTrace();
        }
    }
    admin.enableTable(tablename);
    admin.close();
    con.close();
}
```

4）删除整个数据表。下面的代码演示如何删除整个数据表。

```
...
public static void DeleteTable() throws IOException{
    Connection con = ConnectionFactory.createConnection(cfg);
    // 获得表对象
    TableName tablename = TableName.valueOf("Student");
    // 获得 Admin 对象
    Admin admin = con.getAdmin();
    if(admin.tableExists(tablename)){
      try
      {
```

```
            admin.disableTable(tablename);
            admin.deleteTable(tablename);
        }catch(Exception ex){
            ex.printStackTrace();
        }
    }
}
```

3. 在 Student 表中插入和修改数据

HBase 与传统关系数据库最大的区别在于对单个数据行而言，列的个数是可变的、不确定的。具有不同行键的两个数据行的数据列可以相同，也可以不同。HBase 最小的存储单位为单元格（Cell），确定 Cell 需要知道表名→行键→列族名→列名，如果指定了列有历史版本，还需要提供时间戳，才能最终确定一个 Cell。HBase 提供的 Put 方法非常灵活，可以只插入或者修改一个 Cell 的值，也可以插入或者修改整个行的所有单元格的值。在客户端编程时，一般用 Put 去插入或者修改一个单元格的值，所有的操作完成后，将所有的 Put 形成一个 Put 列表，最后将 Put 列表提交给服务器，从而完成 HBase 数据表的更新。下面的代码演示了如何在 Student 表中插入一个学生的记录，包括学生的基本信息及选课的情况。

```
...
public static void putStdRow()  throws Exception{
    String tablename="Student";         // 表名
    String sno="200215121";             // 行键
    // 学生信息列表
    HashMap<String,String> mapStd = new  HashMap<String,String>();
    HashMap<String,Long> mapCourse = new  HashMap<String,Long>();
    mapStd.put("Std:name", "jim");
    mapStd.put("Std:gender", "male");
    mapStd.put("Std:birth", "2002-04-13");
    mapStd.put("Std:dept", "math");
    // 学生成绩列表
    mapCourse.put("Course:math", 91l);
    mapCourse.put("Course:arts", 78l);
    mapCourse.put("Course:phy", 92l);
    mapCourse.put("Course:OS", 91l);
    Connection con = ConnectionFactory.createConnection(cfg);
    // 获得表对象
    Table tbStd = con.getTable(TableName.valueOf(tablename));
    List<Put> puts = new  ArrayList<Put>();
    // 添加 Std 列族的各个列的信息
    Set<String> setStd = mapStd.keySet();
    for(Iterator<String> iter = setStd.iterator(); iter.hasNext();)
    {
        String column = iter.next();
        String value = mapStd.get(column);
        Put p = new Put(Bytes.toBytes(sno));
        String cfName = column.split(":")[0];    // 列族
        String colName = column.split(":")[1];   // 列名
        p.addColumn(Bytes.toBytes(cfName),Bytes.toBytes(colName),Bytes.
        toBytes(value));
```

```
        puts.add(p);
    }
    // 添加 Course 列族的各个列的信息
    Set<String> setCourse = mapCourse.keySet();
    for(Iterator<String> iter = setCourse.iterator(); iter.hasNext();)
    {
        String column = iter.next();
        Long value = mapCourse.get(column);
        Put p = new Put(Bytes.toBytes(sno));
        String cfName = column.split(":")[0];
        String colName = column.split(":")[1];
        p.addColumn(Bytes.toBytes(cfName), Bytes.toBytes(colName),Bytes.
        toBytes(value));
        puts.add(p);
    }
    try
    {
        tbStd.put(puts);
        System.out.println("PutList sucessfully!");
    }
    catch(Exception ex)
    {
        System.err.println(ex.getMessage());
    }
    tbStd.close();
}
```

修改学生课程成绩的 911，最后一个为字母 "l"，表示整型值，如果不加上，HBase 默认插入学生的成绩为字符串类型。可以反复地调用 putStdRow 方法插入多个学生的记录。由于 Course 列族指定了历史版本，所以当行键 sno 的值相同时，反复地对 Course 列族中的某个列，如对 Course:math 进行 Put 操作，将会形成历史版本。

4. 查询 Student 表中的数据

1）Get 查询。Get 根据行键查询数据表中的记录，包括记录中的部分或者所有列。下面的示例查询一条学生记录，包括所有列的所有历史版本，代码如下所示。

```
...
public static void getStdRow() throws IOException{
    String tablename = "Student";
    String sno = "200215124";
    Connection con = ConnectionFactory.createConnection(cfg);
    // 获得表对象
    Table tbStd = con.getTable(TableName.valueOf(tablename));
    Get g=new Get(Bytes.toBytes(sno));
    // 获取所有历史版本
    g.setMaxVersions();
    Result result=tbStd.get(g);
    List<Cell> list = result.listCells();
    for(Cell c:list){
        String familyName = Bytes.toString(CellUtil.cloneFamily(c));
        String cellValue;
        if(familyName.equals("Course"))
```

```
          {
            long icellValue = Bytes.toLong(CellUtil.cloneValue(c));
            cellValue = icellValue + "";
          }
          else
          {
            cellValue = Bytes.toString(CellUtil.cloneValue(c));
          }
          System.out.println(String.format("rowKey:%s, family:%s, qualifier:%s, cellvalue:%s, timestamp:%s.",
              Bytes.toString(CellUtil.cloneRow(c)),
              familyName,
              Bytes.toString(CellUtil.cloneQualifier(c)),
              cellValue,
              c.getTimestamp()));
        }
    tbStd.close();
}
```

该方法使用行键值查询某个学生的信息,若学生选修的某门课程有多个历史版本,则显示全部的版本值。由于查询得到的每个 Cell 的数据类型不一致,所以输出时,只能按 String 类型统一输出。

2）Scan 查询。Scan 主要用于查询指定列的信息,可以理解 Get 按行查询数据表,而 Scan 按列查询数据表。下面的示例演示如何查询所有学生选修数学课的情况。

```
...
public static void scanStdMath() throws Exception{
    String tablename = "Student";
    Connection con = ConnectionFactory.createConnection(cfg);
    // 获得表对象
    Table tbStd = con.getTable(TableName.valueOf(tablename));
    Scan s = new Scan();
    // 限定只扫描 Course 列族的 math 列
    s.addColumn(Bytes.toBytes("Course"), Bytes.toBytes("math"));
    ResultScanner resultList = tbStd.getScanner(s);
    for(Result rr= resultList.next();rr!=null;rr= resultList.next()){
        for(Cell c:rr.rawCells()){
            System.out.println(String.format("row:%s, column:%s, qualifier:%s, cellvalue:%d.",
                Bytes.toString(CellUtil.cloneRow(c)),
                Bytes.toString(CellUtil.cloneFamily(c)),
                Bytes.toString(CellUtil.cloneQualifier(c)),
                Bytes.toLong(CellUtil.cloneValue(c))
            ));
        }
    }
    resultList.close();
    tbStd.close();
}
```

由于只指定查询所有学生的数学成绩,Course:math 列的数据类型全部是一致的,所以上述的查询可以看到数学成绩的长整型值。也可以用 Scan 查询整个数据表的信息，不过如同传统关系数据库中的 Select * from table 语句，对于包含海量数据的表，Scan 整个数据表中所有数据的意义不同。下面的代码演示了如何用 Scan 查询 Student 表中的所有记录信息。

```java
...
public static void scanAllStd() throws Exception{
    String tablename = "Student";
    Connection con = ConnectionFactory.createConnection(cfg);
    // 获得表对象
    Table tbStd = con.getTable(TableName.valueOf(tablename));
    Scan s = new Scan();
    ResultScanner rs = tbStd.getScanner(s);
    for(Result r:rs){
        System.out.println("Scan: "+r);
    }
}
```

3）统计值的查询。可以使用 Scan 查询某个列族或者某个列的统计值，如最大值、最小值、平均值、总和及记录的个数，下面的代码演示了如何对 Course:arts 列求出上述的各个统计值。

```java
...
public static void testAggregationClient() throws Throwable {
    String tablename = "Student";
    Connection con = ConnectionFactory.createConnection(cfg);
    // 获得表对象
    Table tbStd = con.getTable(TableName.valueOf(tablename));
    LongColumnInterpreter colInterp = new LongColumnInterpreter();
    AggregationClient aggrClient = new AggregationClient(cfg);
    Scan scan = new Scan();
    //scan.addFamily("Course".getBytes());
    scan.addColumn("Course".getBytes(), "arts".getBytes());
    Long max = aggrClient.max(tbStd, colInterp, scan);
    System.out.println("Max is : "+ max);
    Long min = aggrClient.min(tbStd, colInterp,scan);
    System.out.println("Min is : "+ min);
    double avg = aggrClient.avg(tbStd, colInterp,scan);
    System.out.println("Avg is : "+ avg);
    Long sum = aggrClient.sum(tbStd, colInterp,scan);
    System.out.println("Sum is : "+ sum);
    Long count = aggrClient.rowCount(tbStd,colInterp, scan);
    System.out.println("RowCount is : "+ count);
}
```

4）数据的筛选。HBase API 以过滤器的方式对数据表中的数据进行筛选，类似于 SQL 中的 Where，其提供的过滤器的种类很多，有兴趣的读者可以参考官方文档，下面的示例演示如何利用列值过滤器筛选出学生表中 arts 成绩大于等于 75 分，且 math 成绩小于等于 95 分的记录。

```java
...
public static void selectByFilter() throws IOException{
```

```java
        String tablename = "Student";
        List<String> arr=new ArrayList<String>();
        arr.add("Course,arts,75");
        arr.add("Course,math,95");
        Connection con = ConnectionFactory.createConnection(cfg);
        //获得表对象
        Table tbStd = con.getTable(TableName.valueOf(tablename));
        FilterList filterList = new FilterList(FilterList.Operator.MUST_
        PASS_ALL);
        Scan s1 = new Scan();
        String [] ss1=arr.get(0).split(",");
        //第一个条件,arts 成绩大于等于 75
        filterList.addFilter(new SingleColumnValueFilter(Bytes.toBytes(ss1[0]),
        Bytes.toBytes(ss1[1]),
        CompareOp.GREATER_OR_EQUAL,Bytes.toBytes(Long.parseLong(ss1[2])))) ;
        String [] ss2=arr.get(1).split(",");
        //第二个条件,math 成绩小于等于 95
        filterList.addFilter(new SingleColumnValueFilter(Bytes.
        toBytes(ss2[0]),Bytes.toBytes(ss2[1]),
        CompareOp.LESS_OR_EQUAL,Bytes.toBytes(Long.parseLong(ss2[2])))) ;
        //两个条件是"与"关系
        s1.setFilter(filterList);
        //结果是包含学生的 arts 及 math 的成绩
        s1.addColumn(Bytes.toBytes(ss1[0]), Bytes.toBytes(ss1[1]));
        s1.addColumn(Bytes.toBytes(ss2[0]), Bytes.toBytes(ss2[1]));
        ResultScanner ResultScannerFilterList = tbStd.getScanner(s1);
        for(Resultrr = ResultScannerFilterList.next();rr!=null;rr=ResultSca
        nnerFilterList.next()){
            for(Cell c:rr.rawCells()){
                System.out.println(String.format("row:%s, column:%s,qualifier:%s,
                cellvalue:%d.",
                    Bytes.toString(CellUtil.cloneRow(c)),
                    Bytes.toString(CellUtil.cloneFamily(c)),
                    Bytes.toString(CellUtil.cloneQualifier(c)),
                    Bytes.toLong(CellUtil.cloneValue(c))
                ));
            }
        }
        ResultScannerFilterList.close();
        tbStd.close();
    }
```

5. 删除 Student 表中的数据

删除 HBase 中的数据包括单元格和行数据,列族中的列是动态的、可变的,所以将某个列中的所有单元格数据全部删除,也就相当于删除了这个列。删除单元格数据需要首先指定行键,下面的代码演示了如何删除一个特定时间戳的单元格数据及删除所有时间戳的单元格数据。

```java
…
public static void DeleteCell() throws Exception{
    String tableName = "Student";
    String rowKey = "200215121";
```

```
    String familyname = "Test";
    String qualifierName = "Col2";
    Connection con = ConnectionFactory.createConnection(cfg);
      // 获得表对象
    Table tbStd = con.getTable(TableName.valueOf(tableName));
    Delete del = new Delete(Bytes.toBytes(rowKey));
    // 删除 Test:Col2 列的指定时间戳的单元格数据,如果不指定时间戳,则删除最新时间戳
    // 的数据
    del.addColumn(Bytes.toBytes(familyname), Bytes.toBytes(qualifierName),
    1573608088682l);
    // 删除 Test:Col1 列中所有时间戳的单元格数据
    qualifierName = "Col1";
    del.addColumns(Bytes.toBytes(familyname), Bytes.toBytes(qualifierName));
    try
    {
      tbStd.delete(del);
        System.out.println("Delete sucessfully!");
    }
    catch(Exception ex)
    {
        System.err.println(ex.getMessage());
    }
}
```

下面的代码演示如何删除 HBase 数据表中的一行数据。

```
...
public static void DeleteRow() throws Exception{
    String tableName = "Student";
    String rowKey = "200215125";
    Connection con = ConnectionFactory.createConnection(cfg);
    // 获得表对象
    Table tbStd = con.getTable(TableName.valueOf(tableName));
    Delete del = new Delete(Bytes.toBytes(rowKey));
    // 删除一行数据
    try
    {
        tbStd.delete(del);
        System.out.println("Delete sucessfully!");
    }
    catch(Exception ex)
    {
        System.err.println(ex.getMessage());
    }
}
```

6. HBase 与 MapReduce 集成

HBase 可以很好地和 MapReduce 分布式计算框架结合使用,可以将 HDFS 中的数据写入 HBase 数据表,将 HBase 数据表中的数据写入 HDFS,也可以将 HBase 数据表中的数据经过处理后,再写入 HBase 数据表。下面分别对这三种情况展示说明。

1)读取 HDFS 文件后,写入 HBase 数据表。将文本文件 std.txt 存入 HDFS,文件内容如下:

```
200215125, Jim, Male, 2008-12-09, CS, 89, 78, 56
200215126, Marry, Female, 2001-2-09, AI , 79, 72, 66
200215127, Marker, Male, 2003-12-19, CE, 78, 48, 36
```

数据格式和表 3-2 所示的 Student 数据表的格式一致，下面的程序演示将 std.txt 文件从 HDFS 写入 HBase 中的 Student 表中。std.txt 文件存储在 hdfs://datanode1:9000/hbase/Student/Input/ 目录下。

```java
...
public class StdHdfsToHBase {
  public static class HDFSMap extends Mapper<Object, Text, Text, Text> {
    // 实现 map() 函数，读取 hdfs 上的 std.txt 文件
    public void map(Object key, Text value, Context context)
    throws IOException, InterruptedException
    {
        // 取出学生的学号为 rowKey
        String stdRowKey = value.toString().split(",")[0];
        // 学号后面的学生信息为 value
        String stdInfo = value.toString().substring(stdRowKey.length()+1);
        context.write(new Text(stdRowKey), new Text(stdInfo));
    }
  }
  public static class HDFSReducer extends TableReducer<Text, Text,ImmutableBytesWritable>{
    @Override
    protected void reduce(Text key, Iterable<Text> values, Context context) throws IOException, InterruptedException {
        Put put = new Put(key.getBytes());
        for (Text val : values) {
            String[] stdInfo = val.toString().split(",");
            put.addColumn("Std".getBytes(), "Name".getBytes(),stdInfo[0].getBytes());
            put.addColumn("Std".getBytes(), "gender".getBytes(),stdInfo[1].getBytes());
            put.addColumn("Std".getBytes(), "birth".getBytes(),stdInfo[2].getBytes());
            put.addColumn("Std".getBytes(), "dept".getBytes(),stdInfo[3].getBytes());
            put.addColumn("Course".getBytes(), "math".getBytes(),Bytes.toBytes(Long.parseLong(stdInfo[4])));
            put.addColumn("Course".getBytes(), "arts".getBytes(),
                    Bytes.toBytes(Long.parseLong(stdInfo[5])));
            put.addColumn("Course".getBytes(), "phy".getBytes(),
                    Bytes.toBytes(Long.parseLong(stdInfo[6])));
            // 写入学生信息到 HBase 表
          context.write(new ImmutableBytesWritable(key.getBytes()), put);
        }
    }
  }
  public static void main(String[] args) throws
     IOException, ClassNotFoundException, InterruptedException {
     Configuration conf = HBaseConfiguration.create();
```

```
        Job job = Job.getInstance(conf, "StdHdfsToHBase");
        job.setJarByClass(StdHdfsToHBase.class);
        // 设置 Map
        job.setMapperClass(HDFSMap.class);
        job.setMapOutputKeyClass(Text.class);
        job.setMapOutputValueClass(Text.class);
        // 设置 Reducer
        TableMapReduceUtil.initTableReducerJob("Student", HDFSReducer.
        class, job);
        job.setOutputKeyClass(ImmutableBytesWritable.class);
        job.setOutputValueClass(Put.class);
        // 设置 std.txt 的输入目录
        FileInputFormat.addInputPath(job, new
                    Path("hdfs://datanode1:9000/hbase/Student/
                    Input/"));
        System.exit(job.waitForCompletion(true) ? 0 : 1);
    }
}
```

Map 过程读取 std.txt 文件中的每一行，然后将学生的学号设置为 Key，学生的其他信息设置为 Value 后，写入中间结果。Reduce 过程负责将 Map 形成的中间结果写入 HBase 的 Student 表中，故 Reduce 继承至 TableReducer，在 main() 函数中使用：

```
TableMapReduceUtil.initTableReducerJob("Student", HDFSReducer.class,
job)
```

指定写入的表 Student 及 Reduce 的实例类，在 Reduce 过程中使用 Put 添加要写入的学生信息，然后写入 Student 表中。

2）读取 HBase 数据表后，写入 HDFS。下面的示例演示将 Student 数据表中的每个学生的 Course 列族读出，计算出每个学生的平均成绩后，将结果写入到 HDFS 中，文件的输出路径为 hdfs://datanode1:9000/hbase/Student/Output/。

```
...
public class StdHBaseToHdfs {
  public static class StdMapper extends TableMapper<Text,
  LongWritable> {
    //key 是 HBase 中的行键 ,value 是 HBase 中的所有行键的所有数据
    public void map(ImmutableBytesWritable key, Result value, Context
  context) throws IOException, InterruptedException{
    for(Cell c:value.rawCells()){
    // 写入学生的行键和各科成绩
    context.write(new Text(Bytes.toString(CellUtil.cloneRow(c))),
        new LongWritable(Bytes.toLong(CellUtil.cloneValue(c))));
    }
   }
  }
  public static class StdReducer extends Reducer<Text, LongWritable,Text,
  IntWritable>{
    @Override
    protected void reduce(Text key, Iterable<LongWritable>
    values,Context context) throws
    IOException, InterruptedException {
```

```java
            long sum = 0;
            int count = 0;
            Iterator<LongWritable> iterator = values.iterator();
            //计算平均成绩
            while (iterator.hasNext()) {
                sum += iterator.next().get();          //计算总分
                count++;                                //统计总的科目数
            }
            int average = (int) sum / count;           //得到平均成绩
            //写入HDFS
            context.write(key, new IntWritable(average));
        }
    }
    public static void main(String[] args) throws IOException,
ClassNotFoundException,
      InterruptedException,URISyntaxException {
        Configuration conf = HBaseConfiguration.create();
        Job job = Job.getInstance(conf, "StdHBaseToHdfs");
        job.setJarByClass(StdHBaseToHdfs.class);
        //设置Map
        Scan s = new Scan();
        //扫描学生的成绩列族
        s.addFamily("Course".getBytes());
        TableMapReduceUtil.initTableMapperJob(
            "Student".getBytes(),    //指定表名
            s,                        //指定扫描数据的条件
            StdMapper.class,          //指定mapper class
            Text.class,               //outputKeyClass mapper阶段的输出的
                                      //key类型
            LongWritable.class,       //outputValueClass mapper阶段的输出
                                      //的value类型
            job,                      //job对象
            false);
        //设置Reducer
        job.setReducerClass(StdReducer.class);
        job.setOutputKeyClass(Text.class);
        job.setOutputValueClass(IntWritable.class);
        //设置结果的输出目录
        FileSystem fs = FileSystem.get(new URI("hdfs://datanode1:9000"),conf);
        Path outPath = new Path("hdfs://datanode1:9000/hbase/Student/Output/");
        if(fs.exists(outPath))
        {
            fs.delete(outPath,true);
        }
        FileOutputFormat.setOutputPath(job, outPath);
        System.exit(job.waitForCompletion(true) ? 0 : 1);
    }
}
```

在main()函数中实例化Scan对象,并指定要扫描的列族"Course"后,使用TableMapReduceUtil.initTableMapperJob()方法指定需要扫描的表、Scan对象、Map实例

类、Map 输出的 key 及 value 的数据类型。Map 过程负责读取每个学生的成绩，并以 <学号、成绩> 键值对的形式输出中间结果，Reduce 过程负责计算每个学生的平均成绩，并将最终结果输出到 HDFS 中。

3）读取 HBase 数据表中数据经过处理后，再写入 HBase 数据表。下面的示例将前例中学生的平均成绩写入 Student 表的 Course:Avg 列中，代码如下。

```java
…
public class StdHBaseToHBase {
  public static class StdMapper extends TableMapper<Text, LongWritable> {
      //key 是 HBase 中的行键 ,value 是 HBase 中的所有行键的所有数据
      public void map(ImmutableBytesWritable key, Result value, Context context)
      throws IOException, InterruptedException{
        for(Cell c:value.rawCells()){
        // 写入学生的行键和各科成绩
        context.write(new Text(Bytes.toString(CellUtil.cloneRow(c))),
            new LongWritable(Bytes.toLong(CellUtil.cloneValue(c))));
      }
    }
  }
public static class StdReducer extends TableReducer<Text, LongWritable,
    ImmutableBytesWritable> {
    @Override
    protected void reduce(Text key, Iterable<LongWritable> values,
    Context context) throws IOException, InterruptedException {
        long sum = 0;
        int count = 0;
        Iterator<LongWritable> iterator = values.iterator();
        // 计算平均成绩
        while (iterator.hasNext()) {
          sum += iterator.next().get();           // 计算总分
          count++;// 统计总的科目数
        }
        int average = (int) sum / count;          // 得到平均成绩
        // 写入 Student 表
        Put put = new Put(key.getBytes());
        put.addColumn("Course".getBytes(), "Avg".getBytes(),Bytes.
        toBytes(average));
        context.write(new ImmutableBytesWritable(key.getBytes()), put);
    }
}
  public static void main(String[] args) throws
      IOException, ClassNotFoundException, InterruptedException,
      URISyntaxException {
      Configuration conf = HBaseConfiguration.create();
      Job job = Job.getInstance(conf, "StdHBaseToHdfs");
      job.setJarByClass(StdHBaseToHdfs.class);
      // 设置 Map
      Scan s = new Scan();
      // 扫描学生的成绩列族
      s.addFamily("Course".getBytes());
      TableMapReduceUtil.initTableMapperJob(
```

```
            "Student".getBytes(),    // 指定表名
            s,                       // 指定扫描数据的条件
            StdMapper.class,         // 指定 mapper class
            Text.class,              //outputKeyClass mapper 阶段输出的
                                     //key 的类型
            LongWritable.class,      //outputValueClass mapper 阶段输出的
                                     //value 的类型
            job,                     //job 对象
            false);
    // 设置 Reducer
    TableMapReduceUtil.initTableReducerJob("Student", StdReducer.
    class, job);
    job.setOutputKeyClass(ImmutableBytesWritable.class);
    job.setOutputValueClass(Put.class);
    System.exit(job.waitForCompletion(true) ? 0 : 1);
    }
}
```

3.3 Hive 数据仓库工具

Hive 是基于 Hadoop 的一个数据仓库工具,用来进行数据提取、转化和加载,这是一种可以存储、查询和分析存储在 Hadoop 中的大规模数据的机制。Hive 将结构化的数据文件映射为一张数据库表,并提供类 SQL 查询功能(HQL)。其本质是将 SQL 转换为 MapReduce 的任务进行运算,底层由 HDFS 来提供数据的存储。

3.3.1 Hive 的安装及环境配置

1. MySQL 安装

1)在安装 Hive 前,先安装 MySQL,以 MySQL 作为元数据库,默认的元数据库是内嵌的 Derby,但因其有单会话限制,所以选用 MySQL。在 Ubuntu 终端输入命令:

```
sudo apt-get install mysql-server mysql-client
```

安装 MySQL。注意:在此安装过程中需要输入 root 用户密码,按照要求输入密码。
2)安装完成后,在终端输入命令:

```
mysql -u root -p
```

输入密码后,进入 MySQL 操作界面。
3)在 MySQL 操作界面,建立 hive 用户,密码为 hive。

```
create user 'hive'@'%' identified by 'hive';
```

4)在 MySQL 操作界面,建立 Hive 数据库,用于存储 Hive 元数据。

```
create database hive;
```

5)在 MySQL 操作界面,为 hive 用户授予权限。

```
grant all on *.* to 'hive'@'%' identified by 'hive';          // 远程连接授权
grant all on *.* to 'hive'@'localhost' identified by 'hive';
                                                              // 本地连接授权
flush privileges;
```

6）在 MySQL 操作界面，输入 exit，退出 MySQL。在 Ubuntu 终端输入：

```
mysql -uhive -phive
```

验证：hive 用户登录，在 MySQL 操作界面输入命令：

```
show databases;
```

验证 Hive 数据库是否建立及可以被 hive 用户访问。

2. Hive 安装及配置

（1）下载 Hive 的最新稳定版本

本次安装以 hive-2.1.1 为例说明，将下载的 hive-2.1.1-bin.tar.gz 包复制到 /home/hadoop 目录下后，解压，将目录名称更改为 hive-2.1.1。

```
tar -xzvf hive-2.1.1-bin.tar.gz
mv hive-2.1.1-bin hive-2.1.1
```

（2）编辑 .barshrc 文件

增加以下内容：

```
export HIVE_HOME=/home/hadoop/hive-2.1.1
export PATH=$HIVE_HOME/bin  // 在现有的 path 后面添加
```

保存退出后，输入命令：

```
source .bashrc
```

使得配置生效，输入 env 命令验证新的配置是否生效。

（3）复制 hive 配置文件

进入 hive-2.1.1 的 conf 目录，复制以下配置文件。

```
cp hive-env.sh.template hive-env.sh
cp hive-default.xml.template hive-site.xml
cp hive-log4j2.properties.template hive-log4j2.properties
cp hive-exec-log4j2.properties.template hive-exec-log4j2.properties
```

（4）修改 hive-site.xml

替换 hive-site.xml 文件中的 ${system:java.io.tmpdir} 和 ${system:user.name}，具体如下：

```
<property>
    <name>hive.exec.scratchdir</name>
    <value>/tmp/hive-${user.name}</value>
    <description>HDFS root scratch dir for Hive jobs which gets created with write all (733)
      permission. For each connecting user, an HDFS scratch dir:
      ${hive.exec.scratchdir}/&lt;username&gt; is created, with ${hive.scratch.dir.permission}.
    </description>
</property>
<property>
    <name>hive.exec.local.scratchdir</name>
    <value>/tmp/${user.name}</value>
    <description>Local scratch space for Hive jobs</description>
```

```xml
    </property>
    <property>
        <name>hive.downloaded.resources.dir</name>
        <value>/tmp/hive/resources</value>
        <description>Temporary local directory for added resources in the
        remote file system.</description>
    </property>
    <property>
        <name>hive.querylog.location</name>
        <value>/tmp/${user.name}</value>
        <description>Location of Hive run time structured log file</description>
    </property>
    <property>
        <name>hive.server2.logging.operation.log.location</name>
        <value>/tmp/${user.name}/operation_logs</value>
        <description>Top level directory where operation logs are stored if
        logging functionality is enabled</description>
    </property>
```

（5）配置 Hive Metastore

默认情况下，Hive 的元数据保存在了内嵌的 Derby 数据库里，但一般情况下生产环境使用 MySQL 来存放 Hive 元数据。

1）在 MySQL 官网下载 mysql-connector-java-5.1.40.zip 文件并解压之后，将得到的 mysql-connector-java-5.1.40-bin.jar 文件复制到 ~/hive-2.1.1/lib 目录下。

2）修改 hive-site.xml 文件，配置 MySQL 数据库连接信息。

```xml
<property>
    <name>javax.jdo.option.ConnectionURL</name> <value>jdbc:mysql://localhost:3306/hive?createDatabaseIfNotExist=true&amp;characterEncoding=UTF-8&amp;useSSL=false</value>
</property>
<property>
    <name>javax.jdo.option.ConnectionDriverName</name>
    <value>com.mysql.jdbc.Driver</value>
</property>
<property>
    <name>javax.jdo.option.ConnectionUserName</name>
    <value>hive</value>
</property>
<property>
    <name>javax.jdo.option.ConnectionPassword</name>
    <value>hive</value>
</property>
```

注意：jdbc:mysql://localhost:3306 中的 localhost 可以配置为实际的主机 IP 地址，但需要开放 3306 远程访问端口，具体做法如下：

```
vi /etc/mysql/mysql.conf.d/mysqld.cnf
```

打开 MySQL 配置文件，将 bind-address = 127.0.0.1 注释后，重新启动 MySQL 服务。

(6）为 Hive 创建 HDFS 目录

在 Hive 中创建表之前需要使用以下 HDFS 命令创建 /tmp 和 /user/hive/warehouse（hive-site.xml 配置文件中属性项 hive.metastore.warehouse.dir 的默认值）目录并给它们赋写权限。

```
hdfs dfs -mkdir /tmp
hdfs dfs -mkdir /user/hive/warehouse
hdfs dfs -chmod g+w /tmp
hdfs dfs -chmod g+w /user/hive/warehouse
```

(7）运行 Hive

在命令行运行 Hive 命令时必须保证 HDFS 已经启动。可以使用 start-dfs.sh 来启动 HDFS。从 Hive 2.1 版本开始，需要先运行 schematool 命令来执行初始化操作。

```
schematool -dbType mysql -initSchema
```

以 hive 用户的身份进入 MySQL，在 MySQL 操作界面输入：

```
use hive;
show tables;
```

验证 Hive 数据库初始化成功后，退出 MySQL。

在 Ubuntu 命令提示符下，输入 hive，进入 Hive 操作界面，如下所示：

(8）若需要使用新的命令行工具 beeline，则需要配合 hiveserver2 使用

在 Ubuntu 命令提示符下输入：

```
hive --service hiveserver2 &
```

后输入命令：

```
netstat -an | grep 10000
```

确认 hiveserver2 的默认远程端口 10000 打开。使用 beeline 及使用 JDBC 客户端远程访问 hive，还需要配置以下文件及参数。

1）修改 hive-site.xml 的 hive.server2.thrift.bind.host 参数为 datanode1 的 IP 地址 192.168.1.151。

2）在 core-site.xml 文件中添加以下信息。

```
<property>
    <name>hadoop.proxyuser.hadoop.groups</name>
    <value>*</value>
    <description>Allow the superuser oozie to impersonate any members
    of the group group1 and group2</description>
</property>
```

```xml
<property>
    <name>hadoop.proxyuser.hadoop.hosts</name>
    <value>*</value>
    <description>The superuser can connect only from host1 and host2 to impersonate a user</description>
</property>
```

表示用 ubuntu 系统的 hadoop 用户来模拟 hive 的超级用户，若使用其他用户，可修改 hadoop.proxyuser.hadoop.groups 及 hadoop.proxyuser.hadoop.hosts 中的第三个字段为相应的用户名。

3）输入命令 beeline –u jdbc:hive2://localhost:10000 –n hadoop –p 123 及 beeline –u jdbc:hive2://192.168.1.151:10000 –n hadoop –p 123 验证 beeline 本地及远程连接成功。

4）在 beeline 提示符下输入 !exit，退出 beeline。

3. eclipse 开发环境设置

1）配置 build path，添加所有 hadoop common jar 包及 hive jar 包的引用，应该还需要添加 hadoop mapred 包的引用，具体的版本，需要根据运行程序时的报错提示进行确认。

2）配置 log4j，在 eclipse 项目下建立 resources 目录，添加 log4j2.xml 文件为：

```xml
<?xml version="1.0" encoding="UTF-8"?>
<Configuration status="warn">
  <Appenders>
    <Console name="Console" target="SYSTEM_OUT">
      <PatternLayout pattern="%m%n" />
    </Console>
  </Appenders>
  <Loggers>
    <Root level="INFO">
      <AppenderRef ref="Console" />
    </Root>
  </Loggers>
</Configuration>
```

在 Run → Run Configurations 对应项目的 Classpath 中选择 User Entries，单击 Advanced，选择 Add Folder，把 resources 文件夹添加进来（这种办法只有第一次运行时有效，为避免下次运行重新配置，需要右击鼠标，选择 resource → build path → use as source folder）。

3.3.2 Hive 的基本使用

Hive 是一种数据仓库技术，可以定义数据库和表来存储结构化数据，并提供操作和查询分析数据的工具。

1. 创建数据库

1）CREATE DATABASE 语句。CREATE DATABASE 是用于创建数据库的 Hive 语句，Hive 数据库是一个命名空间或表的集合，创建数据库语法如下。

```
CREATE DATABASE SCHEMA [IF NOT EXISTS] <database name>
```

IF NOT EXISTS 是一个可选子句，通知用户是否已经存在相同名称的数据库，下面的语句创建一个名为 userdb 的数据库。

```
hive> CREATE DATABASE [IF NOT EXISTS] userdb;
```

或

```
hive> CREATE SCHEMA userdb;
```

下面的查询用于验证数据库列表。

```
hive> SHOW DATABASES;
```

2）使用 JDBC。使用 JDBC 编程创建数据库的代码如下所示。

```
...
public class HiveCreateDb {
    private static String driverName = "org.apache.hive.jdbc.HiveDriver";
    public static void main(String[] args) throws SQLException, ClassNotFoundException {
    //注册驱动并创建驱动实例
    Class.forName(driverName);
    // 连接
    Connection con = DriverManager.getConnection("jdbc:hive2://192.168.1.151:10000/default", "", "");
    Statement stmt = con.createStatement();
    stmt.execute("CREATE DATABASE userdb");
    System.out.println("Database userdb created successfully.");
    con.close();
    }
}
```

2. 删除数据库

1）DROP DATABASE 语句。DROP DATABASE 是删除所有的表并删除数据库的语句，语法如下。

```
DROP DATABASE SCHEMA [IF EXISTS] database_name [RESTRICT CASCADE];
```

下面的语句用于删除数据库，假设要删除的数据库名称为 userdb。

```
hive> DROP DATABASE IF EXISTS userdb;
```

在删除 userdb 数据库之前，必须删除数据库中所有的表。如果需要在删除数据库时，同时也删除库中的所有表，则可使用 CASCADE 选项。

```
hive> DROP DATABASE IF EXISTS userdb CASCADE;
```

2）使用 JDBC。使用 JDBC 编程删除数据库的代码如下所示。

```
...
public class HiveDropDb {
    private static String driverName = "org.apache.hive.jdbc.HiveDriver";
    public static void main(String[] args) throws SQLException, ClassNotFoundException {
    /注册驱动并创建驱动实例
    Class.forName(driverName);
    // 连接
```

```
    Connection con = DriverManager.getConnection("jdbc:hi
ve2://192.168.1.151:10000/default", "", "");
     Statement stmt = con.createStatement();
     stmt.execute("drop database userdb");
     System.out.println("Drop Database userdb successfully.");
     con.close();
  }
}
```

3. 建立表及加载数据

1）CREATE TABLE 语句。CREATE TABLE 是用于在 Hive 中创建表的语句。语法如下：

```
CREATE [TEMPORARY] [EXTERNAL] TABLE [IF NOT EXISTS] [db_name.] table_
name
[(col_name data_type [COMMENT col_comment], ...)]
[COMMENT table_comment]
[ROW FORMAT row_format]
[STORED AS file_format]
```

表 3-3 列出了 employee 表中的字段名称和数据类型。

表 3-3 employee 表结构

序号	字段名称	数据类型
1	eid	int
2	name	string
3	salary	float
4	designation	string

对 employee 表的注释及行格式字段：如字段终止符、行终止符、保存的文件类型的说明如下。

```
COMMENT 'Employee details'
FIELDS TERMINATED BY '\t'
LINES TERMINATED BY '\n'
STORED IN TEXT FILE
```

下面的语句用于创建数据表 employee。

```
hive> CREATE TABLE IF NOT EXISTS employee ( eid int, name string,
> salary float, destination string)
> COMMENT 'Employee details'
> ROW FORMAT DELIMITED
> FIELDS TERMINATED BY '\t'
> LINES TERMINATED BY '\n'
> STORED AS TEXTFILE;
```

如果添加选项 IF NOT EXISTS，表示只有表不存在时，才创建该表。成功创建表后，可以看到以下信息：

```
OK
Time taken: 5.905 seconds
```

2）LOAD DATA 语句。一般来说，在使用 SQL 创建表后，就可以使用 INSERT 语句插入一些数据。在 Hive 中，可以使用 LOAD DATA 语句来插入数据。有两种方式用来加载数据：一种是从本地文件系统，另一种是从 HDFS。

加载数据的语法如下：

```
LOAD DATA [LOCAL] INPATH 'filepath' [OVERWRITE] INTO TABLE tablename
[PARTITION (partcol1=val1, partcol2=val2 ...)]
```

LOCAL 是标识符指定本地路径，是可选的。如果是从 HDFS 加载文件，则忽略。OVERWRITE 是可选的，表示覆盖表中的数据，PARTITION 也是可选的。在 /hivedata/sample.txt 目录中名为 sample.txt 的文件内容如下所示：

```
1201    Gopal           45000       Technical manager
1202    Manisha         45000       Proof reader
1203    Masthanvali     40000       Technical writer
1204    Kiran           40000       Hr Admin
1205    Kranthi         30000       Op Admin
```

下面语句将 sample.txt 文件中的数据加载到 Hive 的 employee 表中。

```
hive> LOAD DATA INPATH '/hivedata/sample.txt' INTO TABLE employee';
```

如果加载数据成功，则可以看到以下的消息：

```
OK
Time taken: 15.905 seconds
```

3）使用 JDBC。使用 JDBC 加载数据到 employee 表的代码如下所示。

```
...
public class HiveLoadData {
  private static String driverName = "org.apache.hive.jdbc.HiveDriver";
    public static void main(String[] args) throws SQLException,
    ClassNotFoundException {
    // 注册驱动并创建驱动实例
    Class.forName(driverName);
    // 连接
    Connection con =DriverManager.getConnection("jdbc:hive2://192.168.1.151:10000/userdb", "hadoop", "123");
    Statement stmt = con.createStatement();
    // 执行语句
    stmt.execute("LOAD DATA INPATH '/hivedata/sample.txt' INTO TABLE employee");
    System.out.println("Table employee created successfully.");
    con.close();
  }
}
```

4. 修改表结构

Alter Table 用于在 Hive 中修改表的结构，在 Alter Table 中可以使用的语句如下所示。

```
ALTER TABLE name RENAME TO new_name
ALTER TABLE name ADD COLUMNS (col_spec[, col_spec ...])
Use
ALTER TABLE name CHANGE column_name new_name new_type
```

```
ALTER TABLE name REPLACE COLUMNS (col_spec[, col_spec ...])
```

1）Rename To 语句。Rename To 用于重命名表名，下面的语句将 employee 表名修改为 emp。

```
hive> ALTER TABLE employee RENAME TO emp;
```

2）Change 语句。表 3-4 包含 employee 表的字段，粗体表示哪些字段要被更改。

表 3-4 employee 表需要修改的字段

字段名	原数据类型	更改后字段名称	更改后的数据类型
eid	int	eid	int
name	string	ename	string
salary	float	salary	double
designation	string	designation	string

下面使用重命名语句修改上述数据的列名和列数据类型：

```
hive> ALTER TABLE employee CHANGE name ename string;
hive> ALTER TABLE employee CHANGE salary salary double;
```

3）ADD COLUMNS 语句。下面使用 ADD COLUMNS 语句在 employee 表中增加一个列，名为 dept。

```
hive> ALTER TABLE employee ADD COLUMNS ( dept string COMMENT
'Department name');
```

4）REPLACE 语句。REPLACE 语句将数据表中不在其定义范围内的列全部删除，并修改原数据表中的列，或者指定新的列。

```
hive> ALTER TABLE employee REPLACE COLUMNS ( eid int empid int, ename
string name string);
```

上述的 REPLACE 语句将原始的 employee 表中的除 eid 和 ename 以外全部删除，然后重新定义 eid 列的名称为 empid，ename 的名称为 name。

5. 删除数据和表

Drop Table 语句语法如下：

```
DROP TABLE [IF EXISTS] table_name;
```

下面的语句将 employee 表删除。

```
hive> DROP TABLE IF EXISTS employee;
```

DROP TABLE 命令删除整个 employee 表，Hive 表删除部分数据不支持使用"delete from table_name where ..."语句，Hive 表删除数据要分为不同的粒度：table、partition。例如要删除 employee 表中的全部数据，但保留表结构，则使用以下命令。

```
truncate table userdb.employee;
```

若只需要删除部分数据，则使用以下的命令格式。

```
insert overwrite table table_name select * from table_name where ...
```

用满足条件的数据去覆盖原表的数据,这样只要在 where 条件里面过滤需要删除的数据。若表中有分区,则使用以下的命令格式。

```
alter table table_name drop partition(partition_name='value')
```

删除分区中的数据,注意用表中的实际分区名称取代命令中的"partition_name"。

6. 数据查询

Hive 查询语言(HiveQL)和 SQL 非常相似,where 查询的示例如下。

1)where 查询。查询 employee 表中的 salary 大于 30000 的记录。

```
Select * from employee where salary > 30000;
```

2)使用 JDBC。使用 JDBC 查询 sales 表的代码如下所示。

```
...
public class HiveQLWhere {
  private static String driverName = "org.apache.hive.jdbc.HiveDriver";
  public static void main(String[] args) throws SQLException,
  ClassNotFoundException {
    // 注册驱动并创建驱动实例
    Class.forName(driverName);
    // 连接
    Connection con = DriverManager.getConnection("jdbc:hive2://192.168.1.151:10000/userdb",
    "hadoop", "123");
    Statement stmt = con.createStatement();
    // 执行语句
    ResultSet res = stmt.executeQuery("Select * from employee where salary > 30000");
    while (res.next()) {
    System.out.println(res.getInt(1) + "\t" + res.getString(2) + "\t" +
    res.getFloat(3) + "\t" +
    res.getString(4)); }
    con.close();
  }
}
```

7. Hive 分区表

在 Hive Select 查询中一般会扫描整个表内容,会消耗很多时间做没必要的工作。有时候只需要扫描表中关心的一部分数据,因此在建表时可以使用分区技术,建立分区表。分区表的建立需要在 create 表的时候调用可选参数 partitioned by。分区是以字段的形式在表结构中存在,通过 describe table 命令可以查看到字段存在,但是该字段不存放实际的数据内容,仅仅是分区的表示。

1)建立以 year 和 city 为分区依据的分区表。

```
create table sales(productname string ,quanity int)
partitioned by(year string,city string)
row format delimited
fields terminated by '\t'
stored as textfile;
```

2)准备 4 个 txt 文件,见表 3-5。

表 3-5　txt 文件内容

2012wuhan.txt		2013wuhan.txt		2012shanghai.txt		2013shanghai.txt	
bike	30	bike	310	bike	130	bike	130
juice	120	juice	150	juice	1120	juice	1220
apple	75	apple	95	apple	755	apple	675
banana	80	banana	90	banana	810	banana	30
jacket	80	jacket	190	jacket	450	jacket	50

3）加载数据，按以下格式加载 4 个文件数据到 sales 表。

```
load data inpath '/hivedata/2012wuhan.txt' into table sales partition(year='2012',city='wuhan')
```

4）Select * from sales; 显示以下数据。

```
| sales1.productname | sales1.quanity | sales1.year | sales1.city |
| bike               | 130            | 2012        | shanghai    |
| juice              | 1120           | 2012        | shanghai    |
| apple              | 755            | 2012        | shanghai    |
| banana             | 810            | 2012        | shanghai    |
| jacket             | 450            | 2012        | shanghai    |
| bike               | 30             | 2012        | wuhan       |
| juice              | 120            | 2012        | wuhan       |
| apple              | 75             | 2012        | wuhan       |
| banana             | 80             | 2012        | wuhan       |
| jacket             | 80             | 2012        | wuhan       |
| computer           | 787            | 2012        | wuhan       |
| cellphone          | 777            | 2012        | wuhan       |
| bike               | 130            | 2013        | shanghai    |
| juice              | 1220           | 2013        | shanghai    |
| apple              | 675            | 2013        | shanghai    |
| banana             | 30             | 2013        | shanghai    |
| jacket             | 50             | 2013        | shanghai    |
| bike               | 310            | 2013        | wuhan       |
| juice              | 150            | 2013        | wuhan       |
| apple              | 95             | 2013        | wuhan       |
| banana             | 90             | 2013        | wuhan       |
| jacket             | 190            | 2013        | wuhan       |
```

注意：year 和 city 为虚列，并不在存储文件中实际存在。可以观察 sales 表在 HDFS 中的实际存储的路径为 /user/hive/warehouse/sales/year=2012/city=wuhan。

第 4 章

分布式计算框架 Spark

作为 Hadoop 核心技术的 MapReduce 计算框架,一方面缺少对迭代的支持,另一方面在计算过程中会将中间数据输出到硬盘存储,因此会产生较长的延迟。为此,加州大学伯克利分校实验室基于 AMPLab 的集群计算平台,立足于内存计算开发了 Spark,并提交给 Apache 软件基金会,使 Spark 作为顶级项目实现了开源。此后衍生出 Spark 生态系统,包括 MLlib、Spark SQL 等。Spark 因其具有快速、易用、通用以及有效继承 Hadoop 等特点,从提出至今也已经实现了快速发展,且正在逐渐被广泛地应用在各种实际的应用场景当中。本章介绍了 Spark 的基本概念、集群平台的搭建过程、RDD 分布式编程及 Spark SQL 查询分析技术。

4.1 Spark 分布式计算引擎

4.1.1 Spark 的基本概念

Apache Spark 是专为大规模数据处理而设计的快速通用的计算引擎,目前已经成为一个高速发展且应用广泛的生态系统。Spark 是加州大学伯克利分校的 AMP 实验室(UC Berkeley AMP lab)所开源的类 Hadoop MapReduce 的通用并行框架,Spark 分布式计算引擎结构如图 4-1 所示。

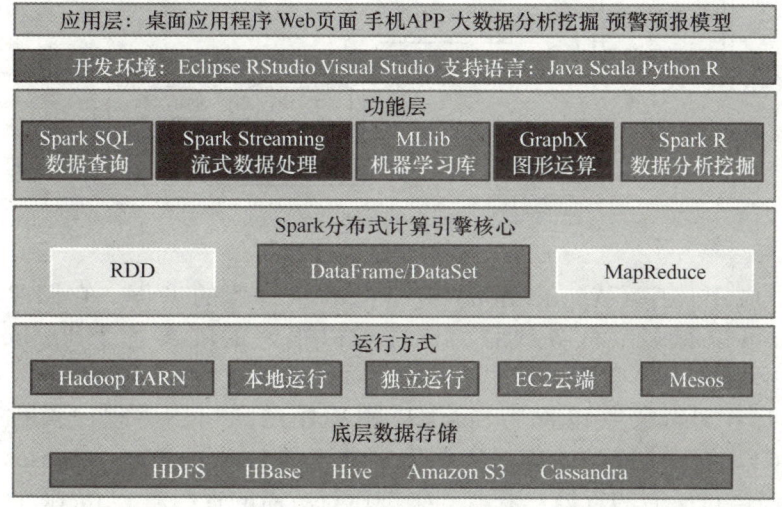

图 4-1 Spark 分布式计算引擎结构

Spark 分布式计算引擎具有以下几个特点：

1）数据处理速度快（Speed）。对于分布式计算程序，若在内存中计算，Spark 要比 MapReduce 快 100 倍，若基于硬盘存储计算，要快 10 倍。Spark 使用先进的支持非循环数据流的有向无环图（DAG）执行引擎来进行基于内存的计算。

2）易用性（Ease of Use）。可以方便地使用 Java、Scala、Python、R 语言编写在 Spark 集群下运行的程序。Spark 提供超过 80 个高级操作方法，使得编写分布式计算程序更加的快捷。用户也可以使用 Scala、Python、R 命令行窗口和 Spark 进行交互。

3）通用性（Generality）。Spark 包括用于数据查询的 Spark SQL，用于机器学习的 MLlib，用于实时流式数据处理的 Spark Streaming 及用于图形处理的 GraphX。用户可以灵活的选择这四个模块提供的功能来构建基于 Spark 的应用程序。

4）跨平台（Runs Everywhere）。Spark 可以部署在 Hadoop、Mesos、云平台上，也可以以独立集群的方式部署。可以访问的数据源包括 HDFS、S30 文件系统，Cassandra、HBase、Hive 数据库。

由于 Spark 相比于 MapReduce 所具有的各种优势，越来越多的人认为 Spark 大有取代 Hadoop 的趋势。但是 Spark 准确来说只是一个轻量级的大数据计算框架，其功能类似于 Hadoop 的 MapReduce，本身不具有文件管理功能，因此它不可能完全取代 Hadoop，为了实现数据计算，还需要依靠 Hadoop 的另一项核心技术 HDFS。Hadoop 的设计初衷是使得用户可以在不了解分布式底层细节的情况下开发分布式程序，能够充分利用集群进行高速运算和存储，实现数据的大规模批量处理，是一个真正意义上的大数据处理平台。而 Spark 的开发者对于 Spark 的定位是" one stack to rule them all"，也就是全栈多计算范式的高效数据流水线，使得 Spark 能够完成多种复杂的任务，加之 Spark 是基于内存计算，使得 Spark 能够更高效地处理数据。Spark 的任务执行方式如图 4-2 所示。

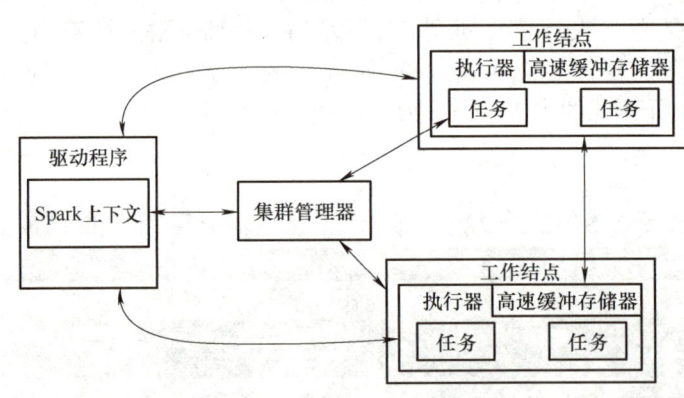

图 4-2　Spark 的任务执行方式

1）每一个应用程序（Application）有自己的执行器的进程，它们之间相互隔离，每个执行器中可以有多个任务线程。这样可以很好的隔离各个 Applications，Spark Applications 之间不能分享数据，除非把数据写到外部系统。

2）Spark 上下文对象可以视为 Spark 应用程序的入口，主程序被称为驱动程序，Spark 上下文可以与不同种类的集群资源管理器，如 Hadoop Yarn、Mesos 等进行通信，从而分配到程序运行所需的资源。获取到集群运行所需的资源后，Spark 上下文将得到集群中工作结点上对应的执行器（不同的 Spark 应用程序有不同的执行器，它们之间也是独立的进程，执行器为应用程序提供分布式计算及数据存储功能），之后 Spark 上下文将应用程序代码以任务的形式分发到各执行器执行。

4.1.2 Spark 的核心技术

Spark 最主要的核心技术是 Resilient Distributed Datasets（RDD），即弹性分布式数据集，此外还包括 Spark 有向无环图（DAG）、Spark 部署模式以及 Spark 架构。

1. RDD

RDD 是对分布式内存数据的一个抽象，对数据的所有操作最终会转换成对 RDD 的操作，RDD 是数据操作的基本单位，RDD 的操作分为转换（Transformation）和执行（Action）。其中 Transformation 又包括多种基本操作，如 map、filter、flatmap、groupByKey、reduceByKey、union 等操作；Action 包括 count、collect、reduce 等操作。Spark 对于两种操作采取不同机制，对于所有的转换操作都是惰性操作，即从一个 RDD 通过转换操作生成另一个 RDD 的过程在 Spark 上并不会被马上执行，只有在 Action 操作触发时，转换操作才会被真正执行。

2. DAG

在一个 Spark 应用当中，数据执行流程是以 RDD 组成的有向无环图的形式存在的，Spark 根据用户提交的应用逻辑，绘制 DAG，并且依据 RDD 之间的依赖关系，将 DAG 划分成不同阶段。DAG 绘制完成之后并不会被马上执行，只是起到一个标记数据集的作用。DAG 如图 4-3 所示。

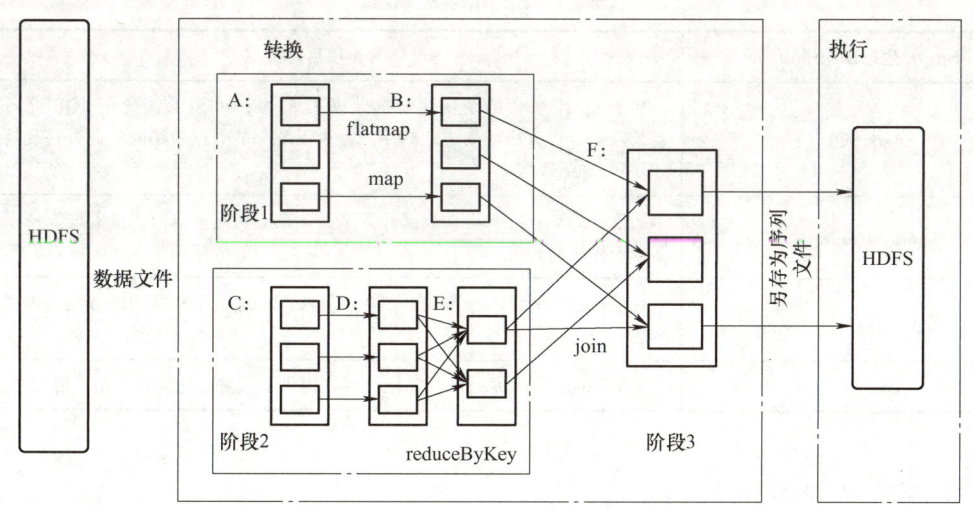

图 4-3　DAG 图

3. Spark 部署模式

Spark 存在多种部署模式，包括 Local 模式、Standalone 模式、基于 Mesos 的模式以及基于 Yarn 的部署模式。其中基于 Yarn 的部署模式是当前最为主流的部署模式，其核心思想是利用 Hadoop Yarn 实现集群资源的管理。

4. Spark 架构

尽管 Spark 有不同的部署模式，但是其基本组成部分仍包括主驱动结点、集群管理器、工作结点、执行器以及客户端。其中作业控制进程位于主控结点上，一个工作结点一般维护一个执行器进程。Spark 架构如图 4-4 所示。

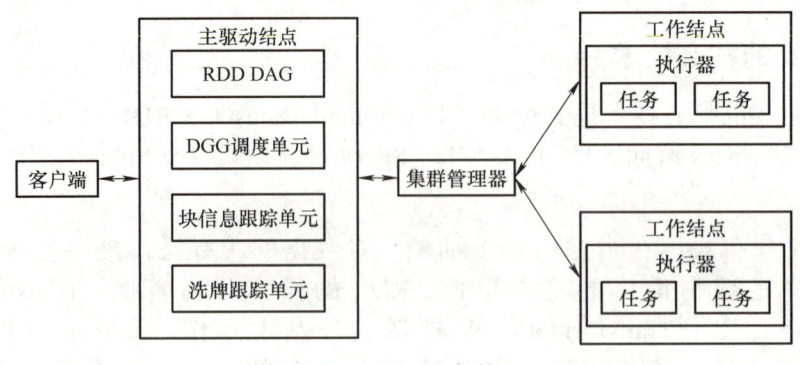

图 4-4　Spark 架构

4.1.3　Spark 生态系统

Spark 仅是一款高效的大数据计算框架，为了解决实际问题，还需要其他软件的支持。为了应对问题的多样化，Spark 的开发团队以 Spark 为基础开发出一套系统的大数据分析软件栈（BDAS），即 Spark 生态系统。目前 Spark 生态系统主要由 Spark SQL、Spark Streaming、Machine Learning Library（MLlib）以及 GraphX 4 部分组成。分别针对不同实际问题，各项目的具体功能见表 4-1。

表 4-1　Spark 生态系统

Spark 生态系统子项	项目功能
Spark SQL	基于 Spark 平台的结构化数据处理工具，Spark SQL 简化了 SQL 查询与其他复杂数据分析算法的集成，向用户提供了统一的数据源访问，此外还支持标准的 jdbc 和 odbc 连接
Spark Streaming	基于 Spark 平台的流式数据计算工具，具有特定的 API，极大地方便了流式数据处理程序的开发
MLlib	基于 Spark 平台的分布式机器学习算法库，包含一些常用的分类、聚类和推荐算法
GraphX	基于 Spark 平台并行图计算框架，它提供了针对图计算的一站式解决方案

4.1.4　Spark 技术分析

1. Spark 技术优势

Spark 是以 MapReduce 基本思想为基础，并针对 MapReduce 现今所存在的问题而设计开发的框架。它的提出弥补了 MapReduce 诸多不足之处，因此它的优势也极为明显。

1）Spark 最明显优势在于它的内存计算，不同于 MapReduce 面向硬盘，它的数据计算在内存中完成，产生的中间数据也大部分驻留在内存中，不需要进行 I/O 操作，使得 Spark 的计算过程要远快于 MapReduce。

2）弹性分布式数据集 RDD 作为 Spark 的核心技术，对调入内存数据实现了分布式抽象划分，使得 Spark 不仅能够进行大数据的计算，同时也可以实现数据的随机查询与分析，弥补了 MapReduce 在这方面的不足。

3）针对 MapReduce 计算算子的不足，Spark 提出了转换与执行两大类型算子来解决这个问题，使得 Spark 可以支持更为复杂的数据查询和分析任务，降低了用户开发 Spark 应用时的代码复杂度。

4）针对 MapReduce 的强制排序机制，Spark 进行了改进，改进了 shuffle 的传输方式，提升了其稳定性和速度，并利用基本算子使得 Spark 不用在所有场景中均进行排序，节省了计算耗时。

2. Spark 技术劣势

虽然 Spark 拥有诸多优势，且大多数情况下在性能上要优于 MapReduce，在面对大数据问题时具有更广泛的适用性，但是一方面 Spark 的开发时间较晚，远不如 MapReduce 的相关技术成熟，另一方面 Spark 在基本思想方面的一些设计使得其在适用性上也有一定局限。

1）Spark 的内存计算为其带来了速度上的优势，但是在容量上内存要远小于硬盘，MapReduce 所能处理的数据上限要远大于 Spark，因此 Spark 被定义为轻量级的大数据计算框架，而 MapReduce 是实际意义上的大数据计算框架。

2）同样由于内存计算，Spark 在计算过程中无疑会给 Java 虚拟机的垃圾回收机制带来严重压力。例如当两个 Spark 应用使用同样的数据时，那么同一份数据会被缓存两次，不但会造成较大的内存压力，同时也使得垃圾回收缓慢，从而影响 Spark 性能，导致其不稳定。

3）由于弹性分布式数据集的只读特性，使得 Spark 只适合处理粗粒度的数据并行计算，而不适合那些异步细粒度的更新计算。

4.1.5　Spark 的应用场景

Spark 的内存计算是相比于 Hadoop MapReduce 而言最显著的优势，基于内存计算特性，使得 Spark 能够有效地处理实时数据，因此 Spark 很适合应用在对实时性要求较高的大数据场景。

1）流数据处理场景，流数据是一种顺序、快速、连续到达的数据序列，因此流数据是一种具有较强实时性的数据。MapReduce 作为一种高延迟的计算框架，针对海量流数据时处理结果的实时性无法保证，而其他针对流数据的技术如 Storm 等则无法处理海量数据，Spark 则凭借其内存计算优势有效解决了流数据的处理分析问题，特别是 Spark 生态系统中的 Spark Streaming，它克服了 MapReduce 与 Storm 的缺点，在保证实时性的前提下还保证了高吞吐性与高容错性，实现了对海量流数据的处理。考虑到流数据类型的多样性，其在网络监控、航空航天、气象测控、数据通信和金融服务等应用领域广泛出现，而在当今社会环境下，这些领域所产生的数据量也急剧增长，从而使得基于 Spark 的流数据处理技术得到了广泛的关注与应用。

2）多轮迭代问题，MapReduce 在计算过程中会将计算的中间数据输出到硬盘中，因此在针对数据的重用与迭代方面拥有较低的执行效率；而 Spark 则弥补了这种不足，Spark 内存计算的特性以及核心技术 RDD 和 DAG，避免了将多次计算的中间结果写到 HDFS 的开销，同时提供缓存（Cache）机制来支持需要反复迭代计算或者多次数据共享，减少数据读取的 IO 开销，因此在需要多次操作特定数据、进行多轮迭代的应用场景中，Spark 要明显优于 MapReduce，且针对特定数据，反复操作的次数越多，所需读取的数据量越大，受益越大。多轮迭代问题在机器学习领域较为常见，众多机器学习算法在计算过程中往往需要进行多轮迭代才能够取得最优解。例如经典 K-means 算法，为了寻求最佳聚类结果，往往需要进行大量迭代，而应用 MapReduce 框架进行的并行 K-means 算法，虽然相比于串行 K-means 算法取得了良好的计算优势，但是因为每轮迭代 MapReduce 都会将中间聚类结果输出到硬盘，导致算法的 I/O 开销较大，成为开发并行 K-means 算法的主要技术瓶颈。而通过使用 Spark 框架对 K-means 算法进行并行化改造，由于算法在内存中运行，从而克服了 MapReduce 带来的技术瓶颈，提高了算法的性能。针对其他涉及多轮迭代问题的机器学习方法，如 K-means、LDA 主题模型和贝叶斯分类算法，学者们都尝试了使用 Spark 进行并行化处理，实验的结果均表明应用 Spark 框架进行多轮迭代问题的计算，能够在保证计算结果的前提下加快计算时间。

3）快速查询与实时推荐场景，在 Spark 之前，Hive 因其以 MapReduce 为计算引擎，使得在大数据查询领域得到了广泛应用。在 Spark 出现之后，凭借内存计算优势，使得其针对特定数据的快速查询优势明显，特别是在查询性能上，要优于 Hive 数百倍，而 Spark SQL 的提出更加增强了 Spark 的这种优势。Spark 以及 Spark SQL 在数据的快速查询领域逐渐得到广泛的应用。随着互联网技术的发展，以电商为代表的众多企业为了提升效益，纷纷制定符合相应用户群体的推荐系统，但是用户的行为偏好实时多变，唯有实时推荐系统才能够满足实时推荐需求。以 MapReduce 为基础的推荐系统因为高延迟而缺乏这种实时性，不能满足实时推荐。而使用 Spark 开发的推荐系统，能够使得推荐系统的模型训练由小时级、天级转变为分钟级，从而可以实现这种实时推荐。基于 Spark 的实时推荐系统逐渐得到商界和学术界的广泛关注与应用，如阿里、京东和亚马逊等国内外大公司纷纷针对公司业务开发了基于 Spark 的实时推荐系统，使得推荐效果实现了极大的提升。

4）图计算应用场景，图计算是以"图论"为基础的对现实世界的一种"图"结构的抽象表达，以及在这种数据结构上的计算模式。图数据结构能够很好地表达数据之间的关联性，而这种关联性计算是大数据计算的核心，通过获得数据的关联性，可以从包含噪声的海量数据中抽取有用的信息。因此，为了提升计算精度，许多问题可以转换成图的形式进行计算，但是 MapReduce 框架无法满足这种关联性计算。Spark 生态系统中的 GraphX 为针对图数据的计算框架，GraphX 通过丰富的图数据操作符简化了图计算的难度，因此相比于 Pregel、GraphLab 等传统计算框架具有一定的优势，并且被逐渐应用在实际的图计算问题中。

4.2 Spark 分布式集群环境搭建

搭建 Spark 分布式集群的硬件配置、网络环境和第 1 章中的 Hadoop 集群环境搭建一致。

4.2.1 环境搭建

1. 安装 scala

在 http://www.scala-lang.org/ 下载 scala 的最新版本，下载成功后将该文件复制到

datanode1 结点的用户根目录（home\hadoop）。使用命令 tar –xzvf scala-2.12.2.tgz 解压文件。

修改 .bashrc 文件，加入以下内容：

```
export SCALA_HOME=/home/hadoop/scala-2.12.2
export PATH=$SCALA_HOME/bin
```

将 .bashrc 文件及 scala-2.12.2 目录复制到其他结点，在各个结点生效 .bashrc 文件。

2. 安装 spark

下载 spark-2.1.1-bin-hadoop2.7.tgz 包，成功后将该文件复制到 datanode1 结点的用户根目录（home\hadoop）。使用命令 tar –xzvf spark-2.1.1-bin-hadoop2.7.tgz 解压文件。将文件夹改名为 spark-2.1.1。

在 conf 文件中，修改 spark-env.sh 文件为：

```
export JAVA_HOME=/usr/lib/jvm/java-8-openjdk-amd64
export SCALA_HOME=/home/hadoop/scala-2.12.2
export HADOOP_HOME=/home/hadoop/hadoop-2.7.3
export HADOOP_CONF_DIR=$HADOOP_HOME/etc/hadoop
export SPARK_MASTER_IP=192.168.2.151
export SPARK_MASTER_HOST=192.168.2.151
export SPARK_LOCAL_IP=192.168.2.151
export SPARK_WORKER_MEMORY=1g
export SPARK_WORKER_CORES=2
export SPARK_HOME=/home/hadoop/spark-2.1.1
export SPARK_DIST_CLASSPATH=$(/home/hadoop/hadoop-2.7.3/bin/hadoop classpath)
```

3. 修改 slaves 文件

修改 slaves 文件，加入以下内容。

```
datanode1
datanode2
datanode3
datanode4
```

4. 修改 .bashrc 文件

修改 .bashrc 文件，加入以下内容。

```
export SPARK_HOME=/home/hadoop/spark-2.1.1
export PATH=$PATH:$SPARK _HOME/bin
```

将 .bashrc 文件及 spark-2.1.1 目录复制到其他结点，在各个结点生效 .bashrc 文件。修改其他各个结点的 spark-env.sh 文件中的 export SPARK_LOCAL_IP=192.168.2.151 项为各个结点的 IP 地址。

在 datanode1 结点启动 saprk，进入 spark-2.1.1/sbin 目录，输入命令 ./start-all.sh（注意和 hadoop 的冲突），如果启动成功，在 datanode1 结点命令提示符下输入 jps 会出现 Master 和 Worker 进程，在其他结点会出现 Worker 进程。

在浏览器地址栏中输入地址 http://192.168.2.151:8080/ 后，会出现如图 4-5 所示的界面。

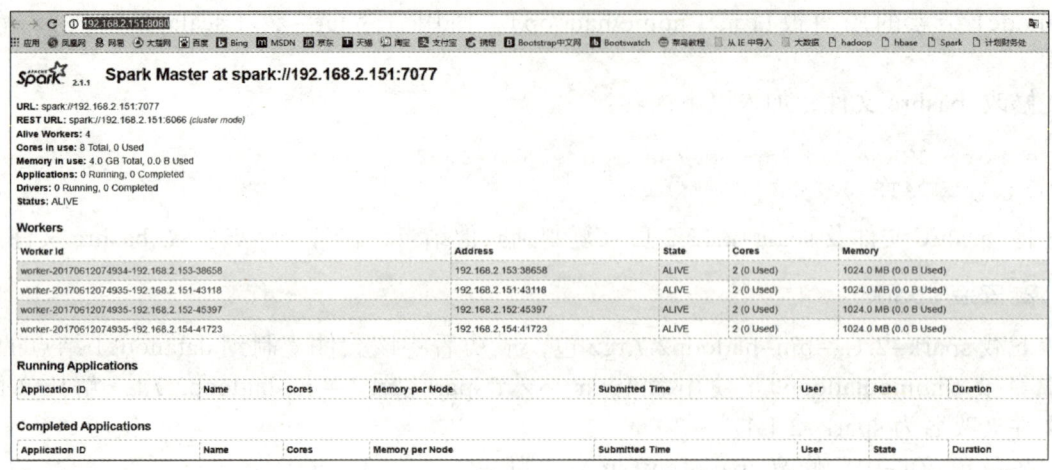

图 4-5 Spark 集群启动界面

4.2.2 环境测试

以计算圆周率为例,测试 Spark 的集群环境是否搭建完成。Eclipse 开发环境的搭建可以参考 2.3.1 节中"(5)在全分布环境下运行 WordCount 程序"部分。计算圆周率的代码如下所示。

```java
…
public class llzSparkPi {
    public static void main(String[] args) {
        // 生成 SparkSession 实例
        SparkSession spark = SparkSession
        .builder()
        // 指定 master
        .master("spark://192.168.2.151:7077")
        .appName("JavaSparkPi")
        .getOrCreate();
        // 生成 SparkContext 实例
        JavaSparkContext jsc = new JavaSparkContext(spark.sparkContext());
        // 添加本地运行包到集群
        jsc.addJar("E:\\2\\SPTest.jar");
        int slices = (args.length == 1) ? Integer.parseInt(args[0]) : 2;
        int n = 100000 * slices;
        List<Integer> l = new ArrayList<>(n);
        // 计算 PI 值
        for (int i = 0; i < n; i++) { l.add(i);}
        JavaRDD<Integer> dataSet = jsc.parallelize(l, slices);
        int count = dataSet.map(integer -> {
            double x = Math.random() * 2 - 1;
            double y = Math.random() * 2 - 1;
            return (x * x + y * y <= 1) ? 1 : 0;
        }).reduce((integer, integer2) -> integer + integer2);
        // 输出 PI 值
        System.out.println("Pi is roughly " + 4.0 * count / n);
        // 释放资源
```

```
        spark.stop();
        jsc.close();
    }
}
```

程序运行时,可以在浏览器 Spark 集群运行的监控界面,观察程序运行的情况,如图 4-6 所示。

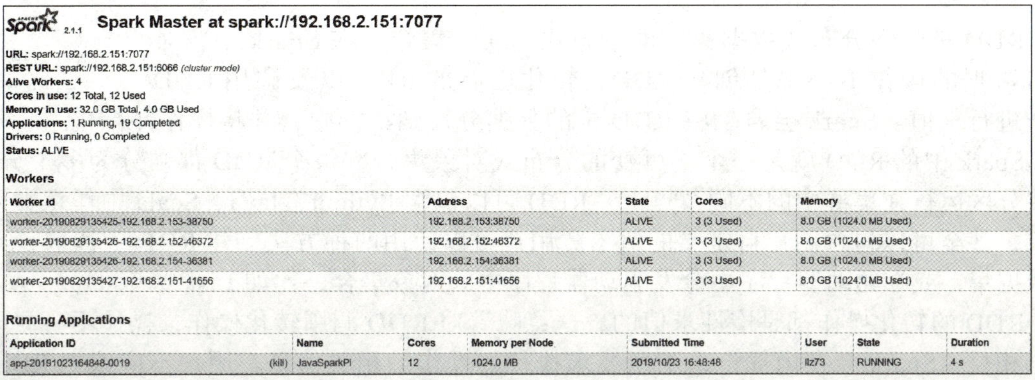

图 4-6　程序在 Spark 集群中运行情况

程序执行的结果为:Pi is roughly 3.1406。

也可以设置 .master("local"),表示程序在本地 Spark 环境下运行,但使用集群中的 HDFS、Hive 等资源,下面所示的在 Spark 环境下运行的 WordCount 程序使用 .master("local") 方式,统计在 HDFS 文件系统中文件中的单词个数,代码如下所示。

```
...
public class JavaWordCount {
    public static void main(String[] args) throws Exception {
        SparkSession spark = SparkSession
          .builder()
          .master("local")// 使用本地模式
          .appName("JavaWordCount")
          .getOrCreate();
        // 读取 HDFS 文件系统中的文件进行单词统计
        JavaRDD<String> lines = spark.read().textFile("hdfs://
datanode1:9000/user/hadoop/JavaRDDData/").javaRDD();
        // 先 flatmap,然后再 mapToPair
        JavaRDD<String> words = lines.flatMap(s -> Arrays.asList(s.
split(" ")).iterator());
        JavaPairRDD<String, Integer> ones = words.mapToPair(s -> new
Tuple2<>(s, 1));
        // 只取计数大于等于 20 的单词
        JavaPairRDD<String, Integer> counts = ones.reduceByKey((i1, i2)
-> i1 + i2).filter(w -> w._2 >=20);
        List<Tuple2<String, Integer>> output = counts.collect();
        for (Tuple2<String, Integer> tuple : output) {
          System.out.println(tuple._1() + ": " + tuple._2());
        }
        spark.stop();
    }
}
```

程序的部分运行结果如图 4-7 所示。

说明程序只统计了出现次数大于 20 的单词。可以发现，使用 RDD 技术编写的 WordCount 程序要比使用 MapReduce 框架编写的程序要简洁很多，下面的章节就开始重点介绍 RDD 的编程技术。

```
TO,: 22
COPYRIGHT: 22
you: 22
a: 181
above: 28
copyright: 46
make: 23
ANY: 97
version: 25
FOR: 46
```

图 4-7 单词统计结果

4.3 RDD 分布式编程技术

RDD 是弹性分布式数据集，即分布式的元素集合。在 Spark 中，对所有数据的操作不外乎是创建 RDD、转化已有的 RDD 以及调用 RDD 操作进行求值。Spark 会自动将 RDD 中的数据分发到集群中，并将操作并行化。

Spark 中的 RDD 就是一个不可变的分布式对象集合。每个 RDD 都被分为多个分区，这些分区运行在集群中的不同节点上。RDD 可以包含 Python、Java、Scala 中任意类型的对象，甚至可以包含用户自定义的对象。用户可以使用两种方法创建 RDD：读取一个外部数据集，或在驱动器程序中分发驱动器程序中的对象集合，比如 List 或者 set。

RDD 的转化操作都是惰性求值的，这意味着对 RDD 调用转化操作，操作不会立即执行。相反，Spark 会在内部记录下所要求执行的操作的相关信息。用户不应该把 RDD 看作存放着特定数据的数据集，而最好把每个 RDD 当作用户通过转化操作构建出来的、记录如何计算数据的指令列表。数据读取到 RDD 中的操作也是惰性的，数据只会在必要时读取。转化操作和读取操作都有可能多次执行。

4.3.1 RDD 的基本使用

RDD 可以从列表对象 List 直接创建或者读取外部的数据源创建。从列表对象直接创建 RDD 的形式一般为：

```
List<Integer> data = Arrays.asList(1, 2, 3, 4, 5);
JavaRDD<Integer> distData = sc.parallelize(data);
```

上面的代码将包含 (1, 2, 3, 4, 5)5 个整型数据的列表 data 并行化为 JavaRDD<Integer> 类型的 distData 对象，其中 sc 为 SparkContext 的实例对象。由于 Parallelize 方法在并行化 data 列表时，没有指定分区的个数，Spark 将根据集群所包含的节点情况自动设置分区的个数，通常情况下，Spark 的每个任务（Task）对应一个分区（Partition）执行。也可以指定分区的个数，如 sc.parallelize(data,2) 将 data 分为 2 个区。

从外部文本数据源创建 RDD 的一般形式为：

```
JavaRDD<String> distFile = sc.textFile("data.csv");
```

sc.textFile() 方法读取 data.csv 文件中的每一行字符串类型的数据，然后将每行数据存入到 JavaRDD<String> 类型的 distFile 弹性数据集中，所以当 data.csv 的格式为：

```
1,2,3,4,5
6,7,8,9,10
```

或者

```
1
2
3
4
5
```

时，读入到数据集中的情况是不同的，前者读入 2 行数据，后者读入 5 行数据。数据读入后一般会对其进行操作，如求长度、转换数据类型等，则需要使用 RDD 的转换操作（Transformation）来完成，如 map、flatMap 等。在完成 RDD 的转换操作后，一般需要执行行动操作（Action）得到最后的结果，如 count、reduce 等。注意 RDD 的 reduce 操作需要满足交换律和结合律，加法操作满足交换律和结合律，故多次执行 data.reduce((a, b) -> a + b) 结果都是一样的。但减法操作则不然，多次执行 data.reduce((a, b) -> a - b) 结果是不一样的。下面的代码演示了前述的 RDD 的基本操作。

```java
...
public static void BasicRDD(JavaSparkContext sc) {
    List<Integer> data = Arrays.asList(1, 2, 3, 4, 5);
    // 将列表并行化为 RDD, 划分为 2 个分区
    JavaRDD<Integer> distL = sc.parallelize(data,2);
    for(Integer i :distL.collect())
    {
        System.out.print(i.toString() + ',');
    }
    // 数据格式为:1,2,3,4,5
    //           6,7,8,9,10,以逗号分隔,分两行
    JavaRDD<Integer> dataF = sc.textFile("Data/testData.csv",2).
                    flatMap(d -> Arrays.asList(d.split(",")).iterator())
                    .map(r -> Convert.toInteger(r));
    for(Integer i :dataF.collect())
    {
        System.out.print(i.toString() + ',');
    }
    // 数据格式为:1
    //           2
    //           3
    //           4
    //           5  分5行
    JavaRDD<Integer> dataF1 = sc.textFile("Data/testData1.csv",2)
                    .map(r -> Convert.toInteger(r));
    for(Integer i :dataF1.collect())
    {
        System.out.print(i.toString() + ',');
    }
    //reduce 计算 RDD 中的元素相加和相减的情况
    int ssA = dataF.reduce((a, b) -> a - b);
    int ssB = dataF.reduce((a, b) -> a + b);
    System.out.println(ssA);
    System.out.println(ssB);
}
```

在 main() 函数中，创建 JavaSparkContext 类型的实例对象 sc 的代码为：

```java
// 创建 SparkSession 实例
SparkSession spark = SparkSession
                    .builder()
                    .master("local")// 使用本地模式
                    .appName("JavaRDDPracs")
                    .getOrCreate();
```

```
// 创建 JavaSparkContext 实例对象 sc
JavaSparkContext sc = new JavaSparkContext(spark.sparkContext());
```

4.3.2　RDD 操作

RDD 支持两种类型的操作：转换（Transfomation）和行动（Action），转换操作将数据集进行一些函数操作后，形成一个新的数据集，行动操作对经过转换操作的数据集进行计算，并将最终结果返回给主驱动程序（Driver Program）。例如从 HDFS 中读取一个文本文件，形成一个 RDD，此时 RDD 的数据类型为 JavaRDD<String>，使用 map 操作求出文件中每行的字符长度后，新的 RDD 的数据类型为 JavaRDD<Integer>，对新的 RDD 进行 Reduce 行动操作，累加每行的长度，得到整个文本文件的字符总长度。代码如下所示。

```
…
public static void CountFileLength(JavaSparkContext sc)
{
    // 读取 HDFS 中的 people.txt 文件
    JavaRDD<String> lines = sc.textFile("Data/people.txt");
    // 将 lines 进行 map 转换操作求出每行的长度后，转为一个新的 RDD lineLengths
    JavaRDD<Integer> lineLengths = lines.map(s -> s.length());
    //reduce 行动操作将每行的长度累加，求出整个文件的字符数
    int totalLength = lineLengths.reduce((a, b) -> a + b);
    System.out.println(totalLength);
}
```

所有的转换操作都是惰性的（Lazy），惰性操作是指当对原始 RDD 进行转换操作时，并不马上进行计算，直到行动操作中需要得到最终结果时，才进行计算。惰性操作可以提高 Spark 分布式计算框架的运行效率，对 RDD 的计算被推迟到需要最终的结果时才进行，避免了 RDD 在转换阶段的不必要的网络传输，同时也只需要将最终的结果传递给主驱动程序。

一般情况下，每个经过转换操作的 RDD 会被后续的行动操作多次访问，可以使用持久化（Persist）方法将需要多次访问的 RDD 存储在集群的内存中，从而提高该 RDD 的访问效率，也可以将 RDD 持续化到集群结点的硬盘中，或者在多个节点中进行复制。下面的代码演示将 lineLengths RDD 持续化到内存中，以便后续的行动操作直接从内存中访问后进行计算。

```
lineLengths.persist(StorageLevel.MEMORY_ONLY());
```

不论是转换操作还是行动操作，对 RDD 执行的实际上是一组函数代码，前面所述的求文件中字符长度的示例中，Map 和 Reduce 对 RDD 进行操作均使用 Lambda 表达式来完成，也可以使用向操作传递函数的方式完成，示例如下：

```
@SuppressWarnings("serial")
public static void CountFileLengthFuns(JavaSparkContext sc)
{
    // 读取 HDFS 中的 people.txt 文件
    JavaRDD<String> lines = sc.textFile("Data/people.txt");
    // 将 lines 进行 map 转换操作求出每行的长度后，转为一个新的 RDD lineLengths
    JavaRDD<Integer> lineLengths = lines.map(new Function<String, Integer>() {
```

```
        public Integer call(String s) { return s.length(); }
});
//reduce 行动操作将每行的长度累加,求出整个文件的字符数
int totalLength = lineLengths.reduce(new Function2<Integer, Integer,
Integer>() {
        public Integer call(Integer a, Integer b) { return a + b; }
});
System.out.println(totalLength);
}
```

在对 RDD 进行操作时,必须考虑到程序的执行环境是本地模式还是集群模式,对于以下代码:

```
int counter = 0;
List<Integer> data = Arrays.asList(1, 2, 3, 4, 5);
JavaRDD<Integer> rdd = sc.parallelize(data);
// 错误的操作
rdd.foreach(x -> counter += x);
println("Counter value: " + counter);
```

在本地模式下求 RDD 中各项元素的和是正确的,但在集群模式下,Counter 变量的值始终为 0,原因在于 Counter 变量在本地模式下,对于工作结点的执行器进程是可见的,但在集群模式下,对执行器是不可见的。

以本地模式计算 RDD-Data 中的各项数据和的过程如图 4-8 所示,对于本地模式,驱动结点和工作结点在同一个机器中,所以工作结点中的执行器进程可以在访问 Data 时,同时访问 Counter 变量,Counter 变量对于执行器来说是可见的。

在集群模式下计算 RDD-Data 各项数据和,以 rdd.foreach(x -> counter += x) 方式进行是错误的,以集群模式计算时,如图 4-9 所示。

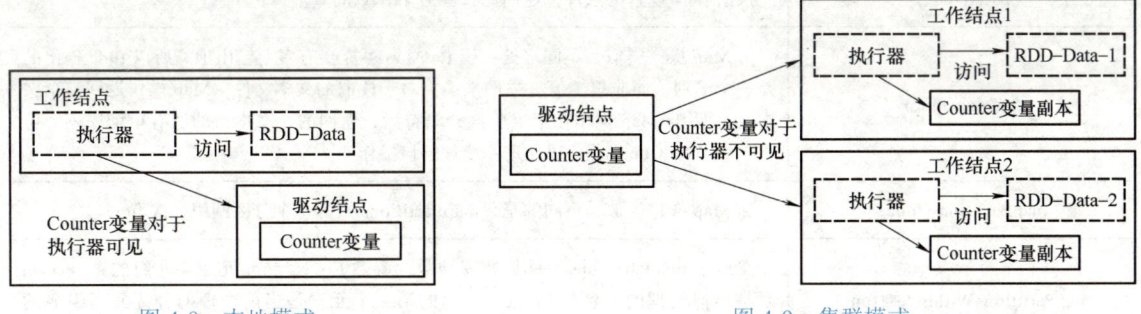

图 4-8 本地模式　　　　　　　　　图 4-9 集群模式

驱动结点会根据分区的情况,将 Data 分别发送给两个工作结点进行计算,由于执行计算的驱动器的任务需要界限(Closure),所以 Counter 变量也需要和 Data 一样,分发给工作结点,这样 Counter 变量在每个工作结点中进行累加,但是驱动结点中的 Counter 变量此时对于执行计算的任务不可见,故当程序运行完成后,驱动结点中的 Counter 变量的值仍然为 0。在后续的章节中,将会介绍在集群模式下变量共享的两种方式:广播变量(Broadcast Variables)和累加器(Accumulators),以解决上述的问题。不论采用本地模式还是集群模式,经过转换和行动操作的 RDD,必须使用 collect() 方式将数据从工作结点返回到驱动结点,从而在客户端输出最终的结果。

RDD 的排序、分组及聚集的操作往往需要处理以键值对形式存在的数据项，在 Java 中，键值对以 scala.Tuple2 类来表示，可以使用 new Tuple2(a, b) 创建一个键值对对象，然后以 tuple._1() and tuple._2() 的方式分别访问 a, b 两个属性。可以使用 mapToPair 和 flatMapToPair 转换操作生成键值对，下面的示例演示如何将文件中的每行文本转换为键值对，然后按键值统计所有相同文本行的个数。

```
...
public static void CountFileRowLength(JavaSparkContext sc)
{
    // 读取 HDFS 中的 data.txt 文件
    JavaRDD<String> lines = sc.textFile("Data/data.txt");
    // 将 lines 进行 mapToPair 转换操作求出行数 1 后，转为一个新的键值对 RDD pairs
    @SuppressWarnings({ "unchecked", "rawtypes" })
    JavaPairRDD<String, Integer> pairs = lines.mapToPair(s -> new Tuple2(s, 1));
    // reduceByKey 行动操作按键值统计相同文本行的行数
    JavaPairRDD<String, Integer> ccounts = pairs.reduceByKey((a, b) -> a + b);
    for (Tuple2<String, Integer> t : ccounts.collect()) {
        System.out.println(t._1() + ": " + t._2());
    }
}
```

可用于 RDD 的转换操作见表 4-2，行动操作见表 4-3。

表 4-2 RDD 转换操作

Transformation 操作	说明
map(func)	对 RDD 中的每个数据项进行对应的 func 转换操作后，返回一个新的 RDD
filter(func)	根据 func 设置的条件，返回比较值为 TRUE 的数据项
flatMap(func)	与 Map 操作类似，不同之处在于 flatMap 可能会有多个输出项，所以 func 输出的是一个序列，而非单个值。举例来说，对于读取的文本文件，Map 操作返回整个文本行，而 flatMap 操作在指定单词分隔符后，返回的是文本行的所有单词序列，可以参考 WordCount 程序以便进一步理解该操作
mapPartitions(func)	和 Map 操作类似，不同的是，mapPartitions 只为每个分区调用一次 func
mapPartitionsWithIndex(func)	类似于 mapPartitions，只是处理函数的参数是一个二元元组，元组的第一个元素是当前处理的分区的 index，元组的第二个元素是当前处理的分区元素组成的 Iterator
sample(withReplacement, fraction, seed)	对 RDD 进行随机取样
union(otherDataset)	返回两个 RDD 求并集的结果
intersection(otherDataset)	返回两个 RDD 求交集的结果
distinct([numTasks])	去掉 RDD 中的重复项后返回一个不含重复项的 RDD
groupByKey([numTasks])	根据键值对 (K, V) 的键值 K，对键值对分组，具有相同 K 值的键值对分在一组，groupByKey 不提供自定义函数，所以对分组结果的操作由用户在后续操作中定义

（续）

Transformation 操作	说明
reduceByKey(func, [numTasks])	根据键值对 (K, V) 的键值 K, 对键值对分组, 具有相同 K 值的键值对分在一组, reduceByKey 提供自定义函数, 可以根据自定义函数, 对 V 值进行操作后, 具有相同 K 的键值对将会融合（merge）
aggregateByKey(zeroValue,seqOp, combOp, [numTasks])	aggregateByKey 提供 3 个参数 zeroValue, seqOp, combOp, zeroValue 为初始参数, 用于 seqOp 函数对 (K, V) 中的 V 的操作, seqOp 为序列函数, 用于将 (K, V) 进行自定义的操作（同一个分区内）, combOp 将经过序列函数处理后的 (K, V), 按 K 进行跨分区的操作
sortByKey([ascending], [numTasks])	返回按 K 排序后的 RDD
join(otherDataset, [numTasks])	根据 K 值, 将两个 RDD 连接为 1 个 RDD, 默认为自然连接, 也支持左外连接、右外连接及全连接
cogroup(otherDataset, [numTasks])	对于两个 RDD, A 与 B, 先对 A 中 key 相同的 value 进行组合, 然后对 B 中 key 相同的 value 进行组合, 之后对 A 组与 B 组进行 "join" 操作
cartesian(otherDataset)	返回两个 RDD 经过笛卡儿集合运算后的结果
pipe(command, [envVars])	通过一个外部程序来处理 RDD 中的每个分区
coalesce(numPartitions)	将 RDD 的分区数量降低到指定的 numPartitions 值, 当对一个大的 RDD 数据集进行了 filter 操作后, 每个分区的数据项会减少, 这样降低分区的数量, 有助于提高效率
repartition(numPartitions)	和 coalesce 类似, 不同之处在于 repartition 对子分区进行重新随机排序, 这样可能会增加或者减少子分区的数量, 从而使得数据可以均匀地分布到各个子分区中
repartitionAndSortWithinPartitions (partitioner)	和 repartition 类似, 不同之处在于对每个子分区进行排序。repartitionAndSortWithinPartitions 的效率要高于先 repartition 然后每个分区 sortByKey

表 4-3 RDD 行动操作

Action 操作	说明
reduce(func)	使用指定的 func 对进行转换操作后的 RDD 进行最终的聚集操作
collect()	将最终的结果收集到 driver node, 以便展示给客户端
count()	返回 RDD 中项的个数
first()	返回 RDD 中的第一项
take(n)	返回 RDD 中的前 n 个项
takeSample(withReplacement, num, [seed])	随机取出 RDD 中的若干项
takeOrdered(n, [ordering])	根据自然顺序或者指定的排序规则, 取出 RDD 中的 n 个项
saveAsTextFile(path)	以文本文件形式将 RDD 保存到本地文件系统或者 HDFS
saveAsSequenceFile(path) (Java and Scala)	以序列文件形式将 RDD 保存到本地文件系统或者 HDFS, 一般用于保存键值对形式的 RDD
saveAsObjectFile(path) (Java and Scala)	将 RDD 序列化后, 进行保存
countByKey()	仅对 (K,V) 形式的 RDD 有效, 返回每个 K 对应的 V 的个数。返回形式为 (K, Int)
foreach(func)	对返回的 RDD 中的每个数据项进行指定的 func 操作

下面举例说明一些常用的转换和行动操作的具体应用。

1. filter

下面的示例演示如何使用 filter 操作对 RDD 数据集进行筛选。

```
...
public static void FilterExample(JavaSparkContext sc)
{
    List<String> list=new ArrayList<String>();
    //建立列表，列表中包含以下自定义表项
    list.add("error:a");
    list.add("error:b");
    list.add("error:c");
    list.add("warning:d");
    list.add("hadppy ending!");
    //将列表转换为 RDD 对象
    JavaRDD<String> lines = sc.parallelize(list);
    //将 RDD 对象 lines 中有 error 的表项过滤出来，放在 RDD 对象 errorLines 中
    //Lambda 表达式筛选函数
    JavaRDD<String> errorLines = lines.filter(l -> l.contains("error"));
    //遍历过滤出来的列表项
    List<String> errorList = errorLines.collect();
    for (String line : errorList)
        System.out.println(line);
}
```

2. flatMap

仍然以 WordCount 为例演示 flatMap 操作。

```
...
public static void WordCount(JavaSparkContext sc)
{
    //求 JavaRDDData 目录中的所有文件的单词出现次数，注意 flatmap 和 map 的区别
    JavaRDD<String> lines = sc.textFile("JavaRDDData//");
    JavaRDD<String> words = lines.flatMap(s -> Arrays.asList(SPACE.split(s)).iterator());
    JavaPairRDD<String, Integer> ones = words.mapToPair(s -> new Tuple2<>(s, 1));
    JavaPairRDD<String, Integer> counts = ones.reduceByKey((i1, i2) -> i1 + i2);
    List<Tuple2<String, Integer>> output = counts.collect();

    for (Tuple2<?,?> tuple : output) {
        System.out.println(tuple._1() + ": " + tuple._2());
    }
}
```

3. mapPartitions

mapPartitions() 函数会对每个分区依次调用分区函数处理，然后将处理的结果（若干个 Iterator）生成新的 RDDs。mapPartitions 与 map 类似，但是如果在映射的过程中需要频繁创建额外的对象，使用 mapPartitions 要比 map 高效得多。如将 RDD 中的所有数据通过 JDBC 连接写入数据库，如果使用 map() 函数，可能要为每一个元素都创建一个连接，这样开销很大，如果使用 mapPartitions，那么只需要针对每一个分区建立一个连接。

两者的主要区别是调用的粒度不一样：map 的输入变换函数是应用于 RDD 中每个元素，而 mapPartitions 的输入函数是应用于每个分区。假设一个 RDD 有 10 个元素，分成 2 个分区。如果使用 map() 方法，map 中的输入函数会被调用 10 次；而使用 mapPartitions() 方法，其输入函数只会被调用 3 次，每个分区调用 1 次。代码演示如下：

```
...
public static void MapPartitionsExample(JavaSparkContext sc)
{
    // 将数据集分为 2 个区
    JavaRDD<Integer> rdd2 = sc.parallelize(Arrays.asList(1, 2, 3, 4, 5,
    6, 7, 8, 9, 10),2);
    //Lambda 表达式写法
    JavaRDD<String> mapPartitionRdd1 = rdd2.mapPartitions((Iterator<Int
    eger> iter) -> {
        ArrayList<String> out = new ArrayList<>();
        while(iter.hasNext()) {
            int i = iter.next();
            out.add("字符串 " + i);
        }
        return out.iterator();
    });
    // 行动操作 foreach 分两次调用 println() 函数，一次输出分区中的所有数据项，说明
    // 每个分区
    // 只调用了一次函数
    mapPartitionRdd1.foreach(x -> System.out.println(x));
}
```

分析图程序的运行结果可以发现，每个分区只调用了一次函数。

4. mapPartitionsWithIndex

mapPartitionsWithIndex 与 mapPartitions 基本相同，只是处理函数的参数是一个二元元组，元组的第一个元素是当前处理的分区的 index，元组的第二个元素是当前处理的分区元素组成的 Iterator，代码示例如下：

```
...
public static void MapPartitionsWithIndexExample(JavaSparkContext sc)
{
    // 将数据集分为 3 个区
    JavaRDD<Integer> rdd3 = sc.parallelize(Arrays.asList(1, 2, 3, 4, 5,
    6), 3);
    //Lambda 表达式写法
    JavaRDD<String> mapPartitionsWithIndex =
    rdd3.mapPartitionsWithIndex((Integer index,Iterator<Integer> iter)
      -> { ArrayList<String> out = new ArrayList<>();
        while(iter.hasNext()) {
            out.add("partition" + index + ":" + iter.next());
        }
        return out.iterator();
    },true);
    mapPartitionsWithIndex.foreach(x->System.out.println(x));
}
```

5. groupByKey 和 reduceByKey

RDD 有一种非常实用的形式——pairRDD，即 RDD 的每一行是（key, value）键值对的格式。groupByKey 和 reduceByKey 可以对 pairRDD 进行分组和聚集操作。groupByKey 根据 key 值对键值进行分组，将具有相同 key 值的键值对分在一组，由于 groupByKey 本身不能自定义操作函数，所以 groupByKey 只生成一个 sequence，如果需要对 sequence 进行 aggregation 操作，需要自行定义。reduceByKey 可以在对键值对按 key 值进行分组时，按照自定义的函数执行进行本地的 merge 操作。使用 groupByKey 时，由于它不接收函数，Spark 只能先将所有的分组后的键值对（key-value pair）都移动，这样的后果是集群结点之间的开销很大，导致传输延时。整个过程如图 4-10 所示。

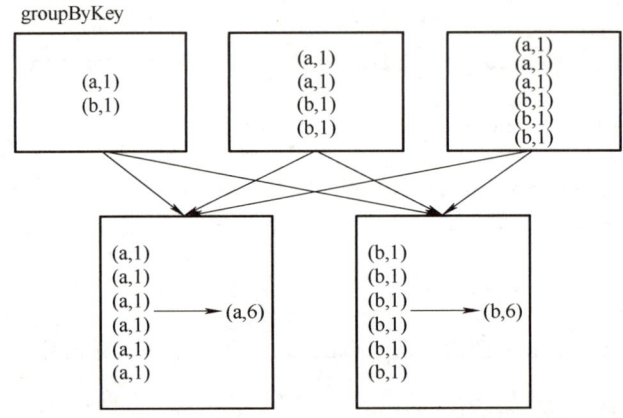

图 4-10　groupByKey 过程

使用 reduceByKey 时，Spark 可以在每个分区移动数据之前，将同一个分区中具有相同 key 的键值对组合为一个键值对，value 根据自定义的操作函数进行聚集，然后来自不同分区的（key, value）被 reduce 成一个最终结果，过程如图 4-11 所示。

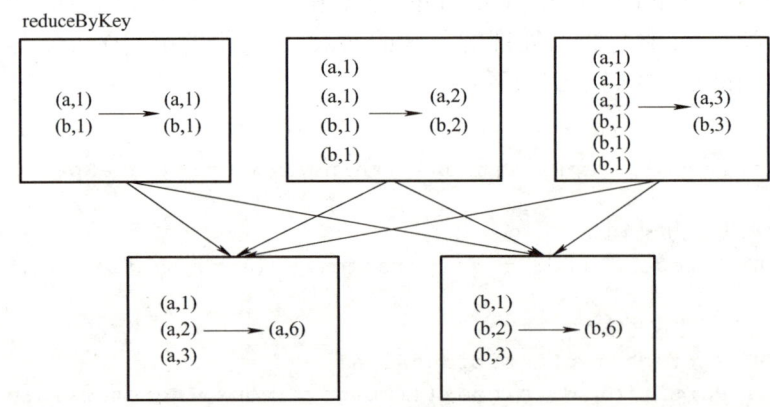

图 4-11　reduceByKey 过程

groupByKey 适用于当分组后的计算不满足交换律和结合律时的情形，而 reduceByKey 则在大规模数据的复杂计算及网络传输方面要优于 groupByKey。

下面的代码演示读取 HDFS 中的 GRTest.txt 文件，文件内容为："a,b,a,a,b,a,b,b,b,a,b,a"，在将文件中的 a、b 字符转换为如 (a,1)、(b,1) 的键值对后，进行 groupByKey 操作的过程。

...
```java
public static void GroupByKeyExample(JavaSparkContext sc)
{
    // 读取 HDFS 中的 GRTest.txt 文件,划分为 3 个分区
    JavaRDD<String> lines = sc.textFile("Data/GRTest.txt",3);
    JavaRDD<String> charsAB = lines.flatMap(d -> Arrays.asList(d.split(",")).iterator());
    // 将字符 a、b 转换为 (a,1)、(b,1) 的元组形式
    JavaPairRDD<String, Integer> ones = charsAB.mapToPair(s -> new Tuple2<>(s, 1));
     List<Tuple2<String, Iterable<Integer>>> grpRDD =
     ones.groupByKey().sortByKey().collect();
    //groupByKey 统计求和
    for(Tuple2<String, Iterable<Integer>> g : grpRDD)
      {
            System.out.println("key:"+g._1);
            Iterable<Integer> v = g._2();
            int sum = 0;
            for(int v1 :v)
            {
                System.out.println("(" + g._1 + "," + v1 + ")");
                sum += v1;
            }
            System.out.println(" group sum value:"+sum);
      }
}
```

对 GRTest.txt 文件进行 reduceByKey 的操作如下所示。

...
```java
public static void ReduceByKeyExample(JavaSparkContext sc)
{
// 读取 HDFS 中的 GRTest.txt 文件,划分为 3 个分区
JavaRDD<String> lines = sc.textFile("Data/GRTest.txt",3);
JavaRDD<String> charsAB = lines.flatMap(d -> Arrays.asList(d.split(",")).iterator());
// 将字符 a、b 转换为 (a,1)、(b,1) 的元组形式
JavaPairRDD<String, Integer> ones = charsAB.mapToPair(s -> new Tuple2<>(s, 1));
     List<Tuple2<String, Integer>> redRDD =ones.reduceByKey((i1,i2)->i1+i2).sortByKey().collect();
    //groupByKey 统计求和
    for(Tuple2<String, Integer>g : redRDD)
       {
           System.out.println("key:"+g._1);
           Integer v = g._2();
           System.out.println("(" + g._1 + "," + v + ")");
           System.out.println(" reduce sum value:"+v);
       }
}
```

6. aggregateByKey

aggregateByKey(zeroValue,seqOp,combOp) 接受三个参数:第一个参数是第二个参数

需要进行计算的初始值。第二个参数是 Sequence 函数，该函数用于先对每个分区内的数据按照 key 分别进行定义，进行函数定义的操作。第三个参数是 Combiner 函数，是对经过 Seq Function 处理过的数据按照 key 分别进行函数定义的聚集操作。

若给定键值对数据集：

```
JavaPairRDD<String, Integer> pairRDD = sc.parallelizePairs(
                Arrays.asList(new Tuple2<String, Integer>("cat", 2),
                          new Tuple2<String, Integer>("cat", 5),
                          new Tuple2<String, Integer>("mouse", 4),
                          new Tuple2<String, Integer>("cat", 12),
                          new Tuple2<String, Integer>("dog", 11),
                          new Tuple2<String, Integer>("mouse", 3)),2);
```

数据集分为两个区，假设 ("cat", 2)、("cat", 5)、("mouse", 4) 在一个区，("cat", 12)、("dog", 11)、("mouse", 3) 在一个区。zeroValue 设置为 10，aggregateByKey 定义的 Sequence 函数为：

```
Function2<Integer, Integer, Integer>() {
    @Override
    public Integer call(Integer z, Integer v) throws Exception {
        System.out.println("seq:" + z + "," + v);
        return z + v;
    }
}
```

定义的 Combiner 函数为：

```
Function2<Integer, Integer, Integer>() {
    @Override
    public Integer call(Integer z, Integer v) throws Exception {
        System.out.println("com:" + z + "," + v);
        return z + v;
    }
}
```

则对于分区 1 中的数据项 ("cat", 2)、("cat", 5)、("mouse", 4)，("cat", 2)、("cat", 5) 的 key 相同，故 Sequence 操作为：zeroValue + value，即 10+2=12,12+5=17，得到 ("cat", 17)，对于数据项 ("mouse", 4) 得到 ("mouse",14)。对于分区 2 中的数据项 ("cat", 12)、("dog", 11)、("mouse", 3)，由于 key 值各不相同，经过 Sequence 函数处理后，得到的结果为：("cat", 22)、("dog", 21)、("mouse", 13)。Combiner 函数累加经过 Sequence 函数处理后的各个分区的结果，最终得到 ("cat", 39)、("dog", 21)、("mouse", 27)。

若将 Sequence 函数的操作更改为 Max(z,v) 的数据项 ("cat", 2)、("cat", 5)、("mouse", 4)，("cat", 2)、("cat", 5) 的 key 相同，故 Sequence 操作为：Max(zeroValue,value)，即 Max(10,2)=10, Max(10,5)=10，得到 ("cat", 10)，对于数据项 ("mouse", 4) 得到 ("mouse",10)。对于分区 2 中的数据项 ("cat", 12)、("dog", 11)、("mouse", 3)，由于 key 值各不相同，经过 Sequence 函数处理后，得到的结果为：("cat", 12)、("dog", 11)、("mouse", 10)。Combiner 函数累加经过 Sequence 函数处理后的各个分区的结果，最终得到 ("cat", 22)、("dog", 11)、("mouse", 20)。整个程序的代码如下所示。

```
@SuppressWarnings("serial")
public static void AggregateKeyExample(JavaSparkContext sc)
```

```
{
    JavaPairRDD<String, Integer> pairRDD = sc.parallelizePairs(
            Arrays.asList(new Tuple2<String, Integer>("cat", 2),
                    new Tuple2<String, Integer>("cat", 5),
                    new Tuple2<String, Integer>("mouse", 4),
                    new Tuple2<String, Integer>("cat", 12),
                    new Tuple2<String, Integer>("dog", 11),
                    new Tuple2<String, Integer>("mouse", 3)),2);
    JavaPairRDD<String, Integer> aggregateByKeyRDD = pairRDD.
    aggregateByKey(10,
    new Function2<Integer, Integer, Integer>() {
    @Override
    public Integer call(Integer z, Integer v) throws Exception {
        System.out.println("seq:" + z + "," + v);
        return Math.max(z, v);
        //return z + v;
      }
    }, new Function2<Integer, Integer, Integer>() {
    @Override
        public Integer call(Integer z, Integer v) throws Exception {
            System.out.println("com:" + z + "," + v);
            return z + v;
        }
    });
    aggregateByKeyRDD.foreach(x -> System.out.println(x));
}
```

7. join

连接操作，将输入数据集 (K, V) 和另一数据集 (K, W) 进行 join，返回两个集合匹配的 (K, (V, W)) 集合对，即该操作过滤掉不匹配的 key，然后返回相同 K 的 V、W 集合进行笛卡儿积操作。下面的示例演示对两个 RDD 的内连接（自然连接）操作，首先将数据集（1,2,3,4,5）转换为两个 RDD，然后根据 key 值进行连接，数据转换及连接的过程如图 4-12 所示。

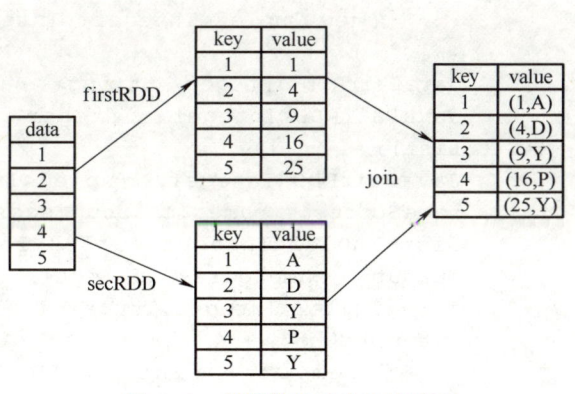

图 4-12　数据转换及连接的过程

代码示例如下：

```
...
public static void JoinExample(JavaSparkContext sc)
{
    // 连接操作
    List<Integer> data = Arrays.asList(1,2,3,4,5);
    JavaRDD<Integer> rdd = sc.parallelize(data,2);
    JavaPairRDD<Integer,Integer> firstRDD = rdd.mapToPair(d -> new Tuple2<>(d, d*d));
    JavaPairRDD<Integer,String> secRDD = rdd.mapToPair(d -> new Tuple2<>(d, String.valueOf((char)(64 + d * d))));
    JavaPairRDD<Integer, Tuple2<Integer, String>> joinRDD = firstRDD.
```

```
        join(secRDD).sortByKey();
        JavaRDD<String> res = joinRDD.map(f -> "<" + f._1() + ",<" +
    f._2()._1() + "," + f._2()._2() + ">>");
        List<String> resList = res.collect();
        for(String str : resList) System.out.println(str);
}
```

8. cogroup

对于两个 RDD，A 与 B，先对 A 中 key 相同的 value 进行组合，然后对 B 中 key 相同的 value 进行组合，之后对 A 组与 B 组进行"join"操作。示例代码如下：

```
...
public static void CogroupExample(JavaSparkContext sc)
{
    List<Tuple2<Integer,String>> namesList=Arrays.asList(
        new Tuple2<Integer, String>(1,"Spark"),
        new Tuple2<Integer, String>(3,"Tachyon"),
        new Tuple2<Integer, String>(4,"Sqoop"),
        new Tuple2<Integer, String>(2,"Hadoop"),
        new Tuple2<Integer, String>(2,"Hadoop2")
        );
    List<Tuple2<Integer,Integer>> scoresList=Arrays.asList(
        new Tuple2<Integer, Integer>(1,100),
        new Tuple2<Integer, Integer>(3,70),
        new Tuple2<Integer, Integer>(3,77),
        new Tuple2<Integer, Integer>(2,90),
        new Tuple2<Integer, Integer>(2,80)
        );
    JavaPairRDD<Integer, String> names = sc.parallelizePairs(namesList);
    JavaPairRDD<Integer, Integer> scores = sc.parallelizePairs(scoresList);
    JavaPairRDD<Integer, Tuple2<Iterable<String>, Iterable<Integer>>>
    nameScores = names.cogroup(scores).sortByKey();
    List<Tuple2<Integer,Tuple2<Iterable<String>,Iterable<Integer>>>>
    output = nameScores.collect();
    for (Tuple2<Integer,Tuple2<Iterable<String>,Iterable<Integer>>> t :
    output) {
        System.out.println("ID:"+t._1+" , "+"Name:"+t._2._1+" ,
    "+"Score:"+t._2._2 );
    }
}
```

9. coalesce，repartition 及 repartitionAndSortWithinPartitions

这三个操作都是对 RDD 经过其他转换操作后，对 RDD 的分区数量进行重新设置的转换操作。具有某个分区数量的 RDD 在进行一系列的转换操作后，其原来分区中的数据项可能会增加，也可能会减少。为了提高后续 RDD 操作的效率，可以对 RDD 所包含的分区进行减少或者增加的操作。如果把转换操作前的 RDD 称为父 RDD，转换后的 RDD 称为子 RDD。则父 RDD 和子 RDD 之间会存在窄依赖和宽依赖。

窄依赖是指父 RDD 的分区只能被一个子 RDD 的分区所引用，即一个父 RDD 的分区对应一个子 RDD 的分区，或者多个父 RDD 的分区对应一个子 RDD 的分区。窄依赖就是父 RDD 和子 RDD 是多对一的关系。而宽依赖是指子 RDD 的分区依赖于父 RDD 的多个分区或所有分区，即存在一个父 RDD 的一个分区对应一个子 RDD 的多个分区。1 个父 RDD 分区对应多个子 RDD 分区，这其中又分两种情况：1 个父 RDD 对应所有子 RDD 分区（未经协同划分的连接）或者 1 个父 RDD 对应非全部的多个 RDD 子分区（如 groupByKey）。宽依赖就是父 RDD 和子 RDD 为多对多的关系。窄依赖和宽依赖的示意图如图 4-13 所示。

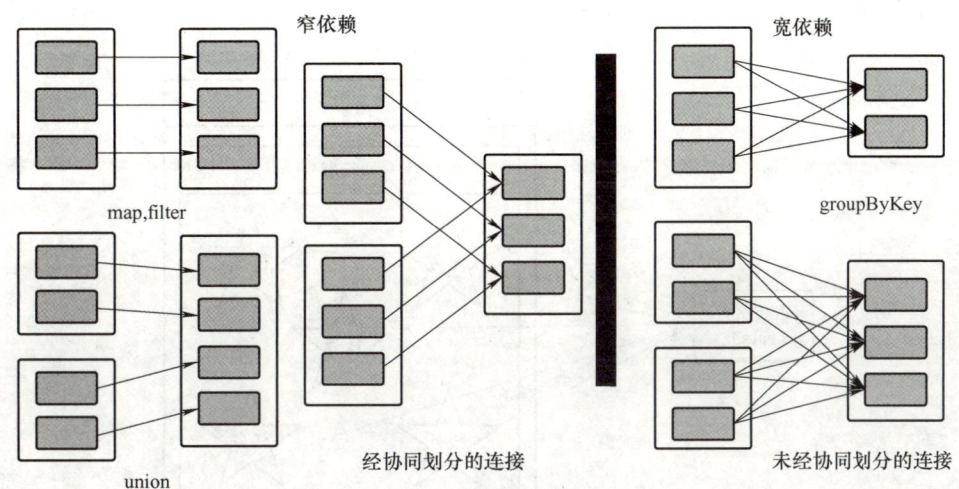

图 4-13　窄依赖和宽依赖

当分区数量发生急剧减少时，如将 1000 个分区设置为 1 个分区，这可能会造成运行计算的结点比想象的要少，为了避免这个情况，建议使用 repartition，从而提高并行度，但这会增加 shuffle 操作。当分区数量增大时，比如父 RDD 的分区是 100，子分区设置成 1000，此时使用 coalesce 就不起作用了，需要使用 repartition 及 repartitionAndSortWithin-Partitions 操作。

10. cartesian

cartesian 操作返回两个 RDD 的笛卡儿集合的运算结果，示例代码如下所示。

```
...
public static void cartesianExample(JavaSparkContext sc)
{
    JavaRDD<Integer> javaRDD1 = sc.parallelize(Arrays.asList(1,2,3));
    JavaRDD<Integer> javaRDD2 = sc.parallelize( Arrays.asList(7,8,9));
    JavaPairRDD<Integer,Integer> javaPairRDD = javaRDD1.cartesian(javaRDD2);
    javaPairRDD.foreach(x -> System.out.println(x));
}
```

4.3.3　共享变量

一般情况下，当 RDD 的操作函数（如 Map 和 Reduce）在集群中的工作结点中执行时，与操作相关的变量都会复制到集群结点中，所以这些变量修改后的值将不会反馈到主驱动程序（Driver Program）中。一般来说，在多个任务中共享可读写的变量将会降低程序运行的效率。Spark 提供两种模式来解决共享变量的问题：广播变量和累加器。

1. 广播变量

对于大对象的只读数据，如集合、字典、名录等，如果按一般变量的处理方式，这些大对象数据将会被分发给每一个任务，如果这些任务过多集中在某个执行器，就会导致该工作结点的内存溢出。如果将这些只读的大对象数据以广播变量的形式定义，则每个变量只会在执行器中保留一个副本，在执行器中运行的所有任务均能够共享的访问该副本，从而降低了通信及集群结点的资源。一般变量的访问形式如图 4-14 所示，广播变量的访问形式如图 4-15 所示。

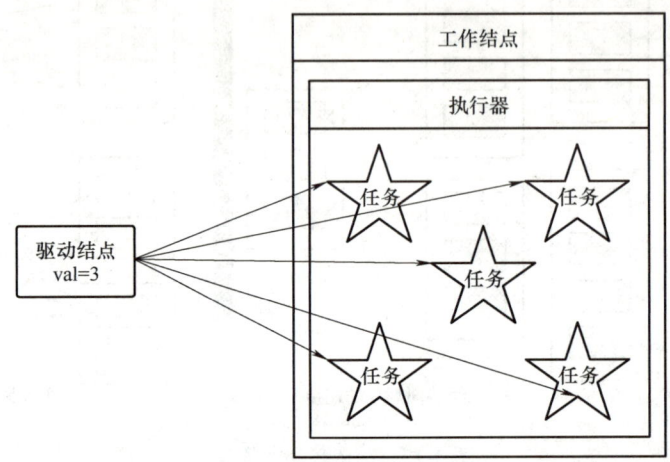

图 4-14　一般变量的访问形式

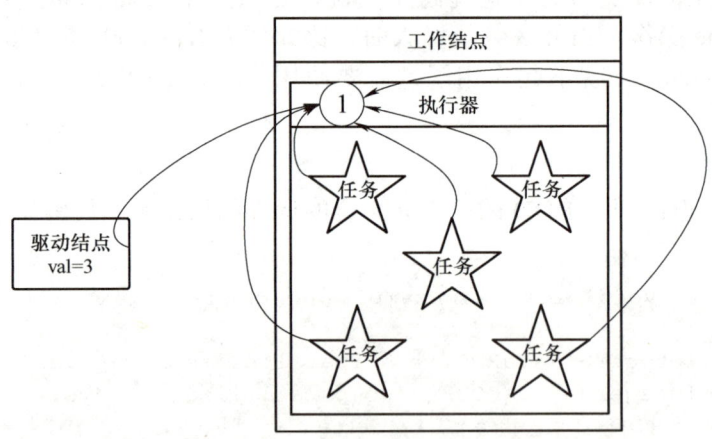

图 4-15　广播变量的访问形式

广播变量的定义为：

Broadcast<int[]> broadcastVar = sc.broadcast(new int[] {1, 2, 3});

获取广播变量为：

broadcastVar.value();

使用广播变量的注意事项为：

1）不能将一个 RDD 使用广播变量广播出去，因为 RDD 是不存储数据的。可以将

RDD 的结果广播出去。

2）广播变量只能在驱动端定义，不能在执行端定义。

3）在驱动端可以修改广播变量的值，在执行端无法修改广播变量的值。

下面的示例代码演示，如何使用广播变量去筛选包含特定单词的文本行。

```
…
public static void BroadCastValTest(JavaSparkContext sc)
{
    //定义广播变量
    Broadcast<String> bVal = sc.broadcast("wuhan");
    //从 HDFS 读取文本文件，分为 2 个区
    JavaRDD<String> dataF1 = sc.textFile("Data/data.txt",2);
    //取出广播变量的值，筛选出包含"wuhan"的文本行。
    JavaRDD<String> fStr= dataF1.filter(x -> x.contains(bVal.getValue()));
    //输出包含"wuhan"的文本行。
    fStr.foreach(x -> System.out.println(x));
}
```

2. 累加器

Spark 应用程序中，经常会有这样的需求，如异常监控、调试、记录符合某特性的数据的数目，这种需求都需要用到计数器，如果一个变量不被声明为一个累加器，那么它将在被改变时不会在驱动端进行全局汇总，即在分布式运行时每个任务运行的只是原始变量的一个副本，并不能改变原始变量的值，如图 4-16 所示。

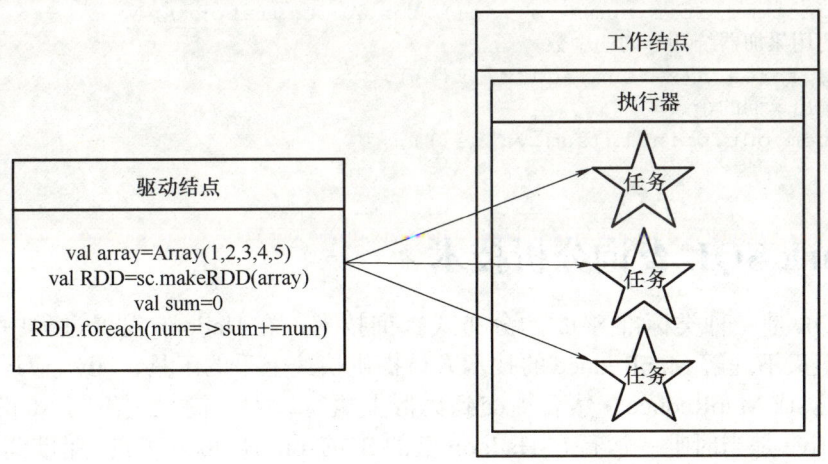

图 4-16　错误的累加结果

但是当这个变量被声明为累加器后，该变量就会有分布式计数的功能，如图 4-17 所示。

累加器的一般使用过程为：

```
LongAccumulator accum = jsc.sc().longAccumulator();
sc.parallelize(Arrays.asList(1, 2, 3, 4)).foreach(x -> accum.add(x));
accum.value();
```

下面的示例演示了如何利用累加器进行多个文件单词个数的统计。

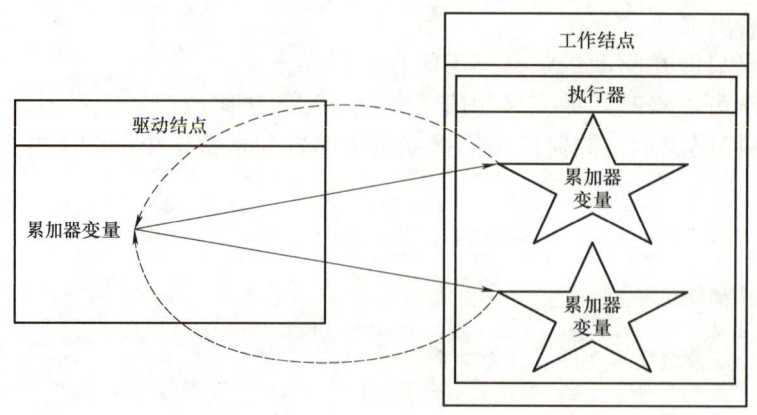

图 4-17　使用累加器进行正确的计数

```
...
public static void AccuTest(JavaSparkContext sc)
{
    // 读取 HDFS 目录中的所有文件，分为 5 个分区
    JavaRDD<String> lines = sc.textFile("JavaRDDData//",5);
    // 将文本分解为单词
    JavaRDD<String> words = lines.flatMap(s -> Arrays.asList(SPACE.split(s)).iterator());
    JavaPairRDD<String, Integer> ones = words.mapToPair(s -> new Tuple2<>(s, 1));
    // 定义累加器
    LongAccumulator sum = sc.sc().longAccumulator();
    // 使用累加器统计单词的个数
    ones.foreach(x->sum.add(x._2()));
    // 输出单词的个数
    System.out.println(sum.value());
}
```

4.4　Spark SQL 查询分析技术

Spark SQL 是一种类标准 SQL 的分布式查询技术，在 Hadoop 发展过程中，为了给熟悉 RDBMS 但又不理解 MapReduce 的技术人员提供快速上手的工具，Hive 应运而生，它将 Hive SQL 转换成 MapReduce，然后提交到集群上执行，大大简化了编写 MapReduce 程序的复杂性，Hive 是当时唯一运行在 Hadoop 上的 SQL-on-Hadoop 工具。但是，MapReduce 在计算过程中大量的中间结果需要存储在硬盘中，严重地降低了运行效率。为了提高 SQL-on-Hadoop 的运行效率，大量的 SQL-on-Hadoop 工具开始产生，其中表现突出的有一个叫作 Shark 的工具，Shark 运行在 Spark 引擎上，从而使得 SQL 的查询速度得到了 10 ~ 100 倍的提升。但是，随着 Spark 的发展，对于 Spark 团队来说，Shark 对于 Hive 的太多依赖（如采用 Hive 的语法解析器、查询优化器等），与 Spark 的"One Stack to Rule Them All"的既定方针不相匹配，制约了 Spark 各个组件的相互集成，于是就产生了 Spark SQL。简单来说，Spark SQL 的开发目的是为用户提供关系查询和复杂过程算法（如机器学习算法）混合应用的灵活性，类似于 Hive SQL，Spark SQL 将数据转换成 DataFrame（一种特殊的 RDD），然后提交到集群上执行查询及分析，效率较 Hive SQL 有极大的提升。

Spark SQL 的特点具体为：

1）容易集成。Spark SQL 将 SQL 查询与 Spark 无缝对接，它允许用户使用类 SQL 语句或数据框（DataFrame）API 去查询 Spark 程序内的结构化数据，可以使用的语言包括 Java、Scala、Python 和 R。执行的方式可以是命令行（Command Shell），也可以是编程方式。

2）统一的数据访问方式。可使用同样的方式连接任何数据源，DataFrame 和 SQL 提供了访问各种数据源的常用方式，包括 Hive、Avro、Parquet、ORC、JSON 和 JDBC，可以通过这些数据源直接加载数据。

3）Hive 集成。能够在现有的 Hive 数据仓库上运行 SQL 或 HiveSQL 查询，Spark SQL 支持 HiveSQL 语法以及序列化、反序列化工具（HiveSerDes）和用户自定义函数（UDF），允许用户访问现有的 Hive 仓库。

4）标准的数据连接。提供标准的 JDBC 或 ODBC 进行数据库连接，从而可以对传统的关系数据库，如 MySQL、SQL Server、Oracle 进行数据交互。

4.4.1 DataSet（DataFrame）和 RDD

Spark SQL 是 Spark 用来分布式处理结构化数据的一个模块，它提供了两个编程抽象分别叫作 DataFrame 和 DataSet，它们用于作为分布式 SQL 查询引擎。从图 4-18 可以查看 RDD、DataFrame 与 DataSet 的关系。

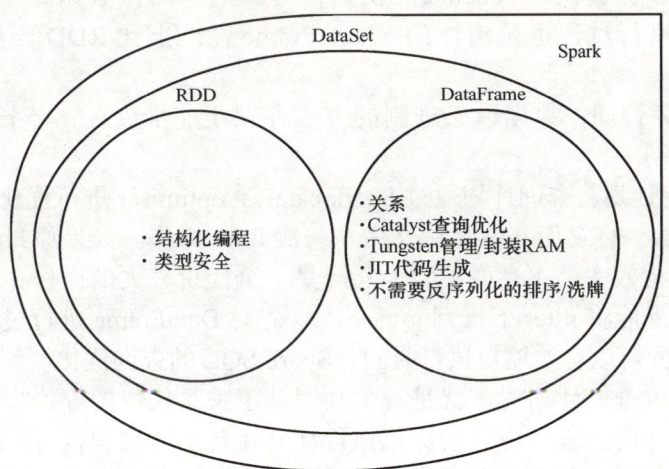

图 4-18 DataSet、DataFrame 和 RDD 之间的关系

首先从版本的产生上来看：RDD (Spark1.0) → DataFrame(Spark1.3) → DataSet(Spark1.6)。如果同样的数据都给到这三个数据结构，它们分别计算之后，都会给出相同的结果。不同的是它们的执行效率和执行方式。在后期的 Spark 版本中，DataSet 会逐步取代 RDD 和 DataFrame 成为唯一的 API 接口。

1. RDD

1）RDD 是一个惰性执行的不可变的可以支持 Lambda 表达式的并行数据集合。

2）RDD 的最大优势就是简单，API 的人性化程度很高。

3）RDD 的劣势是性能限制，它是一个 JVM 驻内存对象，这也就决定了存在 GC 的限制和数据增加时 Java 序列化成本。

2. DataFrame

与 RDD 类似，DataFrame 也是一个分布式数据容器。然而 DataFrame 更像传统数据库的二维表格，除了数据以外，还记录数据的结构信息，即 chema。同时，与 Hive 类似，DataFrame 也支持嵌套数据类型（struct、array 和 map）。从 API 易用性的角度上看，DataFrame API 提供的是一套高层的关系操作，比函数式的 RDD API 要更加友好，门槛更低。由于与 R 和 Pandas 的 DataFrame 类似，Spark DataFrame 很好地继承了传统单机数据分析的开发体验。RDD 和 DataFrame 的区别如图 4-19 所示。

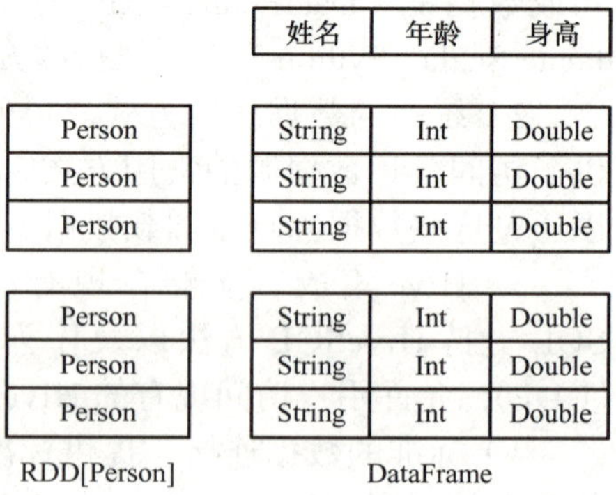

图 4-19 直观地体现了 DataFrame 和 RDD 的区别。左侧的 RDD[Person] 虽然以 Person 为类型参数，但 Spark 框架本身不了解 Person 类的内部结构。而右侧的 DataFrame 却提供了详细的结构信息，使得 Spark SQL 可以清楚地知道该数据集中包含哪些列，每列的名称和类型各是什么。DataFrame 多了数据的结构信息，即 schema。RDD 是分布式的 Java 对象的集合。DataFrame 是分布式的 Row 对象的集合。DataFrame 除了提供比 RDD 更丰富的算子以外，更重要的特点是提升执行效率、减少数据读取以及执行计划的优化，如 filter 下推、裁剪等。DataFrame 为数据提供了 schema 的视图，可以把它当作数据库中的一张表来对待，和 RDD 类似，其执行过程也是惰性的。DataFrame 性能上比 RDD 要高，主要有两方面原因：

图 4-19　RDD 和 DataFrame 的区别

1）定制化内存管理，数据以二进制的方式存在于非堆内存，节省了大量空间之外，还摆脱了 GC 的限制。

2）优化的执行计划，查询计划通过 Spark catalyst optimiser 进行优化。假设某个操作构造了两个 DataFrame，将它们 join 之后又做了一次 filter 操作。如果原封不动地执行这个执行计划，最终的执行效率是不高的。因为 join 是一个代价较大的操作，也可能会产生一个较大的数据集。如果能将 filter 下推到 join 下方，先对 DataFrame 进行过滤，再 join 过滤后的较小的结果集，便可以有效缩短执行时间，Spark SQL 的查询优化器就是这样做的。

简而言之，逻辑查询计划优化就是一个利用基于关系代数的等价变换，将高成本的操作替换为低成本操作的过程。得到的优化执行计划在转换成物理执行计划的过程中，还可以根据具体的数据源的特性将过滤条件下推至数据源内。物理执行计划中 filter 之所以消失不见，就是因为溶入了用于执行最终的读取操作的表扫描结点内。对于普通开发者而言，查询优化器的意义在于，即便是经验并不丰富的程序员写出的次优的查询，也可以被尽量转换为高效的形式予以执行。DataFrame 的劣势在于在编译期缺少类型安全检查，导致运行时出错，DataSet 正是基于此，对 DataFrame 进行了优化。

3. DataSet

1）DataSet 是 DataFrame API 的一个扩展，是 Spark 数据抽象用户友好的 API 风格，既具有类型安全检查也具有 DataFrame 的查询优化特性。

2）DataSet 支持编解码器，当需要访问非堆上的数据时可以避免反序列化整个对象，提高了效率。样例类被用来在 DataSet 中定义数据的结构信息，样例类中每个属性的名称直接映射到 DataSet 中的字段名称。

3）DataFrame 是 DataSet 的特例，DataFrame=Dataset[Row]，所以可以通过 as() 方法将 DataFrame 转换为 DataSet。Row 是一个类型，跟 Car、Person 这些的类型一样，所有

的表结构信息都用 Row 来表示。

4）DataSet 是强类型的。比如可以有 Dataset[Car]、Dataset[Person]。DataFrame 只是知道字段，但是不知道字段的类型，所以在执行这些操作的时候是没办法在编译时检查类型是否失败，比如可以对一个 String 进行减法操作，在执行的时候才报错，而 DataSet 不仅仅知道字段，而且知道字段类型，所以有更严格的错误检查。

RDD 能够决定怎么做，而 DataFrame 和 DataSet 决定做什么，控制的粒度不一样。三者的共性为：

1）RDD、DataFrame、DataSet 全都是 Spark 平台下的分布式弹性数据集，为处理超大型数据提供便利。

2）三者都有惰性机制，在进行创建、转换，如 map() 方法时，不会立即执行，只有在遇到 Action 如 foreach 时，三者才会开始遍历运算，极端情况下，如果代码里面有创建、转换，但是后面没有在 Action 中使用对应的结果，在执行时会被直接跳过。

3）三者都会根据 Spark 的内存情况自动缓存运算，这样即使数据量很大，也不用担心会内存溢出。

4）三者都有分区（Partition）的概念。

5）三者有许多共同的函数，如 filter、排序等。

三者的区别在于：

1）RDD 一般和 spark mlib 同时使用，RDD 不支持 Spark SQL 操作。DataFrame 与 DataSet 一般不与 spark mlib 同时使用。DataFrame 与 DataSet 均支持 Spark SQL 的操作，如 select、groupby，还能注册临时表/视窗，进行 SQL 语句操作，如下所示：

```
dataDF.createOrReplaceTempView("tmp")
spark.sql("select ROW,DATE from tmp where DATE is not null order by DATE").show(100,false)
```

2）DataSet 和 DataFrame 拥有完全相同的成员函数，区别只是每一行的数据类型不同。DataFrame 也可以叫 Dataset[Row]，每一行的类型是 Row，不用解析，每一行究竟有哪些字段，各个字段又是什么类型都无从得知，只能通过模式匹配拿出特定字段。由于 DataSet 是强类型的，所以在需要访问列中的某个字段时是非常方便的，然而，如果要写一些适配性很强的函数时，如果使用 DataSet，行的类型又不确定，这时候用 DataFrame 即 Dataset[Row] 就能比较好的解决问题。

4.4.2 Spark SQL 操作

1. SparkSession

SparkSession 是 Spark 2.0 引入的新概念。SparkSession 为用户提供了统一的切入点，来让用户操作 Spark 的各项功能。在 Spark 的早期版本中，SparkContext 是 Spark 程序的主要切入点，由于 RDD 是主要的分布式数据结构，通过 SparkContext 来创建和操作 RDD。而对于其他的数据源，则需要使用不同的 Context。例如，对于 Streming，需要使用 StreamingContext；对于 SQL，使用 SQLContext；对于 Hive，使用 HiveContext。随着 DataSet 和 DataFrame 逐渐成为主流的分布式数据结构，则需要创建新的切入点。

Spark2.0 引入 SparkSession 作为 DataSet 和 DataFrame 的切入点，SparkSession 封装了 SparkConf、SparkContext 和 SQLContext。为了向后兼容，SQLContext 和 HiveContext 也被保存下来。SparkSession 实质上是 SQLContext 和 HiveContext 的组合（未来可能还会

加上 StreamingContext），所以在 SQLContext 和 HiveContext 上可用的 API 在 SparkSession 上同样是可以使用的。SparkSession 内部封装了 SparkContext，所以计算实际上是由 SparkContext 完成的。SparkSession 的特点如下：

1）为用户提供一个统一的切入点使用 Spark 各项功能。

2）允许用户通过它调用 DataFrame 和 DataSet 相关 API 来编写程序。

3）减少了用户需要了解的一些概念，可以很容易地与 Spark 进行交互。

4）与 Spark 交互之时不需要显示创建的 SparkConf、SparkContext 以及 SQlContext，这些对象已经封闭在 SparkSession 中。

创建 SparkSession 的语句为：

```
SparkSession spark = SparkSession
.builder()
.master("local") //本地运行模式
//.master("spark://192.168.2.151:7077") // 独立集群运行模式
//.config("hadoop.home.dir", "/user/hive/warehouse")
//.config("spark.executor.memory","8g")
//.enableHiveSupport()
.appName("Java Spark SQL examples")
.getOrCreate();
```

2. DataFrame

下面的示例以存储在 HDFS 中的 person.josn 文件为例，演示 DataFrame 的各种操作。people.josn 文件为：

```
{"name":"Michael"}
{"name":"Andy", "age":30}
{"name":"Justin", "age":19}
```

以 DSL 风格的语法操作 DataFrame 的示例如下：

```
...
public static void DataframeDSLExamples(SparkSession spark)
{
    // 读取 json 文件，创建 DataFrame
    Dataset<Row> df = spark.read().json("Data/people.json");
    // 显示 df 的内容
    df.show();
    // 输出 df 的模式定义
    df.printSchema();
    // 选择 "name" 列
    df.select("name").show();
    // 选择 "name" "age" 列，将 age +1
    df.select(col("name"), col("age").plus(1)).show();
    // 选择年龄大于 21 岁的记录
    df.filter(col("age").gt(21)).show();
    // 按年龄分组后计数
    df.groupBy("age").count().show();
}
```

可以使用 DSL 的方法列表及对某个数据列进行操作（如字符串、日期格式转换）的函数列表，请参考 Spark 官方文档。

以 SQL 风格的语法操作 DataFrame 的示例如下：

```
...
public static void DataframeSQLExamples(SparkSession spark) throws
AnalysisException
{
    // 读取 json 文件，创建 DataFrame
    dataset<Row> df = spark.read().json("Data/people.json");
    // 注册 Dataframe 为 SQL 本地视图
    df.createOrReplaceTempView("people");
    // 查询 df 中的所有记录
    Dataset<Row> sqlDF = spark.sql("SELECT * FROM people");
    sqlDF.show();
    // 注册 Dataframe 为 SQL 全局视图
    df.createGlobalTempView("people");
    // 全局视图的访问需要在视图名前面加上前缀 "global_temp"
    spark.sql("SELECT * FROM global_temp.people").show();
    // 全局视图是跨 Session 的
    spark.newSession().sql("SELECT * FROM global_temp.people").show();
}
```

使用 SQL 风格操作 DataFrame，必须根据创建的 DataFrame 注册一个视图，视图可以是本地视图或者全局视图，区别在于全局视图是跨 Session 的，如果需要在不同的 SparkSession 之间共享数据，则注册 DataFrame 为全局视图，上述的代码也说明了这一点。

3. 创建 DataSet

DataSet 的创建需要定义一个 Encoder 来序列化（Serialize）集合中的对象，将对象序列化为二进制字节（Byte）形式后，对象可以在集群的网络中进行传输及处理。使用 Encoder 可以使得对 DataSet 的 filtering、sorting 和 hashing 这些操作不用将序列化的二进制反序列化为对象，再进行操作，从而提高了效率。下面的代码演示如何创建强类型的 DataSet<Person>，Person 类的定义为：

```
...
public static class Person implements Serializable {
    private String name;
    private int age;
    public String getName() {
        return name;
    }
    public void setName(String name) {
        this.name = name;
    }
    public int getAge() {
        return age;
    }
    public void setAge(int age) {
        this.age = age;
    }
}
```

使用 Encoder 创建 DataSet 的代码为：

```
…
public static void CreateDatasetExamples(SparkSession spark)
{
    // 创建一个 person 的 Bean class 实例
    Person person = new Person();
    person.setName("Andy");
    person.setAge(32);
    // 使用 Java beans 创建 Encoders
    Encoder<Person> personEncoder = Encoders.bean(Person.class);
    // 创建 DataSet
    Dataset<Person> javaBeanDS = spark.createDataset(
      Collections.singletonList(person),
      personEncoder
    );
    javaBeanDS.show();
    // 使用 personEncoder, 在创建 DataFrame 时，将 DataFrame 转换为强类型的
    //Dataset<Person> String path = "Data/people.json";
    Dataset<Person> peopleDS = spark.read().json(path).as(personEncoder);
    peopleDS.show();
}
```

4. 将 RDD 转换为 DataSet

如果 RDD 的内部结构是已知的，这可以定义一个类，该类为 RDD schema 的定义规范，使用反射技术，将 JavaRDD 转换为 DataSet<Row> 即 DataFrame。示例中的 people.txt 文件的内容如下所示。

```
Michael, 29
Andy, 30
Justin, 19
```

Person 类的定义如前所示，下面的示例演示如何将 JavaRDD 转换为 DataFrame 及后续的查询数据、查询列数据的操作。

```
…
public static void ConvertRDDToDataset(SparkSession spark)
{
        // 读取 HDFS 中的 people.txt 文件后，转换为 RDD
    JavaRDD<Person> peopleRDD = spark.read()
      .textFile("Data/people.txt")
      .javaRDD()
      .map(line -> {
        String[] parts = line.split(",");
        Person person = new Person();
        person.setName(parts[0]);
        person.setAge(Integer.parseInt(parts[1].trim()));
        return person;
    });
    // 以定义的 Person 类为 schema 规范，使用反射将 RDD 转换为 DataFrame
    Dataset<Row> peopleDF = spark.createDataframe(peopleRDD, Person.class);
    // 注册 DataFrame 为本地视图
    peopleDF.createOrReplaceTempView("people");
    // 以 SQL 方式查询
```

```java
    Dataset<Row> teenagersDF = spark.sql("SELECT name FROM people WHERE age
    BETWEEN 13 AND 19");
  teenagersDF.show();
  //可以通过字段索引序号的方式访问列
  Encoder<String> stringEncoder = Encoders.STRING();
  Dataset<String> teenagerNamesByIndexDF = teenagersDF.map(
      (MapFunction<Row, String>) row -> "Name: " + row.getString(0),
      stringEncoder);
  teenagerNamesByIndexDF.show();
  //也可以通过字段名的方式访问列信息
  Dataset<String> teenagerNamesByFieldDF = teenagersDF.map(
  (MapFunction<Row, String>) row -> "Name: " + row.<String>getAs("name"),
    stringEncoder);
  teenagerNamesByFieldDF.show();
}
```

4.4.3　Spark SQL 与数据源的交互

Spark SQL 可以使用 load 方便地和 json、parquet 文件交互，这两类文件都包含了数据的模式信息，因此 Spark SQL 在读取 json 和 parquet 格式的文件时，会自动根据模式信息，将数据转换为 Dataset<Row> 类型，即 DataFrame。Spark SQL 也支持将处理后的 DataFrame 以各种文件格式（.text、.csv、.json、.parquet）的方式写回（Save）HDFS，保存文件的不同模式见表 4-4。

表 4-4　文件保存的不同模式

保存模式	说明
SaveMode.ErrorIfExists(default)	当目标文件已经存在时，抛出异常
SaveMode.Append	当目标文件已经存在时，将内容追加到已经存在的文件中
SaveMode.Overwrite	当目标文件已经存在时，以当前的 DataFrame 的内容完全覆盖已经存在的文件
SaveMode.Ignore	当目标文件存在时，忽略本次的保存行为，目标文件内容不变，也不抛出异常

下面的代码演示了如何读取和保存 json 及 parquet 文件。

```java
…
public static void ReadAndSaveFile(SparkSession spark)
{
  //读取 parquet 格式的文件，直接 load 为 DataFrame, 由于默认格式为 parquet, 所以
  //不用指定 format
  Dataset<Row> usersDF = spark.read().load("Data/users.parquet");
  usersDF.show();
  //查询 DataFrame 后，以 Overwrite 保存方式写回 HDFS
  usersDF.select("name",favorite_color).write().mode(SaveMode.Overwrite).save("Data/namesAndFavColors.parquet");
  //读取 json 格式的文件，直接 load 为 DataFrame
  Dataset<Row> peopleDF =
  spark.read().format("json").load("Data/people2.json");
  peopleDF.show();
  //查询 DataFrame 后，以 Append 保存方式写回 HDFS
  peopleDF.select("name",
  "age").write().format("json").mode(SaveMode.Append).save("Data/
```

```
            namesAndAges.josn");
       // 直接使用 SQL 方式查询 parquet 格式的文件
       Dataset<Row> sqlDF =
       spark.sql("SELECT * FROM parquet.'Data/users.parquet'");
       sqlDF.show();
}
```

Spark SQL 使用 JDBC 组件读取传统关系数据库（SQL Server、MySQL、Oracle）中的数据，下面的示例演示如何读取 SQL Server 数据库 StdMng 中的 Student 表中的全部记录。

```
…
public static void ReadDataFromSQLServer(SparkSession spark)
{
    Properties connectionProperties = new Properties();
    connectionProperties.put("user", "UserName");
    connectionProperties.put("password", "Password");
    Dataset<Row> std = spark.read()
    .jdbc("jdbc:sqlserver://218.199.178.24;databaseName=StdMng",
    "Student", connectionProperties);
    std.show();
}
```

4.4.4 Spark SQL 与 Hive 交互

Spark SQL 可以和 Hive 进行交互，在将 hive-site.xml、core-site.xml 及 hdfs-site.xml 复制到 src 目录后，对 SparkSession 实例对象做如下设置：

```
SparkSession spark = SparkSession
.builder()
.appName("Java Spark Hive Example")
.master("local")
.config("hadoop.home.dir", "/user/hive/warehouse")
.enableHiveSupport()
.getOrCreate();
```

下面的代码演示 Spark SQL 和 Hive 的基本交互操作。

```
…
public static void HiveOperation()
{
    SparkSession spark = SparkSession
            .builder()
            .appName("Java Spark Hive Example")
            .master("local")
            .config("hadoop.home.dir", "/user/hive/warehouse")
            .enableHiveSupport()
            .getOrCreate();
    // 切换 Hive 当前数据库为 userdb1
    spark.sql("use userdb1");
    // 创建 src 数据表
    spark.sql("CREATE TABLE IF NOT EXISTS src (key INT, value STRING)");
    // 加载数据到 src 数据表
    spark.sql("LOAD DATA INPATH '/hivedata/kv1.txt' INTO TABLE src");
```

```java
    // 查询 src 表中的所有记录
    spark.sql("SELECT * FROM src").show();
    // 统计 src 表中的记录的个数
    spark.sql("SELECT COUNT(*) FROM src").show();
    // 完全支持 Hive SQL 语法对数据进行查询，且查询的结果为 DataFrame
      Dataset<Row> sqlDF = spark.sql("SELECT key, value FROM src WHERE
key < 10 ORDER BY key");
      sqlDF.show();
    // 通过字段的索引号访问字段信息，并组合为强类型的 Dataset<String> 数据集
      Dataset<String> stringsDS = sqlDF.map(
      (MapFunction<Row, String>) row -> "Key: " + row.get(0) + ", Value:
" + row.get(1),Encoders.STRING());
    stringsDS.show();
    spark.close();
}
```

对 DataFrame 进行操作后的结果，如果需要保存，可以使用 saveAsTable 方法以数据表的形式存储到 Hive 中。和为 DataFrame 创建本地和全局视图不同的是，以数据表保存的结果会永久的存储在 Hive 数据库中。下面的代码演示了如何将 DataFrame 保存到 Hive 及从 Hive 中读出。

```java
...
public static void SaveAsTableExamples()
{
    SparkSession spark = SparkSession
            .builder()
            .appName("Java Spark Hive Example")
            .master("local")
            .config("hadoop.home.dir", "/user/hive/warehouse")
            .enableHiveSupport()
            .getOrCreate();
    Dataset<Row> peopleDF =  spark.read().json("Data/people2.json");
    // 选择数据框中的 name 和 age 两个列后，将结果存储到 Hive 表，数据库为 userdb1,
    // 表名为 people
      peopleDF.select("name", "age").write().mode(SaveMode.Overwrite).
      format("json").saveAsTable("userdb1.people");
    // 从 Hive 中读出 people 数据表
      Dataset<Row> dtPeople = spark.table("userdb1.people");
      dtPeople.show();
}
```

4.4.5　Spark SQL 的分区及分桶

对于海量的大规模数据集，如果将所有数据存储到一个 Hive 表中，由于 Hive 目前还缺乏有效的索引技术，查询数据的效率将会随着数据的增长而显著降低。在进行数据查询时，一般都会指定一些查询条件，如 year="2018"，Country ="CN"，favorite_color="Red"等，如果能根据这些筛选条件，将数据分别存储在不同的 HDFS 文件中，这样根据相应的筛选条件，只查询条件对应的文件就可以了，这样就可以极大的提高查询的效率。这种技术就是 Hive 中的分区（Partition）技术，一个根据 gender 及 Country 字段进行分区的文件目录结构可能如图 4-20 所示。

```
path
└── to
    └── table
        ├── gender=male
        │   ├── ...
        │   │
        │   ├── country=US
        │   │   └── data.parquet
        │   ├── country=CN
        │   │   └── data.parquet
        │   └── ...
        └── gender=female
            ├── ...
            │
            ├── country=US
            │   └── data.parquet
            ├── country=CN
            │   └── data.parquet
            └── ...
```

图 4-20　Hive 分区表示意图

对于每一个表（Table）或者分区，Hive 可以进一步组织成桶（Bucket），也就是说桶是更为细粒度的数据范围划分。Hive 也是针对某一列进行桶的组织。Hive 采用对列值哈希，然后除以桶的个数求余的方式决定该条记录存放在哪个桶当中。把表（或者分区）组织成桶有两个理由：

1）获得更高的查询处理效率。桶为表加上了额外的结构，Hive 在处理有些查询时能利用这个结构。具体而言，连接两个在（包含连接列的）相同列上划分了桶的表，可以使用 Map 端连接（Map-side join）高效的实现，如 join 操作。对于 join 操作两个表有一个相同的列，如果对这两个表都进行了桶操作，那么将保存相同列值的桶进行 join 操作就可以了，可以大大减少 join 的数据量。

2）使取样（Sampling）更高效。在处理大规模数据集时，在开发和修改查询的阶段，如果能在数据集的一小部分数据上试运行查询，会带来很多方便。

下面的代码演示了使用 Spark SQL 来实现数据的分区和分桶。演示的数据 people2.josn 为：

```
{"name":"Michael","age":54,"favorite_color":"Red"}
{"name":"Andy", "age":30,"favorite_color":"blue"}
{"name":"Justin", "age":19,"favorite_color":"yellow"}
{"name":"Michael-1","age":54,"favorite_color":"Red"}
{"name":"Andy-1", "age":32,"favorite_color":"blue"}
{"name":"Justin-1", "age":22,"favorite_color":"yellow"}
{"name":"Michael-2","age":44,"favorite_color":"Red"}
{"name":"Andy-2", "age":35,"favorite_color":"blue"}
{"name":"Justin-2", "age":31,"favorite_color":"yellow"}
{"name":"Michael-3","age":66,"favorite_color":"Red"}
{"name":"Andy-3", "age":45,"favorite_color":"blue"}
{"name":"Justin-3", "age":17,"favorite_color":"yellow"}
{"name":"Michael-4","age":56,"favorite_color":"Red"}
{"name":"Andy-4", "age":15,"favorite_color":"blue"}
{"name":"Justin-4", "age":7,"favorite_color":"yellow"}
```

代码如下所示。

```java
...
public static void PartitionAndBucketExamples()
{
    SparkSession spark = SparkSession
            .builder()
            .appName("Java Spark Hive Example")
            .master("local")
            .config("hadoop.home.dir", "/user/hive/warehouse")
            .enableHiveSupport()
            .getOrCreate();
    Dataset<Row> peopleDF = spark.read().json("Data/people2.json");
    // 以 favorite_color 字段为分区依据，将数据表分为多个区
    peopleDF.write().mode(SaveMode.Overwrite).format("json").partitionBy
        ("favorite_color").
    saveAsTable("userdb1.people_Partition");
    // 按 favorite_color 字段分区后，再按 name 字段，将每个分区分为 2 个桶，桶中数据
    // 按 age 排序
    peopleDF.write().mode(SaveMode.Overwrite).format("json").partitionBy
        ("favorite_color").bucketBy(2,"name").sortBy("age")
        .saveAsTable("userdb1.people_Partition_bucketed");
}
```

对 people2.json 进行分区存储后的结果如图 4-21 所示。

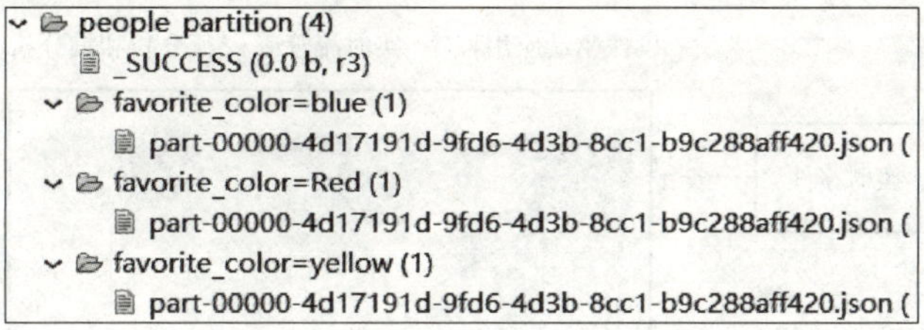

图 4-21 分区存储图

可以看到数据根据 favorite_color 字段，分为了三个区，相同颜色的记录被分到了同一个区（同一个文件中）。

对 people2.json 进行分区、分桶存储后的结果如图 4-22 所示。

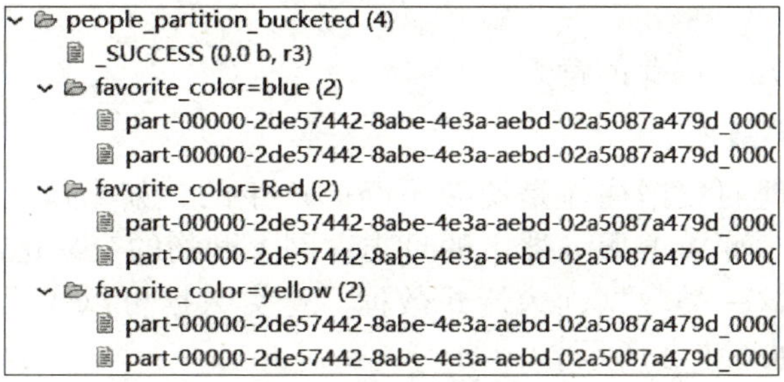

图 4-22 分区、分桶存储图

可以看到，在按 favorite_color 字段进行分区后，再按 name 字段对数据进行分桶存储后，在同一个颜色的区中，又分了两个桶（两个文件）。

第 5 章

流式计算

Apache Flink 是一个框架和分布式处理引擎，用于在无边界和有边界数据流上进行有状态的计算。Flink 能在所有常见集群环境中运行，并能以内存速度和任意规模进行计算。本章重点介绍 Flink 的基本概念、流/批一体分布式计算，水位线和窗口的应用及动态表查询。

5.1 Flink 的基本概念

5.1.1 Flink 框架

Apache Flink 的框架如图 5-1 所示。

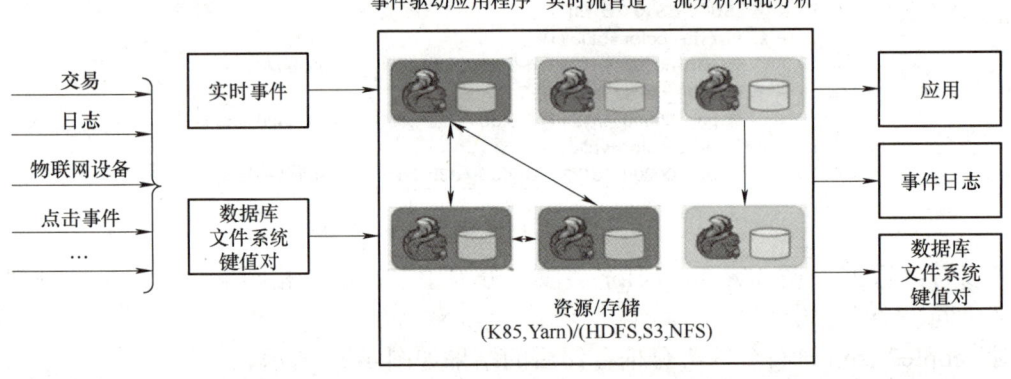

图 5-1 Flink 框架

Flink 框架有以下几个重要的特点。

1. 处理无界和有界数据

大数据时代所处理的数据往往是源源不断的产生的，如果没有特殊原因，这些数据的产生永远不会终止，如 Web 服务器上的日志、网上购物的交易记录、支付宝支付记录、微信聊天信息等，将这一类数据称为流式数据，这类数据可以作为无界或者有界流来处理。流式数据的示意如图 5-2 所示。

1）无界流指有定义流的开始，但没有定义流的结束，数据会无休止地产生。无界流的数据必须被持续处理，即数据读取后需要立刻处理，而不是等到所有数据都到达再处理。处理无界数据通常要求以特定顺序读取事件，如事件发生的时间，以便能够推断结果的完整性，无界流的处理通常被称为流处理。

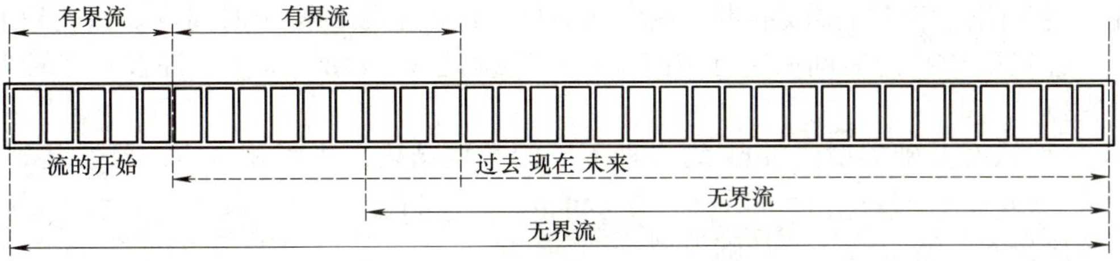

图 5-2　流式数据

2）有界流指有定义流的开始，也有定义流的结束。有界流可以在读取所有数据后再进行计算，有界流处理通常被称为批处理。

Flink 框架对有界和无界数据进行流批一体的处理，精确的时间控制和状态化使得 Flink 运行时（Runtime）能够运行任何处理无界流的应用。有界流则由专为固定大小数据集设计的算法和数据结构进行处理，从而获得出色的性能。

2. 部署应用到任意地方

Apache Flink 是一个分布式系统，它需要计算资源来执行应用程序。Flink 集成了所有常见的集群资源管理器，如 Hadoop YARN、Apache Mesos 和 Kubernetes，同时也可以作为独立集群运行。Flink 被设计为能够很好地工作在上述每个资源管理器中，这是通过资源管理器指定的部署模式实现的。Flink 可以采用与当前资源管理器相适应的方式进行交互。

3. 运行规模化应用

Flink 可运行规模化的有状态流式应用，程序可被并行化为多达千个子任务，这些任务集群并发执行，从而能够充分利用集群的 CPU、内存、硬盘和网络 I/O 资源。Flink 可维护非常大的应用程序状态，其异步和增量的检查点算法对处理延迟产生最小的影响，同时保证了精确一次状态的一致性。

4. 利用内存性能

有状态的 Flink 程序针对本地状态访问进行了优化。任务的状态始终保留在内存中，如果状态大小超过可用内存，则会保存在能高效访问的硬盘数据结构中。任务通过访问本地（通常在内存中）状态来进行所有的计算，从而产生非常低的处理延迟。Flink 通过定期和异步地对本地状态进行持久化存储来保证故障场景下精确一次的状态一致性。

5.1.2　Flink 的应用

Apache Flink 是一个针对无界和有界数据流进行有状态计算的框架。Flink 自底向上在不同的抽象级别提供了多种 API，并且针对常见的使用场景开发了专用的扩展库。

1. 流处理应用的基本组件

数据流、状态和时间是 Flink 流处理框架的基本要素。

（1）数据流

数据流是流处理的基本要素，所有的数据都是以流的方式产生的，用户可以对产生的数据流进行两种不同的处理方式。一是对数据流进行实时流处理，二是先将数据流持久化到存储系统中，形成历史记录，然后再进行批处理。Flink 的应用能够同时支持处理实时以及历史记录数据流。

（2）状态

具有一定复杂度的流处理应用都是有状态的，任何运行基本业务逻辑的流处理应用都需要在一定时间内存储所接收的事件或中间结果,以供后续的某个时间点(如收到下一个事件或者经过一段特定时间)进行访问并进行后续处理。Flink 提供了许多状态管理相关的特性支持。

1)多种状态基础类型。Flink 为多种不同的数据结构提供了相对应的状态基础类型,如原子值(value)、列表(list)以及映射(map)。开发者可以基于处理函数对状态的访问方式,选择高效、适合的状态基础类型。

2)插件化的 State Backend。State Backend 负责管理应用程序状态,并在需要的时候进行检查点。Flink 支持多种 State Backend,可以将状态存在内存或者 RocksDB。RocksDB 是一种高效的嵌入式、持久化键值存储引擎。Flink 也支持插件式的自定义 State Backend 进行状态存储。

3)精确一次语义。Flink 的检查点机制和故障恢复算法保证了故障发生后应用状态的一致性。因此 Flink 能够在应用程序发生故障时,保证流处理结果的正确性和一致性。

4)超大数据量状态。Flink 能够利用异步以及增量式的检查点算法,存储数 TB 级别的应用状态。

5)可弹性伸缩的应用。Flink 能够通过增加或者减少工作结点对状态进行重新分布,支持有状态应用的分布式横向弹性伸缩。

(3)时间

时间是流处理应用中的另一个重要的组成部分,因为数据(事件)总是在特定时间点发生,所以大多数的数据流都拥有本身所固有的时间语义。许多常见的流计算都基于时间语义,如窗口聚合、会话计算、模式检测。流处理的一个重要方面是应用程序如何衡量时间,即区分事件时间(Event time)和处理时间(Processing time),Flink 提供了丰富的时间语义支持。

1)事件时间模式。使用事件时间语义的流处理根据事件本身自带的时间戳进行结果的计算。因此无论处理的是实时事件还是历史记录事件,事件时间模式的处理总能保证结果的准确性和一致性。

2)水线(WaterMark)支持。Flink 引入了 WaterMark 的概念,用以衡量事件时间进展。WaterMark 也是一种平衡处理延时和完整性的灵活机制。

3)迟到数据处理。当以带有 WaterMark 的事件时间模式处理数据流时,在计算完成之后仍会有相关数据到达,这样的事件被称为迟到事件。Flink 提供了多种处理迟到数据的选项,如将这些数据重定向到旁路输出(side output)或者更新之前完成计算的结果。

4)处理时间模式。除了事件时间模式,Flink 还支持处理时间语义。处理时间模式根据处理引擎的机器时钟触发计算,一般适用于有着严格的低延迟需求,并且能够容忍近似结果的流处理应用。

2. 分层 API

Flink 提供了三种抽象程度不同的 API,每一种 API 在简洁性和表达上有着不同的侧重并且针对不同的应用场景,分层 API 如图 5-3 所示。

(1)处理函数(ProcessFunction)

处理函数可以处理一或两条输入数据流中的单个事件或者归入一个特定窗口内的多个事件,它提供了对于时间和状态的细粒度控制。开发者可以在其中任意地修改状态,也能够注册定时器用以在未来的某一时刻触发回调函数。可以利用进程函数实现许多有状态的事件驱动应用所需要的基于单个事件的复杂业务逻辑。

（2）数据流接口（DataStream API）

数据流接口为许多通用的流处理操作提供了处理原语。这些操作包括窗口、逐条记录的转换操作，在处理事件时进行外部数据库查询等。数据流接口支持 Java 和 Scala 语言，预先定义了如 map()、reduce()、aggregate() 等函数。开发者可以通过扩展实现预定义接口或使用 Java、Scala 的 lambda 表达式实现自定义的函数。

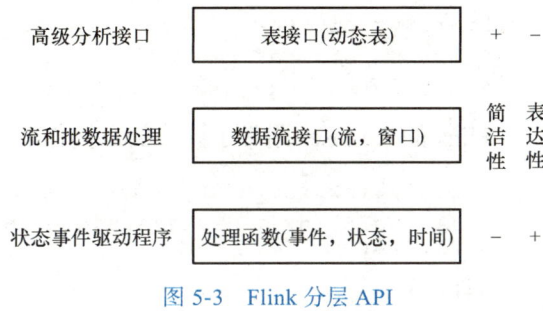

图 5-3　Flink 分层 API

（3）表接口（Table API & SQL）

表接口旨在简化数据分析、数据流水线和 ETL 应用的定义。Flink 支持两种关系型的 API，即 Table API 和 SQL。这两个 API 都是批处理和流处理统一的 API，这意味着在无边界的实时数据流和有边界的历史记录数据流上，关系型 API 会以相同的语义执行查询，并产生相同的结果。表接口和数据库语句可以与 DataStream 和 DataSet API 无缝集成，并支持用户自定义的标量函数、聚合函数以及表值函数。

5.2　Flink 的安装和开发环境设置

5.2.1　Flink 本地安装

以在 Ubuntu18.04 LTS 系统下，安装 Flink-1.14.4 本地集群，说明其安装及使用过程。

1. 安装 Java 环境

Flink 需要 Java 环境的支持，若系统中存在多个 Java 环境，请进入命令窗口，在当前用户目录下输入命令。

```
sudo update-alternatives --config java
```

在出现的 Java 环境列表中，选择使用 Java 8 环境。编辑当前用户的 .bashrc 文件，配置 JAVA_HOME 环境变量为：

```
export JAVA_HOME=/usr/lib/jvm/java-8-openjdk-amd64
```

保存 .bashrc 文件，使用 source .bashrc 命令使得环境变量配置生效。

2. 下载 Flink-1.14.4

在 https://archive.apache.org/dist/Flink/Flink-1.14.4/ 处下载 Flink-1.14.4-bin-scala_2.11.tgz 文件到当前用户目录后，执行以下命令。

```
tar -xzf Flink-1.14.4-bin-scala_2.11.tgz    # 解压压缩包到当前目录
mv Flink-1.14.4-bin-scala_2.11 Flink-1.14.4    # 重命名目录
cd Flink-1.14.4    # 进入 Flink 目录
```

3. 使用本地集群提交作业

Flink 附带了一个 bash 脚本，可以用于启动本地集群。

```
./bin/start-cluster.sh    # 启动本地集群
```

```
Starting cluster.
Starting standalonesession daemon on host.
Starting taskexecutor daemon on host.
```

Flink 的 Releases 附带了许多的示例作业，选择 WordCount 快速部署到已运行的集群上。

```
./bin/Flink run examples/streaming/WordCount.jar  # 运行 WordCount 作业
tail log/Flink-*-taskexecutor-*.out   # 查看输出结果
(nymph,1)
(in,3)
(thy,1)
(orisons,1)
(be,4)
(all,2)
...
```

可以通过 Flink 的 Web UI（本地集群的默认地址为 http://localhost:8081）来监视集群的状态和正在运行的作业，WordCount 作业的运行结果如图 5-4 所示。

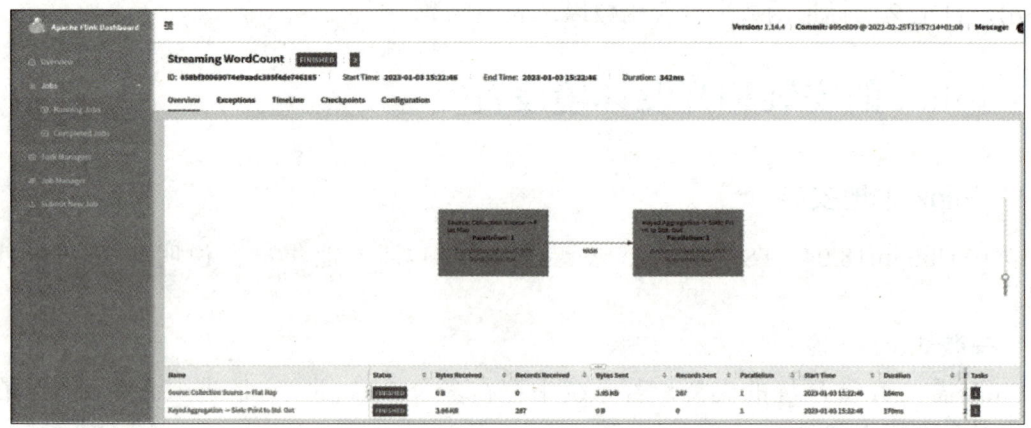

图 5-4　WordCount 作业的运行结果

4. 停止集群

作业执行完成后，使用以下命令停止集群和所有正在运行的组件。

```
./bin/stop-cluster.sh
```

Flink 的分布式集群安装（Standalone 模式、Hadoop Yarn 模式）请读者自行查阅相关资料完成。

5.2.2　Flink 开发环境设置

Flink 支持 Java、Scala 或 Python 语言进行应用程序开发，本章以在 Intellij IDEA 开发平台下，使用 Java 语言开发为例，说明 Flink 应用程序开发环境的设置。

1. 安装 IDEA 社区版

打开 Ubuntu 软件商店，搜索 IDEA，选择"IDEA Community"安装，安装成功后，在 Ubuntu 桌面的应用程序中找到对应的图标，单击进入 IDEA 开发平台。

2. 配置 Maven 工具

在 IDEA 中开发 Flink 应用程序需要使用 Maven 管理 SDK 包，IDEA 自带 Maven 工

具，在当前用户目录下输入以下命令。

```
cd .m2           # 进入 IDEA 自带的 Maven 配置目录
gedit settings.xml    # 编辑 Maven 配置文件
```

在 settings.xml 中输入以下内容。

```xml
<settings xmlns="http://maven.apache.org/SETTINGS/1.2.0"
      xmlns:xsi="http://www.w3.org/2001/XMLSchema-instance"
      xsi:schemaLocation="http://maven.apache.org/SETTINGS/1.2.0
      http://maven.apache.org/xsd/settings-1.2.0.xsd">
   <localRepository>/home/sa/.m2/repository</localRepository>
   <mirrors>
      <mirror>
         <id>alimaven</id>
         <name>aliyun maven</name>
         <url>http://maven.aliyun.com/nexus/content/repositories/central/</url>
         <mirrorOf>central</mirrorOf>
      </mirror>
   </mirrors>
</settings>
```

设置 Maven 本地仓存储位置及中心仓库为阿里云镜像地址，保存后退出。进入 IDEA 开发平台，在 File 菜单中选择"settings"，选择"Build, Execution, Deployment"→"Build Tools"→"Maven"→"Importing"，设置"VM Options for importer"项为：

```
-Dmaven.wagon.http.ssl.insecure=true
-Dmaven.wagon.http.ssl.allowall=true
```

设置结果如图 5-5 所示。

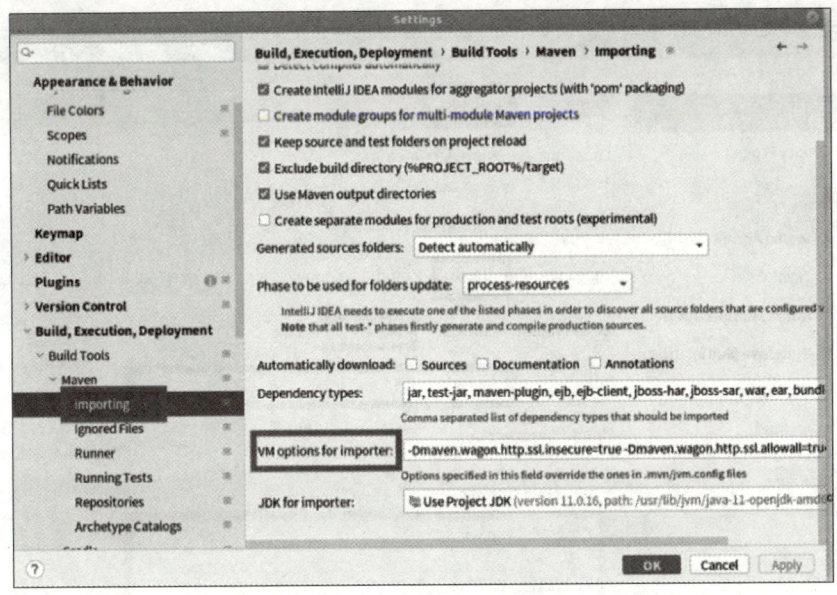

图 5-5　设置"VM Options for importer"项

选择"Build, Execution, Deployment"→"Build Tools"→"Maven"→"Runner"，设置"VM Options"项为：

```
-Dmaven.wagon.http.ssl.insecure=true
-Dmaven.wagon.http.ssl.allowall=true
-Dmaven.wagon.http.ssl.ignore.validity.dates=true
```

设置结果如图 5-6 所示。

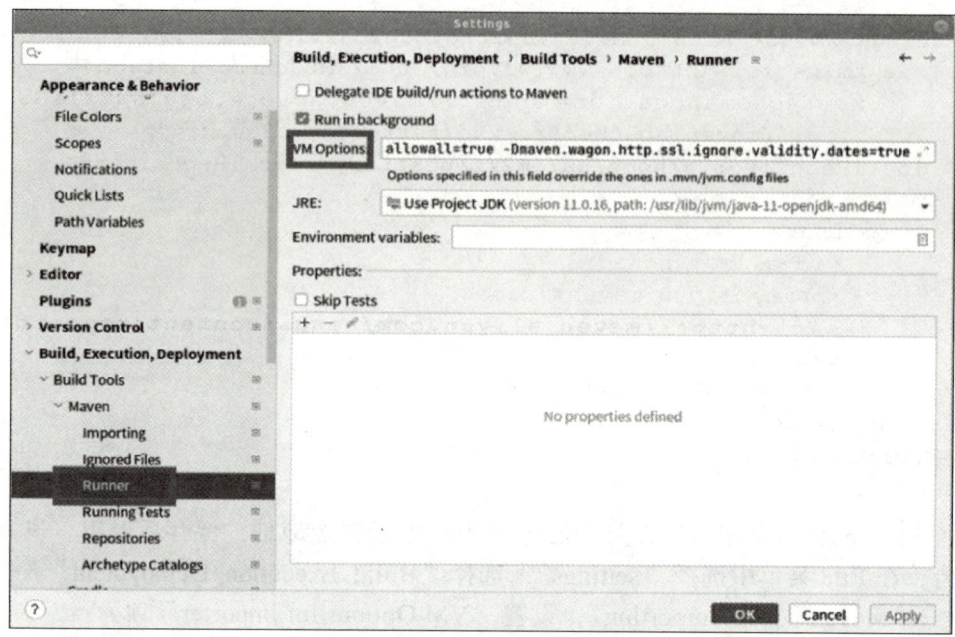

图 5-6 设置"VM Options"项

3. 配置 POM 文件

在 IDEA 开发平台中新建 llz-Flink 项目，项目配置如图 5-7 所示。

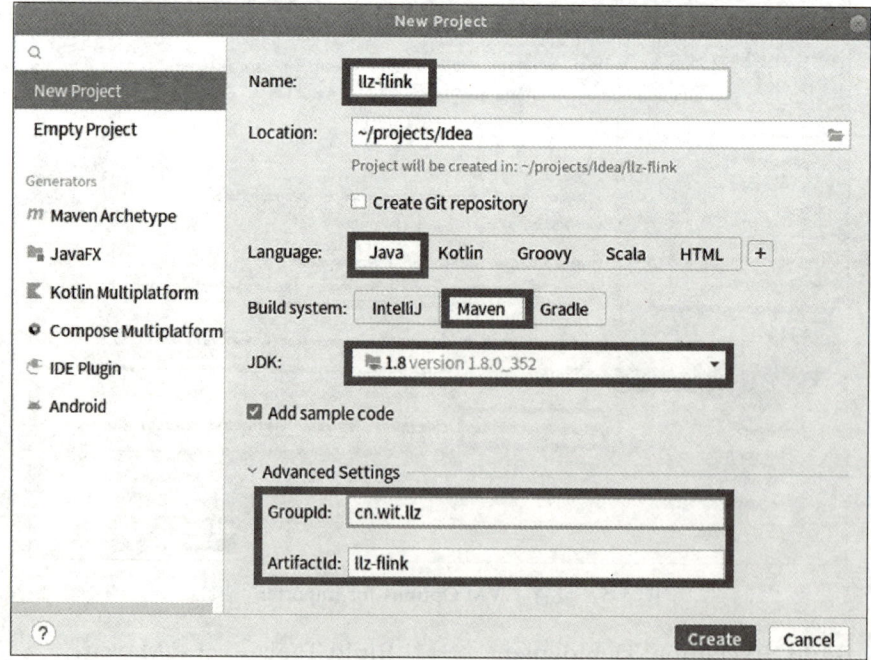

图 5-7 llz-Flink 项目配置

配置项目的 POM.xml 文件如下所示，特别注意 Flink、scala 的版本及设置中的加粗部分，完整的 POM 文件见慕课网址。

```xml
<?xml version="1.0" encoding="UTF-8"?>
<project xmlns="http://maven.apache.org/POM/4.0.0"
    xmlns:xsi="http://www.w3.org/2001/XMLSchema-instance"
    xsi:schemaLocation="http://maven.apache.org/POM/4.0.0
    http://maven.apache.org/xsd/maven-4.0.0.xsd">
    <properties>
        ...
        <Flink.version>1.14.4</Flink.version>
        <scala.binary.version>2.11</scala.binary.version>
        ...
    </properties>
    <dependencies>
        <dependency>
            <groupId>org.apache.Flink</groupId>
            <artifactId>Flink-connector-kafka_${scala.binary.version}</artifactId>
            <version>${Flink.version}</version>
        </dependency>
        <dependency>
            <groupId>org.apache.Flink</groupId>
            <artifactId>Flink-streaming-java_${scala.binary.version}</artifactId>
            <version>${Flink.version}</version>
            <scope>provided</scope>
        </dependency>
        <dependency>
            <groupId>org.apache.Flink</groupId>
            <artifactId>Flink-clients_${scala.binary.version}</artifactId>
            <version>${Flink.version}</version>
            <scope>provided</scope>
        </dependency>
        ...
    </dependencies>
</project>
```

5.3 数据流接口

5.3.1 DataStream 概述

数据流可以来源于消息队列、套接字流和文件，可以是有界的，也可以是无界的，DataStream 程序对数据流进行处理，如过滤、更新状态、定义窗口和聚合等操作，处理的结果可以输出到屏幕终端、写入文件或者输出（Sink）到其他数据源。DataStream 程序可以独立运行，可以在各种上下文中运行，也可以嵌入到其他程序中。任务执行可以运行在本地 JVM 中，也可以运行在多台机器的集群上。

数据流接口得名于特殊的 DataStream 类，该类用于表示 Flink 程序中的数据集合，可以认为它们是可以包含重复项的不可变数据集合。这些数据可以是有界（有限）的，也可以是无界（无限）的，但用于处理它们的 API 是相同的。DataStream 在用法上类似于常规的 Java 集合，但在某些关键方面却大不相同。它们是不可变的，这意味着它们一旦被创建，就不能添加或删除元素，也不能简单地察看内部元素，而只能使用数据流接口操作来处理它们，数据流接口操作也叫作转换（Transformation）。

下面用一个简单的程序说明数据流接口的使用，打开 llz-Flink 项目，在项目中新建一个名为"llz-flink-data-prac"的 Module，配置如图 5-8 所示。

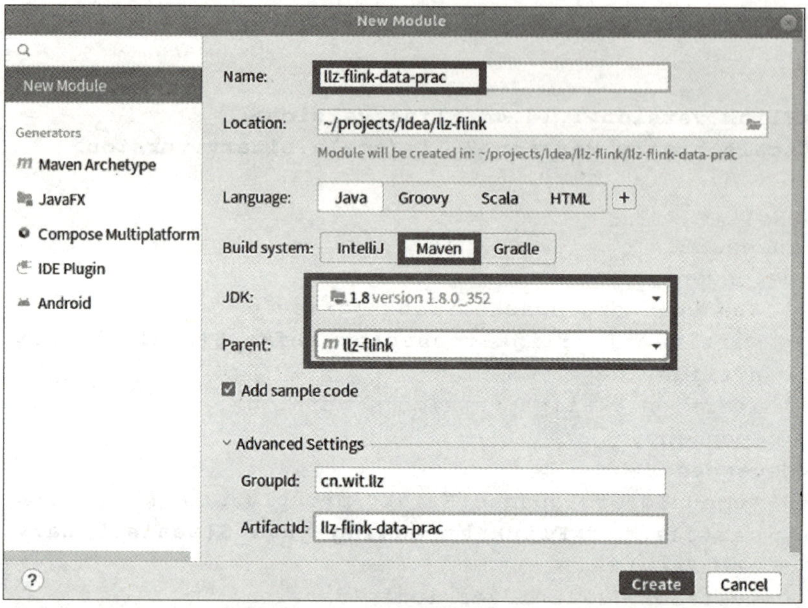

图 5-8　配置 Module

配置该 Module 的 POM.xml 文件如下所示：

```xml
<?xml version="1.0" encoding="UTF-8"?>
<project xmlns="http://maven.apache.org/POM/4.0.0"
         xmlns:xsi="http://www.w3.org/2001/XMLSchema-instance"
         xsi:schemaLocation="http://maven.apache.org/POM/4.0.0
    http://maven.apache.org/xsd/maven-4.0.0.xsd">
    ...
    <dependencies>
        <!-- 工具包依赖 -->
        <dependency>
            <groupId>mysql</groupId>
            <artifactId>mysql-connector-java</artifactId>
            <version>5.1.34</version>
        </dependency>
        <dependency>
            <groupId>org.apache.Flink</groupId>
            <artifactId>Flink-connector-jdbc_2.11</artifactId>
            <version>1.14.4</version>
        </dependency>
        <dependency>
            <groupId>org.apache.Flink</groupId>
            <artifactId>Flink-connector-files</artifactId>
            <version>1.14.4</version>
        </dependency>
```

```xml
        <dependency>
            <groupId>org.apache.Flink</groupId>
            <artifactId>Flink-connector-redis_2.11</artifactId>
            <version>1.1.5</version>
        </dependency>
    ...
    </dependencies>
</project>
```

POM.xml 中加粗的部分是用于 DataStream 程序处理结果输出的连接器（Connector），如何使用将在后续的章节介绍。在 llz-flink-data-prac 模块的 src → main → java → cn.wit.llz 下分别建立 models、source、utils 3 个包（Package），src → main → resources 下建立一个 input 目录。

在 models 包中新建一个名为 Person 的 Java 类，输入以下代码。

```java
...
package cn.wit.llz.models;
public class Person {
    public String name;
    public Integer age;
    public Person() {}
    public Person(String name, Integer age) {
        this.name = name;
        this.age = age;
    }
    public String toString() {
        return this.name.toString() + ": age " + this.age.toString();
    }
}
```

在 cn.wit.llz 下新建一个名为 A1_DataStreamAPI_FromElement 的 Java 类，输入以下代码。

```java
...
public class A1_DataStreamAPI_FromElement {
    public static void main(String[] args) throws Exception {
        //1.创建执行环境
        final StreamExecutionEnvironment env = StreamExecutionEnvironment.getExecutionEnvironment();
        //2.读取数据流
        DataStreamSource<Person> flintstones = env.fromElements(
            new Person("Fred", 35),
            new Person("Wilma", 25),
            new Person("Pebbles", 17));
        //3.执行转换，筛选年龄大于 18 岁的人员
        SingleOutputStreamOperator<Person> out = flintstones.filter((p)->{return p.age > 18;});
        //4.指定计算结果输出到屏幕终端
        out.print();
        //5.触发程序执行
        env.execute("First DataStream Program.");
    }
}
```

该程序演示了一个简单 DataStream 的程序的执行过程，在创建流执行环境对象 env 后，使用 env 对象的 fromElements 方法读取基于内存集合的数据源，该数据源包含 3 个 Person 对象实例，使用 filter 转换算子筛选年龄大于 18 岁的人员，最后将结果输出到屏幕终端。

DataStream 的常规程序由以下几个基本部分组成。

1. 设置执行环境

Flink 应用程序需要做的第一件事就是设置它的执行环境。执行环境决定程序是在本地机器上运行还是在集群上运行。在数据流接口中，应用程序的执行环境由 StreamExecutionEnvironment 进行设置。在示例中，通过调用 StreamExecutionEnvironment.g-etExecutionEnvironment() 来设置执行环境。此方法返回本地或远程环境，具体取决于调用该方法的上下文。如果从连接到远程集群的客户端调用该方法，则返回远程执行环境，否则返回一个本地环境。

2. 读取（Source）和输出（Sink）数据

Flink 作为一款流式计算框架，可用来做批处理，即处理静态的数据集、历史的数据集；也可以用来做流处理，即处理实时数据流，实时的产生数据流结果，只要数据源源不断地过来，Flink 就能够一直计算下去。Flink 作为一个计算引擎，是缺少存储介质的，需要使用连接器（Connector）从外部数据源读取数据，并将处理/计算后的数据存储到外部系统中。图 5-9 展示了连接器的使用过程。

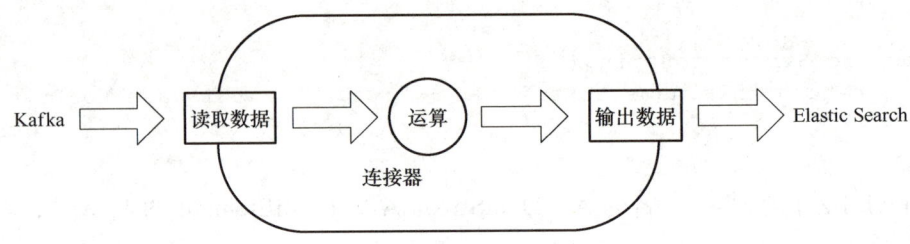

图 5-9　连接器的使用过程

连接器首先以 Kafka 消息中间件作为 Source 读取数据记录，然后将这些记录交给 Flink 的算子进行转换/计算，最后通过 Sink 写入 Elastic Search 中。Flink 提供以下几种类型的连接器。

1）常用的内置连接器。
2）与第三方系统交互的 Boundled 连接器。
3）Apache Bahir 项目中提供的连接器。
4）通过异步 IO 方式的连接器。

下面重点介绍常用的内置连接器及 Boundled 连接器。

（1）常用的内置连接器

一些比较基本的读取数据方式和输出数据方式已经内置在 Flink 里，预定义 data sources 支持从文件、目录、socket，以及 collections 和 iterators 中读取数据。预定义 data sinks 支持把数据写入文件、标准输出（stdout）、标准错误输出（stderr）和 socket 中。内置连接器类型见表 5-1。

Source 及 Sink 方法均为环境对象 env 的实例方法，后续章节将会对内置 Connector 的使用展开详细说明。

表 5-1 内置连接器

连接器类型	Source 方法/函数	Sink 方法/函数
基于内存集合	fromCollection fromElements	Print
基于文件	readTextFile(path) readFile(fileInputFormat, path)	writeAsText(path)　writeAsCsv(path)
基于 socket	socketTextStream	writeToSocket
自定义	SourceFunction RichSourceFunction RichParallelSourceFunction	SinkFunction RichSinkFunction RichParallelFunction

（2）Boundled 连接器

Flink 与第三方系统交互的 Boundled 连接器见表 5-2。

表 5-2 Boundled 连接器

连接器名称	Source	Sink
Apache Kafka	√	√
Apache Cassandra		√
Amazon DynamoDB		√
Amazon Kinesis Data Streams	√	√
Amazon Kinesis Data Firehose		√
Elasticsearch		√
Opensearch		√
FileSystem		√
RabbitMQ	√	√
Google PubSub	√	√
Hybrid Source	√	
Apache Pulsar	√	
JDBC		√

部分 Boundled 连接器仅提供 Source 方法或 Sink 方法，如 Hybrid Source 和 JDBC，部分 Boundled 连接器同时提供 Source 方法和 Sink 方法，如 Kafka，后续的章节将重点介绍 Kafka 连接器的使用。需要注意的是，使用 Boundled 连接器时，需要在系统中安装相应的第三方组件。

3. 转换数据流

数据源读入数据之后，就可以使用各种转换算子，将一个或多个 DataStream 转换为新的 DataStream，Flink 程序的核心，就是数据流的转换和计算操作，它们决定了处理的业务逻辑，算子的转换如图 5-10 所示。

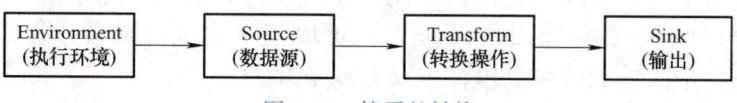

图 5-10 算子的转换

下面介绍几个在 Flink 程序中常用的转换算子。

1）Map 算子用于将数据流中的数据进行转换，形成新的数据流。简单来说，就是一个"1 对 1 映射"，消费一个元素就产出一个元素。图 5-11 显示了将每个正方形转换成圆形的 map 转换。

2）Filter 算子对数据流执行过滤操作，通过布尔条件表达式设置过滤条件，对于每一个流内元素进行判断，若为 true 则元素正常输出，若为 false 则元素被过滤掉。图 5-12 显示了只保留白色方块的筛选操作。

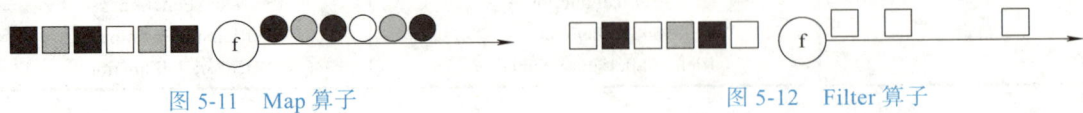

图 5-11　Map 算子　　　　　　　　　　图 5-12　Filter 算子

3）FlatMap 算子主要是将数据流中的整体（一般是集合类型）拆分成一个一个的个体使用。每消费一个元素，可以产生 0 到多个元素。FlatMap 可以认为是"扁平化"（Flatten）和"映射"（map）两步操作的结合，也就是先按照某种规则对数据进行打散拆分，再对拆分后的元素做转换处理。

FlatMap 操作会应用在每一个输入事件上面，FlatMapFunction 接口中定义了 FlatMap 方法，用户可以重写这个方法，在这个方法中对输入数据进行处理，并决定是返回 0 个、1 个或多个结果数据。因此 FlatMap 并没有直接定义返回值类型，而是通过一个"收集器"（Collector）来指定输出。希望输出结果时，只要调用收集器的 .collect() 方法就可以了；这个方法可以多次调用，也可以不调用。所以 FlatMap 方法也可以实现 map 方法和 filter 方法的功能，当返回结果是 0 个的时候，就相当于对数据进行了过滤，当返回结果是 1 个的时候，相当于对数据进行了简单的转换操作。图 5-13 显示了一个基于传入事件的颜色来区分其输出的 FlatMap 操作。如果输入是白色方块，则输出事件未修改，黑色方块被复制，灰色方块被过滤掉。

4）KeyBy 算子用于数据流在聚合前按 key 值进行分区，DataStream 没有直接进行聚合的 API，海量数据的聚合进行并行分区处理后，才能提高效率。KeyBy 将数据流在逻辑上按 key 值划分成不同的分区（Partitions），这里所说的分区，就是并行处理的子任务，也就对应着任务槽（Task Slot）。基于不同的 key 值，流中的数据项将被分配到不同的分区中去，所有具有相同的 key 的数据，都将被发往同一个分区，那么下一步算子操作就将会在同一个 slot 中进行处理了。图 5-14 显示 KeyBy 算子将代表不同 key 值的深色方块和浅色方块分到不同的区。

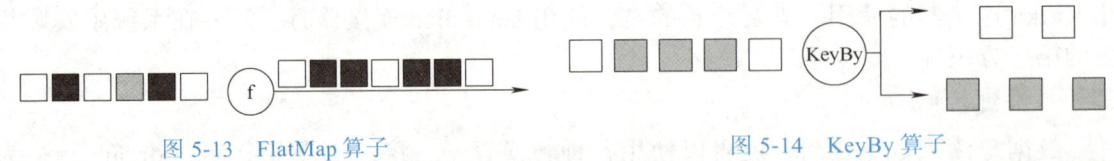

图 5-13　FlatMap 算子　　　　　　　　图 5-14　KeyBy 算子

需要注意的是，KeyBy 得到的结果将不再是 DataStream，而是 KeyedStream，KeyedStream 是"分区流"或者"键控流"，它是对 DataStream 按照 key 的一个逻辑分区，所以泛型有两个类型：除去当前流中的元素类型外，还需要指定 key 的类型。

有了按键分区的数据流 KeyedStream，就可以基于它进行聚合操作了。Flink 内置实现了一些最基本、最简单的聚合 API，主要有以下几种：

① sum()：在输入流上，对指定的字段做叠加求和的操作。

② min()：在输入流上，对指定的字段求最小值。
③ max()：在输入流上，对指定的字段求最大值。
④ minBy()：与 min() 类似，在输入流上针对指定字段求最小值。不同的是，min() 只计算指定字段的最小值，其他字段会保留最初第一个数据的值，而 minBy() 则会返回包含字段最小值的整条数据。
⑤ maxBy()：与 minBy() 类似，在输入流上针对指定字段求最大值。

5）Reduce 算子是一个一般化的聚合统计操作，它可以对已有的数据进行归约处理，把每一个新输入的数据和当前已经归约出来的值，再做一个聚合计算。

6）Window 算子根据某些特征（如最近 5 秒内到达的数据）对每个 key Stream 中的数据进行分组。

后续的章节将会对上述的基本算子的使用展开详细的讨论。

4. 触发程序执行

Flink 程序是惰性执行的。也就是说所有创建流源和转换的方法都不会触发任何数据处理。相反，只是在执行环境构建了一个执行计划，包括了从执行环境中创建数据源，并包括应用于这些数据源的所有转换操作，只有在调用 execute() 方法时，系统才会触发程序的执行。举个形象的例子：建房子首先会先画出房子的蓝图，等到材料和工人以及器械到位之后，然后才开始建房子。在这个过程中"蓝图"就相当于 Flink 构建的应用程序逻辑，开始建房子就相当于执行 execute() 方法，所以如果最终没有执行 execute() 方法，那么 Flink 程序实际上是没有被提交运行的。

数据流接口将你的应用构建为一个工作图（JobGraph），并加到 StreamExecutionEnvironment。当调用 env.execute() 时 graph 就被打包并发送到工作管理器（JobManager）上，后者对作业并行处理并将其子任务分发任务管理器（TaskManger）来执行。每个作业的并行子任务将在任务槽（task-slot）中执行，Flink 程序的执行过程如图 5-15 所示。

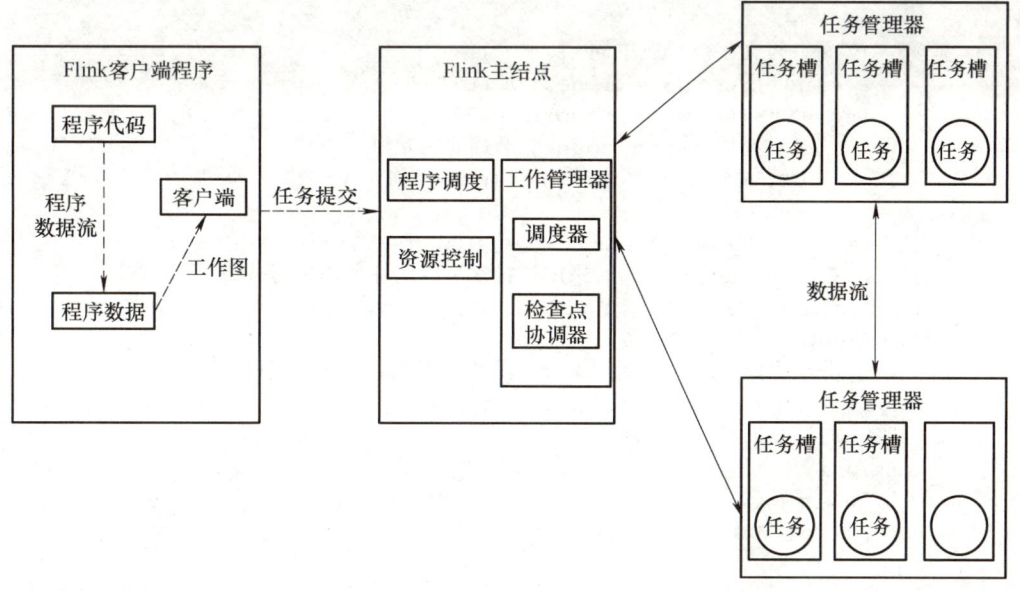

图 5-15　Flink 程序的执行过程

根据执行环境的类型，JobManager 作为本地线程（本地执行环境）启动，或者

JobGraph 被发送到远程 JobManager。如果 JobManager 是远程运行的，则 JobGraph 必须与一个 JAR 文件一起提供，该 JAR 文件包含应用程序的所有类和所需的依赖项。

5.3.2 数据流接口的基本应用

本节对数据流接口的应用进行实例说明。

1. 基于文件的批处理

在 llz-Flink 项目的 llz-flink-data-prac 模块的 resouces → input 目录中建立 words.txt 文件，输入以下内容。

```
hello world
hello Flink
hello java
```

在 cn.wit.llz 中建立一个名为 A1_BatchWordCount 的 Java 类，输入以下代码。

```java
...
@Slf4j
public class A1_BatchWordCount {
    public static void main(String[] args) throws Exception {
        // 1.创建执行环境，获取执行环境对象，也就是运行时上下文环境
        ExecutionEnvironment env = ExecutionEnvironment.getExecutionEnvironment();
        // 2.从文件读取数据，按行读取（存储的元素就是每行的文本）
        DataSource<String> lineDS = env.readTextFile("/home/sa/projects/Idea/llz-Flink/llz-Flink-data-prac/src/main/resources/Input/words.txt");
        // 3.转换数据格式，Flatmap 方法可以对一行文字进行分词转换
        FlatMapOperator<String, Tuple2<String, Long>> wordAndOne =
            lineDS.flatMap((String line, Collector<Tuple2<String, Long>> out) -> {
            //每一行文字拆分成单词
            String[] words = line.split(" ");
            for (String word : words) {
                // 转换成 (word,count) 形式的二元组
                out.collect(Tuple2.of(word, 1L));
            }
        }).returns(Types.TUPLE(Types.STRING, Types.LONG));
        // 4.按照 word 进行分组，采用位置索引或属性名称进行分组
        UnsortedGrouping<Tuple2<String, Long>> wordAndOneUG =
            wordAndOne.groupBy(0);
        // 5.分组内聚合统计，指定聚合字段的位置索引或属性名称
        AggregateOperator<Tuple2<String, Long>> sum = wordAndOneUG.sum(1);
        // 6.打印结果
        sum.print();
        // 7.记录日志
        log.info("BatchWordCount Example.");
    }
}
```

该程序以批处理的方式对 words.txt 文件中的单词进行计数，运行程序，得到的单词计数结果为：

```
(Flink,1)
(world,1)
(hello,3)
(java,1)
```

程序中的 @Slf4j 为 log4j 日志的注解，有关 log4j 日志的使用在此不展开讨论，有兴趣的读者可以自行查阅相关文档。

2. 基于文件的有界流处理

在 cn.wit.llz 中建立一个名为 A1_BoundedStreamWordCount 的 Java 类，输入以下代码。

```
...
public class A1_BoundedStreamWordCount {
    public static void main(String[] args) throws Exception {
        //1.创建流式执行环境,流处理
        StreamExecutionEnvironment env = StreamExecutionEnvironment.
        getExecutionEnvironment();
        //2.读取文件
        DataStreamSource<String> lineDSS = env.readTextFile("/home/sa/
        projects/Idea/llz-Flink/llz-Flink-data-prac/src/main/resources/
        Input/words.txt").setParallelism(1);
        //3.转换数据格式
        SingleOutputStreamOperator<Tuple2<String, Long>> wordAndOne =
            lineDSS.flatMap((String line, Collector<String> word) -> {
                Arrays.stream(line.split(" ")).forEach(word::collect);
            }).returns(Types.STRING)
            .map(word -> Tuple2.of(word, 1L))
            .returns(Types.TUPLE(Types.STRING, Types.LONG));
        //4.分组，匿名函数作为键选择器
        KeyedStream<Tuple2<String, Long>, String> wordAndOneKS =
        wordAndOne.keyBy(t -> t.f0);
        //5.求和
        SingleOutputStreamOperator<Tuple2<String, Long>>result=
        wordAndOneKS.sum(1);
        //6.打印结果
        result.print();
        //7.开始执行任务
        env.execute();
    }
}
```

该程序以有界流处理的方式对 words.txt 文件中的单词进行计数，运行程序，得到的单词计数结果为：

```
5> (hello,1)
5> (hello,2)
3> (java,1)
9> (word,1)
13> (Flink,1)
5> (hello,3)
```

可以发现流处理和批处理的区别在于，流处理对文件中的每一行都进行单词计数，具有相同 key（单词）的值会累加。输出结果前的数字表示 CPU 处理器的内核号（本机为 16 核 Intel i7 处理器），可以发现 key 为 hello 的数据都被 5 号内核处理，这样说明了 KeyBy 算子的分区效果及程序的并行处理过程。

3. 基于 Socket 的无界流处理

在实际的生产环境中，数据流是无界的，会源源不断产生，只有开始没有结束。为模拟这种场景，可以采用监听数据发送端主机的指定端口，统计发送的文本数据中的单词个数。首先在主机名为 llz-wit 的 Ubuntu 系统的命令提示符下输入如下命令安装 netcat 工具。

```
sudo apt-get install netcat
```

安装成功后，输入如下命令。

```
nc -lk 7777
```

该命令表示 netcat 工具在 7777 端口发送文本数据。在 cn.wit.llz 中建立一个名为 A1_BatchWordCount 的 Java 类，输入以下代码。

```java
...
public class A1_StreamWordCount {
    public static void main(String[] args) throws Exception {
        // 1.创建流式执行环境
        StreamExecutionEnvironment env = StreamExecutionEnvironment.getExecutionEnvironment();
        // 2.读取文本流，发送端主机名和端口号
        DataStreamSource<String> lineDSS = env.socketTextStream("llz-wit", 7777);
        // 3.转换数据格式
        SingleOutputStreamOperator<Tuple2<String, Long>> wordAndOne =
            lineDSS.flatMap((String line, Collector<String> words) -> {
                Arrays.stream(line.split(" ")).forEach(words::collect);
            }).returns(Types.STRING)
            .map(word -> Tuple2.of(word, 1L))
            .returns(Types.TUPLE(Types.STRING, Types.LONG));
        // 4.分组
        KeyedStream<Tuple2<String, Long>, String> wordAndOneKS = wordAndOne.keyBy(t -> t.f0);
        // 5.求和
        SingleOutputStreamOperator<Tuple2<String, Long>> result=wordAndOneKS.sum(1);
        // 6.打印结果
        result.print();
        // 7.执行
        env.execute();
    }
}
```

在命令行窗口输入文本数据，查看单词计数的结果，可以发现只要发送端不终止发送数据，程序就会不断地统计发送文本中的单词个数。

4. 基于自定义函数的流处理

下面的示例演示如何继承 RichSourceFunction 函数，自定义从 MySQL 数据库读取数据的 DataSource。首先在 cn.wit.llz 的 models 包中建立名为 Student 的 Java 类，输入以下代码。

```
@Data
@AllArgsConstructor
@NoArgsConstructor
public class Student {
    public long id;
    public String name;
    public String password;
    public int age;
}
```

Student 类中的各个属性与 MySQL 数据库中的 test 数据库中 Student 表中各个字段名称及数据类型保持一致。然后在 cn.wit.llz 的 Source 包中建立名为 SourceFromMySQL 的 Java 类，输入以下代码。

```
...
public class SourceFromMySQL extends RichSourceFunction<Student> {

    PreparedStatement ps;
    private Connection connection;

    //open()方法中建立连接，这样不用每次invoke的时候都要建立连接和释放连接
    @Override
    public void open(Configuration parameters) throws Exception {
        super.open(parameters);
        connection = MySQLUtil.getConnection("com.mysql.jdbc.Driver",
            "jdbc:mysql://localhost:3306/test?useUnicode=true&character
            Encoding=UTF-8",
            "username",
            "password");
        String sql = "select * from Student;";
        ps = this.connection.prepareStatement(sql);
    }
// 程序执行完毕就进行关闭连接和释放资源
    @Override
    public void close() throws Exception {
        super.close();
        if (connection != null) { //关闭连接和释放资源
            connection.close();
        }
        if (ps != null) {
            ps.close();
        }
    }
    // DataStream调用一次run()方法用来获取数据
    @Override
    public void run(SourceContext<Student> ctx) throws Exception {
        ResultSet resultSet = ps.executeQuery();
```

```
            while (resultSet.next()) {
                Student student = new Student(
                    resultSet.getInt("id"),
                    resultSet.getString("name").trim(),
                    resultSet.getString("password").trim(),
                    resultSet.getInt("age"));
                ctx.collect(student);
            }
        }
        @Override
        public void cancel() {
        }
    }
```

SourceFromMySQL 继承自 RichSourceFunction 函数,并 Override 了规定的方法。最后在 cn.wit.llz 中建立 A1_CustomData_From_MySQL 类,输入以下代码。

```
...
public class A1_CustomData_From_MySQL {
    public static void main(String[] args) throws Exception {
        final StreamExecutionEnvironment env = StreamExecutionEnvironment.getExecutionEnvironment();
        DataStreamSource<Student> stdSrc = env.addSource(new SourceFromMySQL());
        //1. 直接打印结果
        // stdSrc.print();
        //2. filter 操作,筛选
        //stdSrc.filter(s->s.age < 20).print();
        //3. Map 操作,每个学生年龄 +1
        //stdSrc.map((Student s) ->{s.age = s.age + 1;return s;}).print();
        //4. Flatmap 操作,每个学生年龄 +1
        stdSrc.flatMap((Student s, Collector<Student> out) ->{
          s.age = s.age + 1;
          out.collect(s);
        }).returns(Student.class).print();
        env.execute("Flink MySQL Data Source");
    }
}
```

在 MySQL 的 test 数据库 Student 表中插入一些测试数据后,运行程序。程序使用 env 流环境实例对象的 addSoure() 方法,通过 SourceFromMySQL 类加载 test 数据库中的 Student 表中的数据,并进行处理输出。示例还演示了 Fliter、Map 和 FlatMap 算子的使用。

5.3.3 Kafka 消息中间件

1. Kafka 概述

消息中间件是基于队列与消息传递技术,在网络环境中为应用系统提供同步或异步、可靠的消息传输的支撑性软件系统。消息中间件利用高效可靠的消息传递机制进行平台无关的数据交流,并基于数据通信来进行分布式系统的集成。通过提供消息传递和消息排队模型,它可以在分布式环境下扩展进程间的通信。Kafka 就是一个消息中间件。

Kafka 最初由 Linkedin 公司开发,是一个分布式,支持分区(Partition)的,多副本（replica）的，基于 Zookeeper 协调的分布式消息系统，它的最大的特性就是可以实时地处理大量数据以满足各种需求场景：如基于 Hadoop 的批处理系统，低延迟的实时系统，Flink/Spark 流式处理引擎，web/nginx 日志，消息服务等。在大数据应用场景中使用 Kafka 消息中间件的优势如下：

1）解耦：允许应用程序独立修改队列两边的处理过程而互不影响。

2）冗余：有些情况下，处理数据的过程会失败而造成数据丢失。消息队列把数据进行持久化直到它们已经被完全处理，通过这一方式规避了数据丢失风险，确保数据被安全的保存直到使用完毕。

3）峰值处理能力：不会因为突发的流量请求导致系统崩溃，消息队列能够使服务顶住突发的访问压力，有助于解决生产消息和消费消息的处理速度不一致的情况。

4）异步通信：消息队列允许用户把消息放入队列但不立即处理它，等待后续进行消费处理。

Kafka 消息中间件的架构如图 5-16 所示。

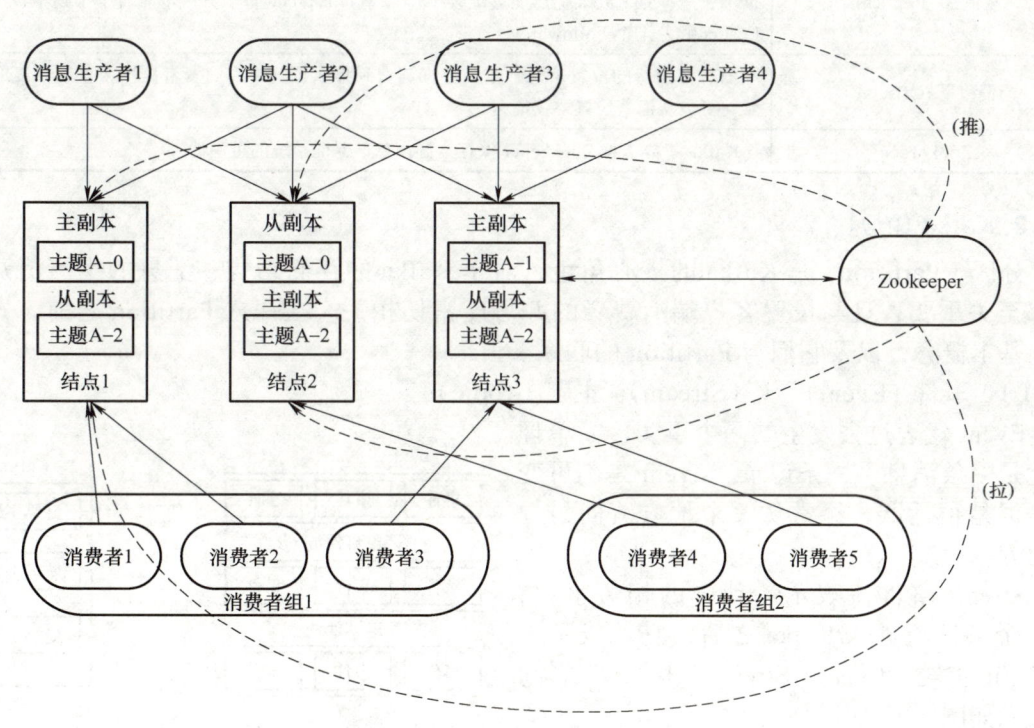

图 5-16　Kafka 消息中间件的架构

构成 Kafka 的各个组件的说明见表 5-3。

表 5-3　Kafka 组件

组件名称	说明
生产者 (Producer)	消息生产者，负责在客户端将消息发送到 Broker
消费者 (Consumer)	消息消费者，负责在客户端读取 Broker 中的消息
结点 (Broker)	是一个独立的 Kafka 服务结点（一台机器一个结点）或 Kafka 服务实例（一台机器多个实例），一个 Kafka 集群由多个 Broker 组成。一个 Broker 可以容纳多个 Topic，集群内的 Broker 有不重复的编号

（续）

组件名称	说明
主题 (Topic)	可以理解为消息的分类，Kafka 的消息保存在 Topic 中，Topic 以队列的形式管理消息。在一个 Broker 中可以创建多个 Topic，每个 Topic 又可以包含多个分区（Partition）
分区 (Partition)	为了实现 Topic 扩展性，提高并发能力，一个非常大的 Topic 可以分布到多个 Broker 上，一个 Topic 可以分为多个 Partition 进行存储，每个 Partition 是一个有序的队列
消费者组 (Consumer Group)	由多个 Consumer 组成，消费者组内每个消费者负责消费 Topic 中不同分区的数据，一个分区中的消息只能由一个组内的一个消费者消费，不重复消费。消费者组提高了 Kafka 的并发度和吞吐量
领导者 (Leader)	每个分区的多个副本中的"主副本"，生产者以及消费者只与 Leader 交互
跟随者 (Follower)	每个分区的多个副本中的"从副本"，负责实时从 Leader 中同步数据，保持和 Leader 数据的同步。当 Leader 发生故障时，从 Follower 副本中重新选举新的 Leader 副本对外提供服务
复制品 (Replica)	实现数据备份的功能，保证集群中的某个结点发生故障时，该结点上的 Partition 数据不丢失，且 Kafka 仍然能够继续工作。一个 Topic 的每个分区都有若干个副本、一个 Leader 和若干个 Follower
偏移量 (Offsets)	消费者消费的位置信息，监控数据消费到什么位置，当消费者挂掉再重新恢复的时候，可以从消费位置继续消费
Zookeeper	Kafka 集群依赖 Zookeeper 保存集群信息，保证系统的可用性

2. Kafka 的分区

分区（Partition）是 Kafka 的核心角色，对于 Kafka 的存储结构、消息的生产消费方式都至关重要，且与设置客户端消费者的并行度密切相关。在深入 Partition 之前，先看几个基本概念，以及它们与 Partition 的联系。

（1）事件（Event）、流（Stream）、主题（Topic）

Event 代表过去发生的一个事实，简单理解就是一条消息、一条记录。Event 是不可变的，但是很活跃，经常从一个地方流向另一个地方。

Stream 事件流表示运动中的相关事件，当一个事件流进入 Kafka 之后，它就成了一个 Topic 主题。Event、Stream、Topic 三者间的关系如图 5-17 所示。

所以，Topic 就是具体的事件流，也可以理解为一个 Topic 就是一个静止的 Stream。Topic 把相关的 Event 组织在一起，并且保存。一个 Topic 就像数据库中的一张表。

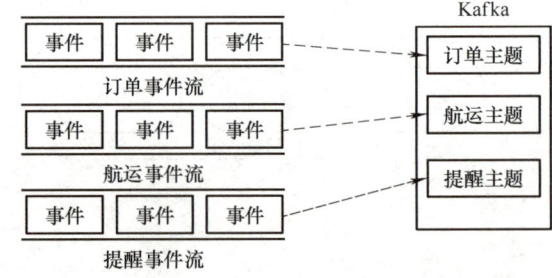

图 5-17 Event、Stream、Topic 三者间的关系

（2）Partition 分区

Kafka 中 Topic 被分成多个 Partition 分区。Topic 是一个逻辑概念，Partition 是最小的存储单元，存储着一个 Topic 的部分数据。每个 Partition 都是一个单独的 log 文件，每条记录都以追加的形式写入。

（3）偏移量（Offset）和消息的顺序

Partition 中的每条记录都会被分配一个唯一的序号，称为 Offset。Offset 是一个递增的、不可变的数字，由 Kafka 自动维护。当一条记录写入 Partition 的时候，它就被追加到 log 文件的末尾，并被分配一个序号，作为 Offset。一个 Topic 如果有多个 Partition，那么从 Topic 这个层面来看，消息是无序的。但单独看 Partition，Partition 内部消息是有序的。所以，一个 Partition 内部消息有序，一个 Topic 跨 Partition 是无序的。如果强制要求 Topic 整体有序，就只能让 Topic 只有一个 Partition。

（4）Partition 为 Kafka 提供了扩展能力

一个 Kafka 集群由多个 Broker（就是 Server）构成，每个 Broker 中含有集群的部分数据。Kafka 把 Topic 的多个 Partition 分布在多个 Broker 中，这样做的理由：

1）如果把 Topic 的所有 Partition 都放在一个 Broker 上，那么这个 Topic 的可扩展性就大大降低了，会受限于这个 Broker 的 I/O 能力。把 Partition 分散开之后，Topic 就可以水平扩展。

2）一个 Topic 可以被多个 Consumer 并行消费。如果 Topic 的所有 Partition 都在一个 Broker，那么支持的 Consumer 数量就有限，而分散之后，可以支持更多的 Consumer。

3）一个 Consumer 可以有多个实例，如果 Partition 分布在多个 Broker，Consumer 的多个实例就可以连接不同的 Broker，大大提升了消息处理能力。可以让一个 Consumer 实例负责一个 Partition，这样消息处理既清晰又高效。

（5）Partition 为 Kafka 提供了数据冗余

Kafka 为一个 Partition 生成多个副本，并且把它们分散在不同的 Broker。如果一个 Broker 故障了，Consumer 可以在其他 Broker 上找到 Partition 的副本，继续获取消息。

（6）写入 Partition

一个 Topic 有多个 Partition，那么，向一个 Topic 中发送消息的时候，具体是写入哪个 Partition 有以下 3 种方式。

1）轮询方式。该方式保证消息会均衡的写入各个 Partition，但这样无法确保消息的有序性。

2）使用 Partition Key 写入特定 Partition。Producer 发送消息的时候，可以指定一个 Partition Key，这样就可以写入特定 Partition。Partition Key 可以使用任意值，如设备 ID、用户 ID 等。Partition Key 会传递给一个 Hash 函数，由计算结果决定写入哪个 Partition。所以，有相同 Partition Key 的消息，会被放到相同的 Partition。例如使用用户 ID 作为 Partition Key，那么此 ID 的消息就都在同一个 Partition，这样可以保证此类消息的有序性。

这种方式需要注意 Partition 热点问题。例如使用用户 ID 作为 Partition Key，如果某一个用户产生的消息特别多，是一个头部活跃用户，那么此用户的消息都进入同一个 Partition 就会产生热点问题，导致某个 Partition 极其繁忙。

3）自定义规则。Kafka 支持自定义规则，Producer 可以使用自己的分区指定规则。

（7）读取 Partition

Kafka 不像普通消息队列具有发布/订阅功能，Kafka 不会向 Consumer 推送消息。Consumer 必须自己从 Topic 的 Partition 拉取消息。一个 Consumer 连接到一个 Broker 的 Partition，从中依次读取消息。

消息的 Offset 就是 Consumer 的游标，根据 Offset 来记录消息的消费情况。读完一条消息之后，Consumer 会推进到 Partition 中的下一个 Offset，继续读取消息。Offset 的推进和记录都是 Consumer 的责任，Kafka 是不管的。

消费组（Consumer Group）中的多个 Consumer 可以组团去消费一个 Topic，同组的 Consumer 有相同的 Group ID。Consumer Group 机制会保障一条消息只被组内唯一的一个

Consumer 消费，不会重复消费。消费组这种方式可以让多个 Partition 并行消费，大大提高了消息的消费能力。Consumer Group 的消费方式如图 5-18 所示。

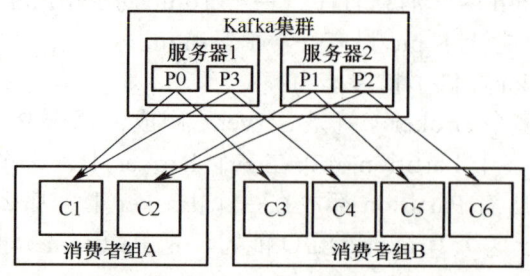

图 5-18　Consumer Group 的消费方式

消费组的最大并行度（成员数量）必须 <=Topic 的 Partition 数量，如果一个 Topic 有 4 个分区，那么消费组的并行度最好设置为 4、2、1，从而保证负载均衡。

3. Kafka 本地安装及基本使用

在 https://archive.apache.org/dist/kafka/2.4.1/kafka_2.11-2.4.1.tgz 处下载 Kafka-2.4.1 安装包到当前用户目录后，执行以下命令。

```
tar -xzf kafka_2.11-2.4.1.tgz  #解压
mv kafka_2.11-2.4.1 kafka-2.4.1 #修改目录名称
cd kafka-2.4.1 #进入 Kafka 目录
bin/zookeeper-server-start.sh config/zookeeper.properties #启动 Zookeeper
#启动第二个命令行窗口
cd kafka-2.4.1 #进入 Kafka 目录
bin/kafka-server-start.sh config/server.properties #启动本地 Kafka 服务
```

Kafka 使用脚本命令的方式进行维护，下面介绍几个常用的命令。

（1）kafka-topics.sh

用于 topics 的使用和维护。

1）在本地 Kafka 服务器创建名为 Student 的 topic，分区数为 4。

```
bin/kafka-topics.sh --create --topic Student --bootstrap-server localhost:9092 --partitions 4
```

2）查看 topics 的详细信息。

```
bin/kafka-topics.sh --describe --topic Student --bootstrap-server localhost:9092
```

```
Topic: Student   PartitionCount: 4       ReplicationFactor: 1    Configs: segment.bytes=1073741824
        Topic: Student   Partition: 0    Leader: 0       Replicas: 0     Isr: 0
        Topic: Student   Partition: 1    Leader: 0       Replicas: 0     Isr: 0
        Topic: Student   Partition: 2    Leader: 0       Replicas: 0     Isr: 0
        Topic: Student   Partition: 3    Leader: 0       Replicas: 0     Isr: 0
```

3）列出本地服务器上的所有 topics。

```
bin/kafka-topics.sh --list --bootstrap-server localhost:9092
```

4）删除 Student topic。

```
bin/kafka-topics.sh --topic Student --bootstrap-server localhost:9092 --delete
```

（2）kafka-console-producer.sh/ bin/kafka-console-consumer.sh
用于在命令行窗口产生和消费数据。

1）在命令行窗口产生 Student 数据。

```
bin/kafka-console-producer.sh --topic Student --broker-list localhost:9092
```

2）在命令行窗口消费 Student 数据，消费组名为 Student-CG。

```
bin/kafka-console-consumer.sh -topic Student--from-beginning --bootstrap-server localhost:9092 --group Student-CG
```

（3）kafka-consumer-groups.sh
用于消费组的维护。

1）列出本地服务器中所有消费组的信息。

```
bin/kafka-consumer-groups.sh --list --bootstrap-server localhost:9092
```

2）查看 Student-CG 消费组的数据消费情况。

```
bin/kafka-consumer-groups.sh --bootstrap-server localhost:9092 --describe --group Student-CG
```

Kafka 的集群安装及使用，请读者自行查阅相关文档，在此不再展开说明。

4. 在 Flink 中使用 Kafka 连接器

本节介绍 Kafka 连接器在 Flink 应用程序中的使用，Kafka 连接器既可以作为数据源（Source）也可以作为存储（Sink），下面的示例将展开详细的说明。

（1）向 Kafka 中写入数据

首先在 cn.wit.llz 的 utils 包中建立 CMS 类，输入以下代码。

```java
public class CMS {
    public static String getRandomString(int length){
        String str="abcdefghijklmnopqrstuvwxyzABCDEFGHIJKLMNOPQRSTUVWXYZ0123456789";
        Random random=new Random();
        StringBuffer sb=new StringBuffer();
        for(int i=0;i<length;i++){
            int number=random.nextInt(62);
            sb.append(str.charAt(number));
        }
        return sb.toString();
    }
}
```

该类用于随机生成学生的姓名。在 cn.wit.llz 的 utils 包中建立 GsonUtil 类，输入以下代码。

```java
public class GsonUtil {
    private final static Gson gson = new Gson();
    private final static Gson disableHtmlEscapingGson = new GsonBuilder().disableHtmlEscaping().create();
    public static <T> T fromJson(String value, Class<T> type) {
        return gson.fromJson(value, type);
    }
```

```java
    public static <T> T fromJson(String value, Type type) {
        return gson.fromJson(value, type);
    }
    public static String toJson(Object value) {
        return gson.toJson(value);
    }

    public static String toJsonDisableHtmlEscaping(Object value) {
        return disableHtmlEscapingGson.toJson(value);
    }

    public static byte[] toJSONBytes(Object value) {
        return gson.toJson(value).getBytes(Charset.forName("UTF-8"));
    }
}
```

该类负责将程序中的 Student 类转换为 JSON 格式的数据发送给 Kafka。在 cn.wit.llz 中建立 A2_Produce_Student_to_Kafka 类,输入以下代码。

```java
...
public class A2_Produce_Student_to_Kafka {
    public static final String broker_list = "localhost:9092";
    public static final String topic = "Student";
    static long id;
    static Random random = new Random();
    public static void writeStudentToKafka() throws InterruptedException {
        Properties props = new Properties();
        props.put("bootstrap.servers", broker_list);
        props.put("key.serializer", "org.apache.kafka.common.serialization.StringSerializer");
        props.put("value.serializer", "org.apache.kafka.common.serialization.StringSerializer");
        try(KafkaProducer<String, String> producer = new KafkaProducer<String, String>(props)) {
            // 根据学生 id 确定 topic 中的分区
            int partitionId = (int)(id % 4);
            // 随机生成学生姓名和密码
            String name = CMS.getRandomString(3);
            String pwd = RandomStringUtils.randomAlphanumeric(5);
            // 随机生成 18～25 区间的整数作为学生年龄
            int age = random.nextInt(8) + 18;
            // 学生实例
            Student student = new Student(++id, name, pwd, age);
            // 写入 Kafka,自定义分区规则
            ProducerRecord<String, String> record = new ProducerRecord<String, String>
                (topic, partitionId, null, GsonUtil.toJson(student));
            producer.send(record);
            System.out.println("发送数据: " + GsonUtil.toJson(student));
            producer.flush();
        }
    }
```

```
public static void main(String[] args) throws InterruptedException {
    Timer timer=new Timer();
    // 每隔 2 秒钟向 Kafka 写入一条学生信息
    timer.scheduleAtFixedRate(new TimerTask() {
        @Override
        public void run() {
            try {
                writeStudentToKafka();
            } catch (InterruptedException e) {
                throw new RuntimeException(e);
            }
        }
    },0,2000);
}
```

运行该程序，程序每 2 秒钟向本地 Kafka 服务器的 Student 主题中写入 JSON 格式的学生数据，如图 5-19 所示。

```
发送数据：{"id":107,"name":"Rzq","password":"myQEZ","age":18}
发送数据：{"id":108,"name":"fRm","password":"oSOmM","age":24}
发送数据：{"id":109,"name":"mOm","password":"9C2D3","age":21}
发送数据：{"id":110,"name":"8LB","password":"t4W81","age":19}
发送数据：{"id":111,"name":"QE2","password":"mpOG3","age":18}
发送数据：{"id":112,"name":"L73","password":"uODPx","age":19}
发送数据：{"id":113,"name":"trX","password":"LaLiN","age":21}
发送数据：{"id":114,"name":"AD2","password":"Po2gx","age":24}
```

图 5-19　向 Kafka 写入学生数据

保持程序运行，源源不断地产生数据到 Student 主题。在 Ubuntu 系统中开启四个命令行窗口，分别切换到 Kafka-2.4.1 目录后，分别输入命令：

```
bin/kafka-console-consumer.sh -topic Student--from-beginning
--bootstrap-server localhost:9092 --group Student-CG
```

由于 Student 主题的分区数为 4，消费组 Student-CG 包含 4 个消费者（4 个命令行窗口），故每个消费者消费一个分区中的数据，且不重复，互不干扰。

再次开启一个命令行窗口，Kafka-2.4.1 目录后，输入命令：

```
bin/kafka-consumer-groups.sh --bootstrap-server localhost:9092
--describe --group Student-CG
```

观察消费组 Student-CG 的消费情况。

（2）Kafka 作为数据源（Source）

本节演示以 Kafka 连接器作为 Source，对学生数据进行转换处理后，分别以 JDBC、FileSystem 及 Redis 连接器作为存储（Sink）的过程，如图 5-20 所示。

1）JDBC。Flink 提供了 JDBC 连接器，用于 Sink 流计算的处理结果到传统的关系型数据库中，下面的示例演示了如何将 Kafka Source 中的学生数据处理后存入 MySQL 数据库。

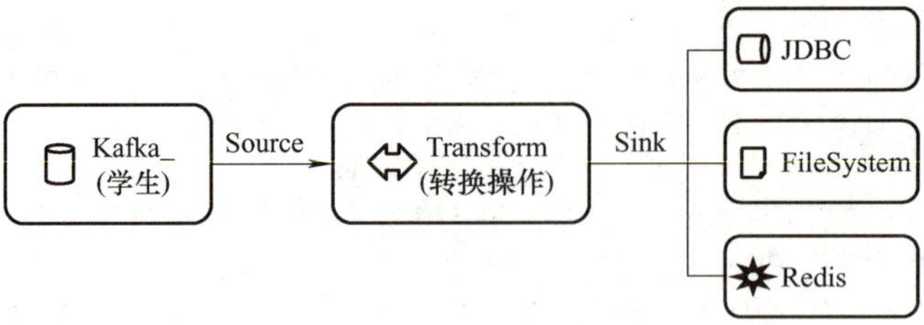

图 5-20　Kafka 连接器

① 首先清空 MySQL 中 test 数据库中的 Student 表中的数据。
② 在 cn.wit.llz 中建立 C2_Sink_Student_From_Kafka_ToMySQL 类，输入以下代码。

```java
...
public class C2_Sink_Student_From_Kafka_ToMySQL {
    public static void main(String[] args) throws Exception{
        // 创建流执行环境
        final StreamExecutionEnvironment env = StreamExecutionEnvironment.getExecutionEnvironment();
        // 创建Kafka数据源，设置消费组名为Student-CG
        KafkaSource<String> source = KafkaSource.<String>builder()
                .setBootstrapServers("localhost:9092")
                .setTopics("Student")
                .setGroupId("Student-CG")
                .setStartingOffsets(OffsetsInitializer.latest())
                .setValueOnlyDeserializer(new SimpleStringSchema())
                .build();
// 消费Kafka数据源，设置并行度为4。和Student的分区数一致
SingleOutputStreamOperator<Student> student = env.fromSource(source, WatermarkStrategy.noWatermarks(), "Kafka Source").setParallelism(4)
.map(strStd->GsonUtil.fromJson(strStd,Student.class));
// 对数据进行处理计算，筛选年龄大于21岁的学生数据存入数据库
SingleOutputStreamOperator<Student> result = student.filter(s->s.age > 21);
//jdbc sink
result.addSink(JdbcSink.sink(
        "insert into Student (id, name, password, age) values (?, ?, ?, ?)",
        (statement, std) -> {
            statement.setLong(1, std.id);
            statement.setString(2, std.name);
            statement.setString(3, std.password);
            statement.setInt(4, std.age);
        },
        JdbcExecutionOptions.builder()
                .withBatchSize(1000)
                .withBatchIntervalMs(200)
                .withMaxRetries(5)
                .build(),
        new JdbcConnectionOptions.JdbcConnectionOptionsBuilder()
                .withUrl("jdbc:mysql://localhost:3306/test?useUnicode=true&characterEncoding=UTF-8")
```

```
                    .withDriverName("com.mysql.jdbc.Driver")
                    .withUsername("username")
                    .withPassword("password")
                    .build()
        ));
        env.execute("Flink data sink");
        System.out.println("sink to mysql table student successfully!");
    }
}
```

程序读取 Kafka 中的 Student 主题中的数据，消费组为 Student-CG，并行度为 4。学生数据经过 Filter 算子转换后，使用 JDBC 连接器将学生年龄大于 21 岁的数据存入 Student 表。

③ 分别运行 A2_Produce_Student_to_Kafka 及 C2_Sink_Student_From_Kafka_ToMySQL 程序，观察 Student 表中数据变化的情况。注意若设置消费组读取 Student 主题的 Offset 为 .setStartingOffsets(OffsetsInitializer.earliest())，则可能会导致数据表中插入重复的数据，若 Student 表设置 id 为主键，则会导致 Sink 失败。

2）FileSystem。Flink 提供了 FileSystem 连接器，用于 Sink 流计算的处理结果到文件系统中。下面的示例演示了如何将 Kafka Source 中的学生数据处理后存入到本地文件系统。

在 cn.wit.llz 中建立 C3_Sink_Student_From_Kafka_ToFile 类，输入以下代码。

```
...
public class C3_Sink_Student_From_Kafka_ToFile {
    public static void main(String[] args) throws Exception {
        // 创建流执行环境
        final StreamExecutionEnvironment env = StreamExecutionEnvironment.getExecutionEnvironment();
        // 创建 Kafka 数据源，设置消费组名为 Student-CG
        KafkaSource<String> source = KafkaSource.<String>builder()
                .setBootstrapServers("localhost:9092")
                .setTopics("Student")
                .setGroupId("Student-CG")
                .setStartingOffsets(OffsetsInitializer.latest())
                .setValueOnlyDeserializer(new SimpleStringSchema())
                .build();
        // 消费 Kafka 数据源，设置并行度为 4，和 Student 的分区数一致
        SingleOutputStreamOperator<Student> student = env.fromSource(source,
        WatermarkStrategy.noWatermarks(),"Kafka Source").setParallelism(4).
        map(strStd-> GsonUtil.fromJson(strStd,Student.class));
        // 对数据进行处理计算，筛选年龄大于 21 岁的学生数据写入文件
        SingleOutputStreamOperator<String> result = student.
        flatMap((Student std, Collector<String> out)->{
            if(std.age > 21) {
                String outStr = "name=" + std.name  + ",age=" + std.age;
                out.collect(outStr);
            }
        }).returns(Types.STRING);

        //Sink 到文件中
        final FileSink<String> sinkStd = FileSink
```

```
                .forRowFormat(new Path("/home/sa/stdfile"), new
            SimpleStringEncoder<String>("
            UTF-8"))
                .withBucketAssigner(new DateTimeBucketAssigner<>())
                .withRollingPolicy(
                    DefaultRollingPolicy.builder()
                    // 每隔多久（指定）时间生成一个新文件
                    .withRolloverInterval(TimeUnit.SECONDS.toMillis(2))
                    // 数据不活动时间每隔多久（指定）未来活动数据，
                    // 则将上一段时间（无数据时间段）也生成一个文件
                    .withInactivityInterval(TimeUnit.SECONDS.toMillis(1))
                      // 每个文件大小
                      .withMaxPartSize(1024 * 1024 * 1024).build())
                    // 设置 Sink 的前缀和后缀，文件的头和文件扩展名
                      .withOutputFileConfig(OutputFileConfig
                      .builder()
                      .withPartPrefix("llz")
                      .withPartSuffix(".csv")
                      .build())
                .build();
            //Sink 学生记录到文件（本地或者 HDFS）
            //.setParallelism(并行度) 当并行度为 4 时，写出 4 个文件，
            // 不设置时，默认的文件个数为 CPU 的内核数量
            result.sinkTo(sinkStd);
            env.execute("Sink to Files");
        }
    }
```

分别运行 A2_Produce_Student_to_Kafka 及 C3_Sink_Student_From_Kafka_ToFile 程序，观察 /home/sa/stdfile 目录中文件的变化，注意使用 ls –la 命令。

3）Redis。Redis 是一个开源的使用 ANSI C 语言编写、支持网络、可基于内存亦可持久化的日志型、Key-Value 数据库，并提供多种语言的 API 支持。Flink 提供了 Redis 连接器，用于 Sink 流计算的处理结果。下面的示例演示了如何将 Kafka Source 中的学生数据处理后存入到本地 Redis 数据库中名为"Flink:Sink:Test"的 Hasher 类型。Redis 的安装和基本使用，请读者参考 https://redis.io/。

① 进入 Ubuntu 系统，当前用户目录下输入命令，启动本地 Redis 服务器。

```
redis-server /etc/redis
```

② 在 cn.wit.llz 中建立 C4_Sink_Student_From_Kafka_ToRedis 类，输入以下代码。

```
public class C4_Sink_Student_From_Kafka_ToRedis {
    public static void main(String[] args) throws Exception {
        // 创建流执行环境
        final StreamExecutionEnvironment env = StreamExecutionEnvironment.
        getExecutionEnvironment();
        // 创建 Kafka 数据源，设置消费组名为 Student-CG
        KafkaSource<String> source = KafkaSource.<String>builder()
            .setBootstrapServers("localhost:9092")
            .setTopics("Student")
            .setGroupId("Student-CG")
            .setStartingOffsets(OffsetsInitializer.latest())
```

```
        .setValueOnlyDeserializer(new SimpleStringSchema())
        .build();
// 消费 Kafka 数据源，设置并行度为 4。和 Student 的分区数一致
SingleOutputStreamOperator<Student> student = env.fromSource(source,
    WatermarkStrategy.noWatermarks(), "Kafka Source").setParallelism(4).
    map(strStd-> GsonUtil.fromJson(strStd,Student.class));

// 对数据进行处理计算
SingleOutputStreamOperator<Tuple2<String, String>> result =
        student.flatMap((Student std, Collector<Tuple2<String,Str
        ing>> out)->{
        out.collect(new Tuple2<>(String.valueOf(std.id),std.name));
}).returns(Types.TUPLE(Types.STRING,Types.STRING));
FlinkJedisPoolConfig conf =  new FlinkJedisPoolConfig.Builder().
    setHost("127.0.0.1").build();
result.addSink(new RedisSink<>(conf, new RedisSinkMapper()));
env.execute("Flink data sink");
System.out.println("sink to Redis successfully!");
}

public static class RedisSinkMapper implements RedisMapper<Tuple2<String,
String>> {
    @Override
    public RedisCommandDescription getCommandDescription() {
        return new RedisCommandDescription(RedisCommand.HSET,
            "Flink:Sink:Test");
    }

    @Override
    public String getKeyFromData(Tuple2<String, String> data) {
        return data.f0;
    }

    @Override
    public String getValueFromData(Tuple2<String, String> data) {
        return data.f1;
    }
}
}
```

③ 分别运行 A2_Produce_Student_to_Kafka 及 C4_Sink_Student_From_Kafka_ToRedis 程序。进入 Redis 客户端，使用以下命令查看 Flink:Sink:Test 的哈希值。

```
redis-cli -h 127.0.0.1 -p 6379                  # 进入 Redis 客户端
127.0.0.1:6379>hgetall Flink:Sink:Test          # 查看 Flink:Sink:Test 值
```

重复输入 hgetall Flink:Sink:Test 命令，观察哈希值的变化。

（3）Kafka 作为存储（Sink）

Kafka 也可以作为 Sink 端，存储其他数据源的处理结果，下面的代码简单演示了将随机数据存储到 Kafka 的 userBehavior 主题的过程。

在 cn.wit.llz 中建立 C5_Sink_Random_ToKafka 类，输入以下代码。

```
public class C5_Sink_Random_ToKafka {
```

```java
        public static final Random random = new Random();
        public static void main(String[] args) throws Exception {
            final StreamExecutionEnvironment env = StreamExecutionEnvironment.getExecutionEnvironment();
            env.setParallelism(1);
            // 定义数据源
            DataStreamSource<String> source = env.addSource(new SourceFunction<String>() {
                @Override
                public void run(SourceContext<String> context) throws Exception {
                    while (true) {
                        TimeZone tz = TimeZone.getTimeZone("Asia/Shanghai");
                        Instant instant = Instant.ofEpochMilli(System.currentTimeMillis() + tz.getOffset(System.currentTimeMillis()));
                        String outline = String.format({\"user_id\": \"%s\", \"item_id\":\"%s\", \"category_id\": \"%s\", \"behavior\": \"%s\", \"ts\": \"%s\"}",
                                random.nextInt(10),
                                random.nextInt(100),
                                random.nextInt(1000),
                                "pv",
                                instant.toString());
                        context.collect(outline);
                        Thread.sleep(2000);
                    }
                }
                @Override
                public void cancel() {
                }
            });
            //Sink 到 Kafka 的 userBehavior 主题
            KafkaSink<String> sink = KafkaSink.<String>builder()
                    .setBootstrapServers("localhost:9092")
                    .setRecordSerializer(KafkaRecordSerializationSchema.builder()
                            .setTopic("userBehavior")
                            .setValueSerializationSchema(new SimpleStringSchema())
                            .build()
                    )
                    .build();
            source.sinkTo(sink);
            env.execute("Flink kafka connector test");
        }
}
```

运行程序，在 Ubuntu 系统的当前目录下输入以下命令。

```
cd kafka-2.4.1 #进入 Kafka 目录
bin/kafka-console-consumer.sh --topic userBehavior --from-beginning --bootstrap-server localhost:9092
```

观察 userBehavior 主题中的数据变化情况。

5.4 水位线和窗口

5.4.1 水位线（WaterMark）

1. 数据流的时间属性

对于流式数据处理，最大的特点就是数据具有时间属性，Flink 在进行窗口计算时，会使用事件时间（Event time）和处理时间（Processing time）这两类时间。两类时间在 Flink 框架中的发生点如图 5-21 所示。

1）事件时间（Event time）。事件时间是数据流中事件实际发生的真实时间，通常用时间戳来描述，是数据自带的时间。它反映的是事件本身发生的时间，具有确定性，不依赖系统的时间，能还原事件之间发生的实际的顺序。

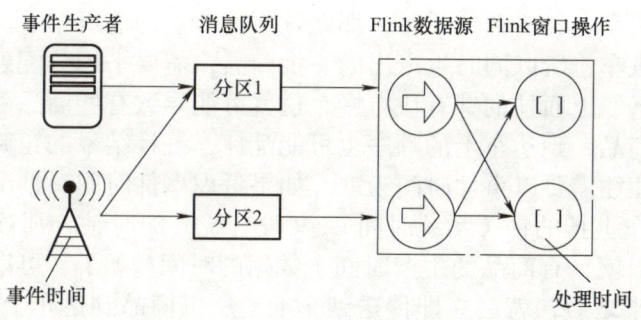

图 5-21 两类时间

2）处理时间（Processing time）。处理时间是指定事件被算子处理的时间，是操作算子计算过程中获取到的所在主机的系统时钟，是机器赋予的时间。处理时间是最简单的时间概念，不需要流和机器之间的协调，它提供最佳性能和最低延迟。但在分布式和异步环境中，处理时间有不确定性，存在延迟或乱序问题，故只能适用于时间计算精度不是特别高的计算场景。

假设你正在用微信支付一个美团外卖的订单，此时的时间是 11 点 59 分，这个时间就是 Event time。这时你正好走进了停车场，手机信号不好，导致订单无法支付，当你走出停车场时，时间已经是 12 点 01 分，此时网络恢复正常，订单顺利支付，12 点 01 分就是 Processing time。那么问题来了，在统计时，这笔订单到底算 11～12 点产生的订单，还是算 12～13 点的订单呢？合理的计算是统计到 11～12 点这个时间段，因为 11 点 59 分是订单产生的真实时间，所以 Flink 流式计算框架默认以 Event time 作为事件的时间属性。

一个数据产生的时刻，就是流处理中事件触发的时间点，就是"事件时间"，一般都会以时间戳的形式作为一个字段记录在数据里。这个时间就像商品的"生产日期"一样，一旦产生就是固定的，印在包装袋上，不会因为运输辗转而变化。如果我们想要统计一段时间内的数据，则需要划分时间窗口，这时只要判断一下时间戳就可以知道数据属于哪个窗口了。

明确了一个数据的所属窗口，还不能直接进行计算。因为窗口处理的是有界数据，需要等窗口的数据都到齐了，才能计算出最终的统计结果。那什么时候数据就都到齐了呢？对于时间窗口来说这很明显：到了窗口的结束时间，自然就应该收集到了所有数据，就可以触发计算输出结果了。比如要统计 8 ～ 9 点的用户点击量，就从 8 点开始收集数据，到 9 点截止，将收集的数据做处理计算。这有点类似于班车，每小时发一班，那 8 点之后来的人都会上同一班车，到 9 点钟准时发车。9 点之后来的人，就只好等下一班 10 点发的车了。

将"赶班车"这个例子中的人，换成带着生产日期的商品。现在班车的主要任务是运送货物，一辆车就只装载 1 小时内生产出的所有商品，货到齐了就发车。比如某辆车要装的是 8 ～ 9 点的所有商品，那货什么时候到齐呢？自然可以想到，到 9 点钟的时候商品就到齐了，可以发车了。这里的关键问题是，"9 点钟发车"，到底是看谁的表来定时间？

在处理时间语义下，以当前任务所在结点的系统时间为准。这就相当于每辆车里都挂了一个钟，司机看到了 9 点就直接发车。这种方式简单粗暴容易实现，但因为车上的钟是独立运行的，以它为标准就不能准确地判断商品的生产时间。在分布式环境下，这样会因为网络传输延迟的不确定而导致误差。比如有些商品在 8 点 59 分 59 秒生产出来，可是从下生产线到运至车上又要花费几秒，那就赶不上 9 点钟这班车了。而且分布式系统中有很多辆 9 点发的班车，所以同时生产出的一批商品，需要平均分配到不同班车上，可这些班车距离有近有远、上面挂的钟有快有慢，这就可能导致有些商品上车了、有些却被漏掉。先后生产出的商品，到达车上的顺序也可能乱掉，统计结果的正确性受到了影响。

所以在实际中往往需要以事件时间为准。如果考虑事件时间，情况就复杂起来了。现在不能直接用每辆车上挂的钟（系统时间），又没有统一的时钟，那该怎么确定发车时间呢？现在能利用的，就只有商品的生产时间（数据的时间戳）了。可以这样思考，一般情况下，商品生产出来之后，就会立即传送到车上，所以商品到达车上的时间（系统时间）应该稍稍滞后于商品的生产时间（数据时间戳）。如果不考虑传输过程的一点点延迟，我们就可以直接用商品生产时间来表示当前车上的时间。到达车上的商品，生产时间是 8 点 05 分，那么当前车上的时间就是 8 点 05 分。又来了一个 8 点 10 分生产的商品，现在车上的时间就是 8 点 10 分。我们直接用数据的时间戳来指示当前的时间进展，窗口的关闭自然也是以数据的时间戳等于窗口结束时间为准，这就相当于可以不受网络传输延迟的影响了。像之前所说 8 点 59 分 59 秒生产出来的商品，到车上的时候不管实际时间（系统时间）是几点，我们就认为当前是 8 点 59 分 59 秒，所以它总是能赶上车的。而 9 点这班车，要等到 9 点整生产的商品到来，才认为时间到了 9 点，这时才正式发车，这样就可以得到正确的统计结果了。基于事件时间的处理过程如图 5-22 所示。

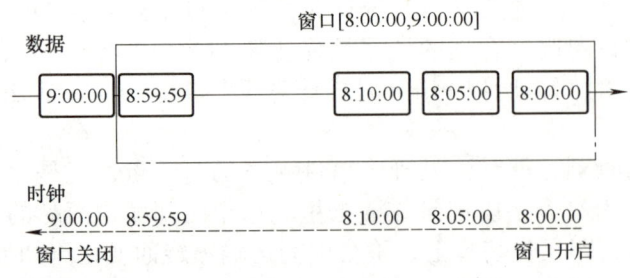

图 5-22　基于事件时间的处理过程

在这个处理过程中，其实是基于数据的时间戳，自定义了一个"逻辑时钟"。这个时钟的时间不会自动流逝，它的时间进展，就是靠着新到数据的时间戳来推动的。这样的好处在于，计算的过程可以完全不依赖处理时间（系统时间），不论什么时候进行统计处理，得到的结果都是正确的。比如双十一的时候系统处理压力大，我们可能会把大量数据缓存在 Kafka 中，过了高峰时段之后再读取出来，在几秒之内就可以处理完几个小时甚至几天的数据，而且依然可以按照数据产生的时间段进行统计，所有窗口都能收集到正确的数据。而一般实时流处理的场景中，事件时间可以基本与处理时间保持同步，只是略微有一点延迟，同时保证了窗口计算的正确性。

2. WaterMark 机制

在事件时间语义下，不依赖系统时间，而是基于数据自带的时间戳去定义一个时钟，用来表示当前时间的进展。于是每个并行子任务都会有一个自己的逻辑时钟，它的前进是靠数据的时间戳来驱动的。

在分布式系统中，这种驱动方式又会有一些问题。因为数据本身在处理转换的过程中会变化，如果遇到窗口聚合这样的操作，其实是要攒一批数据才会输出一个结果，那么下游的数据就会变少，时间进度的控制就不够精细了。另外，数据向下游任务传递时，一般只能传输给一个子任务（除广播外），这样其他的并行子任务的时钟就无法推进了。例如一个时间戳为 9 点整的数据到来，当前任务的时钟就已经是 9 点了；处理完当前数据要发送到下游，如果下游任务是一个窗口计算，并行度为 3，那么接收到这个数据的子任务，时钟也会进展到 9 点，9 点结束的窗口就可以关闭进行计算了；而另外两个并行子任务则时间没有变化，不能进行窗口计算。

所以应该把时钟也以数据的形式传递出去，告诉下游任务当前时间的进展；而且这个时钟的传递不会因为窗口聚合之类的运算而停滞。一种简单的想法是，在数据流中加入一个时钟标记，记录当前的事件时间；这个标记可以直接广播到下游，当下游任务收到这个标记，就可以更新自己的时钟了。由于类似于水流中用来做标志的记号，在 Flink 中，这种用来衡量事件时间（Event time）进展的标记，就被称作"水位线"（WaterMark）。

具体实现上，水位线可以看作一条特殊的数据记录，它是插入到数据流中的一个标记点，主要内容就是一个时间戳，用来指示当前的事件时间。这个标记点表示比它更早的事件已经到达（没有比水位线更低的数据），从而可以使用水位线触发窗口的计算。

在有些情况下，基于事件时间的数据流是有序的，在有序流中，水位线就是一个简单的周期性标志，在有序流中周期性产生的水位线如图 5-23 所示。

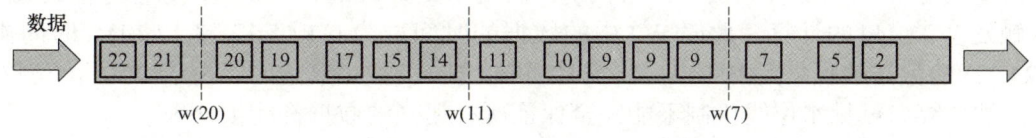

图 5-23 有序流中的水位线

大多数情况下，基于事件时间的数据流是无序的，在无序流中周期性产生的水位线如图 5-24 所示。

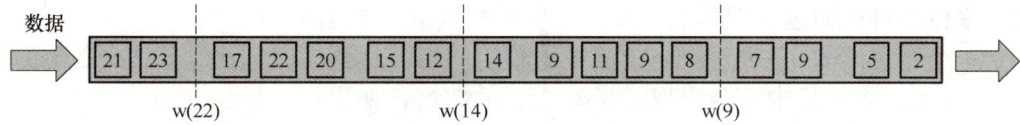

图 5-24 无序流中周期性产生的水位线

在无序流中插入的水位线，就是在它之前的数据中最大的时间戳。一个窗口所收集的数据，并不是之前所有已经到达的数据。因为数据属于哪个窗口，是由数据本身的时间戳决定的，一个窗口只会收集真正属于它的那些数据。如图 5-24 所示，尽管水位线 w(22)

之前有时间戳为 22 的数据到来，10～20 秒的窗口中也不会收集这个数据，进行计算依然可以得到正确的结果。

为正确处理"迟到"的数据，让窗口能正确收集到迟到的数据，可以等上几秒，即用当前已有数据的最大时间戳减去几秒，就是要插入的水位线的时间戳。图 5-25 表示延迟 2 秒产生水位线的情况。

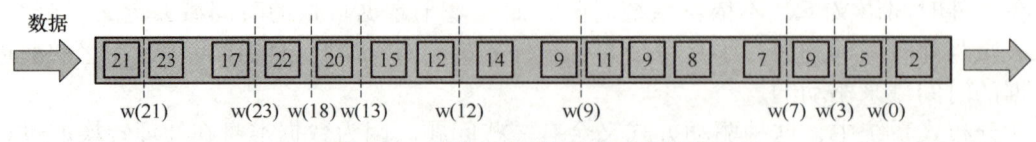

图 5-25　无序流中延迟 2 秒的水位线

下面举例来说明水位线的作用，图 5-26 展示的是一个延迟 4 秒的无序数据流中的水位线的情况。假设数据的统计窗口为每 10 秒统计一次，则该数据流的统计窗口为：W1(0～10)、W2(11～20)、W3(21～30)。

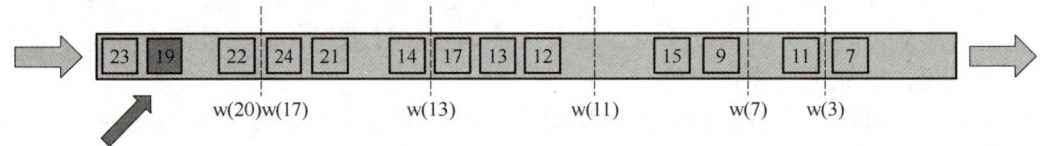

图 5-26　无序流中延迟 4 秒的水位线

当时间戳为 7 的数据达到时，被收集到 W1 窗口。
水位线 w(3) 到达，由于 3<10，小于 W1 的窗口结束时间，故不触发窗口的计算。
时间戳为 11 的数据到达，被收集到 W2 窗口。
水位线 w(7) 到达，由于 7<10，小于 W1 的窗口结束时间，故不触发窗口的计算。
时间戳为 9 的数据到达，被收集到 W1 窗口。
时间戳为 15 的数据到达，被收集到 W2 窗口。
水位线 w(11) 到达，由于 11>10，大于 W1 的窗口结束时间，故触发窗口 W1 计算。
以此类推，水位线 w(13)、w(17) 均不触发 W2 窗口的计算，当水位线 w(20) 到达时，触发 W2 窗口的计算，此时 W2 中的数据的时间戳为 (11,15,12,13,17,14)。时间戳为 (21,24,22) 的数据被收集到 W3 窗口。当时间戳为 19 的数据到达时，由于 W2 已经触发计算，故被舍弃。可见水位线机制不能完全保证所有迟到的数据都能被处理。

水位线的要点如下：

1）水位线是插入到数据流中的一个时间戳标记，可以认为是一个特殊的数据，用来表示当前事件时间的进展。

2）水位线的时间戳必须单调递增，以确保任务的事件时间时钟一直向前推进。

3）水位线可以通过设置延迟，来保证正确处理无序数据。

4）一个水位线 t，是表示在当前流中事件时间已经达到了时间戳，代表 t 之前的所有数据都到齐了，之后流中不会出现时间戳 $t' \leq t$ 的数据，如果有，只能舍弃。

3. WaterMark 的生成策略

完美的水位线是"绝对正确"的，也就是一个水位线一旦出现，就表示这个时间之前的数据已经全部到齐、之后再也不会出现了。而完美的东西总是可望不可即，只能尽量去保证水位线的正确。如果对结果正确性要求很高、想要让窗口收集到所有数据，应该怎么做呢？

一个字，等。由于网络传输的延迟不确定，为了获取所有迟到数据，只能等待更长的时间。作为筹划全局的程序员，当然不会傻傻地一直等下去。那到底等多久呢？这就需要对相关领域有一定的了解了。比如，如果知道当前业务中事件的迟到时间不会超过 5 秒，那就可以将水位线的时间戳设为当前已有数据的最大时间戳减去 5 秒，相当于设置了 5 秒的延迟等待。

更多的情况下，或许没那么大把握。毕竟未来是没有人能说得准的，怎么能确信未来不会出现一个超级迟到数据呢？所以另一种做法是，可以单独创建一个 Flink 作业来监控事件流，建立概率分布或者机器学习模型，学习事件的迟到规律。得到分布规律之后，就可以选择置信区间来确定延迟，作为水位线的生成策略了。例如，如果得到数据的迟到时间服从 $\mu=1$、$\sigma=1$ 的正态分布，那么设置水位线延迟为 3 秒，就可以保证至少 97.7% 的数据可以正确处理。如果希望计算结果能更加准确，那可以将水位线的延迟设置得更高一些，等待的时间越长，自然也就越不容易漏掉数据。不过这样做的代价是处理的实时性降低了，可能为极少数的迟到数据增加了很多不必要的延迟。

如果希望处理得更快、实时性更强，那么可以将水位线延迟设得低一些。这种情况下，可能很多迟到数据会在水位线之后才到达，就会导致窗口遗漏数据，计算结果不准确。对于这些"漏网之鱼"，Flink 另外提供了窗口处理迟到数据的方法。当然，如果对准确性完全不考虑、一味地追求处理速度，可以直接使用处理时间语义，这在理论上可以得到最低的延迟。

Flink 中的水位线，其实是流处理中对低延迟和结果正确性的一个权衡机制，而且把控制的权力交给了程序员，可以在代码中定义水位线的生成策略。Flink 内置了两个水位线策略，分别是。

1）有序流（forMonotonousTimestamps）。有序流永远不会出现迟到数据的问题。这是周期性生成水位线的最简单的场景。用 WatermarkStrategy.forMonotonousTimestamps() 方法就可以实现。简单来说，就是直接拿当前最大的时间戳作为水位线就可以了。

2）无序流（forBoundedOutOfOrderness）。由于无序流中需要等待迟到数据到齐，所以必须设置一个固定量的延迟时间（Fixed Amount of Lateness）。这时生成水位线的时间戳，就是当前数据流中最大的时间戳减去延迟的结果，相当于把表调慢，当前时钟会滞后于数据的最大时间戳。调用 WatermarkStrategy. forBoundedOutOfOrderness() 方法就可以实现。这个方法需要传入一个 maxOutOfOrderness 参数，表示"最大乱序程度"，它表示数据流中乱序数据时间戳的最大差值。如果我们能确定乱序程度，那么设置对应时间长度的延迟，就可以等到所有的无序数据了。

无论是有序流还是无序流，需要流中的数据具有 TimeStamp 属性作为事件时间，并且在设置水位线策略时，指定事件时间的获取方法，相关实例请参考后续章节。

5.4.2 窗口（Window）

1. 窗口的基本概念

时间和水位线主要用于基于时间的计算，其中最常见的场景就是窗口聚合计算。Flink 是一种流式计算引擎，主要是来处理无界数据流的，数据源源不断、无穷无尽。想要更加方便高效地处理无界流，一种方式就是将无限数据切割成有限的"数据块"进行处理，这就是所谓的"窗口"（Window），如图 5-27 所示。

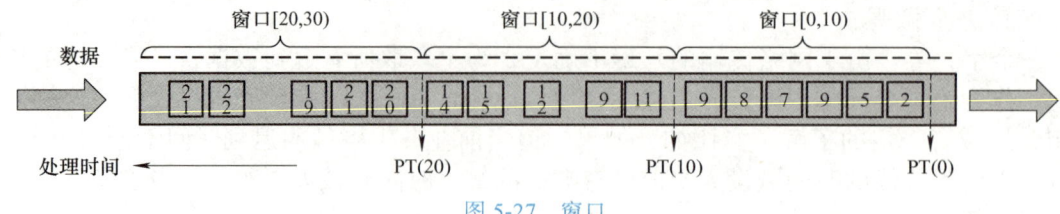

图 5-27　窗口

基于时间的窗口定义为 [开始时间 , 结束时间) 的半开区间，可以把窗口理解成一个"桶"，如图 5-28 所示。在 Flink 中，窗口把流切割成有限大小的多个"存储桶"（Bucket）。每个数据都会分发到对应的桶中，当到达窗口结束时间时，就对每个桶中收集的数据进行计算处理。

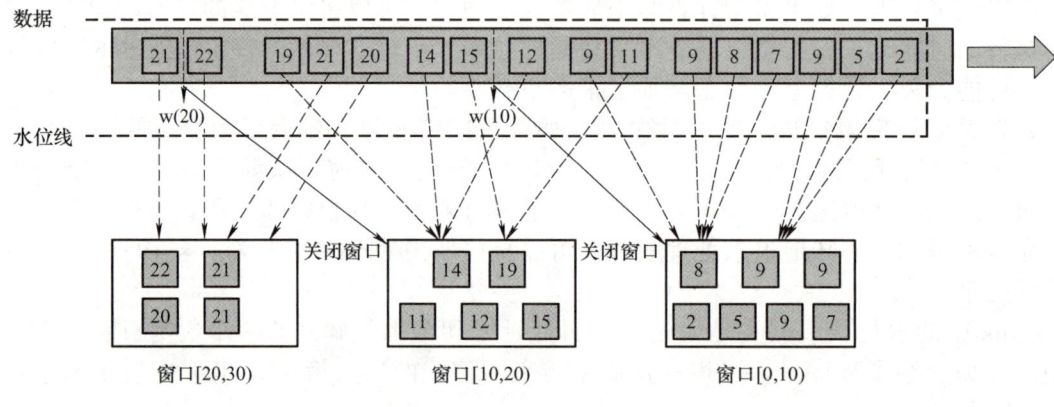

图 5-28　窗口的"存储桶"

结合前面的事件时间和水位线的概念，读者应该可以理解图 5-28 中的数据如何分配到对应的窗口及水位线如何触发对应的窗口计算。

2. 窗口的分类

（1）按照驱动类型分类

1）时间窗口（Time Window）。时间窗口以时间点来定义窗口的开始（Start）和结束（End），所以截取出的就是某一时间段的数据。到达结束时间时，窗口不再收集数据，触发计算输出结果，并将窗口关闭销毁。所以可以说基本思路就是"定点发车"。

2）计数窗口（Count Window）。计数窗口基于元素的个数来截取数据，到达固定的个数时就触发计算并关闭窗口。这相当于座位有限、"人满就发车"，是否发车与时间无关。每个窗口截取数据的个数，就是窗口的大小。

按照驱动类型分类的窗口如图 5-29 所示。

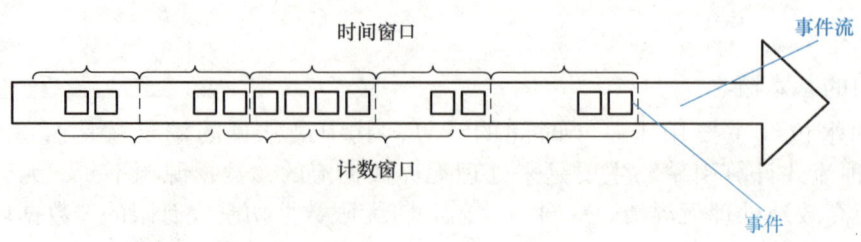

图 5-29　窗口类型

(2)按照窗口分配数据的规则分类

1)滚动窗口(Tumbling Windows)。滚动窗口有固定的大小,是一种对数据进行"均匀切片"的划分方式。窗口之间没有重叠,也不会有间隔,是"首尾相接"的状态。如果把多个窗口的创建,看作一个窗口的运动,那就好像它在不停地向前"翻滚"一样。这是最简单的窗口形式,之前所举的例子都是滚动窗口。也正是因为滚动窗口是"无缝衔接",所以每个数据都会被分配到一个窗口,而且只会属于一个窗口。

滚动窗口可以基于时间定义,也可以基于数据个数定义;需要的参数只有一个,就是窗口的大小(Window Size)。比如可以定义一个长度为1小时的滚动时间窗口,那么每个小时就会进行一次统计;或者定义一个长度为10的滚动计数窗口,就会每10个数进行一次统计。滚动窗口如图5-30所示。

图中的小圆点表示流中的数据,对数据按照userID做了分区。当固定了窗口大小之后,所有分区的窗口划分都是一致的。窗口没有重叠,每个数据只属于一个窗口。

滚动窗口应用非常广泛,它可以对每个时间段做聚合统计,很多BI分析指标都可以用它来实现。

2)滑动窗口(Sliding Windows)。与滚动窗口类似,滑动窗口的大小也是固定的。区别在于,窗口之间并不是首尾相接的,而是可以"错开"一定的位置。如果看作一个窗口的运动,那么就像是向前小步"滑动"一样。

既然是向前滑动,那么每一步滑多远,也是可以控制的。所以定义滑动窗口的参数有两个:除去窗口大小(Window Size)之外,还有一个"滑动步长"(Window Slide),它们其实就代表了窗口计算的频率。滑动的距离代表了下个窗口开始的时间间隔,而窗口大小是固定的,所以也就是两个窗口结束时间的间隔;窗口在结束时间触发计算输出结果,那么滑动步长就代表了计算频率。例如,定义一个长度为1小时、滑动步长为5分钟的滑动窗口,那么就会统计1小时内的数据,每5分钟统计一次。同样,滑动窗口可以基于时间定义,也可以基于数据个数定义。滑动窗口如图5-31所示。

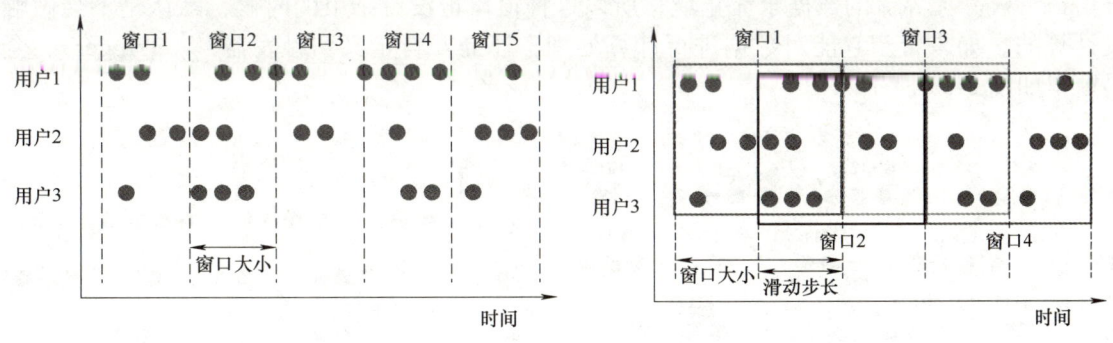

图5-30　滚动窗口　　　　　　　　图5-31　滑动窗口

可以看到,当滑动步长小于窗口大小时,滑动窗口就会出现重叠,这时数据也可能会被同时分配到多个窗口中。而具体的个数,就由窗口大小和滑动步长的比值(size/slide)来决定。如图5-31所示,滑动步长刚好是窗口大小的一半,那么每个数据都会被分配到2个窗口里(第一个窗口的数据除外)。比如我们定义的窗口长度为1小时,滑动步长为30分钟,那么对于8点55分的数据,应同时属于[8点,9点)和[8点半,9点半)两个窗口。

在一些场景中,可能需要统计最近一段时间内的指标,而结果的输出频率要求又很高,甚至要求实时更新,比如股票价格的 24 小时涨跌幅统计,大气监测中臭氧的连续 8 小时平均值。这时滑动窗口无疑就是很好的实现方式。

3)会话窗口(Session Windows)。会话窗口顾名思义,是基于"会话"(Session)来对数据进行分组的。这里的会话类似 Web 应用中 Session 的概念,不过并不表示两端的通信过程,而是借用会话超时失效的机制来描述窗口。简单来说,就是数据来了之后就开启一个会话窗口,如果接下来还有数据陆续到来,那么就一直保持会话;如果一段时间一直没收到数据,那就认为会话超时失效,窗口自动关闭。这就好像我们打电话一样,如果时不时总能说点什么,那说明还没聊完;如果陷入了尴尬的沉默,半天都没话说,那自然就可以挂电话了。

与滑动窗口和滚动窗口不同,会话窗口只能基于时间来定义,而没有"会话计数窗口"的概念。这很好理解,"会话"终止的标志就是"隔一段时间没有数据来",如果不依赖时间而改成个数,就成了"隔几个数据没有数据来",这完全是自相矛盾的说法。

而同样是基于这个判断标准,这"一段时间"到底是多少就很重要了,必须明确指定。对于会话窗口而言,最重要的参数就是这段时间的长度(size),它表示会话的超时时间,也就是两个会话窗口之间的最小距离。如果相邻两个数据到来的时间间隔(gap)小于指定的大小(size),那说明还在保持会话,它们就属于同一个窗口;如果 gap 大于 size,那么新来的数据就应该属于新的会话窗口,而前一个窗口就应该关闭了。在具体实现上,可以设置静态固定的大小(size),也可以通过一个自定义的提取器(Gap Extractor)动态提取最小间隔 gap 的值。会话窗口如图 5-32 所示。

可以看到,与前两种窗口不同,会话窗口的长度不固定,起始和结束时间也是不确定的,各个分区之间窗口没有任何关联。如图 5-32 所示,同一个 user 的会话窗口之间一定是不会重叠的,而且会留有至少为 size 的间隔(Session Gap)。

4)全局窗口(Global Windows)。还有一类比较通用的窗口,就是"全局窗口"。这种窗口全局有效,会把相同 key 的所有数据都分配到同一个窗口中;说直白一点,就跟没分窗口一样。无界流的数据永无止境,所以这种窗口也没有结束的时候,默认是不会做触发计算的。如果希望它能对数据进行计算处理,还需要自定义"触发器"(Trigger)。全局窗口如图 5-33 所示。

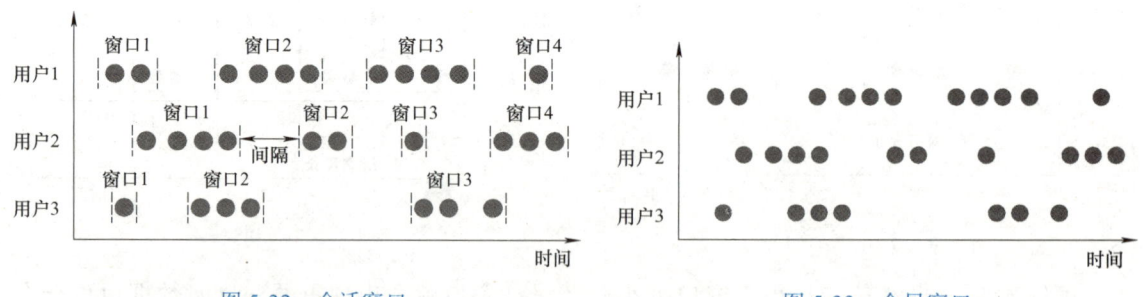

图 5-32 会话窗口　　　　　　　图 5-33 全局窗口

全局窗口没有结束的时间点,所以一般在希望做更加灵活的窗口处理时自定义使用。Flink 中的计数窗口(Count Window)底层就是用全局窗口实现的。

3. 窗口 API

(1)按键分区(Keyed)和非按键分区(Non-Keyed)

在定义窗口操作之前,首先需要确定,到底是基于按键分区(Keyed)的数据流

KeyedStream 来开窗，还是直接在没有按键分区的 DataStream 上开窗。也就是说，在调用窗口算子之前，是否有 KeyBy 操作。

1）按键分区窗口。经过按键分区 KeyBy 操作后，数据流会按照 key 被分为多条逻辑流（Logical Streams），这就是 KeyedStream。基于 KeyedStream 进行窗口操作时，窗口计算会在多个并行子任务上同时执行。相同 key 的数据会被发送到同一个并行子任务，而窗口操作会基于每个 key 进行单独的处理。所以可以认为，每个 key 上都定义了一组窗口，各自独立地进行统计计算。

2）非按键分区。如果没有进行 KeyBy，那么原始的 DataStream 就不会分成多条逻辑流。这时窗口逻辑只能在一个任务（task）上执行，就相当于并行度变成了 1。所以在实际应用中一般不推荐使用这种方式。

（2）窗口分配器

定义窗口分配器（Window Assigners）是构建窗口算子的第一步，它的作用就是定义数据应该被"分配"到哪个窗口。从上节的介绍中可以知道，窗口分配数据的规则，其实就对应着不同的窗口类型。所以可以说，窗口分配器其实就是在指定窗口的类型。

窗口分配器最通用的定义方式，就是调用 .window() 方法。这个方法需要传入一个 WindowAssigner 作为参数，返回 WindowedStream。如果是非按键分区窗口，那么直接调用 .windowAll() 方法，同样传入一个 WindowAssigner，返回的是 AllWindowedStream。

窗口按照驱动类型可以分成时间窗口和计数窗口，而按照具体的分配规则，又有滚动窗口、滑动窗口、会话窗口、全局窗口四种。除去需要自定义的全局窗口外，其他常用的类型 Flink 中都给出了内置的分配器实现，可以方便地调用实现各种需求。

（3）窗口函数

定义了窗口分配器，只是知道了数据属于哪个窗口，可以将数据收集起来了。至于收集起来到底要做什么，其实还完全没有头绪。所以在窗口分配器之后，必须再接上一个定义窗口如何进行计算的操作，这就是所谓的"窗口函数"（Window Functions）。

经窗口分配器处理之后，数据可以分配到对应的窗口中，而数据流经过转换得到的数据类型是窗口流（WindowedStream）。这个类型并不是数据流（DataStream），所以并不能直接进行其他转换，而必须进一步调用窗口函数，对收集到的数据进行处理计算之后，才能最终再次得到 DataStream，如图 5-34 所示。

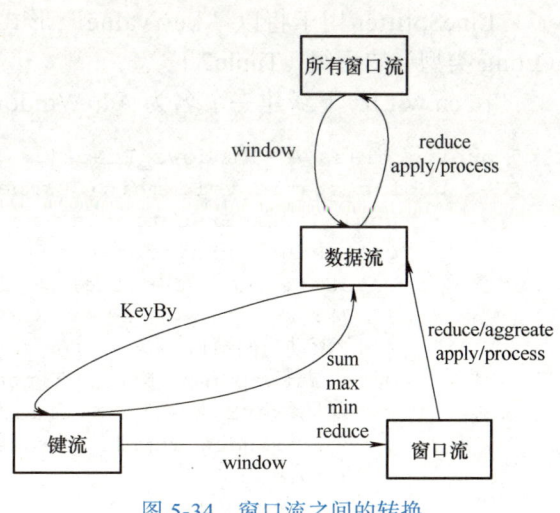

图 5-34 窗口流之间的转换

关于窗口函数在此不展开讨论，有兴趣的读者可以自行查阅相关资料。后续的讨论也仅仅对窗口中的数据做简单的累加操作。

5.4.3 应用举例

在 llz-Flink 项目中新建一个名为"llz-Flink-window-prac"的 Module，在 llz-Flink-window-prac 模块的 src → main → java → cn.wit.llz 下分别建立 models、utils 两个

包(Package)。

在 utils 包下新建一个名为 LineSplitter 的 Java 类,输入以下代码。

```java
@Slf4j
public class LineSplitter implements FlatMapFunction<String, Tuple2<String,Long>> {
    @Override
    public void flatMap(String s, Collector<Tuple2<String,Long>> collector) {
        String[] tokens = s.split(" ");
        if (tokens.length >= 2 && isValidLong(tokens[1])) {
            collector.collect(new Tuple2<>( tokens[0],Long.valueOf(tokens[1])));
        }
    }

    private static boolean isValidLong(String str) {
        try {
            long _v = Long.parseLong(str);
            return true;
        } catch (NumberFormatException e) {
            log.info("the str = {} is not a number", str);
            return false;
        }
    }
}
```

LineSplitter 用于将以"key value"形式的字符串,分割为 key(String 类型)和 value (Long 类型)的元组(Tuple2)。

在 cn.wit.llz 下新建一个名为 A1_Windows_Prac 的 Java 类,输入以下代码。

```java
public class A1_Windows_Prac {
    public static void main(String[] args) throws Exception {
        final StreamExecutionEnvironment env = StreamExecutionEnvironment.getExecutionEnvironment();
        DataStreamSource<String> data = env.socketTextStream("llz-wit", 7777);
        //1.滚动时间窗口
        data.flatMap(new LineSplitter())
                .keyBy(value->value.f0)
                .window(TumblingProcessingTimeWindows.of(Time.seconds(10)))
                .sum(1)
                .print();
//        //2.滑动时间窗口
//        data.flatMap(new LineSplitter())
//                .keyBy(value->value.f0)
//                .window(SlidingProcessingTimeWindows.of(Time.seconds(10),Time.seconds(5)))
//                .sum(1)
//                .print();
//
//        //3.事件数量窗口
//        data.flatMap(new LineSplitter())
```

```
//            .keyBy(value->value.f0)
//            .countWindow(3)
//            .sum(1)
//            .print();
//
//        //4.事件数量滑动窗口
//        data.flatMap(new LineSplitter())
//            .keyBy(value->value.f0)
//            .countWindow(4,2)
//            .sum(1)
//            .print();
//
//        //5.会话时间窗口
//        data.flatMap(new LineSplitter())
//            .keyBy(value->value.f0)
//            .window(ProcessingTimeSessionWindows.withGap(Time.
                seconds(5)))
//            .sum(1)
//            .print();

        env.execute("llz -- Flink window example");
    }
}
```

在 Ubuntu 系统的命令行窗口输入"nc -lk 7777"命令，启动 socket 会话客户端后，运行 A1_Windows_Prac 程序。在命令行窗口输入"jack 123""Tom 12""lyy 24""jack 33"等测试数据，观察程序的输出。A1_Windows_Prac 以不同的时间窗口，统计用户输入的 key，如"jack"的值的累加结果。

下面举一个复杂的示例，演示水位线和窗口结合的使用。在 Model 包中新建一个名为 MetricEvent 的类，输入以下代码。

```
@Data
@Builder
@AllArgsConstructor
@NoArgsConstructor
public class MetricEvent {
    private String name;
    private Long timestamp;
    private Map<String, Object> fields;
    private Map<String, String> tags;
}
```

注意 MetricEvent 类中的 timestamp 字段，记录的是数据产生的事件时间。该类较 Student 类复杂，fields 和 tags 字段均为 Map 类型，可以存储不定长的 key-value 对。继续新建一个名为"MetricSchema"的类，输入以下代码。

```
package cn.wit.llz.models;
public class MetricSchema implements DeserializationSchema<MetricEvent>, SerializationSchema<MetricEvent> {
    private static final Gson gson = new Gson();
    @Override
    public MetricEvent deserialize(byte[] bytes) throws IOException {
```

```java
            return gson.fromJson(new String(bytes), MetricEvent.class);
        }
        @Override
        public boolean isEndOfStream(MetricEvent metricEvent) {
            return false;
        }
        @Override
        public byte[] serialize(MetricEvent metricEvent) {
            return gson.toJson(metricEvent).getBytes(Charset.forName("UTF-8"));
        }
        @Override
        public TypeInformation<MetricEvent> getProducedType() {
            return TypeInformation.of(MetricEvent.class);
        }
}
```

该类支持 MetricEvent 类实例的序列化和反序列化。在 Ubuntu 系统中，启动命令行窗口，输入以下命令。

```
cd kafka-2.4.1 # 进入Kafka-2.4.1目录
bin/kafka-topics.sh --create --topic llz-metric --bootstrap-server localhost:9092 --partitions 4
```

建立名为"llz-metric"分区数为 4 的 topic。在 cn.wit.llz 下新建一个名为 A2_Produce_MetricEvent_to_Kafka 的 Java 类，输入以下代码。

```java
...
public class A2_Produce_MetricEvent_to_Kafka {
    public static final String broker_list = "localhost:9092";
    public static final String topic = "llz-metric";
    static Random random = new Random();
    public static void writeToKafka() throws InterruptedException {
        Properties props = new Properties();
        props.put("bootstrap.servers", broker_list);
        props.put("key.serializer", "org.apache.kafka.common.serialization.StringSerializer");
        props.put("value.serializer", "org.apache.kafka.common.serialization.StringSerializer");
        try(KafkaProducer<String, String> producer = new KafkaProducer<String, String>(props))
        {
            MetricEvent metric = new MetricEvent();
            int partitionId = random.nextInt(4);
            String name = "llz-" + partitionId;
            metric.setName(name);
            // 设置事件产生的时间戳
            metric.setTimestamp(System.currentTimeMillis());
            Map<String, String> tags = new HashMap<>();
            Map<String, Object> fields = new HashMap<>();
            tags.put("cluster", "llz");
            tags.put("host_ip", "192.168.2.79");
            tags.put("dns", "114.114.114.114");
```

```java
            fields.put("used_percent", 90d);
            fields.put("max", random.nextInt(1000));
            fields.put("mid", random.nextInt(100));
            fields.put("min", random.nextInt(10));
            metric.setTags(tags);
            metric.setFields(fields);
            ProducerRecord<String, String> record =
            new ProducerRecord <String, String> ( topic, partitionId,
              null, GsoUtil.t
            oJson(metric));
            producer.send(record);
            System.out.println(" 发送数据： " + GsonUtil.toJson(metric));
            producer.flush();
        }
    }
    public static void main(String[] args) throws InterruptedException {
        // 每隔 5 秒钟向 Kafka 写入一条 MetricEvent
        Timer timer=new Timer();
        timer.scheduleAtFixedRate(new TimerTask() {
            @Override
            public void run() {
                try {
                    writeToKafka();
                } catch (InterruptedException e) {
                    throw new RuntimeException(e);
                }
            }
        },0,5000);
    }
}
```

该类每隔 5 秒，向 llz-metric 主题中产生一条 MetricEvent 记录，注意记录时间戳的赋值方式，该时间戳就是记录的 Event time。在 utils 中新建一个名为 MetricSplitter 的 Java 类，输入以下代码。

```java
@Slf4j
public class MetricSplitter implements FlatMapFunction<MetricEvent,
Tuple2<String, Double>> {
    @Override
    public void flatMap(MetricEvent mv, Collector<Tuple2<String,Double>>
collector) {
        String maxValue = mv.getFields().get("max").toString();

        if (isValidDouble(maxValue)){
            collector.collect(new Tuple2<>(mv.getName(),Double.
            valueOf(maxValue)));
        }
    }
    private static boolean isValidDouble(String str) {
        try {
            double _v = Double.parseDouble(str);
            return true;
        } catch (NumberFormatException e) {
```

```
            log.info("the str = {} is not a number", str);
            return false;
        }
    }
}
```

该类取出 MetricEvent 类实例中的 name 属性和 fields 中的 max 值, 构造一个 (name,max) 的元祖, 用于窗口的计算。在 cn.wit.llz 下新建一个名为 A3_llzmetric_Window_Prac 的 Java 类, 输入以下代码。

```
public class A3_llzmetric_Window_Prac {
    public static void main(String[] args) throws Exception {
        final StreamExecutionEnvironment env = StreamExecutionEnvironment.getExecutionEnvironment();
        // 设置水印的生成时间间隔为 300ms, 默认为 200ms
        env.getConfig().setAutoWatermarkInterval(300);
        KafkaSource<MetricEvent> sourceMV = KafkaSource.<MetricEvent>builder()
                .setBootstrapServers("localhost:9092")
                .setTopics("llz-metric")
                .setGroupId("metric-program-consume")  // 消费组
                .setProperty("enable.auto.commit", "true")
                .setStartingOffsets(OffsetsInitializer.latest())
                .setValueOnlyDeserializer(new MetricSchema())  // 反序列化
                .build();
// 基于事件的窗口必须要指定事件的时间戳的获取方式
//        //1.指定单调有序数据流的水位线策略
//        SingleOutputStreamOperator<MetricEvent> dssMV = env.fromSource(sourceMV,
//            WatermarkStrategy.<MetricEvent>forMonotonousTimestamps().
//                withTimestampAssigner((SerializableTimestampAssigner<MetricEvent>)
//                (event, recordTimestamp) -> event.getTimestamp()),
//                "Kafka Source").setParallelism(4);
        //2.指定无序数据流的水位线策略, 最大延迟设置为 2 秒
        SingleOutputStreamOperator<MetricEvent> dssMV = env.fromSource(sourceMV,
            WatermarkStrategy.<MetricEvent>forBoundedOutOfOrderness(Duration.ofSeconds(2)).withTimestampAssigner((SerializableTimestampAssigner<MetricEvent>)
            (event, recordTimestamp)-> event.getTimestamp()),
            "Kafka Source").setParallelism(4);
        // 滚动时间窗口, 大小为 10 秒
        dssMV.flatMap(new MetricSplitter())
        .keyBy(value->value.f0)
        .window(TumblingEventTimeWindows.of(Time.seconds(10)))
        .sum(1)
        .print();
        env.execute("Flink Window Test");
        System.out.println("Flink Window Test is over.");
    }
}
```

A1_llzmetric_Window_Prac 中演示了单调有序数据流及乱序数据流的两种水位线的设置策略,并使用滚动时间窗口,对 MetricEvent 的 max 值进行了累计求和的计算。注意水位线策略中的 withTimestampAssigner 方法,该方法指定了从 MetricEvent 实例类中获取 timestamp 作为记录的 Event time。运行 A2_Produce_MetricEvent_to_Kafka 及 A3_Produce_MetricEvent_to_Kafka 程序,观察 A2_Produce_MetricEvent_to_Kafka 程序向 Kafka 产生数据及 A3_Produce_MetricEvent_to_Kafka 程序的窗口求和结果。

5.5 表接口和表查询

在 Flink 提供的多层级 API(见图 5-3)中,核心是数据流接口,它是开发流处理应用的基础。数据流接口的底层则是处理函数(Process Function),可以访问事件的时间信息、注册定时器、自定义状态,进行有状态的流处理。理论上,数据流接口和处理函数结合就可以实现所有场景的需求。

不过在企业实际应用中,往往会面对大量类似的处理逻辑,所以一般会将底层 API 包装成为更加具体的应用级接口。怎样的接口风格最容易让大家接收呢?最为熟悉的数据处理方式,当然就是 SQL 了。无论是传统架构中进行数据存储的 MySQL、PostgreSQL,还是大数据应用中的 Hive,都少不了 SQL 的身影。Spark 作为大数据处理引擎,为了更好地支持在 Hive 中的 SQL 查询,也提供了 Spark SQL 作为入口。Flink 同样提供了对于"表"处理的支持,这就是更高层级的应用 API,在 Flink 中被称为表接口(Table API)和表查询(SQL)。

Table API 顾名思义,就是基于"表"(Table)的一套 API,它是内嵌在 Java、Scala 等语言中的一种声明式领域特定语言(DSL),也就是专门为处理表而设计的;在此基础上,Flink 还基于 Apache Calcite 实现了对 SQL 的支持。这样一来,就可以在 Flink 程序中直接写 SQL 来实现处理需求了。Flink 的 Table API & SQL 有以下几个特点。

1)Table API&SQL 是一种声明式的 API。用户只需关心做什么,不用关心怎么做,比如 WordCount 的例子,只需要关心按什么维度聚合,做哪种类型的聚合,不需要关心底层的实现。

2)高性能。Table API & SQL 底层会有优化器对查询进行优化。举个例子,假如 WordCount 的例子里写了两个 count 操作,优化器会识别并避免重复的计算,计算的时候只保留一个 count 操作,输出的时候再把相同的值输出两遍即可,以达到更好的性能。

3)流批统一。同一个查询可以流批复用,对业务开发来说,避免开发两套代码。

4)标准稳定。Table API&SQL 遵循 SQL 标准,不易变动。API 比较稳定的好处是不用考虑 API 兼容性问题。

5)易理解。语义明确,所见即所得。

DataStream 上进行的查询和传统的关系查询的区别见表 5-4。

表 5-4 DataStream 上的查询

关系代数 /SQL	流处理
关系(或表)是有界(多)元组集合	流是一个无限元组序列
对批数据(如关系数据库中的表)执行的查询可以访问完整的输入数据	流式查询在启动时不能访问所有数据,必须"等待"数据流入
批处理查询在产生固定大小的结果后终止	流查询不断地根据接收到的记录更新其结果,并且始终不会结束

尽管存在这些差异，但是使用关系查询和 SQL 处理流并不是不可能的。高级关系数据库系统提供了一个称为物化视图（Materialized Views）的特性。物化视图被定义为一条 SQL 查询，就像常规的虚拟视图一样。与虚拟视图相反，物化视图缓存查询的结果，因此在访问视图时不需要对查询进行计算。缓存的一个常见难题是防止缓存为过期的结果提供服务。当其定义查询的基表被修改时，物化视图将过期。即时视图维护（Eager View Maintenance）是一种一旦更新了物化视图的基表就立即更新视图的技术。

5.5.1 动态表

动态表是 Flink 的支持流数据的 Table API & SQL 的核心概念。与表示批处理数据的静态表不同，动态表是随时间变化的。可以像查询静态批处理表一样查询它们。查询动态表将生成一个连续查询。一个连续查询永远不会终止，结果会生成一个动态表。查询不断更新其（动态）结果表，以反映其（动态）输入表上的更改。本质上，动态表上的连续查询非常类似于定义物化视图的查询。流、动态表和连续查询之间的关系如图 5-35 所示。

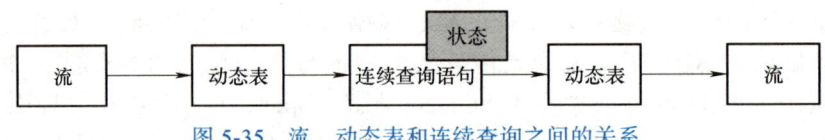

图 5-35　流、动态表和连续查询之间的关系

图 5-35 表示对动态表进行查询的过程，可以描述为。
1）将流转换为动态表。
2）在动态表上计算一个连续查询，生成一个新的动态表。
3）生成的动态表被转换回流。
下面详细说明动态表的查询及转换过程。使用的数据模式描述为：

```
[
  user:  VARCHAR,          //用户名
  cTime: TIMESTAMP,        //访问 URL 的时间
  url:   VARCHAR           //用户访问的 URL
]
```

1. 在流上定义表

为了使用关系查询处理流，必须将其转换成 Table。从概念上讲，流的每条记录都被解释为对结果表的插入（INSERT）操作。本质上正在从一个仅插入（INSERT-only）的变更日志（changelog）流构建表。图 5-36 显示了单击事件流（左侧）如何转换为表（右侧）。当插入更多的单击流记录时，结果表将不断增长。

2. 连续查询

在动态表上计算一个连续查询，并生成一个新的动态表。与批处理查询不同，连续查询从不终止，并根据其输入表上的更改更新其结果表。在任何时候，连续查询的结果在语义上与以批处理模式在输入表快照上执行的相同查询的结果相同。在接下来的演示中，将展示点击事件表上的两个示例查询，这个表是在点击事件流上定义的。

第一个查询是一个简单的 GROUP-BY COUNT 聚合查询。它基于用户字段对点击事件表进行分组，并统计访问的 url 的数量。图 5-37 显示了当点击事件表被附加的行更新时，查询是如何被评估的。

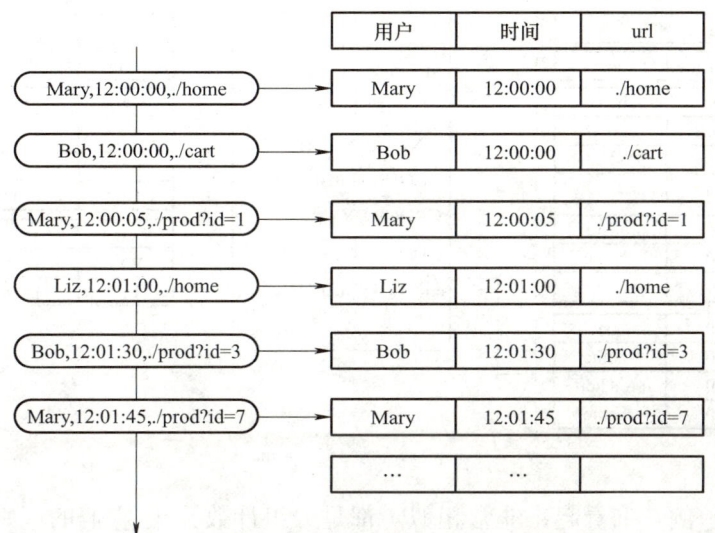

图 5-36　在流上定义表

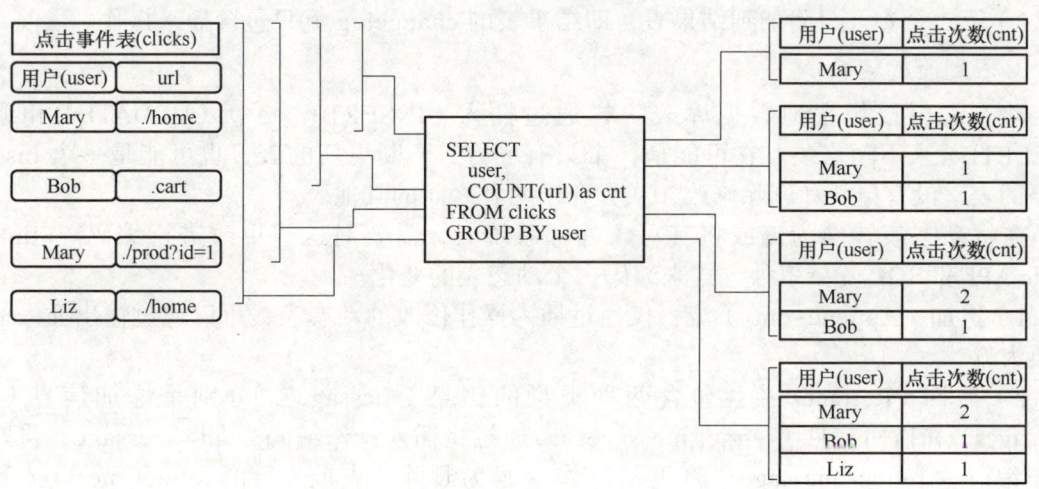

图 5-37　第一个查询

当查询开始，点击事件表（左侧）是空的。当第一行数据被插入到表中时，查询开始计算结果表。第一行数据 [Mary,./home] 插入后，结果表（右侧）由一行 [Mary, 1] 组成。当第二行 [Bob, .cart] 插入到 clicks 表时，查询会更新结果表并插入了一行新数据 [Bob, 1]。第三行 [Mary, ./prod?id=1] 将产生已计算的结果行的更新，[Mary, 1] 更新成 [Mary, 2]。最后，当第四行数据加入点击事件表时，查询将第三行 [Liz, 1] 插入到结果表中。

第二个查询与第一个类似，但是除了用户属性之外，还将点击事件分组至每小时滚动窗口中，然后计算 url 数量（基于时间的计算），图 5-38 显示了不同时间点的输入和输出，以可视化动态表的变化特性。

与前面一样，左边显示了输入点击事件表，查询每小时持续计算结果并更新结果表。点击事件表包含四行带有点击时间的数据，点击时间在 12:00:00 ～ 12:59:59 之间。查询从这个输入计算出两个结果行（每个用户一个），并将它们附加到结果表中。对于 13:00:00 ～ 13:59:59 之间的下一个窗口，点击事件表包含三行，这将导致另外两行被追加到结果表。随着时间的推移，更多的行被添加到点击事件表中，结果表将被更新。

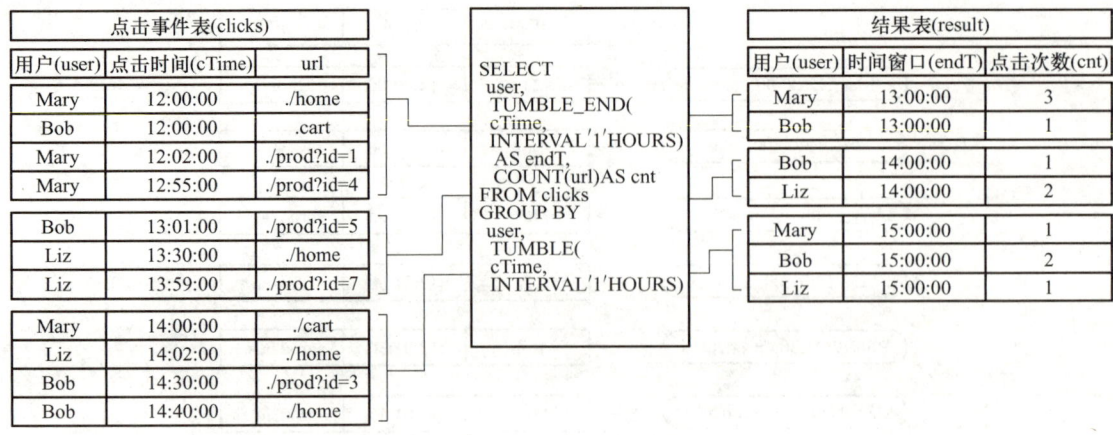

图 5-38　第二个查询

虽然这两个示例查询看起来非常相似（都是分组计数），但它们的区别在于：

1）第一个查询更新先前输出的结果，即定义结果表的 changelog 流包含插入和更新操作。

2）第二个查询只附加到结果表，即结果表的 changelog 流只包含插入操作。

3. 表到流的转换

动态表可以像普通数据库表一样通过插入（INSERT）、更新（UPDATE）和删除（DELETE）来不断修改。它可能是一个只有一行、不断更新的表，也可能是一个 Insert-only 的表，没有更新和删除修改，或者介于两者之间的其他表。

在将动态表转换为流或将其写入外部系统时，需要对这些更改进行编码。Flink 的 Table API 和 SQL 支持三种方式来编码一个动态表的变化。

1）追加（Append-only）流：仅通过插入操作修改的动态表，可以通过输出插入的行转换为流。

2）撤回（Retract）流：包含两种类型的信息（message），分别是增加信息（add messages）和撤回信息（retract messages）。通过将插入操作编码为 add message、将删除操作编码为 retract message、将更新操作编码为删除（先前）行的 retract message 和增加（新）行的 add message，将动态表转换为 Retract 流。图 5-39 显示了将动态表转换为 Retract 流的过程。

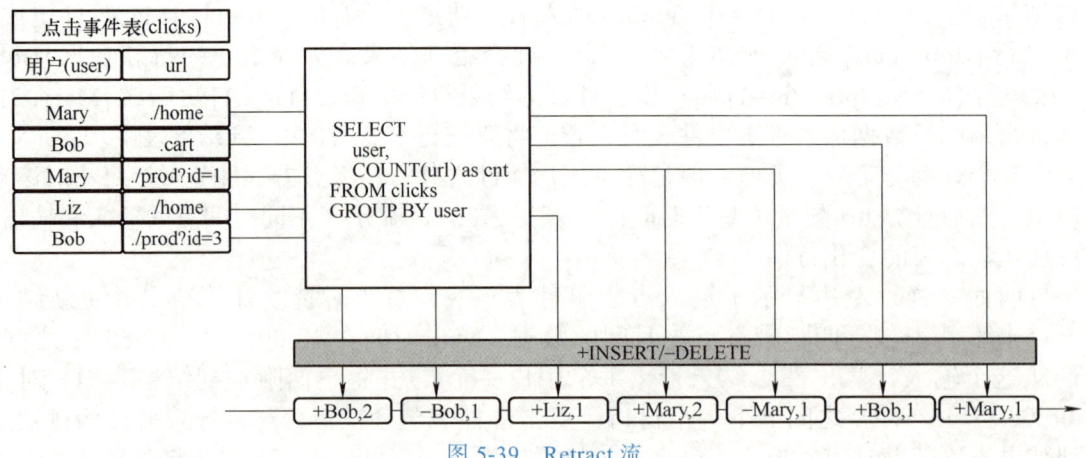

图 5-39　Retract 流

3）更新插入（Upsert）流：包含两种类型的 message，分别是更新插入信息（upsert messages）和删除信息（delete messages）。转换为 Upsert 流的动态表需要（可能是组合的）唯一键。通过将插入和更新操作编码为 upsert message，将删除操作编码为 delete message，将具有唯一键的动态表转换为流。消费流的算子需要知道唯一键的属性，以便正确地应用 message。与 Retract 流的主要区别在于更新操作是用单个 message 编码的，因此效率更高。图 5-40 显示了将动态表转换为 Upsert 流的过程。

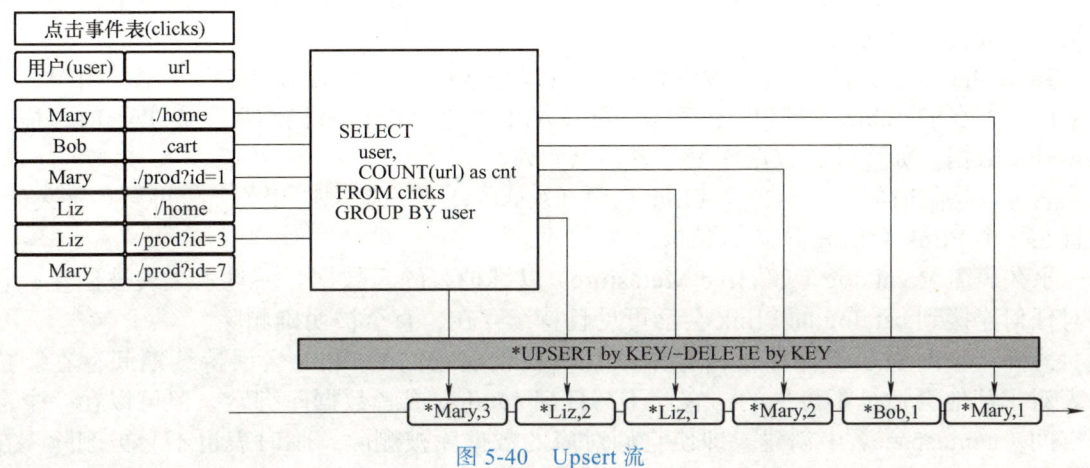

图 5-40　Upsert 流

5.5.2　表接口和表查询的应用

所有用于批处理和流处理的 Table API 和 SQL 程序都遵循相同的模式。

1. 创建表环境（TableEnvironment）

TableEnvironment 是 Table API 和 SQL 的核心概念。它负责以下工作。
- 在内部的目录（catalog）中注册 Table。
- 注册外部的 catalog。
- 加载可插拔模块。
- 执行 SQL 查询。
- 注册自定义函数（scalar、table 或 aggregation）。
- DataStream 和 Table 之间的转换（面向 StreamTableEnvironment）。

Table 总是与特定的 TableEnvironment 绑定。不能在同一条查询中使用不同 TableEnvironment 中的表，例如，对它们进行 join 或 union 操作。TableEnvironment 可以通过静态方法 TableEnvironment.create() 创建。

```
...
EnvironmentSettings settings = EnvironmentSettings
    .newInstance()
    .inStreamingMode()
    //.inBatchMode()
    .build();
TableEnvironment tEnv = TableEnvironment.create(settings);
```

或者，用户可以从现有的 StreamExecutionEnvironment 创建一个 StreamTableEnvironment 与数据流接口互操作。

```
...
StreamExecutionEnvironment env = StreamExecutionEnvironment.
getExecutionEnvironment();
StreamTableEnvironment tEnv = StreamTableEnvironment.create(env);
```

2. 在 Catalog 中创建表

TableEnvironment 维护着一个由标识符（identifier）创建的表 catalog 的映射。标识符由三个部分组成：catalog 名称、数据库名称以及对象名称。如果 catalog 或者数据库没有指明，就会使用当前默认值。

Table 可以是虚拟的（视图 VIEWS）也可以是常规的（表 TABLES）。视图 VIEWS 可以从已经存在的 Table 中创建，一般是 Table API 或者 SQL 的查询结果。表 TABLES 描述的是外部数据，如文件、数据库表或者消息队列。

表可以是临时的，并与单个 Flink 会话（session）的生命周期相关，也可以是永久的，并且在多个 Flink 会话和群集（cluster）中可见。

永久表需要 catalog（如 Hive Metastore）以维护表的元数据。一旦永久表被创建，它将对任何连接到 catalog 的 Flink 会话可见且持续存在，直至被明确删除。

另外，临时表通常保存于内存中并且仅在创建它们的 Flink 会话持续期间存在。这些表对于其他会话是不可见的。它们不与任何 catalog 或者数据库绑定，但可以在一个命名空间（namespace）中创建。即使它们对应的数据库被删除，临时表也不会被删除。在 catalog 中创建虚拟视图的代码如下所示。

```
// 得到 TableEnvironment
TableEnvironment tableEnv = ...; // 见上节
// 获取表并执行查询
Table projTable = tableEnv.from("X").select(...);
// 创建虚拟视图
tableEnv.createTemporaryView("projectedTable", projTable);
```

3. 查询表

（1）Table API

Table API 是基于 Table 类的，该类表示一个表（流或批处理），并提供使用关系操作的方法。这些方法返回一个新的 Table 对象，该对象表示对输入 Table 进行关系操作的结果。一些关系操作由多个方法调用组成，如 table.groupBy().select()，其中 groupBy() 指定 table 的分组，而 select() 是 table 分组上的投影。读者可以参考 Table API 相关文档获得所有流处理和批处理表支持的 Table API 算子的详细信息。以下示例展示了一个简单的 Table API 聚合查询。

```
// 得到表环境
TableEnvironment tableEnv = ...;
// 注册订单表并扫描
Table orders = tableEnv.from("Orders");
// 分组查询来自法国的每个用户的收益
Table revenue = orders
  .filter($("cCountry").isEqual("FRANCE"))
  .groupBy($("cID"), $("cName"))
  .select($("cID"), $("cName"), $("revenue").sum().as("revSum"));
```

（2）SQL

Flink SQL 是基于实现了 SQL 标准的 Apache Calcite。SQL 查询由常规字符串指定。读者可以从 SQL 文档获取 Flink 对流处理和批处理表 SQL 的支持。下面的示例演示了如何指定查询并将结果作为 Table 对象返回。

```
// 得到表环境
TableEnvironment tableEnv = ...;
// 注册订单表并扫描
Table orders = tableEnv.from("Orders");
// 分组查询来自法国的每个用户的收益
Table revenue = tableEnv.sqlQuery(
    "SELECT cID, cName, SUM(revenue) AS revSum " +
    "FROM Orders " +
    "WHERE cCountry = 'FRANCE' " +
    "GROUP BY cID, cName"
);
```

4. 输出表

表查询的结果可以直接转换为流输出，也可以通过写入表存储（TableSink）输出。TableSink 是一个通用接口，用于支持多种文件格式（如 CSV、Apache Parquet、Apache Avro）、存储系统（如 JDBC、Apache HBase、Apache Cassandra、Elasticsearch）或消息队列系统（如 Apache Kafka、RabbitMQ）。

下面举例来说明 Table API&SQL 的具体应用。在 llz-Flink 项目中新建 llz-flink-table-prac 模块，在 llz-flink-table-prac 模块的 src → main → java → cn.wit.llz 下分别建立 models、utils 两个包（Package）。更新模块的 pom.xml 文件，完整的 pom.xml 文件见网址。

在 models 包中，新建一个名为 Student 的类，输入以下代码。

```
@Data
@AllArgsConstructor
@NoArgsConstructor
public class Student {
    public String name;
    public long score;
}
```

Student 类包含一个简单的学生姓名及成绩的信息。在 cn.wit.llz 下新建一个名为 A1_DataStream_TableAPI_Prac 的类，输入以下代码。

```
public class A1_DataStream_TableAPI_Prac {
    //tableapi 分组求和
    public static void tableapi_sum(StreamExecutionEnvironment env,
        StreamTableEnvironment tableEnv,Table tbStd) throws Exception {
        //1.创建临时视图
        tableEnv.createTemporaryView("student", tbStd);
        //2.tableapi 分组求和
        Table t = tableEnv.from("student")
                .groupBy($("name"))
                .select($("name"), $("score").sum().as("total"));
        //3.转换为流
        DataStream<Row> dataStream = tableEnv.toChangelogStream(t,
```

```java
            Schema.derived(), ChangelogMode.all());
        //4.输出流
        dataStream.print("tableStream");
        env.execute("tableApiTest");
    }
    //SQL 分组求和
    public static void sql_sum(StreamExecutionEnvironment env,
        StreamTableEnvironment tableEnv,Table tbStd) throws Exception {
        //1.创建临时视图
        tableEnv.createTemporaryView("student", tbStd);
        //2.SQL 语句分组求和
        String sql = "select name, sum(score) as total from student group by name";
        Table t = tableEnv.sqlQuery(sql);
        //3.转换为流
        DataStream<Row> dataStream = tableEnv.toChangelogStream(t,
            Schema.derived(), ChangelogMode.upsert());
        //4.输出流
        dataStream.print("tableStream");
        env.execute("sqlTest");
    }
    //Sink 查询结果到 table
    public static void sink_result_to_table(StreamExecutionEnvironment env,
        StreamTableEnvironment tableEnv,Table tbStd) throws Exception {
        // 设置并行度为 1,保证结果输出到 1 个文件
        env.setParallelism(1);
        //1.基于文件系统创建 table 表
        String creatTable = "CREATE TABLE table2 (\n" +
            " name STRING,\n" +
            " total BIGINT\n" +
            ") WITH (\n" +
            "'connector'= 'filesystem',\n" + "'path'='file:///home/sa/projects/Idea/llz-Flink/llz-Flink-table-prac/src/main/resources/',\n" +
            "'format'='csv',\n" +
            "'csv.field-delimiter'=',\n" +
            ")";
        //2.创建 table 表
        tableEnv.executeSql(creatTable);
        //3.执行 SQL 语句分组求和
        tableEnv.createTemporaryView("student", tbStd);
        String sql = "select name, sum(score) as total from student group by name";
        Table t = tableEnv.sqlQuery(sql);
        //4.将分组求和结果插入到 table2 表
        t.executeInsert("table2");
    }
    public static void main(String[] args) throws Exception {
        final StreamExecutionEnvironment env = StreamExecutionEnvironment.getExecutionEnvironment();
        //env.setRuntimeMode(RuntimeExecutionMode.STREAMING);
```

```java
        setParallelism(1);
        // 生成学生数据源
        DataStreamSource<Student> source = env.fromElements(
                new Student("a", 60L),
                new Student("a", 80L),
                new Student("b", 60L),
                new Student("c", 50L),
                new Student("b", 80L),
                new Student("a", 70L)
        );
        // 表环境参数配置，注意执行模式（流模式还是批模式）
        EnvironmentSettings setting = EnvironmentSettings.newInstance()
                .inStreamingMode()
                .withBuiltInCatalogName("test_catalog")
                .withBuiltInDatabaseName("test_database")
                .build();
        StreamTableEnvironment tableEnv = StreamTableEnvironment.
        create(env, setting);
        // 基于流创建表
        Table tbstd = tableEnv.fromDataStream(source);
        //1.tableapi 分组求和
        tableapi_sum(env,tableEnv,tbstd);
        //2.SQL 分组求和
        //sql_sum(env,tableEnv,tbstd);
        //3.Sink 查询结果到 table
        //sink_result_to_table(env,tableEnv,tbstd);
    }
}
```

表环境参数配置先设置为 .inStreamingMode() 流模式，然后依次执行：

1）tableapi 分组求和。

2）SQL 分组求和。

3）Sink 查询结果到 table。

tableapi_sum() 函数中使用 Table API 方式根据学生姓名分组求学生的成绩和，以 ChangelogMode.all() 的方式转换为流输出。sql_sum() 函数中使用 SQL 语句方式根据学生姓名分组求学生的成绩和，以 ChangelogMode.upsert() 的方式转换为流输出。注意比较两者输出的不同。

在执行 sink_result_to_table() 函数时，程序运行报错，原因是文件系统只能以 Append 方式记录数据，故需要更改表执行环境为 .inBatchMode() 批模式后再执行。注意观察 resources 目录中文件的变化及新加入文件的内容。

第 6 章

数据可视化分析与预处理

在选择机器学习算法前，往往需要对数据的分布、相关性等情况进行分析，以确定合适的算法模型。俗话说"一图抵千言"，将数据的分布及相关情况以图形可视化的方式展现出来，可以更清晰直观的了解数据，本章对几种常见的数据的分析方法及使用 Matplotlib 进行绘图展开说明。同时，输入特征其取值为连续型还是离散型，也需要经过相应的处理后才能进行训练，对于分类问题，标签也同样要经过处理，本章也将对这些问题展开讨论。

6.1 数据可视化分析

6.1.1 分位数与箱线图

分位数是指数据的 5 个统计量最小值、第一四分位、中位数、第三四分位和最大值。若数据的个数为奇数，中位数就是中间的那个数，若为偶数，则为中间的两个数的均值。计算数据的分位数的代码如下：

```
import numpy.random as rd
import pandas as pd
from numpy import percentile
from scipy.stats import shapiro
# 设置随机种子，使得同一组随机数可以重复
rd.seed(100)
# 生成满足均值为 2，标准差为 4 的 1000 个满足正态分布的随机数
data = rd.normal(2,4,1000)
# 生成 0～1 之间的 1000 个随机浮点数
#data = rd.random(1000)
stat, p = shapiro(data)
print("p-value of data is",p) # p>0.05 则数据满足正态分布
# 计算分位数
quartiles = percentile(data, [25, 50, 75])
# 计算最大值和最小值
data_min, data_max = data.min(), data.max()
# 输出分位数
print('Min: %.3f' % data_min)
print('Q1: %.3f' % quartiles[0])
print('Median: %.3f' % quartiles[1])
print('Q3: %.3f' % quartiles[2])
print('Max: %.3f' % data_max)
```

根据数据的分位数，可以画出箱线图。箱线图最大的优点就是不受异常值的影响，可以以一种相对稳定的方式描述数据的离散分布情况。箱线图是利用数据中的 5 个统计量，即最小值、第一四分位、中位数、第三四分位和最大值来描述数据的一种方法，它可以粗略地看出数据是否具有对称性、分布分散的程度等信息。箱线图的描述如图 6-1 所示。

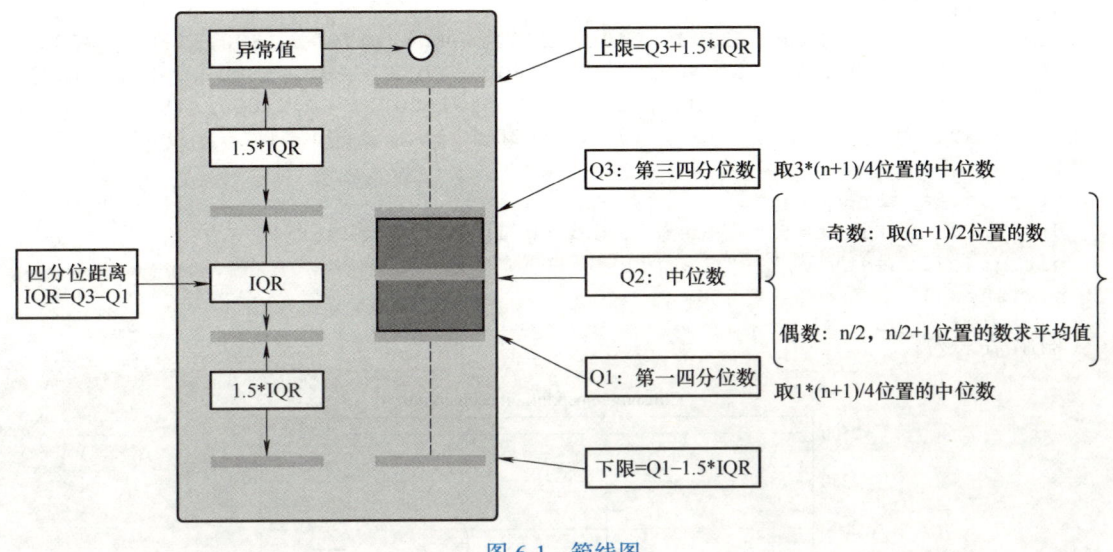

图 6-1 箱线图

下面的示例将上例中的数组 data 转换为 Pandas 中的 DataFrame，给出数据的描述，然后画出箱线图。

```
# 将数组转换为 Pandas 数据框
df = pd.DataFrame(data)
# 描述数据
df.describe()
# 画出箱线图
df.plot.box(title="Box Graph")
```

输出结果为：

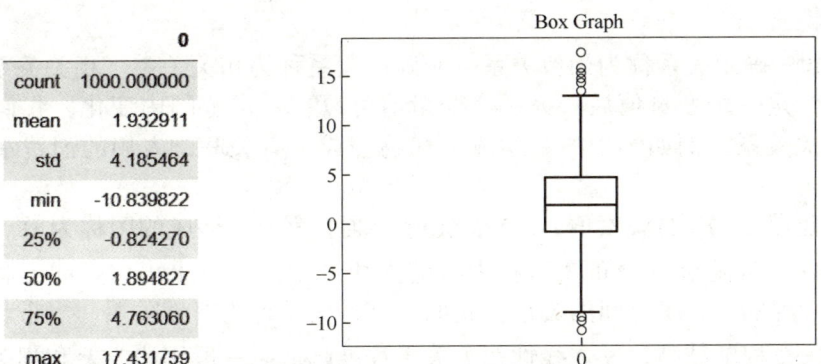

箱线图判断异常值的标准以四分位数和四分位距为基础，四分位数具有一定的耐抗性，多达 25% 的数据可以变得任意远而不会很大地扰动四分位数，所以异常值不会影响箱线图的数据形状，箱线图识别异常值的结果比较客观。由此可见，箱线图在识别异常值方面有一定的优越性。

对于标准正态分布的样本，只有极少值为异常值。异常值越多说明尾部越重，自由度越小（即自由变动的量的个数）。而偏态表示偏离程度，异常值集中在较小值一侧，则分布呈左偏态，异常值集中在较大值一侧，则分布呈右偏态。

下面的示例演示画出 DataFrame 中的多列数据的箱线图。

```
...
data = {
'China': [1000, 1200, 1300, 1400, 1500, 1600, 1700, 1800, 1900, 2500],
'America': [1200, 1300, 1400, 1500, 1600, 1700, 1800, 1900, 2000, 2100],
'Britain': [1000, 1200, 1300, 1400, 1500, 1600, 1700, 1800, 1900, 2000],
"Russia": [800, 1000, 1200, 1300, 1400, 1500, 1600, 1700, 1800, 1900]
}
df = pd.DataFrame(data)
df.plot.box(title="Consumer spending in each country")
plt.grid(linestyle="--", alpha=0.3)
plt.show()
```

输出结果为：

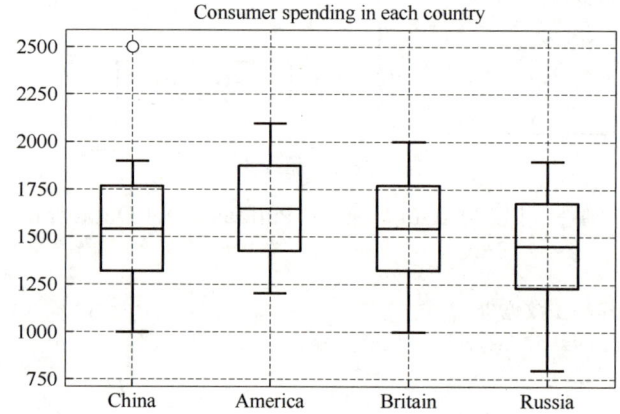

6.1.2 数据的相关性与散点图

1. 相关性

变量之间的确定关系称为函数关系，非确定关系称为相关关系。相关关系是指在两个变量中，当给定一个变量值后，另一个变量值可以在一定范围内变化，我们称这种不确定关系为相关关系。例如学生的数学成绩和物理成绩有关联，人们的消费水平和收入有关等。

将随机变量 (X,Y) 的观察值 (x,y) 描绘到二维平面中，形成的图称为散点图，如果散点分布呈带状，且随机点分布在带状中心的直线周围，又可求出该直线方程 $Y=a+bX$，则可以用该方程确定 X,Y 之间的关系，我们把这种关系称为线性关系。当带状越窄时，这种线性相关关系程度越高，反之线性相关关系程度越低。一般用协方差和相关系数来表示随机变量 (X,Y) 自己的相关关系。

设 (X,Y) 为随机变量，称

$$\mathrm{Cov}(X,Y) = E(XY) - E(X)E(Y) \qquad (6-1)$$

为相关系数，$\mathrm{Cov}(X,Y)$ 的绝对值越大，表示 X,Y 之间的相关性越高（可能是正相关，也可能是负相关），反之则越低。当 $\text{Cov}(X,Y)=0$ 时，X,Y 不相关。由于随机变量 (X,Y) 的观察值可以是有量纲的值，为消除量纲的影响，可以用相关系数来更加准确地表示 (X,Y) 之间的相关性，常用的 Pearson 相关系数的计算公式如下：

$$\rho_{xy} = \frac{\text{Cov}(X,Y)}{\sqrt{D(X)}\sqrt{D(Y)}} = \frac{E(XY)-E(X)E(Y)}{\sqrt{E(X^2)-E^2(X)}\sqrt{E(Y^2)-E^2(Y)}} = \frac{\sum(X-\bar{X})(Y-\bar{Y})}{\sqrt{\sum(X-\bar{X})^2 \sum(Y-\bar{Y})^2}} \qquad (6\text{-}2)$$

一般来说，取绝对值后，ρ_{xy} 在 0～0.09 之间为不相关，0.1～0.3 之间为弱相关，0.3～0.5 之间为中等相关，0.5～1.0 之间为强相关。

2. 散点图

下面的示例计算线性关系 X 和 Y 的相关系数后，画出散点图。

```
...
# 设置随机种子
seed(1)
# x
x = 20 * randn(1000) + 100
# y,x 和 y 为线性关系
y = x + (10 * randn(1000) + 50)
# 计算协方差
print("x 和 y 的协方差为：\n",np.cov(x,y))
corr, _ = pearsonr(x, y)
print(" 相关系数为：",corr)
#x 和 y 转换为数据框
dsxy = pd.DataFrame({"X":x,"Y":y})
# 求 X 和 Y 的相关系数
print(" 相关系数为：",round(dsxy["X"].corr(dsxy["Y"]),2))
# 画出散点图
dsxy.plot.scatter("X", "Y")
```

在建模前的数据分析过程中，如果发现两个输入特征是类似于上述举例的强相关，则可以认为两者之间存在线性关系，建模时，可以去掉其中的一个特征作为输入。下面的示例演示多个数据之间的相关系数矩阵及两两之间的散点图。

```
...
names = ['sepal-length', 'sepal-width', 'petal-length', 'petal-width', 'class']
dsIris= pd.read_csv('../DataFiles/iris.csv', names=names)
#4 个输入特征列之间的相关系数矩阵
dsIris.corr()
cc = LabelEncoder().fit_transform(dsIris['class'].values)
pd.plotting.scatter_matrix(dsIris,diagonal="hist",c=cc,figsize=(12,12),
marker='o',alpha=.8)
plt.show()
```

下面的代码演示用散点图形象表示数据是否线性可分。

1）取 Iris 的 sepal-length、sepal-width、class 这 3 列的数据构成新的数据框，其中 class 被 lable 为数值 0、1、2。

2）取标签为 0 和 1 的数据构成 ds01 数据框，取标签为 0 和 2 的数据构成 ds02 数据框，取标签为 1 和 2 的数据构成 ds12 数据框。

3）分别画出对应的 3 个散点图。

```
...
names = ['sepal-length', 'sepal-width', 'petal-length', 'petal-width', 'class']
dsIris= pd.read_csv('../DataFiles/iris.csv', names=names)
# 将类别标签化为 0、1、2
nclass = pd.DataFrame({"nclass":LabelEncoder().fit_transform(dsIris['class'].values)})
irissepals = dsIris[['sepal-length', 'sepal-width']]
# 构造新的数据框
dsIris2 =pd.concat([irissepals, nclass], axis=1)
# 两两比较,3 个图
ds01 = dsIris2[(dsIris2["nclass"]==0) |(dsIris2["nclass"]==1)]
ds02 = dsIris2[(dsIris2["nclass"]==0) |(dsIris2["nclass"]==2)]
ds12 = dsIris2[(dsIris2["nclass"]==1) |(dsIris2["nclass"]==2)]
plt.figure(figsize=(12,5))
plt.suptitle('Linear separable or not',fontsize='xx-large')
plt.subplot(131)
plt.title("setosa-versicolor",fontsize='x-large')
plt.scatter(ds01.values[:,0], ds01.values[:,1],c=ds01.values[:,2])
plt.subplot(132)
plt.title("setosa-virginica",fontsize='x-large')
plt.scatter(ds02.values[:,0], ds02.values[:,1],c=ds02.values[:,2])
plt.subplot(133)
plt.title("versicolor-virginica",fontsize='x-large')
plt.scatter(ds12.values[:,0], ds12.values[:,1],c=ds12.values[:,2])
plt.show()
#3 个类别绘制在一起,形成一张图
dsIris2.plot.scatter('sepal-length','sepal-width',c ='nclass' ,cmap='plasma')
```

输出结果为：

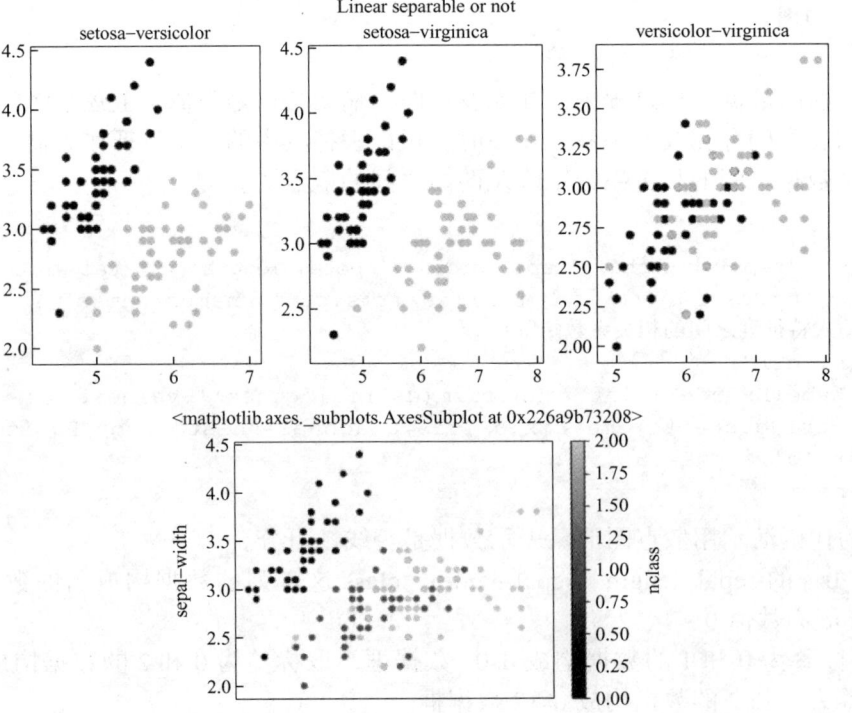

从输出的结果上看，若以 'sepal-length', 'sepal-width' 作为输入特征，则 setosa-versicolor、setosa-virginica 线性可分，而 versicolor-virginica 线性不可分。

6.1.3 数据的分布与直方图

直方图可以较形象地展示数据是否为正态分布，下面的示例演示了如何画出满足正态分布的一组随机数的直方图。

```
...
# 设置随机种子,使得同一组随机数可以重复
np.random.seed(814588)
# 指定正态分布的均值和方差
mu, sigma = 100, 15
# 生成10000个满足正态分布的随机数
x = np.random.normal(mu,sigma,10000)
plt.figure(figsize=(16,8))
# 指定图片的位置
plt.subplot(121)
# 生成直方图
n, bins, patches = plt.hist(x, 50, facecolor='g', alpha=0.75,width=1.8)
#X 轴、Y 轴、图片的标题
plt.xlabel('Smarts')
plt.ylabel('Probability')
plt.title('Histogram of IQ')
# 图片中的文字
plt.text(50, 500, r'$\mu=100,\ \sigma=15$')
# 限定 X 轴和 Y 轴的取值范围
plt.xlim(40, 160)
plt.ylim(0, 650)
# 图片的背景表格
plt.grid(True)
# 使用Pandas Series的hist画图,Pandas继承了Matplotlib的各种方法,并进行优化,
# 如 DataFrame 可以直接画出每个列的所有直方图
plt.subplot(122)
sx = pd.Series(x)
plt.xlabel('Smarts')
plt.ylabel('Probability')
plt.title('Histogram of IQ')
plt.text(50, 500, r'$\mu=100,\ \sigma=15$')
plt.xlim(40, 160)
plt.ylim(0, 650)
sx.hist(bins=50,alpha=0.75,width=1.8)
plt.show()
```

输出结果为：

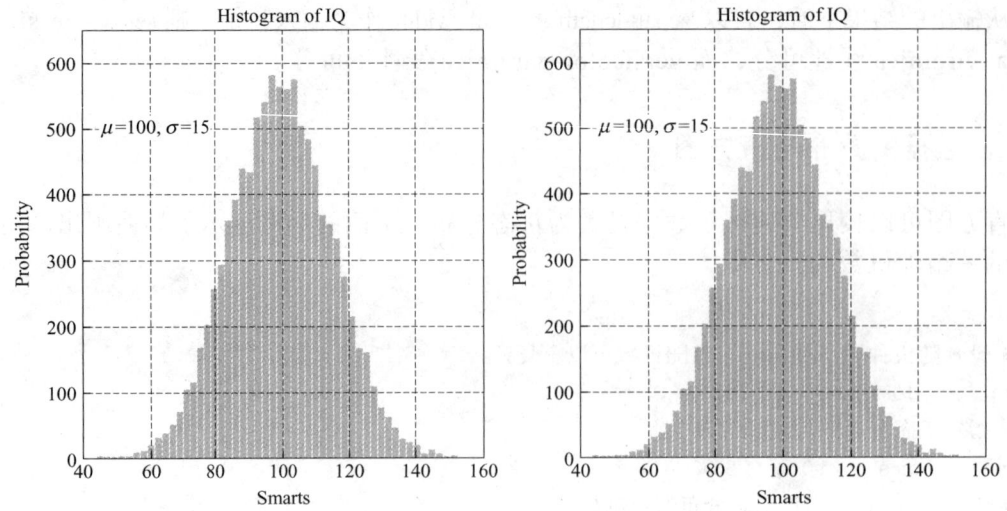

下面的示例演示，画出和直方图对应的正态分布曲线图。

```
...
# 指定正态分布的均值和方差
mu,sigma = 100, 15
# 生成满足正态分布的随机数
x = np.random.normal(mu,sigma,10000)
# 设置图片大小
plt.figure(figsize=(8,8))
# 直方图
_,bins,_ =plt.hist(x, 50, facecolor='g', alpha=0.75,density=True,rwidth=0.9)
# 计算每个柱子对应值的概率密度
probabilities = norm.pdf(bins,mu,sigma)
# 概率密度曲线
plt.plot(bins,probabilities,c='b',lw=2,marker='o',ls='-.')
plt.show()
```

输出结果为：

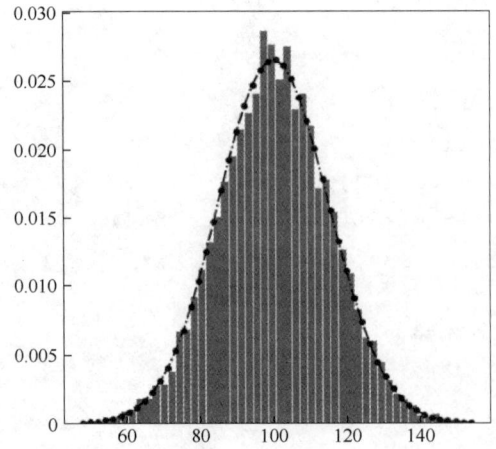

6.1.4 Matplotlib 绘图

关于使用 Matplotlib 进行绘图的详细示例请大家参阅 https://matplotlib.org/stable/contents.html。下面列举几个示例说明 Matplotlib 的使用。

1. 折线图

折线图将数据点按照一定顺序连接起来，主要功能是查看因变量 y 随着自变量 x 改变的趋势，最适合用于显示随时间（根据常用比例设置）而变化的连续数据，同时还可以看出数量的差异，增长趋势的变化。下面的示例是关于雨量与时间对应关系的折线图。

```
...
# 解决中文显示问题
plt.rcParams['font.sans-serif'] = ['KaiTi']      # 指定默认字体
# 输入雨量与月份数据
x = np.linspace(1, 12, 12)
y = [145.6,183.2,192.1,245.1,277.9,324.3,348.8,237.8,251.9,201.5,160.7
,147.3]
plt.plot(x, y, alpha=0.5)
plt.xlabel(' 时间（月份）')                        # 横坐标轴标题
plt.ylabel(' 降雨量 (mm)')                        # 纵坐标轴标题
plt.title(' 年度雨量趋势图 ')                      # 主标题
plt.show()
```

输出结果为：

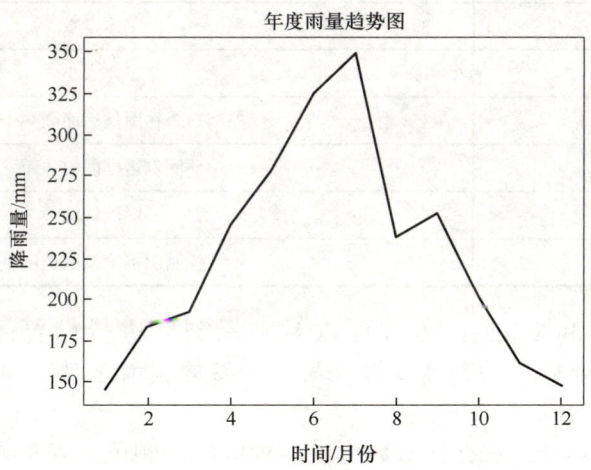

通过设置绘图函数中的参数，来绘制复杂美观的图形。

1）plot() 函数中的参数见表 6-1。

表 6-1 plot() 函数中的参数

参数名称	描述
alpha	线条透明度，float 类型，取值范围：[0, 1]，默认为 1.0，即不透明
antialiased / aa	是否使用抗锯齿渲染，默认为 True
color / c	线条颜色，支持英文颜色名称及其简写、十六进制颜色码等，更多颜色示例参见官网 Color Demo
linestyle / ls	线条样式：'-' 为实线，'--' 为虚线，'-.' 为点画线，':' 为点虚线

（续）

参数名称	描述
linewidth / lw	线条宽度，float 类型，默认 0.8
maker	标记点样式，'.' 点标记，'o' 圆圈标记，'v' 下三角标记等
markeredgecolor / mec	marker 标记的边缘颜色
markeredgewidth / mew	marker 标记的边缘宽度
markerfacecolor / mfc	marker 标记的颜色
markerfacecoloralt / mfcalt	marker 标记的备用颜色
markersize / ms	marker 标记的大小
label	添加标签

若需要绘制多条折线，多次调用 plt.plot() 函数即可，系统随机设置不同折线的颜色，也可以通过设置 color 参数自行指定折线的颜色。

2）设置图例需要调用 legend() 函数，其参数见表 6-2。

表 6-2　legend() 函数中的参数

参数名称	描述
loc	图例位置
prop	字体参数
fontsize	字体大小
shadow	控制是否在图例后面画一个阴影
borderpad	图例边框的内边距
title	图例标题
framealpha	控制图例框架的透明度

3）调用 xticks() 和 yticks() 函数可以对坐标刻度进行设置，该函数接收两个参数，第一个参数表示要显示的刻度位置，第二个参数表示在对应刻度线上要显示的标签信息。

4）通过调用 plt.fill_between() 函数可以设置区域的颜色，其参数见表 6-3。

表 6-3　plt.fill_between () 函数中的参数

参数名称	描述
x	第一个参数表示覆盖的区域
y1	覆盖的下限
y2	覆盖的上限
facecolor	覆盖区域的颜色
alpha	覆盖区域的透明度 [0，1]

通过调用以上的各个函数，并设置不同的参数值，绘制对应于三个不同函数的折线图，代码如下所示：

```python
...
# 定义横坐标
x = np.linspace(0, 6, 10)   # linspace(a,b,n) 生成起点为a,终点为b的n个均等分点
# 对应横坐标,定义三个不同的函数
y1 = 2*x + 1
y2 = x**2
y3 = np.sin(x)
plt.figure()                              # 设置画布
plt.grid(True)                            # 显示网格
# y1 直线
plt.plot(x, y1,                           # 输入横纵坐标
    linewidth=2.0,                        # 线宽
    linestyle='--',                       # 线条类型
    label=' 直线函数 ',                    # 标签
    marker='o',                           # 标记点类型
    markerfacecolor='blue',               # 标记点颜色
    markersize=5)                         # 标记点大小
# y2 曲线
plt.plot(x, y2, color='red', linewidth=2.0, linestyle='-', label='曲线函数 ', marker='s',
                    markerfacecolor='blue', markersize=8,alpha = 0.5)
# y3 正弦
plt.plot(x, y3, color='k', linewidth=2.0, linestyle=':', label='正弦函数 ', marker='^',
                    markerfacecolor='blue', markersize=5)
plt.xlim((0, 7))                          # 设置 x 轴坐标范围
plt.ylim((-3, 15))                        # 设置 y 轴坐标范围
plt.legend(loc='upper left',title=' 函数类型 ')   # 创建图例,设置位置和标题
plt.xlabel('X 轴', size = 14)             # 设置横轴名称
plt.ylabel('Y 轴', size = 14)             # 设置纵轴名称
# 在图中为每条折线添加标签
plt.text(5, 10, r'$y1=2*x+1$',fontdict={'size': 11, 'color': 'r'})
plt.text(2, 10, r'$y2=x*x$', fontdict={'size': 11, 'color': 'r'})
plt.text(5, 1, r'$y3=sin(x)$', fontdict={'size': 11, 'color': 'r'})
plt.title(' 三个不同函数的折线图 ',         # 画布标题名称
    fontweight='light',                   # 字体粗细
    fontstyle='italic',                   # 字体倾斜
    fontsize='20',                        # 字体大小
    alpha=0.8)                            # 字体透明度
plt.figtext(0.90, 0.89,                   # 位置坐标
    '2021/6/20',                          # 副标题名称
    ha='right',                           # 控制水平对齐方式
    size=10)                              # 大小
# 颜色填充
plt.fill_between(x,y1,y2,                 # 输入横坐标 x 及与其对应的纵坐标 y1,y2
        where=y1>=y2,                     # 确定颜色填充范围
        facecolor='yellow',               # 颜色
        interpolate=True,                 # 提高颜色填充度
        alpha = 0.5)                      # 颜色透明度
plt.show()  # 显示图形
```

输出结果为:

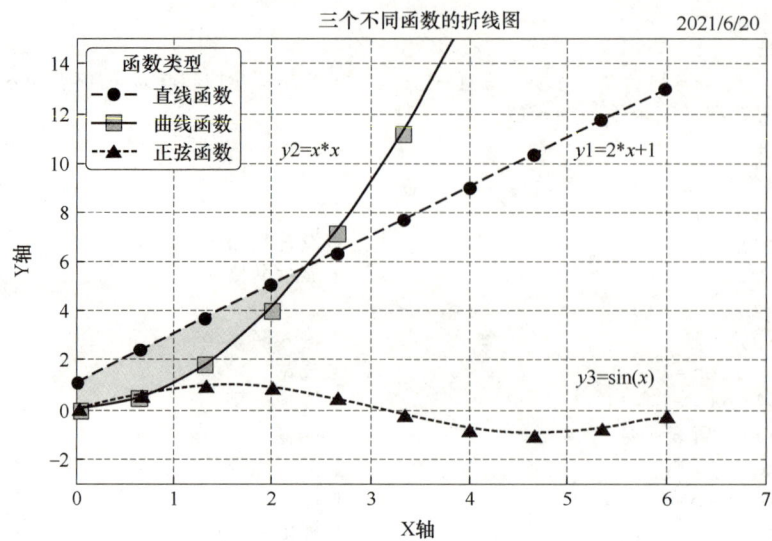

上面的示例分别绘制了 $y1 = 2x+1$、$y2 = x^2$ 和 $y3 = \sin(x)$ 这 3 条折线图，为凸显两条线间的填充面积，设置该面积颜色为黄色。

2. 散点图

散点图是以一个特征为横坐标，另一个特征为纵坐标，利用坐标点（散点）的分布形态来反映特征间的统计关系的一种图形。下面的示例演示了如何绘制产量与温度关系的散点图。

```
...
# 输入产量与温度数据
production = [1125, 1725, 2250, 2875, 2900, 3750, 4125]
tem = [6, 8, 10, 13, 14, 16, 21]
colors = np.random.rand(len(tem))                    # 颜色数组
plt.scatter(tem, production, s=100, c=colors)        # 画折线图，大小为 200
plt.xlabel('温度')   # 横坐标轴标题
plt.ylabel('产量')   # 纵坐标轴标题
plt.show()
```

输出结果为：

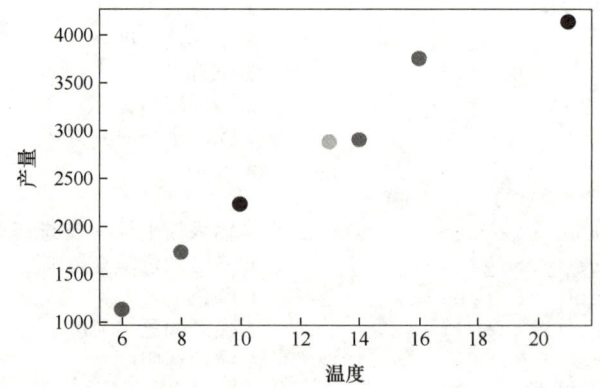

设置散点图的图形样式、标题和坐标轴的函数与前面的折线图类似，scatter() 函数用于设置散点的样式，其参数见表 6-4。

表 6-4 scatter() 函数中的参数

参数名称	描述
x, y	数据位置，标量或类似数组的形式
s	标记的大小，以磅为单位，默认 ['lines.markersize']^2，即 6^2=36
color / c	标记的颜色，可以是单个颜色或者一个颜色列表，支持英文颜色名称及其简写、十六进制颜色码等，更多颜色示例参见官网 Color Demo
marker	标记的样式，默认为 scatter.marker= 'o'
cmap	将浮点数映射成颜色的颜色映射表，即一个 Colormap 实例或注册的颜色表名，仅当 c 是浮点数数组时才使用 cmap
alpha	标记的透明度，float 类型，取值范围：[0, 1]，默认为 1.0，即不透明
linewidths	标记边缘的线宽，默认为 1.5

下面的示例给出了表示人群健康情况的散点图，代码如下所示：

```
...
# 输入男女身高体重数据
Fh=np.array([153,165,165,157,158,158,159,160,160,160,160,161,161,162,162,163])
Fw=np.array([42,64,38,48,52,70,43,50,45,52,50,50,75,55,60,56])
Mh=np.array([163,164,165,168,169,170,170,170,171,172,172,172,173,173,174,175])
Mw=np.array([70,56,60,55,60,54,80,64,67,65,60,60,82,65,70,70])
# 设置散点图点的大小
def sizes(x,y):
    BMI = y / ((x/100) * (x/100))
    # 当 BMI 大于 23 返回 300，否则返回 100
    l = np.where((BMI>=23), 300, 100)
    return l
p1=plt.scatter(Fh, Fw, s=sizes(Fh,Fw) , c='red',alpha = 0.5)    # 画散点图，大小为 10
p2=plt.scatter(Mh, Mw, s=sizes(Mh,Mw) , c='b',alpha = 0.5)      # 画散点图，大小为 10
# 设置横纵坐标名称
plt.xlabel(' 身高 ',size =14)
plt.ylabel(' 体重 ',size = 14)
plt.title(' 人群健康散点图 ', fontweight='light',fontstyle='italic',fontsize='20',alpha=0.8)
plt.figtext(0.90, 0.89, '2021/6/20', ha='right', size=10)
# 设置两个图例 l1 和 l2，一个是颜色的图例，一个是大小的图例
l1 = plt.legend([p1, p2], [" 女性 ", " 男性 "], loc='upper left',title=' 性别 ',markerscale=0.3)
l2 = plt.legend([p1, p2],[' 偏 胖 ',' 正 常 '],loc='lower right', scatterpoints=1,title=' 胖瘦 ')
l2.legendHandles[0]._sizes = [300]
l2.legendHandles[1]._sizes = [100]
plt.grid(True,alpha=0.3)     # 网格线
plt.gca().add_artist(l1)     # 添加图例
plt.show()
```

输出结果为：

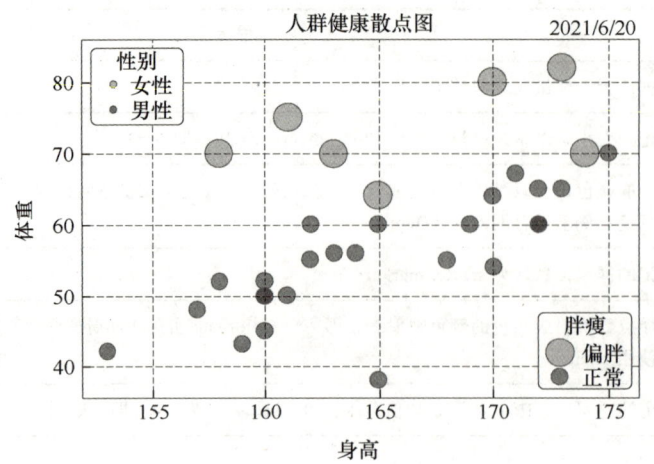

代码中以 BMI 指数来确定散点的大小，以性别来确定散点的颜色，在图的左上角和右下角设置了两个图例来说明。从图中可以清晰观察人群的健康状况，小点代表健康人群，大点代表偏胖人群。

3. 柱状图

柱状图以长方形的长度为变量的统计图表，长方形的长度与它所对应的变量数值呈一定比例，下面的示例演示了男性购买饮用水情况的柱状图如何绘制。

```
...
# 设置数据
waters = ('碳酸饮料','绿茶','矿泉水','果汁','其他')
buy_number = [6, 7, 6, 1, 2]
# 柱状图
plt.bar(waters, buy_number,alpha=0.8)
plt.title('男性购买饮用水情况柱状图')
plt.show()
```

输出结果为：

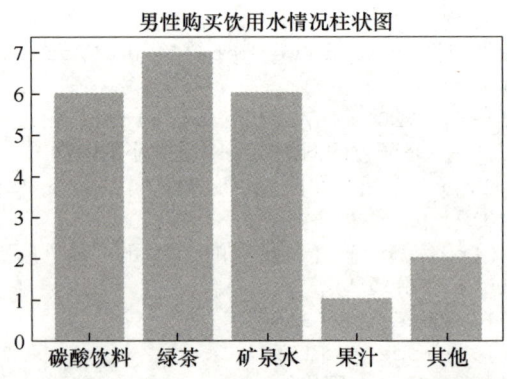

在图中，横轴是饮用水的种类，纵轴代表每类水使用的数量，柱状图的优势是在对多种并列的值对比时，可以清晰地看出最大值或最小值，并对所有的值的大小能够直观比较。bar() 函数用于设置柱子的样式，其参数见表 6-5。

表 6-5 bar() 函数中的参数

参数名称	描述
x	标量序列，每个矩形对应的 x 轴刻度
height	标量或标量序列，每个矩形对应的高度，即 y 轴刻度
width	标量或数组类型，每个矩形的宽度，默认为 0.8
bottom	标量或数组类型，y 轴的起始位置，默认为 0
align	矩形与 x 轴刻度对齐的位置，'center'：中；'edge'：左边缘
color	标量或数组类型，每个矩形的颜色
edgecolor	标量或数组类型，柱状图边缘线的颜色
tick_label	标量或数组类型，柱状图 x 轴的刻度标签，默认使用数字标签
alpha	float 类型，矩形透明度
label	图例中显示的标签
linestyle / ls	线条样式，此处指矩形边缘线条样式：'-' 为实线，'--' 为虚线，'-.' 为点画线，':' 为点虚线
linewidth / lw	线条宽度，此处指矩形边缘线的宽度，float 类型，默认 0.8

下面的示例演示了绘制不同等级成绩试卷份数的柱状图。

```
...
# 设置数据
x=np.arange(5)
y=[6,10,4,5,1]
y1=[2,6,3,8,5]
bar_width=0.35    # 柱宽
tick_label=["A","B","C","D","E"]        # 横坐标标签
plt.grid(True,alpha=0.3)                # 网格线
# 第一个柱状图（班级 A）
plt.bar(x,y,bar_width,color='c',align='center',label='班级 A',alpha=0.5)
# 第二个柱状图（班级 B）
plt.bar(x+bar_width,y1,bar_width,color='b',align='center',label='班级 B',alpha=0.5)
plt.title('班级成绩柱状图', fontweight='light',fontstyle='italic',fontsize='20',alpha=0.8)             # 主标题
plt.figtext(0.90, 0.89, '2021/6/20', ha='right', size=10)   # 副标题
# 设置横纵坐标名称
plt.xlabel('测试难度',size =14)
plt.ylabel('试卷份数',size =14)
plt.xticks(x+bar_width/2,tick_label) # x 轴上标签位置
plt.legend(title='班级 ')               # 图例位置默认右上角
# 在每个柱上显示该条对应的 y 值
for x, y1,y2 in zip(x,y,y1):
    plt.text(x,y1+0.05,'%d' %y1, ha='center', va='bottom',fontsize=12)
    plt.text(x+0.35,y2+0.05,'%d' %y2, ha='center', va='bottom',fontsize=12)
plt.show()
```

输出结果为：

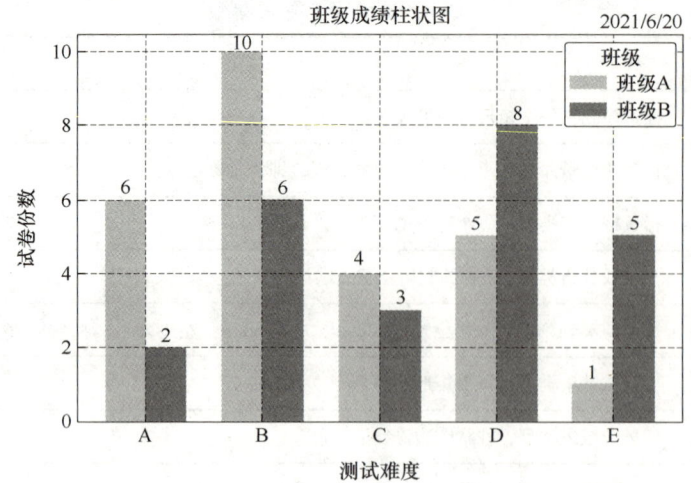

绘制并列柱状图,需要用到两个 plt.bar() 函数来设置,并且第二个函数中的 x 值要增加一个柱宽,不然两条柱子会重叠在一起成为堆积柱状图。

4. 饼状图

饼状图将数据中的各项与总和的比例显示在一张"饼"中,以"饼块"的大小来确定每一项的占比。饼状图可以清晰地反映出部分与部分、部分与整体之间的比例关系,易于显示每组数据相对于总数的大小,而且显现方式直观。下面的示例演示了一个简单饼状图的绘制。

```
...
labels = ['data1', 'data2', 'data3', 'data4', 'data5', 'data6']
sizes = [2, 5, 12, 70, 2, 9]
plt.pie(sizes, labels=labels, autopct='%1.0f%%', startangle=150)
# 设置标题
plt.title(" 简单饼状图示例 ")
plt.show()
```

输出结果为:

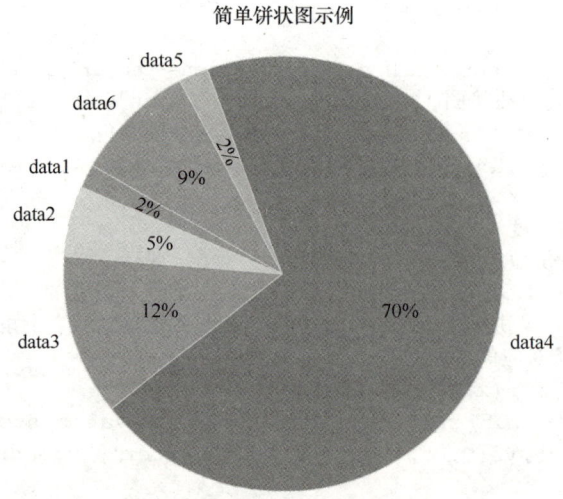

通过输入饼状图每个扇形的占比,就可以画出一个完整的饼状图,当没有设置颜色

时，系统会自动随机产生颜色，使每个扇形颜色不一样。pie() 函数用于设置饼的样式，其参数见表 6-6。

表 6-6 pie() 函数中的参数

参数名称	描述
x	每个扇形块的大小，数组形式，单位是百分比
explode	指定对应扇形块脱离饼状图的半径大小，其中元素个数应该是 len(x)
labels	每个扇形块上的文本标签，列表形式
labeldistance	每个扇形块上的文本标签与扇形中心的距离，默认 1.1
colors	每个扇形块对应的颜色，数组形式
autopct	用于计算每个扇形块所占比例，字符串或者函数类型
pctdistance	每个扇形块的中心与 autopct 生成的文本之间的距离，float 类型，默认 0.6
shadow	是否为扇形添加阴影效果
startangle	将饼状图按照逆时针旋转指定的角度，float 类型
radius	饼状图的半径，如果是 None，则将被设置为 1，float 类型
counterclock	是否按照逆时针对扇形图进行排列，bool 类型，默认 True
textprops	传递给文本对象的参数
center	饼状图圆心在画布上的坐标，默认 (0, 0)

下面的示例通过设置 pie() 函数中的参数，绘制一个失信用户的受教育水平分布的饼状图，代码如下所示：

```
...
# 设置画布大小
plt.figure(figsize=(8.0, 6.0))
plt.axes(aspect='equal')       # 将横、纵坐标轴标准化处理，确保饼状图是一个正圆，否则
                               # 为椭圆构造数据
edu = [0.2515, 0.3724, 0.3336, 0.0368, 0.0057]
labels = ['中专','大专','本科','硕士','其他']
explode = [0, 0.1, 0, 0.1, 0]  # 生成数据，用于凸显硕士和大专学历人群
colors = ['#9999ff', '#ff9999', '#7777aa', '#2442aa', '#dd5555']  # 自定义颜色
plt.pie(x=edu,                 # 绘图数据
    explode=explode,           # 指定饼状图某些部分的突出显示，即呈现爆炸式
    labels=labels,             # 添加教育水平标签
    colors=colors,
    autopct='%1.2f%%',         # 设置百分比的格式，这里保留两位小数
    pctdistance=0.8,           # 设置百分比标签与圆心的距离
    labeldistance=1.1,         # 设置教育水平标签与圆心的距离
    startangle=180,            # 设置饼状图的初始角度
    radius=1,                  # 设置饼状图的半径
    shadow='Ture',
    counterclock=False,        # 是否逆时针，这里设置为顺时针方向
    wedgeprops={'linewidth':1.5, 'edgecolor':'green'},   # 设置饼状图内外边界的属性值
    textprops={'fontsize':10, 'color':'black'},   # 设置文本标签的属性值
    )
plt.title('失信用户的受教育水平分布饼状图',fontweight='light',fontstyle='italic',fontsize='20',alpha=0.8)      # 设置标题
plt.legend(loc='lower right')
plt.show()                     # 显示图形
```

输出结果为：

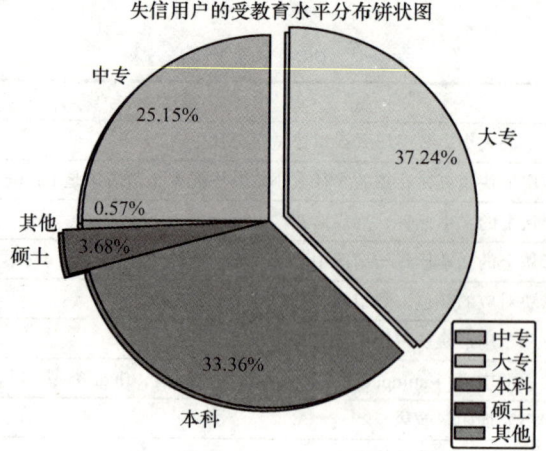

饼状图中设置了 5 个数据，同时为了凸显学历最高和占比最高的在失信用户中的占比，设置 explode 以显示出爆裂的样式。

5. 雷达图

雷达图以一点为中心，每一变量为一轴，用 n 个变量表示 n 个轴，从而形成由内向外放射状的图形。雷达图是一种以二维图表的形式显示多变量数据的图形方法，通常用于多组数据的比较，综合评价多个变量或指标。简单来说，雷达图就是将点由直角坐标系转化为极坐标系，在极坐标中要确定一个点的位置，就需要知道这个点的角度和半径。接下来给出一个基础的极坐标图的示例，代码如下：

```
...
n = 12                      # 设置点的个数
# 设置角度，平均分角度，使每个点在图上均等分布
theta = np.linspace(0.0, 2*np.pi, n, endpoint=False)
r = 30*np.random.rand(n)    # 设置半径
plt.polar(theta, r, linewidth=2, marker="*", markerfacecolor="b", markersize=10)
plt.fill(theta, r)
plt.show()
```

输出结果为：

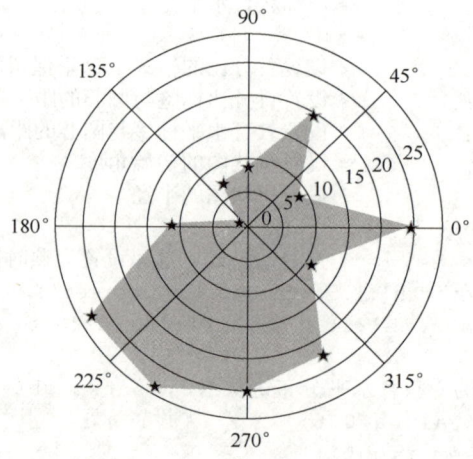

polar() 函数用于设置雷达图的样式，其参数见表 6-7。

表 6-7　polar() 函数中的参数

参数名称	描述
theta	点的角坐标，以弧度单位传入参数
r	点的半径坐标
alpha	线条透明度
color / c	线条颜色，支持英文颜色名称及其简写、十六进制颜色码等
linestyle / ls	连接的线条样式
linewidth / lw	连接的线条宽度，float 类型，默认 0.8
marker	标记样式
markeredgecolor / mec	marker 标记的边缘颜色
markeredgewidth / mew	marker 标记的边缘宽度
markerfacecolor / mfc	marker 标记的颜色
markerfacecoloralt / mfcalt	marker 标记的备用颜色
markersize / ms	marker 标记的大小

除了将点连接，通常还需要将点围成的多边形填充上颜色，这时需要用到 plot.fill（theta，r，color，alpha）函数，输入角度、半径、颜色和透明度，就可以绘制一个完整的雷达图。下面的示例演示人格分析的雷达图，代码如下所示：

```
...
# 设置人格取向标签
radar_labels = np.array(['研究型 (I)','艺术型 (A)','社会型 (S)',\
                         '企业型 (E)','常规型 (C)','现实型 (R)'])
# 输入 6 组人格数据
data = np.array([[0.40, 0.32, 0.35, 0.30, 0.30, 0.88],
                 [0.85, 0.35, 0.30, 0.40, 0.40, 0.30],
                 [0.43, 0.89, 0.30, 0.28, 0.22, 0.30],
                 [0.30, 0.25, 0.48, 0.85, 0.45, 0.40],
                 [0.20, 0.38, 0.87, 0.45, 0.32, 0.28],
                 [0.34, 0.31, 0.38, 0.40, 0.92, 0.28]])
data_labels =('艺术家','实验员','工程师','推销员','社会工作者','记事员')
# 设置每个数据点的显示位置，在雷达图上用角度表示
angles = np.linspace(0, 2*np.pi, 6, endpoint=False)
fig = plt.figure(facecolor = "white")                    # 设置画布
plt.polar(angles, data,'o-',linewidth=1, alpha=0.3)      # 位置信息和极坐标点
plt.fill(angles, data, alpha=0.25)                       # 颜色填充
# 设置图标上的角度划分刻度，为每个数据点处添加标签
plt.thetagrids(angles*180/np.pi, radar_labels)
plt.title('人格分析雷达图', fontweight='light',fontstyle='italic',fontsize='20',alpha=0.8)
legend = plt.legend(data_labels, loc = (0.94, 0.80), labelspacing = 0.1)
plt.grid(True)
plt.show()
```

输出结果为：

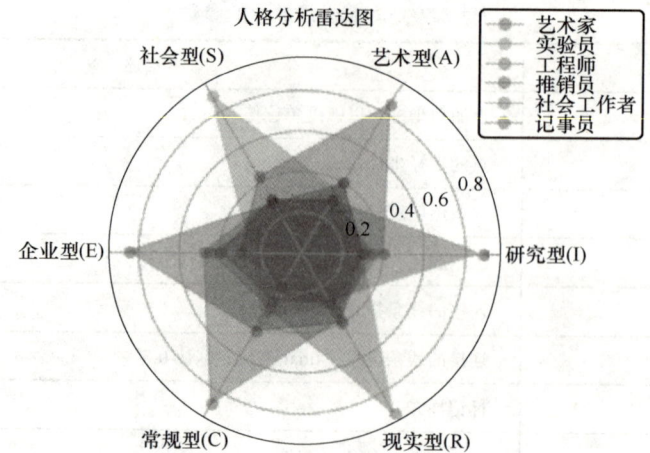

通过输入6组数据构成的雷达图,可以在图上清晰地观察每一个人格类型和其对应的职业。

6. 子图

在进行数据分析或者展示实验结果时,通常需要将多个图放在一个画布中,以进行比较,Matplotlib 提供了子图功能来满足这一需求。有多种方式可以绘制子图,下面给出其中一种较为常用的方式的步骤。

1)创建子图。

```
fig = plt.figure()
axes = fig.subplots(2, 2)      #2行2列,同一个画布上放4个子图
```

2)设置子图的位置。

```
x1 = axes[0, 0]
x2 = axes[0, 1]
x3 = axes[1, 0]
x4 = axes[1, 1]
```

3)绘制子图。

```
x1.plot(x,y)            # 折线图
x2.bar(x,y)             # 柱状图
x3.scatter(x,y)         # 散点图
x4.pie(x,y)             # 饼状图
```

完整的代码如下所示:

```
...
dx1 = np.arange(1, 50)       # 设置数据 0~50
# 定义画布
fig = plt.figure(figsize=(12,6))
axes = fig.subplots(2, 2)    # 创建4个子图,2行2列
x1 = axes[0, 0]              # 子图1位置
x2 = axes[0, 1]              # 子图2位置
x3 = axes[1, 0]              # 子图3位置
x4 = axes[1, 1]              # 子图4位置
# 第一个子图为 y=sin(x) 的折线图
x1.plot(dx1, np.sin(dx1), linestyle='--')
```

```
# 第二个子图为柱状图
n = 10
x2.bar(np.arange(n),(1 - np.arange(n) / float(n)) * np.random.
uniform(0.5, 1.0, n), facecolor='y')
# 第三个子图为散点图
dx3 = np.random.normal(0, 1, n)
dxy3 = np.random.normal(0, 1, n)
T = np.arctan2(dxy3, dx3)
x3.scatter(dx3, dxy3, s=75, c=T, alpha=0.5)
# 第四个子图为饼状图
labels = ['data1', 'data2', 'data3', 'data4', 'data5', 'data6']
sizes = [2, 5, 12, 70, 2, 9]
x4.pie(sizes, labels=labels, autopct='%1.0f%%', startangle=150)
# 子图小标题
axes[0][0].set_title('折线图')
axes[0][1].set_title('柱状图')
axes[1][0].set_title('散点图')
axes[1][1].set_title('饼状图')
# 主标题
plt.suptitle("子图示例",fontweight='light',fontstyle='italic',fontsize=
'20',alpha=0.8,y=1.05)
plt.figtext(0.95, 0.89, '2021/6/20', ha='right', size=10)
plt.tight_layout()        # 调整界面,防止标题与子图重叠
plt.show()                # 显示图片
```

输出结果为:

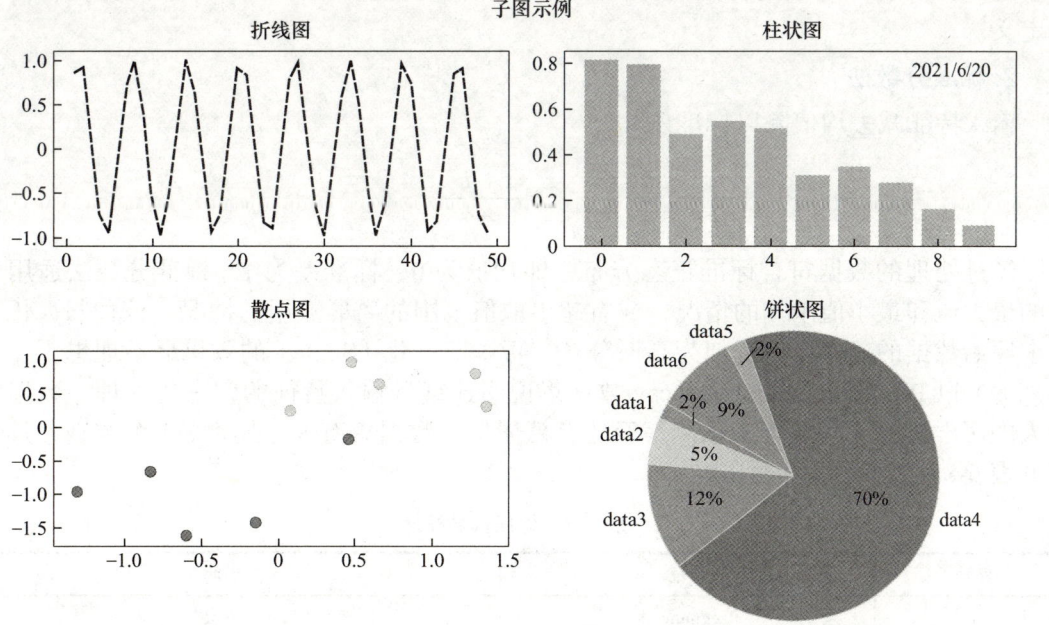

6.2 数据预处理

在进行机器学习前,一般需要对数据进行处理,下面是数据预处理需要考虑的问题。
1)首先要明确有多少特征,哪些是连续(Continuous)的,哪些是类别(Category)的。

2）检查有没有缺失值，对缺失的特征选择恰当方式进行填充，使数据完整。
3）对连续的数值型特征进行归一化处理。
4）对类别型的特征进行编码处理。
5）分析输入特征之间的相关性，去掉强相关的两个输入特征中的一个。
6）为防止过拟合或者其他原因，选择是否要将数据进行正则化。
7）在对数据进行初探之后发现效果不佳，可以尝试使用多项式方法，寻找非线性的关系。
8）根据实际问题分析是否需要对特征进行相应的函数转换。

6.2.1 连续型输入特征的处理（归一化）

若参与建模的各个连续型的输入特征取值存在数量级差异，数量级较大的变量对模型的贡献会大于数量级较小的变量，特别是对于基于距离的机器学习算法，如 KNN。为使各个输入变量对模型有"同等贡献"，建模前应对数据进行预处理以消除数量级的差异，常用的预处理方法有极差法和标准分数法。

1. 极差法

输入特征的每个值减去整个输入特征的最小值，然后除以最大值和最小值的差。

$$\hat{x} = \frac{x_i - x_{\min}}{x_{\max} - x_{\min}} \tag{6-3}$$

极差法将所有输入特征值范围限定在 [0，1] 之间，消除了输入特征之间的数量级差异。这种方法有一个缺陷就是当有新数据加入时，可能导致 max 和 min 的变化，需要重新定义。

2. 标准分数法

输入特征减去均值除以标准差。

$$\hat{x} = \frac{x_i - u_x}{\sigma_x} \tag{6-4}$$

经过处理的数据符合标准正态分布，即均值为 0，标准差为 1。标准分数法适用于属性的最大值和最小值未知的情况，或有超出取值范围的离群数据的情况。该种归一化方式要求原始数据的分布可以近似为高斯分布，否则归一化（Scale）的效果会不理想。

下面以 PimaIndiansdiabetes.csv 数据集说明连续型输入特征的归一化处理，数据集使用人的医学诊断测量数据来预测是否还有糖尿病。数据集有 8 个属性，1 个类别，具体描述见表 6-8。

表 6-8 糖尿病数据集

序号	特征	说明
1	Pregnancies	怀孕次数
2	Glucose	葡萄糖计数
3	BloodPressure	血压（mmHg）
4	SkinThickness	皮层厚度（mm）
5	Insulin	胰岛素,2 小时血清胰岛素（muU/ml）

(续)

序号	特征	说明
6	BMI	体重指数=（体重/身高）^{2}
7	DiabetesPedigreeFunction	糖尿病谱系功能数值
8	Age	年龄（岁）
9	Outcome	标签（0或1）

下面的代码使用 Pandas 读入 PimaIndiansdiabetes.csv 为 DataFrame，展示前 5 条数据，并对特征进行描述。

```
# 数据的读取
import pandas as pd              # 数据科学计算工具
pima = pd.read_csv('../Datafiles/PimaIndiansdiabetes.csv',header=0)
pima.head(5)
pima.describe()                  # 数据的特征描述
```

下面的代码使用 sklearn.preprocessing 包，将所有的输入特征按极差法进行归一化处理。

```
...
pima = pd.read_csv('../Datafiles/PimaIndiansdiabetes.csv',header=0)
array = pima.values
# 划分输入特征和输出类别
X = array[:,0:8]
Y = array[:,8]
scaler = sp.MinMaxScaler(feature_range=(0, 1))
rescaledX = scaler.fit_transform(X)
# 显示归一化结果，显示前 5 条数据
np.set_printoptions(precision=3)
print(rescaledX[0:5,:])
```

下面的代码使用 sklearn.preprocessing 包，将所有的输入特征按标准分数法进行归一化处理。

```
...
pima = pd.read_csv('../Datafiles/PimaIndiansdiabetes.csv',header=0)
array = pima.values
# 划分输入特征和输出类别
X = array[:,0:8]
Y = array[:,8]
scaler = sp.StandardScaler().fit(X)
rescaledX = scaler.transform(X)
# 显示归一化结果，显示前 5 条数据
np.set_printoptions(precision=3)
print(rescaledX[0:5,:])
```

3. 归一化的方法

将输入特征的每一行的模归一化为 1（单位向量），当使用权重输入值的算法（如神经网络）和使用距离度量的算法（如 K 近邻）时，此预处理对于具有不同尺度属性的稀疏数据集（含大量零）非常有用。

$$|u| = \sqrt{x_1^2 + x_2^2 + \cdots + x_n^2} \qquad (6-5)$$

下面的代码演示了该处理方法。

```
...
pima = pd.read_csv('../Datafiles/PimaIndiansdiabetes.csv',header=0)
array = pima.values
# 划分输入特征和输出类别
X = array[:,0:8]
Y = array[:,8]
scaler = sp.Normalizer().fit(X)
normalizedX = scaler.transform(X)
# 显示归一化结果，显示前5条数据
np.set_printoptions(precision=3)
normalizedXFive = normalizedX[0:5,:]
print(normalizedXFive)
# 验证模为1
[np.sqrt(np.square(x).sum()) for x in normalizedXFive]
```

6.2.2 类别（离散）型输入特征的处理

类别（离散）型输入特征是指如方向、颜色和等级之类的特征，所有的机器学习算法只能处理数值，所以类别输入特征必须转换为数值类型后，才能作为算法的输入。对类别特征的数值化主要有两种手段。

1）按等级顺序化处理，如0，1，2，…，n，如收入等级高、中、低，可以顺序化为2、1、0，顺序化类别标签适合于类别本身可以认为是有序，或者有不同的重要程度的情况。

2）向量化处理，对于一些无法排序或区分重要程度的类别，如颜色、方向，顺序化处理显然是不合适的，没有理由认为红色比蓝色更加重要，因此对于这种类型的类别输入特征，一般按向量化处理。如某个输入特征为颜色，一共有红、黄、篮三种，则红色向量化为（1，0，0），黄色向量化为（0，1，0），蓝色向量化为（0，0，1）。

下面以breast-cancer数据集为例，演示类别型输入特征的处理。breast-cancer数据集的各个输入特征描述见表6-9。

表6-9 breast-cancer数据集

序号	特征	特征取值
1	age	10～19，20～29，30～39，40～49，50～59，60～69，70～79，80～89，90～99
2	menopause	lt40, ge40, premeno
3	tumor-size	0～4，5～9，10～14，15～19，20～24，25～29，30～34，35～39，40～44，45～49，50～54，55～59
4	inv-nodes	0～2，3～5，6～8，9～11，12～14，15～17，18～20，21～23，24～26，27～29，30～32，33～35，36～39
5	node-caps	yes, no
6	deg-malig	1, 2, 3
7	breast	left, right
8	breast-quad	left-up, left-low, right-up, right-low, central
9	irradiat	yes, no
10	Class	no-recurrence-events, recurrence-events

下面的代码使用 Pandas 读入 breast-cancer.csv 为 DataFrame，展示前 5 条数据，并进行类别标签的统计。

```python
import pandas as pd
from sklearn.preprocessing import LabelEncoder
from sklearn.preprocessing import OneHotEncoder
names = ['age', 'menopauseh', 'tumor-size', 'inv-nodes', 'node-caps','deg-malig','breast','breast-quad','irradiat','Class']
breast = pd.read_csv('../Datafiles/breast-cancer.csv',header=None, names=names)
breast.head(5)
# 类别标签统计
breast.groupby('Class').size()
```

假设自定义对输入特征的处理方式为：
- age：顺序化。
- menopauseh：向量化。
- tumor-size：顺序化。
- inv-nodes：顺序化。
- node-caps：顺序化。
- deg-malig：顺序化。
- breast：向量化。
- breast-quad：向量化。
- irradiat：顺序化。

则特征处理的过程可以描述为：

```python
...
names = ['age', 'menopauseh', 'tumor-size', 'inv-nodes', 'node-caps','deg-malig','breast','breast-quad','irradiat','Class']
breast = pd.read_csv('../Datafiles/breast-cancer.csv',header=None,names=names).values
# split data into X and y
X = breast[:,0:9]
# 转换为字符类型，针对空值
X = X.astype(str)
Y = breast[:,9]
# 保存处理后的输入特征
encoded_x = None
# 数据集的行数
rows = X.shape[0]
# 顺序化编码器
label_encoder = LabelEncoder()
# 向量化编码器
onehot_encoder = OneHotEncoder(sparse=False, categories='auto')
# 对 age 按顺序化处理
feature = label_encoder.fit_transform(X[:,0])
feature = feature.reshape(rows, 1)
encoded_x = feature
#menopause: 向量化
feature = onehot_encoder.fit_transform(X[:,1].reshape(rows, 1))
encoded_x = np.concatenate((encoded_x, feature), axis=1)
```

```
#tumor-size: 顺序化
feature = label_encoder.fit_transform(X[:,2])
feature = feature.reshape(rows, 1)
encoded_x = np.concatenate((encoded_x, feature), axis=1)
#inv-nodes: 顺序化
feature = label_encoder.fit_transform(X[:,3])
feature = feature.reshape(rows, 1)
encoded_x = np.concatenate((encoded_x, feature), axis=1)
#node-caps: 顺序化
feature = label_encoder.fit_transform(X[:,4])
feature = feature.reshape(rows, 1)
encoded_x = np.concatenate((encoded_x, feature), axis=1)
#deg-malig: 顺序化
feature = label_encoder.fit_transform(X[:,5])
feature = feature.reshape(rows, 1)
encoded_x = np.concatenate((encoded_x, feature), axis=1)
#breast: 向量化
feature = onehot_encoder.fit_transform(X[:,6].reshape(rows, 1))
encoded_x = np.concatenate((encoded_x, feature), axis=1)
#breast-quad: 向量化
feature = onehot_encoder.fit_transform(X[:,7].reshape(rows, 1))
encoded_x = np.concatenate((encoded_x, feature), axis=1)
#irradiat: 顺序化
feature = onehot_encoder.fit_transform(X[:,8].reshape(rows, 1))
encoded_x = np.concatenate((encoded_x, feature), axis=1)
print("X shape: : ", encoded_x.shape)
# 输出前 5 条数据
encoded_x[0:5,]
```

将所有输入特征向量化的代码如下：

```
names = ['age', 'menopauseh', 'tumor-size', 'inv-nodes', 'node-caps','deg-malig','breast','breast-quad','irradiat','Class']
breast = pd.read_csv('../Datafiles/breast-cancer.csv',header=None,names=names).values
# 划分输入和输出变量
X1 = breast[:,0:9]
# 转换为字符类型，针对空值
X1 = X1.astype(str)
Y1 = breast[:,9]
# 保存处理后的输入特征
encoded_x1 = None
for i in range(0, X1.shape[1]):
    onehot_encoder = OneHotEncoder(sparse=False, categories='auto')
    feature = onehot_encoder.fit_transform(X1[:,i].reshape(X1.shape[0], 1))
    if encoded_x1 is None:
        encoded_x1 = feature
    else:
        encoded_x1 = np.concatenate((encoded_x1, feature), axis=1)
print("X1 shape: : ", encoded_x1.shape)
```

6.2.3 分类标签的处理

分类标签的处理类似于类别型的输入特征，是处理为顺序化的数字，还是向量化，根据算法的特点而定，如决策树一般按顺序化数字，而神经网络则一般按向量化处理。下面的示例演示如何按顺序化数字处理上例中的类别标签，然后调用一些算法对模型进行分类（注意，对于一些算法，分类标签也可以不进行处理，算法会自动识别，和类别输入特性必须进行处理不同）。下面的示例演示使用不同的机器学习算法对 breast-cancer 数据集进行分类的情况。

```
...
# 对类别标签进行编码
label_encoded_y = label_encoder.fit_transform(Y)
# 不进行编码，对于有些算法也可以
#label_encoded_y = Y
# 划分训练集和测试集
seed = 7
test_size = 0.33
X_train, X_test, y_train, y_test = train_test_split(encoded_x, label_encoded_y, test_size=test_size, random_state=seed)
# 建模
#model = XGBClassifier() #XGB 分类器
model = SVC(gamma='auto'); # 支持向量机
#model = DecisionTreeClassifier() # 决策树
#model = LogisticRegression(solver='liblinear', multi_class='ovr') # 逻辑回归
#model = LinearDiscriminantAnalysis()#线性判断分析
#model = GaussianNB() # 贝叶斯分类
model.fit(X_train, y_train)
print(model)
# 对测试集进行测试
y_pred = model.predict(X_test)
#y_pred = [round(value) for value in y_pred]
# 计算准确率
accuracy = accuracy_score(y_test, y_pred)
print(" 准确率为：%.2f%%" % (accuracy * 100.0))
print('\n')
print(' 混淆矩阵为：')
print(confusion_matrix(y_test, y_pred))
print('\n')
print(' 分类报告为：')
print(classification_report(y_test, y_pred))
```

读者可以调用不同的机器学习算法（支持向量机、逻辑回归和贝叶斯分类等）进行测试，输入离散型输入特征的处理可以是前述的自定义的方式，也可以是全部向量化的方式，同时可以比较一下两种不同的处理方式对模型的性能指标的影响。

6.2.4 主成因分析（PCA–Principal Component Analysis）

1. 主成因分析的计算

主成因分析是数据降维的一种方法，数据降维是指在进行机器学习建模时，将相互关联及不重要的特征去掉，减少输入特征的数量，从而提高建模的效率。主成因分析根据矩

阵特征分解的原理，将分解后得到的特征值进行排序，取出特征值较大的对应特征向量作为建模的输入，而特征值较小或者接近于 0 的对应特征向量则去掉。因为特征值较大的特征向量已经能够反映数据的原始特征，故主成因分析能够较好的对数据进行降维。下面的示例演示如何使用 Numpy 进行 PCA 分析。

```
...
np.random.seed(18)
# 生成 20 ～ 100 之间 64 个随机数
A = np.random.randint(20,100,size=64)
A.shape
# 重构 16×4 的二维矩阵
A = A.reshape(16,4)
# 求矩阵中每个列的均值
M = np.mean(A.T, axis=1)
# 每个元素减去其列均值
C = A - M
# 计算 C 的转置的相关系数矩阵
V = np.cov(C.T)
# 求 V 矩阵的特征值和特征向量
values, vectors = np.linalg.eig(V)
print(" 特征值和特征向量 ")
print(values)
print(vectors.T)
# 按特征值大小对特征向量进行排序
#idx = np.flip(values.argsort())
# 倒序
idx = values.argsort()[::-1]
valuesSort = values[idx]
vectorsSort = vectors[:,idx]
print()
print(" 排序后特征值和特征向量 ")
print(valuesSort)
print(vectorsSort.T)
# 取最大的两个特征值对应的特征向量还原数据
P = vectorsSort[:,0:2].T.dot(C.T)
print()
print(" 取最大的两个特征值对应的特征向量还原数据的第一种解法 ")
print(P.T)
# 取最大的两个特征值对应的特征向量还原数据的第二种解法
import heapq
la = list(values)
# 取最大两个特征值的索引位置
res1 = map(la.index, heapq.nlargest(2, list(la)))
ra = np.array(list(res1));
c1 = values[ra]
v1 = vectors[:,ra]
P1 = v1.T.dot(C.T)
print()
print(" 取最大的两个特征值对应的特征向量还原数据的第二种解法 ")
print(P1.T)
```

下面的示例使用与上例相同的数据，直接使用 sklearn 中的 PCA 进行主成因分析。

```
...
np.random.seed(18)
# 生成 20 ～ 100 之间 64 个随机数
A = np.random.randint(20,100,size=64)
A.shape
# 重构 16×4 的二维矩阵
A = A.reshape(16,4)
# create the PCA instance
pca = PCA(2)
# fit on data
pca.fit(A)
print(" 特征值和特征向量 ")
# access values and vectors
print(pca.components_)
print(pca.explained_variance_)
print()
# transform data
print(" 使用特征向量还原矩阵 ")
B = pca.transform(A)
print(B)
```

分析输出结果可以发现还原后的矩阵的第二列和手动计算的符号正好相反,读者可以分析一下为什么。

2. 主成因分析应用举例

下面的示例使用 Iris 数据集演示 PCA 的使用,采用的算法为逻辑回归。

```
...
# 读取数据文件
irisNames = ['sepal-length', 'sepal-width', 'petal-length', 'petal-width', 'class']
dsIris = pd.read_csv("../DataFiles/iris.csv", names=irisNames)
array = dsIris.values
X = array[:,0:4]
y = array[:,4]
X_train, X_test, Y_train, Y_test = train_test_split(X, y, test_size=0.20, random_state=1)
# 使用逻辑回归算法进行行建模
#model = SVC(gamma='auto')
model = LogisticRegression(solver='liblinear', multi_class='ovr')
model.fit(X_train, Y_train)
predictions = model.predict(X_test)
# 评价模型
print(" 准确率为 :",accuracy_score(Y_test, predictions))
print(" 混淆矩阵为 :\n",confusion_matrix(Y_test, predictions))
print(" 分类报告为 :\n",classification_report(Y_test, predictions))
print()
# 使用主成因分析,取不同个数的成因
pca = PCA(n_components=2)
# 主成因转换
pca.fit(X_train)
pca_X_train = pca.transform(X_train)
pca_X_test = pca.transform(X_test)
pca_model = LogisticRegression(solver='liblinear', multi_class='ovr')
```

```
pca_model.fit(pca_X_train, Y_train)
predictions = pca_model.predict(pca_X_test)
# 评价模型
print("准确率为:",accuracy_score(Y_test, predictions))
print("混淆矩阵为:\n",confusion_matrix(Y_test, predictions))
print("分类报告为:\n",classification_report(Y_test, predictions))
```

由于篇幅原因，输出结果没有列出。事实上，当设置 pca=PCA（n_components=2）时，和不使用主成因分析的准确率和其他评价指标基本一致，而设置 pca=PCA（n_components=1），可以发现预测的准确率较不使用主成因分析有所下降。

下面的示例使用 PCA 对 10 个手写数字进行分类，机器学习算法为 SVM，示例首先将训练集输入特征降维到 2，以便进行数据可视化，然后使用 SVM 对数据集进行建模及使用 PCA 将输入特征降维到 20 后进行建模，最后比较了两个模型的性能。

```
...
# 读取训练数据与测试数据集。
digits_train = pd.read_csv('../DataFiles/optdigits.tra', header=None)
digits_test = pd.read_csv('../DataFiles/optdigits.tes', header=None)
print(digits_train.shape)#(3823, 65)  3000+ 个样本，每个数据由 64 个特征,1 个
标签构成
print(digits_test.shape)#(1797, 65)
# 分割训练数据的特征向量和标记
X_digits = digits_train[np.arange(64)]# 得到 64 位特征值
y_digits = digits_train[64]# 得到对应的标签
#PCA 降维：降到 2 维
pca = PCA(n_components=2)
X_pca=pca.fit_transform(X_digits)
# 将数据降到 2 维并可视化，显示这 10 类手写体数字图片经 PCA 压缩后的 2 维空间分布
def plot_pca_scatter():
    colors = ['black', 'blue', 'purple', 'yellow', 'white', 'red', 'lime',
'cyan', 'orange', 'gray']
    for i in range(len(colors)):
        px = X_pca[:, 0][y_digits.values == i]
        py = X_pca[:, 1][y_digits.values == i]
        plt.scatter(px, py, c=colors[i])
    plt.legend(np.arange(0, 10).astype(str))
    plt.xlabel('First Principal Component')
    plt.ylabel('Second Principal Component')
    plt.show()
plot_pca_scatter()
# 用 SVM 分别对原始空间的数据（64 维）和降到 20 维的数据进行训练和预测
# 对训练数据 / 测试数据进行特征向量与分类标签的分离
X_train = digits_train[np.arange(64)]
y_train = digits_train[64]
X_test = digits_test[np.arange(64)]
y_test = digits_test[64]
# 用 SVM 对 64 维数据进行训练，初始化线性核的支持向量机的分类器
svc = SVC(gamma='auto',kernel='linear')
svc.fit(X_train,y_train)
y_pred = svc.predict(X_test)
print("不进行 PCA 降维结果如下 \n")
print("准确率为:",accuracy_score(y_test, y_pred))
```

```python
print("混淆矩阵为:\n",confusion_matrix(y_test, y_pred))
print("分类报告为:\n",classification_report(y_test, y_pred))
# 用 SVM 对 20 维数据进行训练
estimator = PCA(n_components=20)    # 使用 PCA 将原 64 维度图像压缩为 20 个维度
# 利用训练特征决定 20 个正交维度的方向，并转化原训练特征
pca_X_train = estimator.fit_transform(X_train)
pca_X_test = estimator.transform(X_test)
psc_svc = SVC(gamma='auto',kernel='linear')
psc_svc.fit(pca_X_train,y_train)
pca_y_pred = psc_svc.predict(pca_X_test)
print("PCA 降维到 20 结果如下 \n")
print("准确率为:",accuracy_score(y_test, pca_y_pred))
print("混淆矩阵为:\n",confusion_matrix(y_test, pca_y_pred))
print("分类报告为:\n",classification_report(y_test, pca_y_pred))
```

输出结果为:

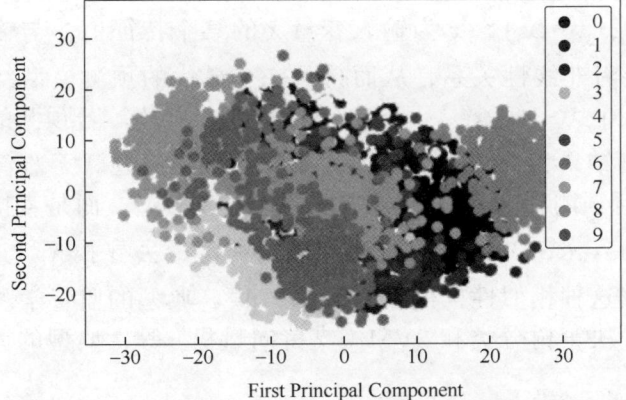

```
不进行PCA降维结果如下                              PCA降维到20结果如下

准确率为: 0.9610461880912632                   准确率为: 0.9499165275459098
混淆矩阵为:                                     混淆矩阵为:
[[177   0   0   0   0   1   0   0   0   0]    [[176   0   0   0   1   1   0   0   0   0]
 [  0 178   0   0   0   0   3   0   1   0]     [  0 177   0   0   0   0   3   0   1   1]
 [  0   7 170   0   0   0   0   0   0   0]     [  0   6 170   0   0   0   1   0   0   0]
 [  1   0   5 171   0   2   0   2   1   1]     [  2   0   2 172   0   2   0   1   2   2]
 [  0   0   0   0 180   0   0   0   1   0]     [  0   0   0   0 178   0   0   0   3   0]
 [  0   0   1   0   0 180   0   0   0   1]     [  0   0   1   1 178   0   0   0   2]
 [  0   0   0   0   1   0 179   0   1   0]     [  1   2   0   0   1   0 176   0   1   0]
 [  0   0   0   0   1   7   0 165   0   6]     [  0   0   0   0   1   6   0 163   0   9]
 [  0   9   1   5   0   2   0   0 157   0]     [  1   7   0   4   1   0   0   0 159   2]
 [  1   0   0   4   1   3   0   0   1 170]]    [  0   0   0   6  10   5   0   0   1 158]]
分类报告为:                                     分类报告为:
              precision    recall  f1-score  support                   precision    recall  f1-score  support

           0       0.99      0.99      0.99      178               0       0.98      0.99      0.98      178
           1       0.92      0.98      0.95      182               1       0.92      0.97      0.95      182
           2       0.96      0.96      0.96      177               2       0.99      0.96      0.97      177
           3       0.95      0.93      0.94      183               3       0.94      0.94      0.94      183
           4       0.98      0.99      0.99      181               4       0.93      0.98      0.95      181
           5       0.92      0.99      0.95      182               5       0.92      0.98      0.95      182
           6       0.98      0.99      0.99      181               6       0.98      0.97      0.98      181
           7       0.99      0.92      0.95      179               7       0.99      0.91      0.95      179
           8       0.97      0.90      0.93      174               8       0.95      0.91      0.93      174
           9       0.96      0.94      0.95      180               9       0.91      0.88      0.89      180

    accuracy                           0.96     1797        accuracy                           0.95     1797
   macro avg       0.96      0.96      0.96     1797       macro avg       0.95      0.95      0.95     1797
weighted avg       0.96      0.96      0.96     1797    weighted avg       0.95      0.95      0.95     1797
```

可以发现，从 64 维降到 20 维后，使用 SVM 进行分类的准确度区别不大，PCA 降维取得了较好的效果。

第 7 章

大数据与机器学习

数据预测是基于对历史数据的分析、归纳和提炼其中包含的某种模式,并将这种模式体现在预测模型中。得到预测模型的过程称为机器学习,机器学习分为监督学习和无监督学习两种,监督学习是指首先通过已知的训练集,准确地找到输入变量(解释变量、特征变量)$X(x_1,x_2,\cdots,x_n)$,x_i 为输入变量 X 的某个特征值,与输出变量(被解释变量)Y 之间的线性或者非线性关系,从而得到一个最优的预测模型。并根据得到的预测模型,使用已知的某个 $X'=(x_1',x_2',\cdots,x_n')$ 去预测未知的 Y' 值。若预测的结果为类别值,则称为分类问题,预测结果为连续型的数值,则称为回归问题。无监督学习是指对某个样本 $X'(x_1,x_2,\cdots,x_n)$ 进行预测其 Y' 值前,不需要预先建立模型,而是直接根据已知的样本集合 $I=\{(X_0,Y_0),(X_1,Y_1),\cdots,(X_n,Y_n)\}$,根据某种规则和度量去寻找 X' 与 $(X_0,X_1,\cdots,X_n)$ 之间的相似性,然后根据这种相似性,得到未知的 Y' 值。典型的监督学习有逻辑回归、线性回归、贝叶斯分类、决策树分类和 SVM(支持向量机)等,典型的无监督学习有 KNN、k-menas 等。

根据某种算法得到的预测模型,有些只能用于分类问题,如逻辑回归;有些只能用于解决回归问题,如线性回归;有些既可以用于分类问题,又可以用于回归问题,如 KNN 和 SVM 等。本章将机器学习算法划分为分类及回归两个问题进行了讨论。

7.1 使用 scikit-learn 进行机器学习

7.1.1 scikit-learn 简介

scikit-learn 是基于 Python 语言的机器学习工具,其基本功能被分为六大部分:分类、回归、聚类、数据降维、模型选择和数据预处理。其主要特点可归纳为:
- 简单高效的数据挖掘和数据分析工具。
- 可在各种环境中重复使用。
- 建立在 NumPy、SciPy 和 Matplotlib 上。
- 开源,可商业使用 BSD 许可证。

scikit-learn 由以下几个主要的模块组成:
- NumPy:基本的多维数组。
- SciPy:基本的科学计算。
- Matplotlib:可视化图形工具。
- IPython:Python 交互平台。

- Sympy：符号数学。
- Pandas：数据处理和分析。

7.1.2 使用 scikit-learn 进行机器学习

使用 scikit-learn 进行机器学习可以按照以下几个步骤进行：
- 检查 scikit-learn 各个包的安装状态，加载所需要的包。
- 加载数据。
- 分析数据。
- 可视化数据。
- 选择合适的机器算法建立模型并进行评价。
- 根据得到的模型进行预测。

下面以对 Iris 数据集进行分类为例展开详细说明。

1）检查 scikit-learn 各个包的安装状态，加载所需要的包的代码如下所示。

```python
# Python 版本
import sys
print('Python: {}'.format(sys.version))
# scipy
import scipy
print('scipy: {}'.format(scipy.__version__))
# numpy
import numpy
print('numpy: {}'.format(numpy.__version__))
# matplotlib
import matplotlib
print('matplotlib: {}'.format(matplotlib.__version__))
# pandas
import pandas
print('pandas: {}'.format(pandas.__version__))
# scikit learn
import sklearn
print('sklearn: {}'.format(sklearn.__version__))
# 加载需要的包
from pandas import read_csv
from pandas.plotting import scatter_matrix
from matplotlib import pyplot
from sklearn.model_selection import train_test_split
from sklearn.model_selection import cross_val_score
from sklearn.model_selection import StratifiedKFold
from sklearn.metrics import classification_report
from sklearn.metrics import confusion_matrix
from sklearn.metrics import accuracy_score
from sklearn.linear_model import LogisticRegression
from sklearn.tree import DecisionTreeClassifier
from sklearn.neighbors import KNeighborsClassifier
from sklearn.discriminant_analysis import LinearDiscriminantAnalysis
from sklearn.naive_bayes import GaussianNB
from sklearn.svm import SVC
```

2）读取 csv 文件，加载 Iris 数据集，列出前 5 条数据的代码如下所示。

```python
from pandas import read_csv
# 加载数据集
names = ['sepal-length', 'sepal-width', 'petal-length', 'petal-width', 'class']
dataset = read_csv('../DataFiles/iris.csv', names=names)
print(" 列出数据集的前 5 条数据 ")
dataset.head(5)
```

3）通过分析数据得到 Iris 数据集的维度信息、数据项的个数、均值、标准差、最小（大）值，以及 25%、50%、75% 分位数等统计值，初步了解输入特征的分布情况。了解数据集标签的分布情况，看看类别是否平衡。不平衡（Imbalance）是指数据集中分类标签的分布不均匀，以二元分类的用户还贷情况为例，绝大多数客户是没有逾期（default）的，此时的标签统计就会出现 95% 以上的用户都没有逾期 default=0，只有少量的客户逾期 default=1。Imbalance 的分类算法和模型评估都需要经过特殊的处理。分析数据的代码如下所示。

```python
print(" 数据集的维度为 :")
print(dataset.shape)
print(" 数据集的各个统计值 ")
print(dataset.describe())
print(" 统计分类标签的分布 ")
print(dataset.groupby('class').size())
```

4）可视化数据可以使得实验通过图形，更加清晰地了解各个输入特征本身的数据分布情况、输入特征之间的相关情况，为机器学习建模做好准备。对 Iris 数据集的输入特征进行箱线图、直方图和散点图可视化的代码如下所示。

```python
# 箱线图，了解各个特征的数值分布，观察数据的分散度和异常值
dataset.plot(kind='box', subplots=True, layout=(2,2), sharex=False, sharey=False)
pyplot.show()
# 直方图，各个特征是否为正态分布
dataset.hist()
pyplot.show()
# 2 个特征间的相关性散点图，了解特征间的相关性
scatter_matrix(dataset)
pyplot.show()
```

输出结果为：

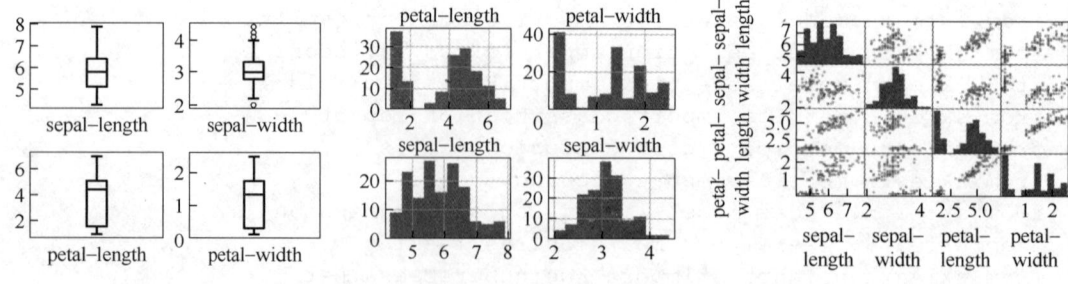

5）机器学习算法模型的建立和算法的评估的过程为：
① 划分训练集和测试集。
② 确定测试的规则，可选用交叉验证的方式，得到更加稳健的模型。

③ 使用多个机器学习算法对同一个训练集和测试集建模。
④ 根据评价指标，对模型进行评估，找到最优的模型。
代码示例如下：

```python
# 划分训练集和测试集
array = dataset.values
X = array[:,0:4]
y = array[:,4]
X_train, X_validation, Y_train, Y_validation = train_test_split(X, y, test_size=0.20, random_state=1, shuffle=True)
# 定义机器学习算法
models = []
# 逻辑回归
models.append(('LR', LogisticRegression(solver='liblinear', multi_class='ovr')))
# 线性鉴别
models.append(('LDA', LinearDiscriminantAnalysis()))
#K 邻近
models.append(('KNN', KNeighborsClassifier()))
# 分类回归树
models.append(('CART', DecisionTreeClassifier()))
# 贝叶斯
models.append(('NB', GaussianNB()))
# 支持向量机
models.append(('SVM', SVC(gamma='auto')))
# evaluate each model in turn
results = []
names = []
for name, model in models:
#10-fold 交叉验证
    kfold = StratifiedKFold(n_splits=10, random_state=1)
    # 评价的依据为预测的准确度
    cv_results = cross_val_score(model, X_train, Y_train, cv=kfold, scoring='accuracy')
    results.append(cv_results)
    names.append(name)
    # 每个模型10次交叉验证的准确度均值和方差
    print('%s: %f (%f)' % (name, cv_results.mean(), cv_results.std()))
# 比较模型，画出箱线图
pyplot.boxplot(results, labels=names)
pyplot.title('Algorithm Comparison')
pyplot.show()
```

输出结果为：
LR：0.950000（0.055277）
LDA：0.975000（0.038188）
KNN：0.958333（0.041667）
CART：0.941667（0.075000）
NB：0.950000（0.055277）
SVM：0.983333（0.033333）

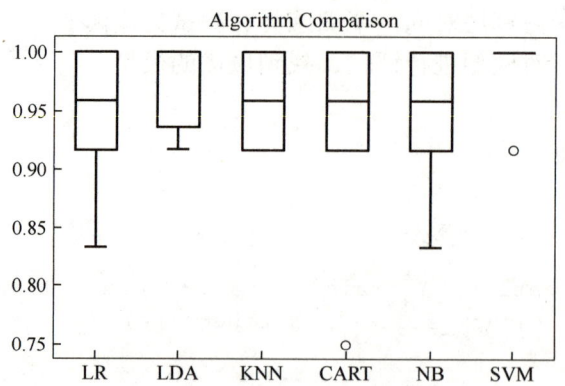

从模型比较的情况来看，SVM 对数据集进行分类的效果最好，最差的准确度在 0.9，均值基本接近 1。

根据模型进行预测，找出最优的分类模型 SVM 后，使用 SVM 建模，然后根据得到的模型对测试集进行预测，得到评估结果，代码如下所示。

```
# 使用SVM建模
model = SVC(gamma='auto')
model.fit(X_train, Y_train)
# 对测试进行评估
predictions = model.predict(X_validation)
print("测试集维度为:")
print(X_validation.shape)
print("模型的准确度为:")
print(accuracy_score(Y_validation, predictions))
print("模型的混淆矩阵为:")
print(confusion_matrix(Y_validation, predictions))
print("模型的评价报告为:")
print(classification_report(Y_validation, predictions))
```

7.2 分类问题

分类是机器学习经常遇到的问题，总的来说，分类就是根据已有的训练集训练分类模型，经过测试集的评价后，使用得到的分类模型去预测某个输入特征所属的类别标签。分类问题可以归纳为：

1）二元分类：最简单的分类问题，数据的类别只有两个。

2）多元分类：数据的类别标签有多个，多元分类问题，一般可以分解为多个二元分类问题来解决。

3）不平衡分类：训练集中具有某个标签的记录数量明显少于其他某个或几个标签的数量。这类问题在现实中往往存在，如预测某个客户是否能按时归还贷款。因为客户不按时归还贷款的情况很少发生，所以训练集中的大多数记录都是按时归还贷款的，按时归还和不按时归还的比例可能达到 100∶1，甚至更高。因此对不平衡的分类问题的算法设计、训练集构成、模型的评估和分类的阈值都需要重新考虑。

分类问题的一些常用评价指标为：

- Classification Accuracy：准确率。
- Log Loss：交叉熵损失。

- Area Under ROC Curve（ROC）：曲线下的面积值。
- Confusion Matrix.：混淆矩阵。
- Classification Report：分类报告。

这些指标在后续的讲解中，都会有所涉及，本节主要以逻辑回归算法为例，来详细说明分类问题涉及的各个方面。

7.2.1 逻辑回归

逻辑回归是一种广义的线性回归分析模型，常用于数据挖掘、疾病自动诊断、经济预测等领域。例如，探讨引发疾病的危险因素，并根据危险因素预测疾病发生的概率等。以胃癌病情分析为例，选择两组人群，一组是胃癌组，一组是非胃癌组，两组人群必定具有不同的体征与生活方式等。因此因变量就为是否胃癌，值为"是"或"否"，自变量就可以包括如年龄、性别、饮食习惯和幽门螺杆菌感染等。自变量既可以是连续的，也可以是类别的。通过逻辑回归可以来预测一个人患胃癌的可能性，逻辑回归算法具有简单、高效、易于并行且在线学习（动态扩展）的特点，在业界具有非常广泛的应用。

逻辑回归是一种分类方法，主要用于二分类问题（即输出只有两种，1或者0，分别代表两个类别），逻辑回归使用非线性的Sigmoid函数进行分类预测，函数形式为：

$$g(z) = \frac{1}{1+e^{-z}}$$

设影响预测结果的特征向量为$X(x_1,x_2,\cdots,x_n)$，回归系数为θ（$\theta_0,\theta_1,\theta_2,\cdots,\theta_n$），则

$$\theta_0 + \theta_1 x_1 + \theta_2 x_2 +,\cdots,+\theta_n x_n = \sum_{i=1}^{n}\theta_i x_i = \theta^T x$$

构造预测函数为：

$$h_\theta(x) = g(\theta^T x) = \frac{1}{1+e^{-\theta^T x}}$$

若θ已知，使用$h_\theta(x)$计算某个特征向量X，若结果>0.5，则认为其属于分类1，否则为分类0。逻辑回归属于监督学习，模型系数的求解需要首先将已知数据集划分为训练数据集及测试数据集，根据训练数据集按梯度下降算法求解θ，然后使用测试数据集对模型进行评估，按梯度下降算法求解θ的过程描述如下。

设训练数据集中的训练样本数量为m，则：

$$P(y|x;\theta) = (h_\theta(x))^y (1-h_\theta(x))^{1-y}$$

取极大似然函数为：

$$L(\theta) = \prod_{i=1}^{m} P(y_i|x_i;\theta) = \prod_{i=1}^{m} (h_\theta(x_i))^{y_i} (1-h_\theta(x_i))^{1-y_i}$$

似然函数取对数为：

$$l(\theta) = \log L(\theta) = \sum_{i=1}^{m}(y_i \log h_\theta(x_i) + (1-y_i)\log(1-h_\theta(x_i)))$$

极大似然估计求的是使得$l(\theta)$值最大的θ值，设损失函数$J(\theta)$为：

$$J(\theta) = -\frac{1}{m}l(\theta)$$

因为乘了系数 $-1/m$，所以取 $J(\theta)$ 为最小值时的 θ 为所需要的最佳系数。批量梯度下降法求最小值的 θ 更新过程为：

$$\theta_j := \theta_j - \alpha\frac{\delta}{\delta_{\theta_j}}J(\theta)$$

其中 α 为学习率，对 $J(\theta)$ 求偏导数详细过程为：

$$\begin{aligned}\frac{\delta}{\delta_{\theta_j}}J(\theta) &= -\frac{1}{m}\sum_{i=1}^{m}\left(y_i\frac{1}{h_\theta(x_i)}\frac{\delta}{\delta_{\theta_j}}h_\theta(x_i) - (1-y_i)\frac{1}{1-h_\theta(x_i)}\frac{\delta}{\delta_{\theta_j}}h_\theta(x_i)\right)\\ &= -\frac{1}{m}\sum_{i=1}^{m}\left(y_i\frac{1}{g(\theta^T x_i)} - (1-y_i)\frac{1}{1-g(\theta^T x_i)}\right)\frac{\delta}{\delta_{\theta_j}}g(\theta^T x_i)\\ &= -\frac{1}{m}\sum_{i=1}^{m}\left(y_i\frac{1}{g(\theta^T x_i)} - (1-y_i)\frac{1}{1-g(\theta^T x_i)}\right)\frac{\delta}{\delta_{\theta_j}}\frac{1}{(1+e^{-\theta^T x_i})}\\ &= -\frac{1}{m}\sum_{i=1}^{m}\left(y_i\frac{1}{g(\theta^T x_i)} - (1-y_i)\frac{1}{1-g(\theta^T x_i)}\right)\frac{1}{(1+e^{-\theta^T x_i})^2}e^{-\theta^T x_i}\frac{\delta}{\delta_{\theta_j}}(\theta^T x_i)\\ &= -\frac{1}{m}\sum_{i=1}^{m}\left(y_i\frac{1}{g(\theta^T x_i)} - (1-y_i)\frac{1}{1-g(\theta^T x_i)}\right)\frac{1}{1+e^{-\theta^T x_i}}\frac{e^{-\theta^T x_i}}{1+e^{-\theta^T x_i}}\frac{\delta}{\delta_{\theta_j}}(\theta^T x_i)\\ &= -\frac{1}{m}\sum_{i=1}^{m}\left(y_i\frac{1}{g(\theta^T x_i)} - (1-y_i)\frac{1}{1-g(\theta^T x_i)}\right)g(\theta^T x_i)(1-g(\theta^T x_i))\frac{\delta}{\delta_{\theta_j}}\theta^T x_i\\ &= -\frac{1}{m}\sum_{i=1}^{m}\left(\frac{y_i(1-g(\theta^T x_i)) - (1-y_i)g(\theta^T x_i)}{g(\theta^T x_i)(1-g(\theta^T x_i))}\right)g(\theta^T x_i)(1-g(\theta^T x_i))\frac{\delta}{\delta_{\theta_j}}\theta^T x_i\\ &= -\frac{1}{m}\sum_{i=1}^{m}(y_i(1-g(\theta^T x_i)) - (1-y_i)g(\theta^T x_i))x_i^j\\ &= -\frac{1}{m}\sum_{i=1}^{m}(y_i - g(\theta^T x_i))x_i^j\\ &= \frac{1}{m}\sum_{i=1}^{m}(h_\theta(x_i) - y_i)x_i^j\end{aligned}$$

因此，θ 的更新过程可以写成：

$$\theta_j := \theta_j + \alpha\frac{1}{m}\sum_{i=1}^{m}(y_i - h_\theta(x_i))x_i^j$$

当 θ 的变化幅度很小，或者 $J(\theta)$ 小于某个指定的阈值如 1e-10，可以认为算法收敛。若根据整个训练集的 $J(\theta)$ 来更新 θ，则称为 BGD（批量梯度下降），如以上公式所示，BGD 一定能够得到全局最优解，但如果训练集包含的数据记录过多，而参数更新的矩阵计算又必须在内存中完成，在大数据环境下，可能会造成内存溢出。若取某个数 $n<m$，当计算 n 个记录的 $J(\theta)$ 后更新 θ，则称为块批量梯度下降。特别当 $n=1$ 时，称为 SGD，随机梯度下降。SGD 可以提高模型训练的速度，特别适合于有持续的新记录加入到训练

集中的情况。但 SGD 不能保证全局最优解，也可能出现 θ 在某个很小的区间内，来回震荡而不收敛。

下面的示例使用 heart.data 数据集来预测是否患有心脏病，数据集中的各个特征描述见表 7-1。

表 7-1 heart.data 数据集描述

特征名称	数据类型	描述
AGE	数值	年龄（以岁为单位）
SEX	二元类别	性别
CHESTPAIN	类别	胸痛类型：分 4 个类别
RESTBP	数值	静息血压（mmHg）
CHOL	数值	血清胆固醇（以 mg/dl 为单位）
SUGAR	二元类别	空腹血糖浓度是否大于 120mg/dl
ECG	类别	静息心电图结果：分 3 个类别
MAXHR	数值	最大心率（每分钟次数）
ANGINA	二元类别	心绞痛是否由运动诱发
DEP	数值	ST 压低症诱发比例
EXERCISE	类别	运动 ST 曲线峰值斜率：分为 3 个类别
FLUOR	数值	透视着色的主要血管数量
THAL	类别	地中海贫血情况：分 3 个类别
OUTPUT	输出	是否患有心脏病

按 scikit-learn 进行机器学习算法建模的步骤的代码示例如下，在进行建模前，首先根据特征的属性进行了归一化或者向量化处理。

```
names = ["AGE", "SEX", "CHESTPAIN", "RESTBP", "CHOL", "SUGAR", "ECG", "MAXHR",
        "ANGINA", "DEP", "EXERCISE", "FLUOR", "THAL", "OUTPUT"]
# 读取数据集，注意分隔符为空格，分隔符若是 ',' ，则可以不做此说明
heart = pd.read_csv('../Datafiles/heart.dat',header=None,names=names,delimiter=' ')
print("前 5 条数据为：")
heart.head(5)
print("统计标签的个数，看看是否平衡。结果显示基本是平衡的")
heart.groupby('OUTPUT').size()
print("看看数据之间的相关性，基本上没有强相关的数据")
heart.corr()
print("看看数据的分布情况,AGE,RESTBP,CHOL,MAXHR 基本服从正态分布,DEP 和 FLUOR 不服从正态分布")
heart.hist(figsize=(12,12))
#plt.show() 可视化函数
# 数据预处理，将 AGE,RESTBP,CHOL,MAXHR 按标准分数法做归一化处理
#DEP 和 FLUOR 按极差法处理，类别类型统一做向量化处理
encoded_x = None    # 保存处理后的输入特征
scale = sp.StandardScaler()                                     # 标准分数法归一化处理
scaleMaxMin = sp.MinMaxScaler(feature_range=(0, 1))     # 极差法归一化处理
onehot_encoder = sp.OneHotEncoder(sparse=False, categories='auto')  # 向量化编码器
rows = heart.shape[0]                                           # 数据的行数
```

```python
feature = scale.fit_transform(heart["AGE"].values.reshape(rows,1))
encoded_x = feature
feature = onehot_encoder.fit_transform(heart["SEX"].values.reshape(rows,1))
# 类别类型统一做向量化处理
encoded_x = np.concatenate((encoded_x, feature), axis=1)
feature = onehot_encoder.fit_transform(heart["CHESTPAIN"].values.reshape(rows,1))
encoded_x = np.concatenate((encoded_x, feature), axis=1)
feature = scale.fit_transform(heart["RESTBP"].values.reshape(rows,1))
encoded_x = np.concatenate((encoded_x, feature), axis=1)
feature = scale.fit_transform(heart["CHOL"].values.reshape(rows,1))
encoded_x = np.concatenate((encoded_x, feature), axis=1)
feature = onehot_encoder.fit_transform(heart["SUGAR"].values.reshape(rows,1))
encoded_x = np.concatenate((encoded_x, feature), axis=1)
feature = onehot_encoder.fit_transform(heart["ECG"].values.reshape(rows,1))
encoded_x = np.concatenate((encoded_x, feature), axis=1)
...
label_encoded_y = heart["OUTPUT"].values          # 类别标签不做处理
# 划分训练集和测试集
seed = 7
test_size = 0.33
X_train, X_test, y_train, y_test = train_test_split(encoded_x, label_encoded_y, test_size=test_size, random_state=seed)
# 逻辑回归建模
model = LogisticRegression(solver='liblinear', multi_class='ovr')
model.fit(X_train, y_train)
print(model)
# 对测试集进行测试
y_pred = model.predict(X_test)
accuracy = accuracy_score(y_test, y_pred)
print("准确率为：%.2f%%" % (accuracy * 100.0))
print('\n')
print('混淆矩阵为：')
print(confusion_matrix(y_test, y_pred))
print('\n')
print('分类报告为：')
print(classification_report(y_test, y_pred))
print('模型的截距为：',model.intercept_)
print('模型的系数为：',model.coef_)
```

由于篇幅的原因，输出结果没有给出，读者可以自行进行测试。

7.2.2 混淆矩阵

对于分类问题，理解混淆矩阵非常重要，模型的很多评价指标都与混淆矩阵有关，混淆矩阵的表示见表 7-2。

表 7-2 混淆矩阵的表示

实际标签	预测标签	
	Positive Prediction	Negative Prediction
Positive Class	True Positive (TP)	False Negative (FN)
Negative Class	False Positive (FP)	True Negative (TN)

混淆矩阵表示二元分类的实际分类标签和预测标签的差异，其中：

1）TP：正向（Positive）预测正确的个数。
2）FN：正向（Positive）预测错误的个数，将正向（Positive）预测为负向（Negative）。
3）TN：负向（Negative）预测正确的个数。
4）FP：负向（Negative）预测错误的个数，将负向（Negative）预测为正向（Positive）。

根据混淆矩阵，可以得到以下几个评价指标。

1）准确率（Accuracy）：正向标签和负向标签预测正确的个数所占的比率。

$$Accuracy = \frac{TP+TN}{TP+FP+TN+FN}$$

2）精确率（Precision）：所有预测正向标签中，正确预测为正向的比率。

$$Precision = \frac{TP}{TP+FP}$$

3）召回率（Recall）：所有实际正向标签中，正确预测为正向的比率。

$$Recall = \frac{TP}{TP+FN}$$

4）F-Measure：综合考虑 Precision 和 Recall。

$$F-Measure = \frac{2 \times Precision \times Recall}{Precision + Recall}$$

设混淆矩阵见表 7-3。

表 7-3 混淆矩阵

实际标签	预测标签	
	Positive Prediction	Negative Prediction
Positive Class	41	9
Negative Class	10	30

计算上述各个评价指标的结果为：

$$Accuracy = \frac{TP+TN}{TP+FP+TN+FN} = \frac{41+30}{41+10+30+9} = 0.789$$

$$Precision = \frac{TP}{TP+FP} = \frac{41}{41+10} = 0.804$$

$$Recall = \frac{TP}{TP+FN} = \frac{41}{41+9} = 0.82$$

$$F - \text{Messure} = \frac{2 \times \text{Precision} \times \text{Recall}}{\text{Precision} + \text{Recall}} = \frac{2 \times 0.804 \times 0.82}{0.804 + 0.82} = 0.812$$

7.2.3 多分类

多分类的问题可以用多个二分类的问题来解决,解决的方案有两种。

1. one-against-all

若有 k 个类别,则建立 k 个模型。每次训练模型时,将所有的类别都视为两类,进行二分,如训练判断标签是否为 1 类的数据,则将 Y 不为 1 的标签全部设为 0,训练判断标签为 2 类的数据,则将类别为 2 的 Y 设为 1,其他设为 0。下面的示例模拟生成一个有着 4 个分类标签的数据集,代码如下所示。

```
...
# 构造含四个列表的 DataFrame
df = pd.DataFrame({'X1':[1,1,2,2,4,4,5,5,5,6,6,9,9,10,10,11,5,5,5,6,6,7,8],
                   'X2':[6,7,5,8,2,3,1,2,3,1,2,4,7,5,6,6,9,10,11,9,10,10,11],
                   'Y':[1]*4 + [2]*7 + [3]*5 + [4]*7})
# 取数据的前 5 行
df.head(5)
# 画出散点图
plt.scatter(df.values[:,0], df.values[:,1],c=df.values[:,2])
plt.grid(True)
```

输出结果为:

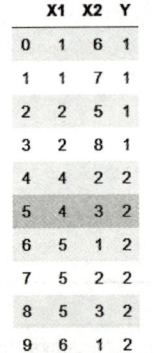
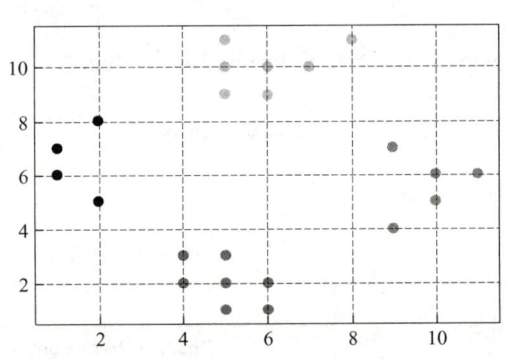

对上面有 4 个类别的数据集进行多分类,使用 one-against-all 方式的可能结果如图 7-1 所示。

one-against-all 带来的问题为:

1)对于图 4 个边角处的点,可能判断为同时属于两个分类,如点 [2,10]。
2)对于图中间的某个点,如 [6,5],可能判断不属于任何类别。

解决的办法是预测每个类别的概率值,或者增加决定系数,取概率值最大,或者决定系数最大的为其类别。下面使用逻辑回归算法对该数据集进行建模,并进行一些预测,测试数据为:

1)预测点 [2,6](不在交叉区域和中间区域),预测所属的类别。
2)预测点 [2,10](在类 1 和类 4 的交叉区域),预测所属的类别。
3)预测点 [6,5],(在中间区域),预测所属的类别。

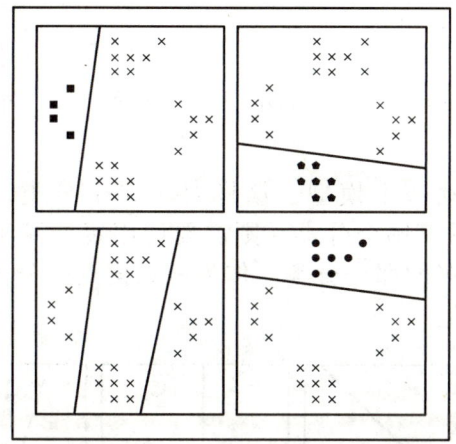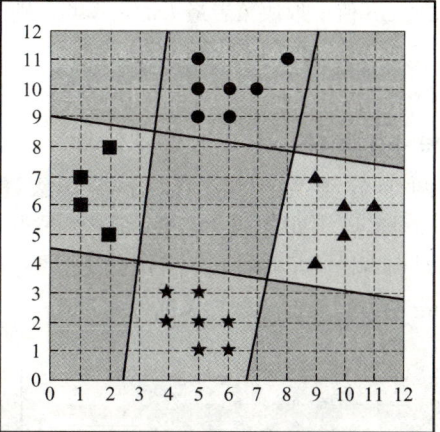

图 7-1 one-against-all 分类结果

代码如下所示：

```
...
X = df.iloc[:,0:2]
y = df.iloc[:,2]
# 训练模型
clf = LogisticRegression(random_state=0,solver='lbfgs',multi_class='ovr').fit(X, y)
print('one-against-all 得到的 4 组模型参数为:\n',clf.coef_)

# 预测类别（不在交叉区域和中间区域），预测结果为类别 1
print('预测点 [2,6]（不在交叉区域和中间区域），预测结果为类别 1')
xp =pd.DataFrame({'X1':[2],'X2':[6]})
# 类别标签
clf.predict(xp)
# 概率值，取概率最大的为预测类别
clf.predict_proba(xp)
#decision 值，取决策者最大的为预测类别
clf.decision_function(xp)

# 预测类别（在类 1 和类 4 的交叉区域），预测结果为类别 4
print('预测点 [2,10]（在类 1 和类 4 的交叉区域），预测结果为类别 1')
xp =pd.DataFrame({'X1':[2],'X2':[10]})
# 类别标签
clf.predict(xp)
# 概率值，取概率最大的为预测类别
clf.predict_proba(xp)
#decision 值，取决策者最大的为预测类别
clf.decision_function(xp)

# 预测类别 [6,5]（在中间区域），预测结果为类别 2
print('预测点 [6,5],（在中间区域），预测结果为类别 2')
xp =pd.DataFrame({'X1':[6],'X2':[5]})
# 类别标签
clf.predict(xp)
# 概率值，取概率最大的为预测类别
clf.predict_proba(xp)
```

```
#decision值,取决策者最大的为预测类别
clf.decision_function(xp)
```

使用 one-against-all 的 decision 值确定数据所在分类的示意图,如图 7-2 所示。

2. one-against-one

以每两个分类为一组,以分类算法建立一个模型,这样对于 K 个分类,就有 K(K-1)/2 个模型。如果要确定一个数据点属于哪个分类,则需要使用每个模型进行预测,然后对预测的结果进行统计,以得票最多的那个分类,作为该数据点的分类。one-against-one 分类方式如图 7-3 所示。

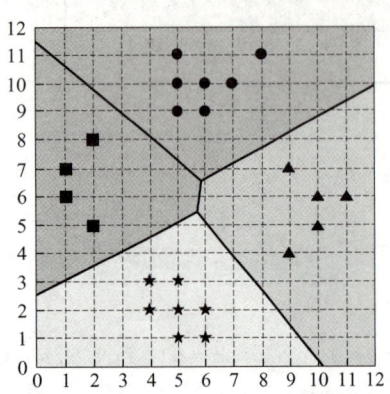

图 7-2 one-against-all 的 decision 值分类示意图

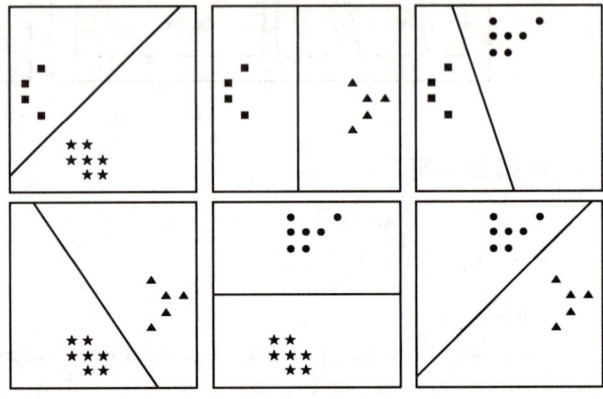

图 7-3 one-against-one 分类方式

将 LogisticRegression 模型定义中的参数设置为 multi_class='multinomial',就是 one-against-one 分类方式。

7.2.4 不平衡分类

不平衡分类是指某个分类标签在整个数据集中的占比非常小,对于数据倾斜非常大的数据集(某个分类标签占比小于 1%,甚至 0.1%),使用准确率(Accuracy)来评价模型,已经没有任何意义,因为无论用哪种算法来建模,算法都会被占比大的标签所主导,准确率都非常高。下面以银行还贷数据集 mort 为例,说明这一情况。mort 数据集的说明见表 7-4。

表 7-4 mort 数据集说明

特征名称	描述
creditScore	抵押贷款人信用评级
yearsEmploy	抵押贷款人的工作年限
ccDebt	抵押贷款人信用卡债务数额
houseAge	抵押房屋的使用年限
default	0 或 1 的二进制变量,表示抵押贷款人是否拖欠贷款,0 表示正常还款,1 表示逾期

数据均为数值类型,下面的代码使用逻辑回归算法对数据进行建模,并给出评价指标。步骤为:

1)读取数据集。
2)显示前 5 条数据,验证数据是否正确读取。

3）测试数据的相关性。
4）以直方图查看数据的分布情况。
5）根据分布情况和属性的类型确定是否进行数据预处理。
6）根据预处理后的数据，划分训练集和测试集。
7）根据训练集调用算法建模。
8）使用得到的模型对测试集进行测试。
9）根据对测试集进行测试的结果，对模型进行评估。

代码如下所示：

```
...
# 读取数据集，注意分隔符为空格，分隔符若是 ','，则可以不做此说明
mort = pd.read_csv('../Datafiles/mort.csv',header=0)
print(" 前 5 条数据为：")
mort.head(5)
# 统计标签的个数，看看是否平衡。结果显示非常不平衡，数据倾斜 (Skew) 非常大
classSize = mort.groupby('default').size()
print("default = 0 的标签数量为:{0}, 占比 {1}%".format(classSize[0],classSize[0] / len(mort)*100))
print("default = 1 的标签数量为:{0}, 占比 {1}%".format(classSize[1],classSize[1] / len(mort)*100))
print(" 查看数据之间的相关性，基本上没有强相关的特征 ")
mort.corr()
print(" 查看数据的分布，输入特征基本符合正态分布 ")
mort.hist()
# 划分训练集和测试集
seed = 7
test_size = 0.33
X_train, X_test, y_train, y_test = train_test_split(mort.iloc[:,0:4],
mort.iloc[:,4], test_size=test_size, random_state=seed)
# 使用逻辑回归建立模型
model = LogisticRegression(random_state=0,solver='lbfgs')
model.fit(X_train, y_train)
print(model)
# 对测试集进行测试
y_pred = model.predict(X_test)
# 计算准确率
accuracy = accuracy_score(y_test, y_pred)
print(" 准确率为：%.2f%%" % (accuracy * 100.0))
print('\n')
print(' 混淆矩阵为：')
print(confusion_matrix(y_test, y_pred))
print('\n')
print(' 分类报告为：')
print(classification_report(y_test, y_pred))
```

由于篇幅原因，所有的输出结果没有完全列出，仅列出部分输出结果如下：

default=0 的标签数量为：998969，占比 99.8969%

default=1 的标签数量为：1031，占比 0.1031%

准确率为：99.89%

混淆矩阵为：

```
[[329629     27]
 [   330     14]]
```

分类报告为：

```
              precision    recall  f1-score   support
           0       1.00      1.00      1.00    329656
           1       0.34      0.04      0.07       344
    accuracy                           1.00    330000
   macro avg       0.67      0.52      0.54    330000
weighted avg       1.00      1.00      1.00    330000
```

从分类标签的统计结果来看，标签 0 和 1 的分布非常不平衡，数据倾斜（Skew）非常大。通过模型评估可以发现，准确率为 99.89%，基本上接近 100%，但 default=1 的标签的 Precision 和 Recall 都非常低，特别是 Recall 仅为 0.04，表示大多数为 1 的标签，都被预测为 0。对于不平衡的分类问题，其评价指标和算法都需要进行改进。

1. 不平衡分类的移动阈值

对于二分的平衡的分类问题，通常使用阈值 0.5 来确定预测类别的标签，如果 >0.5，则为标签 1，<0.5 则为标签 0。对于不平衡分类，阈值是移动的（Threshold-Moving），为说明阈值移动问题，先给出以下两个指标。

1）命中率（TPR）：所有实际正向标签中，正确预测为正向的比率，命中率就是正向标签的 Recall。

$$TPR = \frac{TP}{TP+FN}$$

2）假警报率（FPR）：所有实际负向标签中，错误预测为正向标签的比率。

$$FPR = \frac{FP}{TN+FP}$$

假设给定阈值（thresholds=2）时，不可能有比 2 大的预测值，所以 TP=0，TPR=0，FP=0，FPR=0，此时所有的正向 Positive 标签预测为 FN，所有的负向 Negative 标签预测为 TN。混淆矩阵见表 7-5。

表 7-5　thresholds = 2 时的混淆矩阵

实际标签	预测标签	
	Positive Prediction	Negative Prediction
Positive Class	TP=0	FN
Negative Class	FP=0	TN

此时，TPR 和 FPR 均为 0。

给定阈值（thresholds=1e-7）时，不可能有比 1e-7 小的预测值，所以 FP=0，TPR=1，TN=0，FPR=1，此时所有的 Positive 预测为 TP，所有的 Negative 预测为 FP。混淆矩阵见表 7-6。

表 7-6 thresholds=1e-7 时的混淆矩阵

实际标签	预测标签	
	Positive Prediction	Negative Prediction
Positive Class	TP	FN=0
Negative Class	FP	TN=0

此时，TPR 和 FPR 均为 1。

ROC 曲线就是描述随着 thresholds 的减少（从 2 到 1e-7），TPR 和 FPR 同步从 0 增加到 1 的过程。绘制 mort 数据集的逻辑回归模型的 ROC 曲线的代码如下：

```
...
# 读取数据集，注意分隔符为空格
mort = pd.read_csv('../Datafiles/mort.csv',header=0)
# 划分训练集和测试集
seed = 7
test_size = 0.33
X_train, X_test, y_train, y_test = train_test_split(mort.iloc[:,0:4],
mort.iloc[:,4], test_size=test_size, random_state=seed)
# 使用逻辑回归建立模型
model = LogisticRegression(random_state=0,solver='lbfgs')
model.fit(X_train, y_train)
# 对测试集进行测试
y_pred= model.predict(X_test)
print('混淆矩阵为:')
print(confusion_matrix(y_test,y_pred))
# 预测概率
y_pred_prob= model.predict_proba(X_test)
# 取标签为 1（没有正常还贷）的那一列的概率值
y_pred_prob = y_pred_prob[:, 1]
# 计算 ROC 曲线
fpr, tpr, thresholds = roc_curve(y_test, y_pred_prob)
print('阈值为:')
thresholds
print('TPR 为:')
tpr
print('FPR 为:')
fpr
# 绘制 ROC 曲线
plt.plot([0,1], [0,1], linestyle='--', label='No Skill')
plt.plot(fpr, tpr, marker='.', label='Logistic')
# 设置坐标轴标题
plt.xlabel('False Positive Rate')
plt.ylabel('True Positive Rate')
plt.legend()
# 显示图形
plt.show()
```

输出结果为：

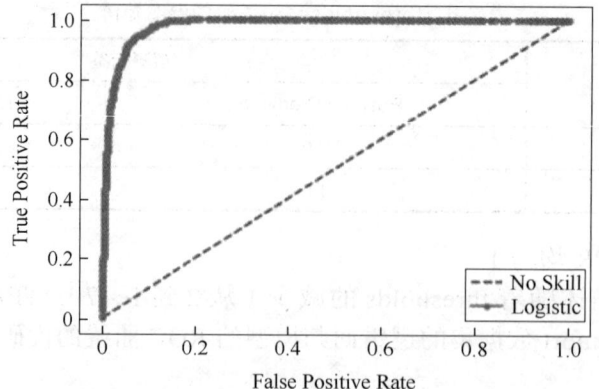

下面的问题是如何通过 ROC 曲线，确定最佳的阈值，首先给出 Sensitivity（灵敏度）和 Specificity（特异性）的概念。

1）Sensitivity（灵敏度 – 正向标签的 Recall）。

$$\text{Sensitivity} = \frac{TP}{TP+FN} = TPR$$

2）Specificity（特异性 – 负向标签的 Recall）。

$$\text{Specificity} = \frac{TN}{TN+FP} = 1 - FPR$$

3）G-Mean（表示 Sensitivity 和 Specificity 的平衡取值）。

$$G-Mean = \sqrt{\text{Sensitivity} \times \text{Specificity}}$$

G-Mean 最大值所对应的 threshold 就是不平衡分类的最佳阈值，下面的代码演示了如何比较按 0.5 的阈值及按 G-Mean 最大值所对应的阈值进行分类评价的过程。

```
...
# 读取数据集，注意分隔符为空格
mort = pd.read_csv('../Datafiles/mort.csv',header=0)
# 划分训练集和测试集
seed = 7
test_size = 0.33
X_train, X_test, y_train, y_test = train_test_split(mort.iloc[:,0:4],
mort.iloc[:,4], test_size=test_size, random_state=seed)
# 使用逻辑回归建立模型
model = LogisticRegression(random_state=0,solver='lbfgs')
model.fit(X_train, y_train)
# 预测概率
y_pred_prob= model.predict_proba(X_test)
# 取标签为 1（没有正常还贷）的那一列的概率值
y_pred_prob = y_pred_prob[:, 1]
# 计算 ROC 曲线
fpr, tpr, thresholds = roc_curve(y_test, y_pred_prob)
# 计算每个阈值 (threshold) 的 G-Mean 值
gmeans = np.sqrt(tpr * (1-fpr))
# 定位到最大的 G-Mean 值
```

```python
ix = np.argmax(gmeans)
print('Best Threshold=%f, G-Mean=%.3f' % (thresholds[ix], gmeans[ix]))
# 绘制 ROC 曲线
plt.plot([0,1], [0,1], linestyle='--', label='No Skill')
plt.plot(fpr, tpr, marker='.', label='Logistic')
plt.scatter(fpr[ix], tpr[ix], marker='o', color='black', label='Best')
# 设置坐标轴标题
plt.xlabel('False Positive Rate')
plt.ylabel('True Positive Rate')
plt.legend()
# 显示图形
plt.show()

# 比较默认的阈值 0.5 与计算 gmeans 得到的阈值的准确率、混淆矩阵、Precision、Recall
y_pred= model.predict(X_test)
print("计算准确率、混淆矩阵、Precision、Recall:默认阈值为 0.5")
accuracy = accuracy_score(y_test, y_pred)
print("准确率为 : %.2f%%" % (accuracy * 100.0))
print('混淆矩阵为:')
print(confusion_matrix(y_test, y_pred))
print('分类报告为:')
print(classification_report(y_test, y_pred))

pred_GMean = np.array([0]*len(y_test))
pred_GMean[np.where(y_pred_prob > thresholds[ix])[0]] = 1
print("计算准确率、混淆矩阵、Precision、Recall:gmeans 得到的阈值")
accuracy = accuracy_score(y_test, pred_GMean)
print("准确率为 : %.2f%%" % (accuracy * 100.0))
print('混淆矩阵为:')
print(confusion_matrix(y_test, pred_GMean))
print('分类报告为:')
print(classification_report(y_test, pred_GMean))
```

输出结果为:

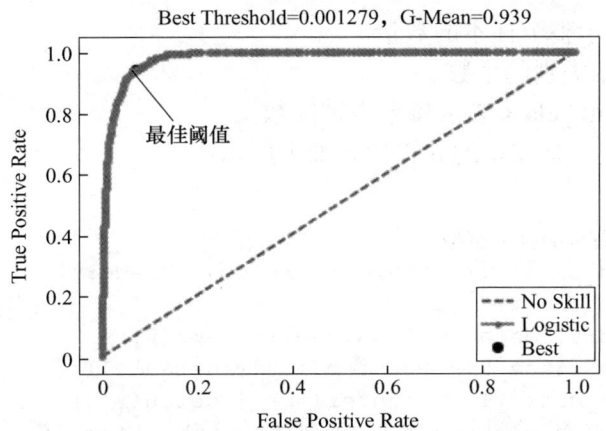

计算准确率、混淆矩阵、Precision、Recall：默认阈值为0.5
准确率为：99.89%
混淆矩阵为：
[[329629   27]
 [330   14]]
分类报告为：
              precision   recall f1-score   support

           0   1.00   1.00   1.00   329656
           1   0.34   0.04   0.07   344

    accuracy   1.00   330000
   macro avg   0.67   0.52   0.54   330000
weighted avg   1.00   1.00   1.00   330000

计算准确率、混淆矩阵、Precision、Recall：gmeans得到的阈值
准确率为：92.97%
混淆矩阵为：
[[306472 23184]
 [19   325]]
分类报告为：
              precision   recall f1-score   support

           0   1.00   0.93   0.96   329656
           1   0.01   0.94   0.03   344

    accuracy   0.93   330000
   macro avg   0.51   0.94   0.50   330000
weighted avg   1.00   0.93   0.96   330000

通过对比可以发现，准确率有所下降，从99.89%下降到了92.97%，default=1标签的Precision下降明显，原因是新的阈值使得更多的default=0标签被错误预测为了default=1标签，但Recall上升明显，说明更多的default=1标签被正确的预测。使用Threshold-Moving虽然使得模型的准确率有所下降，但对于非平衡分类而言，更重要的是占比极少的标签值，要被正确的预测，所以牺牲一些准确率去换取特异性（Specificity）的提高是合理的。

2. 加权逻辑回归处理不平衡分类问题

逻辑回归的损失函数如前所述为：

$$l(\theta) = \sum_{i=1}^{m}(y_i \log h_\theta(x_i) + (1-y_i)\log(1-h_\theta(x_i)))$$

在处理平衡类型的分类时，可以认为标签的权重是相同的，都是1。对于非平衡分类问题，可以为损失函数加上权重，如下所示：

$$l(\theta) = \sum_{i=1}^{m} w_0(y_i \log h_\theta(x_i) + w_1(1-y_i)\log(1-h_\theta(x_i)))$$

1）对于占比大的标签，其对应的权重w_0小。
2）对于占比小的标签，其对应的权重w_1大。

权重的计算根据标签在整个训练样本中所占的比例，公式如下所示：

$$\text{weights} = \frac{\text{n\_samples}}{\text{n\_classes} \times \text{n\_samples\_with\_class}}$$

1）n_samples 表示整个样本的数量。
2）n_classes 表示类别的个数。
3）n_samples_with_class 表示每个类别的数量。

对于mort数据集，其权重的计算代码如下所示：

```
...
# 读取数据集，注意分隔符为空格
mort = pd.read_csv('../Datafiles/mort.csv',header=0)
n_samples = len(mort)
n_classes = mort['default'].unique().shape[0]
n_samples_with_class_0 = Counter(mort['default'])[0]
n_samples_with_class_1 = Counter(mort['default'])[1]
w0 = n_samples/(n_classes * n_samples_with_class_0)
w1 = n_samples/(n_classes * n_samples_with_class_1)
```

```python
print("Weight of class_0 is {0},class_1 is {1} ".format(w0,w1))
```

输出结果为:

Weight of class_0 is 0.500516032029022,class_1 is 484.96605237633366

使用加权逻辑回归对 mort 数据集进行建模的代码如下。注意模型的参数 class_weight=weights。

```python
# 定义计算权重的函数
def CalcWeights(mort):
    n_samples = len(mort)
    n_classes = mort['default'].unique().shape[0]
    n_samples_with_class_0 = Counter(mort['default'])[0]
    n_samples_with_class_1 = Counter(mort['default'])[1]
    w0 = n_samples/(n_classes * n_samples_with_class_0)
    w1 = n_samples/(n_classes * n_samples_with_class_1)
    return {0:w0,1:w1}

# 读取 mort 数据集
mort = pd.read_csv('../Datafiles/mort.csv',header=0)
# 计算权重
#weights = compute_class_weight('balanced', [0,1], y_train)
weights = CalcWeights(mort)
# 划分训练集和测试集
seed = 7
test_size = 0.33
X_train, X_test, y_train, y_test = train_test_split(mort.iloc[:,0:4],
mort.iloc[:,4], test_size=test_size, random_state=seed)
# 使用逻辑回归建立模型
model = LogisticRegression(random_state=0,solver='lbfgs',class_weight=weights)
model.fit(X_train, y_train)
y_pred= model.predict(X_test)
print(" 计算准确率、混淆矩阵、Precision、Recall: 阈值默认为 0.5")
accuracy = accuracy_score(y_test, y_pred)
print(" 准确率为 : %.2f%%" % (accuracy * 100.0))
print(' 混淆矩阵为 :')
print(confusion_matrix(y_test, y_pred))
print(' 分类报告为 :')
print(classification_report(y_test, y_pred))
```

输出结果为:

```
计算准确率、混淆矩阵、Precision、Recall: 阈值默认为0.5
准确率为: 93.92%
混淆矩阵为:
[[309612  20044]
 [    17    327]]
分类报告为:
              precision    recall  f1-score   support

           0       1.00      0.94      0.97    329656
           1       0.02      0.95      0.03       344

    accuracy                           0.94    330000
   macro avg       0.51      0.94      0.50    330000
weighted avg       1.00      0.94      0.97    330000
```

可以发现，加权的逻辑回归模型和使用 ROC 曲线确定的最佳阈值后得到的评价指标基本一致。权重的计算，也可以直接使用 sklearn.utils.class_weight 中的 compute_class_weight 完成，如下所示：

```
from sklearn.utils.class_weight import compute_class_weight
cweights = compute_class_weight('balanced', [0,1], mort['default'])
weights= {}
weights[0] = cweights[0]
weights[1] = cweights[1]
weights
```

输出结果为：
{0：0.500516032029022，1：484.96605237633366}

更加简单的办法是直接设置 class_weight='balanced'，LogisticRegression 模型会根据样本的分布自动得到权重，代码如下所示：

```
# 读取 mort 数据集
mort = pd.read_csv('../Datafiles/mort.csv',header=0)
# 划分训练集和测试集
seed = 7
test_size = 0.33
X_train, X_test, y_train, y_test = train_test_split(mort.iloc[:,0:4],
mort.iloc[:,4], test_size=test_size, random_state=seed)
# 使用逻辑回归建立模型
model = LogisticRegression(random_state=0,solver='lbfgs',class_weight='balanced')
model.fit(X_train, y_train)
# 默认的阈值 0.5 与计算 gmeans 得到的阈值的准确率、混淆矩阵、Precision、Recall
y_pred= model.predict(X_test)
print("计算准确率、混淆矩阵、Precision、Recall：阈值默认为 0.5")
accuracy = accuracy_score(y_test, y_pred)
print("准确率为：%.2f%%" % (accuracy * 100.0))
print('混淆矩阵为：')
print(confusion_matrix(y_test, y_pred))
print('分类报告为：')
print(classification_report(y_test, y_pred))
```

输出结果为：

```
计算准确率、混淆矩阵、Precision、Recall：阈值默认为0.5
准确率为：94.23%
混淆矩阵为：
[[310622  19034]
 [    12    332]]
分类报告为：
              precision    recall  f1-score   support

           0       1.00      0.94      0.97    329656
           1       0.02      0.97      0.03       344

    accuracy                           0.94    330000
   macro avg       0.51      0.95      0.50    330000
weighted avg       1.00      0.94      0.97    330000
```

7.2.5 交叉验证和参数寻优

1. 交叉验证

交叉验证时在训练模型中使用了一组样本重组的技术，一般的建模过程仅仅将样本数据划分为训练集和测试集，使用训练集进行建模，然后使用测试集进行评价。这样做的问题是，整个样本的数据并没有完全地参与建模和测试（只有训练集的数据参与建模，测试集的数据参与测试），因此得到的模型对于数据的解释是不完整的，使用交叉验证可以解决这一问题。

交叉验证首先将整个样本数据划分为 k 份，每次取其中的 $k-1$ 份作为训练集参与建模，剩下的 1 份作为测试集对模型进行评估，重复进行 k 次，这样整个样本数据均参与了建模和测试（每个样本参与 $k-1$ 次建模，1 次测试），取 k 次测试集评价的均值为模型的评价值，该过程一般称为 k-fold 交叉验证。具体过程描述如下：

1）对样本数据进行随机打散处理。
2）将样本数据划分为 k 个组。
3）对于每个组。
① 将该组保持为测试集。
② 除去该组的 $k-1$ 个组为训练集。
③ 训练模型，使用测试集进行评价，得到评价指标。
④ 保存评价指标。
4）对得到的 k 个评价指标取均值，得到模型的总体评价。

下面的代码演示了 k-fold 交叉验证的训练集和测试集的划分过程。

```
...
# 数据样本
data = array([0.1, 0.2, 0.3, 0.4, 0.5, 0.6])
# 准备交叉验证
kfold = KFold(3, True, 1)
# 列出划分结果
for train, test in kfold.split(data):
    print('train: %s, test: %s' % (data[train], data[test]))
```

输出结果为：

train：[0.1 0.4 0.5 0.6]，test：[0.2 0.3]
train：[0.2 0.3 0.4 0.6]，test：[0.1 0.5]
train：[0.1 0.2 0.3 0.5]，test：[0.4 0.6]

sklearn.model_selection 提供的交叉验证有以下几个类型：

1）KFold：典型的交叉验证。
2）RepeatedKFold：提供一个参数，可以使得相同的交叉验证重复指定的次数。
3）StratifiedKFold：分层采样，确保训练集、测试集中各类别样本的比例与原始数据集中相同。
4）RepeatedStratifiedKFold：分层采样的验证过程，可以设置为重复进行。

下面的代码首先使用 make_classification 生成一个分类标签比例为 1：100 的不平衡数据集，使用逻辑回归模型进行建模。在建模过程中，使用分层采样进行 10-fold 交叉验证，并且重复 3 次。然后对得到的 30 个（10-fold×3=30）评价指标 ROC-AUC 求均值，从而得到对该数据集进行逻辑回归建模的总体评价。

```python
# 生成数据集
X, y = make_classification(n_samples=10000, n_features=2, n_redundant=0,
    n_clusters_per_class=1, weights=[0.99], flip_y=0, random_state=2)
# 查看类别的分布情况
counter = Counter(y)
print(counter)
# 绘制每个类别的散点图
for label, _ in counter.items():
    row_ix = where(y == label)[0]
    pyplot.scatter(X[row_ix, 0], X[row_ix, 1], label=str(label))
pyplot.legend()
pyplot.show()
# 定义模型
model = LogisticRegression(solver='lbfgs')
# 定义评价方法
kflod = RepeatedStratifiedKFold(n_splits=10, n_repeats=3, random_state=1)
# 评价模型
scores = cross_val_score(model, X, y, scoring='roc_auc', cv=kflod, n_jobs=-1)
print('The Number of AUC metrics is :',scores.shape[0])
# 得到结果
print('Mean ROC AUC: %.3f' % mean(scores))
```

输出结果为:

The Number of AUC metrics is：30

Mean ROC AUC：0.985

注意：AUC 的值虽然已经接近于1，但由于是不平衡分类，对于占比小的标签分类的效果不一定好，这一点，在前面已经充分讨论过。

2. 参数寻优

在进行机器学习建模的过程中，往往需要对参数进行配置，如非平衡分类的权重，支持向量机中的 C 和 γ，参数寻优的方式一般采用格搜索（Grid Search），即给定一组参数，对每组参数的建模结果进行评价，取与评价指标得分最高（或最低）对应的那组参数作为最优参数。下面的示例演示了使用格搜索进行非平衡逻辑回归建模的最佳权重参数的过程。

```
...
# 生成数据集
X, y = make_classification(n_samples=10000, n_features=2, n_redundant=0,
    n_clusters_per_class=1, weights=[0.99], flip_y=0, random_state=2)
# 定义模型
model = LogisticRegression(solver='lbfgs')
# 定义格搜索参数
balance = [{0:100,1:1}, {0:10,1:1}, {0:1,1:1}, {0:1,1:10}, {0:1,1:100}]
param_grid = dict(class_weight=balance)
# 定义评价过程
cv = RepeatedStratifiedKFold(n_splits=10, n_repeats=3, random_state=1)
# 定义格搜索
grid = GridSearchCV(estimator=model, param_grid=param_grid, n_jobs=-1,
    cv=cv, scoring='roc_auc')
# 执行格搜索
grid_result = grid.fit(X, y)
```

```
# 输出最优参数
print("Best: %f using %s" % (grid_result.best_score_, grid_result.best_
params_))
# 输出其他参数的寻优结果
means = grid_result.cv_results_['mean_test_score']
stds = grid_result.cv_results_['std_test_score']
params = grid_result.cv_results_['params']
for mean, stdev, param in zip(means, stds, params):
    print("%f (%f) with: %r" % (mean, stdev, param))
```

输出结果为：
Best：0.988943 using {'class_weight': {0: 1, 1: 100}}
0.982148（0.017020）with: {'class_weight': {0: 100, 1: 1}}
0.983465（0.015555）with: {'class_weight': {0: 10, 1: 1}}
0.985242（0.013456）with: {'class_weight': {0: 1, 1: 1}}
0.987973（0.009846）with: {'class_weight': {0: 1, 1: 10}}
0.988943（0.006354）with: {'class_weight': {0: 1, 1: 100}}

7.3 回归问题

在客观世界中普遍存在着变量之间的关系。变量之间的关系一般而言可分为确定性的和非确定性的两种。确定性的关系是指变量之间的关系可以用函数关系来表达。另一种非确定性的关系即所谓的相关关系。例如人的身高与体重之间存在着关系，一般来说，人高一些，体重也要重一些，但同样高度的人，体重也往往不同。人的血压与年龄之间也存在着关系，但同年龄的人的血压也往往不同，气象中的温度和湿度之间的关系也是这样。因为研究涉及的变量，如体重、血压和温度等都是随机变量，所以上面所说的变量关系是非确定性的。回归分析是研究相关关系的一种数学工具，它能帮助实现从一个变量取得的值去估计另一个变量所取得的值。

7.3.1 一元线性回归

设随机变量 y 与 x 之间存在着某种相关关系，这里 x 是可以控制或可以精确观察的变量。如年龄、试验时的温度、贷款的余额。n 个这样的观察值 $x_1, x_2, \cdots, x_n$ 和与之相关的随机变量 y 对应。由于 y 是随机变量，对于 x 的每一个确定值，y 有它的分布，若 y 的数学期望存在，则其取值随 x 的取值而定，即 y 的数学期望是 x 的函数，记为 u_x。u_x 称为 y 关于 x 的回归。由于 u_x 的大小在一定程度上反映在 x 处随机变量 y 的观察值的大小，因此如果能设法通过一组样本来估计 u_x，那么就可以在给定的置信度下，估计出 x 取某值时，随机变量 y 的取值情况，即预测 y 的值。

对于 x，取定一组不同的值 $x_1, x_2, \cdots, x_n$，做独立试验得到 n 对观察结果：

$$(x_1, y_1),(x_2, y_2), \cdots,(x_n, y_n)$$

其中，y_i 是 $x = x_i$ 处对随机变量 y 的观察结果，这 n 对观察结果就是一个容量为 n 的样本。首先要解决的问题是如何利用样本来估计 y 关于 x 的回归 u_x。散点图可以粗略地看出 u_x 的形式，画出散点图的代码如下所示。

```
...
mpl.rcParams['font.sans-serif'] = ['SimHei']
x = np.array([i for i in range(100,200,10)])
y = np.array([45,51,54,61,66,70,74,78,85,89])
plt.title(' 散点图 ',fontsize=16)
plt.xlabel(' 温度℃ ',fontsize=12)
plt.ylabel(' 得率%',fontsize=12)
plt.grid(True)
plt.scatter(x,y)
```

输出结果为：

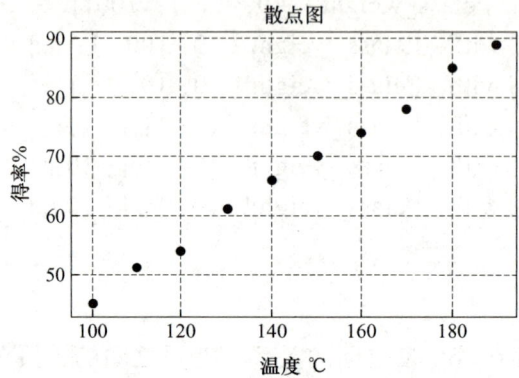

从散点图观察，x 和 y 呈大致的线性关系，因此可以设 $u_x = a + bx$，此时估计 u_x 的问题称为求一元线性回归的问题。假设对于 x 的每一个值有

$$y \sim N(a+bx,\sigma^2)$$

其中，a、b 及 σ^2 都是不依赖于 x 的未知参数，对 y 做这样的正态假设，相当于假设

$$y = a + bx + \varepsilon,\ \varepsilon \sim N(0,\sigma^2)$$

其中，未知参数 a、b 及 σ^2 都不依赖于 x，称其为一元线性回归模型。

1. a，b 的估计

根据最小二乘法求 a、b 的过程，这里不进行详细的叙述，有兴趣的读者可以参看相关的书籍。直接给出估计 a，b 的公式。

$$\hat{b} = \frac{\sum_{i=1}^{n}(x_i-\bar{x})(y_i-\bar{y})}{\sum_{i=1}^{n}(x_i-\bar{x})^2}$$

$$\hat{a} = \frac{1}{n}\sum_{i=1}^{n}y_i - \left(\frac{1}{n}\sum_{i=1}^{n}x_i\right)\hat{b} = \bar{y} - \hat{b}\bar{x}$$

计算估计 a、b 的代码如下所示。

```
# 一元线性回归模型 a、b 的计算
mx = np.mean(x)   # 计算 x 的均值
my = np.mean(y)   # 计算 y 的均值
sxy = np.sum((x-mx)*(y-my))
```

```
sxx = np.sum((x-mx)**2)
b = sxy / sxx
print("一元线性回归方程的系数为:",b)
a = my-b*mx
print("一元线性回归方程的截距为:",a)
print("一元线性回归方程的截距为:{0} + {1}*x".format(a,b))
```

输出结果为:

一元线性回归方程的系数为: 0.483030303030303

一元线性回归方程的截距为: -2.739393939393935

一元线性回归方程的截距为: -2.739393939393935 + 0.483030303030303*x

根据 a、b 的估值,求得的线性回归方程为:

$$\hat{y} = -2.73934 + 0.48303x$$

画出回归直线方程的代码为:

```
...
mpl.rcParams['font.sans-serif'] = ['SimHei']
x = np.array([i for i in range(100,200,10)])
y = np.array([45,51,54,61,66,70,74,78,85,89])
plt.title('散点图',fontsize=16)
plt.xlabel('温度℃',fontsize=12)
plt.ylabel('得率%',fontsize=12)
plt.grid(True)
plt.scatter(x,y,color='black',s=40)
# 画出线性回归的直线
yhat = -2.73934+0.48303*x
plt.plot(x,yhat,'b-')
```

输出结果为:

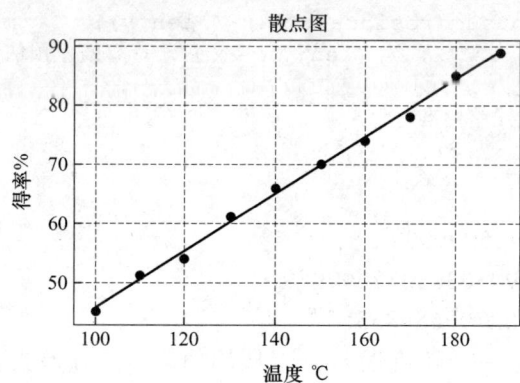

分析回归直线与散点的关系可以发现,散点均匀地分布在直线的上下。回归直线有以下几个特征:

- 回归直线通过样本均值。
- 估计值的均值 = 实测值的均值: $E(\hat{y}) = \bar{y}$。
- 残差之和为 0: $\sum_{i=1}^{n}(y_i - \hat{y}_i) = 0$。

对上述特征进行检查的代码如下所示。

```
# 回归线的特征
# 残差和为 0
np.round(np.sum(residuals),1)
#y 的估算值 y1 的均值等于实测值 y 的均值
np.round(np.mean(yhat),1) == np.mean(y)
# 样本的均值 (x,y) 通过回归线
np.round(-2.73934+0.48303*np.mean(x),1) == np.mean(y)
```

2. σ^2 的估计

$y_i - \hat{y}_i$，用实际的观察值减去估计值称为 x_i 处的残差，如何评价这种估计误差的大小？类似于反映数据变异程度的指标——标准差，它反映了散点围绕回归直线的分散程度，体现了回归直线估计误差的大小。如果回归模型越好则估计值的标准差也越小。

残差的平方和表示为：

$$Q_e = \sum_{i=1}^{n} e_i^2 = \sum_{i=1}^{n} (y_i - \hat{y}_i)^2$$

残差平方和服从自由度为（$n-2$）的卡方分布（由于 $\hat{y}$ 决定于均数与回归系数，所以自由度为 $n-2$），即

$$\frac{Q_e}{\sigma^2} \sim \chi^2(n-2)$$

于是 $E\left(\dfrac{Q_e}{\sigma^2}\right) = n-2$，即得 $\hat{\sigma}^2 = \dfrac{Q_e}{n-2}$ 是 σ^2 的无偏估计。预估方差 $\hat{\sigma}^2$ 的计算过程为：

```python
import pandas as pd
# 残差
yhat = -2.73934+0.48303*x  # 根据回归方程，计算 y 的预测值
residuals = y-yhat  # 计算残差，残差为实际值和预测值的差
print("MSE 为：",np.sum(residuals**2) / len(y))
Q = np.sum(residuals**2) / (len(y) - 2)  # 计算残差预估方差
print("残差预估方差为：",Q)
q = np.sqrt(Q)  # 残差标准差
print("残差标准差为：",q)
```

输出结果为：

MSE 为：0.7224242425999992

残差预估方差为：0.9030303032499989

残差标准差为：0.950279065985355

回归方程假设残差是一个随机误差，服从均值为 0，方差为常数 σ^2 的正态分布，即 $\varepsilon \sim N(0,\sigma^2)$。如果这种假设不成立，则基于假设检验、置信区间和预测区间所做的各种推论都是可疑的。用 shapiro 验证 residuals，若值 >0.05，则认为 residuals 是符合正态分布的，代码如下所示。

```python
from scipy.stats import shapiro
# 残差的正态性验证
stat, p = shapiro(residuals)
p  #p-value = 0.4209 >0.05，可以认为 residuals 是正态分布的
```

输出结果为：

0.42086467146873474

绘制（预测值，残差）的散点图，并在残差为 0 处画出一条直线，若能观察到残差值均匀地分布在直线的上下两侧（以零线居中），散点没有出现线性趋势或不以零线居中，则可以支持残差的均值为 0 且方差为常数的假设，代码如下所示。

```
import numpy as np
import matplotlib.pyplot as plt
import matplotlib
from pylab import *
#Unicode 减号字符
matplotlib.rcParams['axes.unicode_minus'] = False
mpl.rcParams['font.sans-serif'] = ['SimHei']
plt.xlabel('预测值',fontsize=12)
plt.ylabel('残差',fontsize=12)
plt.grid(True)
plt.scatter(yhat,residuals,color='black',s=40)
# 在残差为 0 处，画出一条直线
plt.plot(yhat,[0]*len(yhat),'b-')
```

输出结果为：

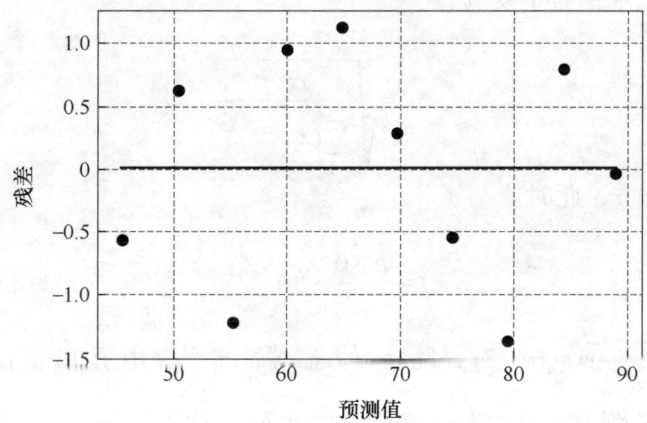

残差的正态性分布检验可以绘制出残差分布频率的直方图，由于数据较少，正态分布图形的效果不明显。代码如下所示。

```
import numpy as np
import matplotlib.pyplot as plt
import matplotlib
from pylab import *
#Unicode 减号字符
matplotlib.rcParams['axes.unicode_minus'] = False
mpl.rcParams['font.sans-serif'] = ['SimHei']
plt.title('残差频率分布直方图',fontsize=16)
plt.xlabel('残差',fontsize=12)
plt.ylabel('频率',fontsize=12)
plt.hist(residuals,bins=[-1.5,-1.0,-0.5,0,0.5,1.0,1.5],width=0.4)
```

输出结果为：

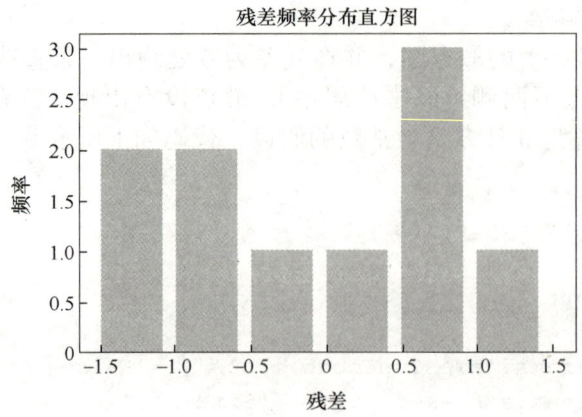

3. 回归系数的显著性检验

求得的线性回归方程是否具有实用价值，需要根据实际观察得到的数据运用假设检验的方法来判断。若回归系数 b 有效，则 b 不应该为 0，因为若 $b=0$，y 就不依赖于 x 了，因此研究需要进行假设检验：

$$H_0: b=0, H_1: b \neq 0$$

回归系数 b 的标准误差定义为：

$$S_b = \sqrt{\frac{\hat{\sigma}^2}{\sum_{i=1}^{n}(x_i - \overline{x})^2}}$$

当 H_0 为真时 $b=0$，此时

$$t = \frac{\hat{b}-0}{S_b} \sim t(n-2)$$

H_0 的拒绝域为：$|t| \geq t_{\frac{\alpha}{2}}(n-2)$，此处 α 为显著性水平。由于 $|t| \geq t_{\frac{\alpha}{2}}(n-2)$，故 $H_0: b=0$ 被拒绝，认为回归系数 b 对回归方程的影响是显著的。

求以 $|t|$ 为分位数时的概率值，若 <0.05，也认为回归系数 b 对回归方程的影响是显著的。回归系数 b 的显著性检验的计算过程如下所示：

```
from scipy.stats import t
# 计算一元线性回归方程的系数和截距对得到的一元线性回归方程进行评价
# 系数 b 的标准误差
sb = np.sqrt(Q/np.sum((x-mx)**2))
print("b 的标准误差为 :",sb)
# 计算系数 b 的 t 值  tb = (b-B)/sb  自由度 =nrow(dfs)-1,使用 t 检验
# H0：总体回归系数为 0(B=0)   H1：总体回归系数不为 0(B≠0)
B= 0 # 假设总体回归系数 B 为 0
tb = (b-B)/sb
print("b 的 t 值为 :",tb)
print(" 以 0.05 为显著性水平 ,t 值所对应的求分位点值为 :",t.ppf(0.975,len(y)-2))
# 故 P 为 0.05 的小概率事件发生 , 所以拒绝 B=0 的假设 , 接受备选 B≠0
print(" 系数 b 的 t 值是否大于分位点值 ?{0}>{1}:{2}".format(tb, t.ppf(0.975,len(y)-
```

```
2),tb > t.ppf(0.975,len(y)-2)))
#求pr(>|t|),即以tb分位数时,>|t|的概率值(注意*2),p值很小,说明B对回归方程
# 的影响是显著的
print("验证b的t值的双侧累计概率是否<0.05?{0} < 0.05:{1}".format((1-t.
cdf(tb,len(y)-2))*2,(1-t.cdf(tb,len(y)-2))*2 < 0.05))
```

输出结果为:
b 的标准误差为:0.010462228184079977
b 的 t 值为:46.16897036955417
以 0.05 为显著性水平,t 值所对应的求分位点值为:2.3060041350333704
系数 b 的 t 值是否大于分位点值? 46.16897036955417>2.3060041350333704:True
验证 b 的 t 值的双侧累计概率是否 <0.05? 5.352540632941327e-11 < 0.05:True
以相同的方式,对截距 a 做 t 检验。截距的标准误差为:

$$S_i = \sqrt{\frac{\hat{\sigma}^2}{n}\left(1+\frac{\overline{x}^2}{\text{var}(x)}\right)}$$

计算截距的标准误差、t 值及 p 值的过程为:

```
# 截距的标准误差
#(varx1 <- sum((dfs$x-mx)**2)/(length(dfs$x)))  #n 不减 1
varx1 = np.sum((x-mx)**2) / len(y)
si = np.sqrt((Q/len(y))*(1+mx**2/varx1))
print("a的标准误差为:",si)
# 截距的 t 值
ti = (a-0) /si
print("a 的 t 值为:",ti)
print(" 以 0.05 为显著性水平,t 值所对应的求分位点值为:",t.ppf(0.025,len(y)-2))
#ti>ti=0.025, 故原假设截距为 0 成立, 小概率事件并没有发生
print(" 截距 a 的 t 值是否小于分位点值?{0}<{1}:{2}".format(ti, t.ppf(0.025,len(y)-
2),ti < t.ppf(0.025,len(y)-2)))
print(" 验证 a 的 t 值的双侧累计概率是否 <0.05?{0} < 0.05:{1}".format(t.cdf(ti,
len(y)-2)*2, t.cdf(ti,len(y)-2)*2< 0.05))
```

输出结果为:
a 的标准误差为:1.5464999437052367
a 的 t 值为:−1.7713508174016876
以 0.05 为显著性水平,t 值所对应的求分位点值为:−2.306004135033371
截距 a 的 t 值是否小于分位点值? −1.7713508174016876<−2.306004135033371:False
验证 a 的 t 值的双侧累计概率是否 <0.05? 0.11445021585271244 < 0.05:False
$|t| \leq t_{\frac{\alpha}{2}}(n-2)$,接受 $H_0:a=0$ 的假设,认为截距 a 对回归方程的影响是不显著的。计算出的 p>0.05 也说明了这一点。截距 a 对回归方程的影响不显著,并不等同于 a 是不必要的,因为如果认为 p=0.15(pti<p)的事件发生为小概率事件,也可以认为 a 对回归方程影响显著,而保留 a。

进行 t 检验时,请注意 t 值的符号情况,如果为正数,取显著性水平为 α = 0.05,则分位点应该取累计概率在(1−0.05/2)=0.975 处的值,然后根据 t 值是否大于分位点值,来判断接受或者拒绝原假设。如果为负数,则直接取累计概率为(0.05/2)处的分位点值,然后根据 t 值是否小于分位点值,来判断接受或者拒绝原假设。

4. 回归方程的显著性检验（F检验）

建立回归方程的目的是表达具有线性关系的变量之间的定量关系，检验自变量和因变量是否具有线性关系，需要对回归方程进行显著性检验。根据方差分析法，对给出的 n 个 y 的实测值求出其总的波动，用 SST 表示总离差平方和。

$$SST = \sum_{i=1}^{n}(y_i - \bar{y})^2$$

造成这种波动的原因有两个：一是由于自变量 x 的取值不同，当变量 y 与 x 线性相关时，x 的变化会引起 y 的变化；另一个原因是除自变量 x 外的一切因素，可归结为随机误差。用回归平方和（SSR）与残差平方和（SSE）分别表示由这两个原因引起的数据波动：

$$SSR = \sum_{i=1}^{n}(\hat{y}_i - \bar{y})^2$$

$$SSE = \sum_{i=1}^{n}(y_i - \hat{y}_i)^2$$

可以证明：SST=SSR+SSE，统计量 F 的计算公式为：

$$F = \frac{SSR/1}{SSE/(n-2)} \sim F(1, n-2)$$

对于给定的显著性水平 α，当 $F > F_{1-\alpha}(f_{SSR}, f_{SSE})$ 时，认为回归方程显著，是有意义的。类似于回归系数的显著性检验，如果以 F 值为分位点的对应 p 值小于显著性水平 α，也认为回归方程是显著的。F 及 p 值的计算过程如下：

```
from scipy.stats import f
# 拟合优度及 F 检验
SST = np.sum((y-my)**2)        # 总离差平方和
print("SST=",SST)
SSR = np.sum((yhat-my)**2)     # 回归平方和
print("SSR=",SSR)
SSE = np.sum(residuals**2)     # 残差平方和
print("SSE=",SSE)
df1 = 1
df2 = len(y)-2
#F 检验，计算 F 统计量
fv = (SSR/df1)/(SSE/(df2))
print("F 统计量为 :",fv)
print("F 统计量的累计概率为：",(1-f.cdf(fv,df1,df2)))
#p 值小于 0.05，具有线性关系的 x 和 y 变量之间的关系是显著的
print("验证 F 统 计 量 的 累 计 概 率 是 否 <0.05?{0} < 0.05:{1}".format((1-f.cdf(fv,df1,df2)), (1-f.cdf(fv,df1,df2)) < 0.05))
```

输出结果为：
SST=1932.1000000000001
SSR=1924.8733424260001
SSE=7.224242425999991
F 统计量为：2131.5711504900737

F 统计量的累计概率为：5.35256283740182e-11

验证 F 统计量的累计概率是否 <0.05？ 5.35256283740182e-11 < 0.05：True

5. 回归直线的拟合优度

回归直线的拟合优度是指回归直线对实测值的拟合程度，显然，若观测点离回归直线近，则拟合程度好；反之则拟合程度差。度量拟合优度的统计量是可决系数（判定系数）R^2，判定系数是回归平方和（SSR）占总离差平方和（SST）的比例，计算公式为：

$$R^2 = \frac{SSR}{SST} = 1 - \frac{SSE}{SST}$$

R^2 的取值范围为 [0，1]，R^2 的值越接近于 1，说明回归直线对观测值的拟合程度越好，反之越差。在进行回归分析时，可以首先观察判定系数的大小，若太小，则说明自变量对因变量的解释程度太小，回归模型的现实意义不大。

R^2 统计量的一个局限性是它对具有更多输入参数的模型往往会产生更大的值，因而容易受到过拟合的影响，此时可以使用调整后的 R^2 来做判断，计算公式为：

$$R^2_{adjusted} = 1 - (1 - R^2) \times \frac{n-1}{n-k-1}$$

k 为回归方程中的变量个数，对于一元线性回归，k 值取 1。判定系数 R^2 及 $R^2_{adjusted}$ 的计算过程如下所示：

```
# 判定系数 R2
R2 = SSR/SST
print("判定系数 R2=",R2)
# 计算调整后的 R2
n = len(y)
print("调整后的 R2 为:",1-((n-1)*(1-R2)/(n-2)))
```

输出结果为：

判定系数 R2=0.9962596876072667

调整后的 R2 为：0.995792148558175

将前面关于一元线性回归所得到的各类系数、统计量和概率值汇总，见表 7-7。

表 7-7 系数、统计量和概率值汇总

	系数			
	拟合值	标准误差	t 检验值	Pr（>|t|）
截距 a	−2.73934	1.5465	−1.771351	0.1144502
回归系数 b	0.48303	0.01046223	46.16897	5.352535e−11

残差标准差：0.9502791

判断系数：0.9962609   调整后的判断系数：0.9957936

F 统计量值 2131.574 p 值：5.352535e−11

直接使用 scikit-learn 的线性回归模型 LinearRegression 进行建模，并输出模型的代码如下所示。

```
from sklearn.linear_model import LinearRegression
from sklearn import metrics
```

```
# 直接应用scikit-learn内置的线性回归函数
x1 = x.reshape(-1,1)
reg = LinearRegression().fit(x1, y)
print("一元线性回归方程的系数为:",reg.coef_)
print("一元线性回归方程的截距为:",reg.intercept_)
print("一元线性回归方程的判定系数R2为:",reg.score(x1,y))
# 使用模型预测
y_pred = reg.predict(x1)
print ("一元线性回归方程的MSE为:",metrics.mean_squared_error(y, y_pred))
```

输出结果为:

一元线性回归方程的系数为:[0.4830303]

一元线性回归方程的截距为:-2.7393939393939775

一元线性回归方程的判定系数R2为:0.9962609376200805

一元线性回归方程的MSE为:0.7224242424242433

直接得出线性模型的显著性检验的代码如下所示。

```
# 一元线性回归方程的显著性检验详细信息
import statsmodels.api as sm
from scipy import stats
x2 = sm.add_constant(x1)
est = sm.OLS(y, x2)
est2 = est.fit()
print(est2.summary())
```

输出结果为:

```
                            OLS Regression Results
==============================================================================
Dep. Variable:                      y   R-squared:                       0.996
Model:                            OLS   Adj. R-squared:                  0.996
Method:                 Least Squares   F-statistic:                     2132.
Date:                Sat, 20 Feb 2021   Prob (F-statistic):           5.35e-11
Time:                        11:11:39   Log-Likelihood:                -12.564
No. Observations:                  10   AIC:                             29.13
Df Residuals:                       8   BIC:                             29.73
Df Model:                           1
Covariance Type:            nonrobust
==============================================================================
                 coef    std err          t      P>|t|      [0.025      0.975]
------------------------------------------------------------------------------
const         -2.7394      1.546     -1.771      0.114      -6.306       0.827
x1             0.4830      0.010     46.169      0.000       0.459       0.507
==============================================================================
Omnibus:                        1.590   Durbin-Watson:                   2.342
Prob(Omnibus):                  0.452   Jarque-Bera (JB):                0.841
Skew:                          -0.293   Prob(JB):                        0.657
Kurtosis:                       1.706   Cond. No.                         761.
==============================================================================
```

计算结果与前述的手工计算的结果是一致的,用内置的模型更加简单,但对于学习而言,则不知其所以然,用心对其中的每个数值如何得出进行探究,对深入理解线性回归模型是有帮助的。

7.3.2 多元线性回归

研究在线性关系相关性条件下,两个或者两个以上自变量对一个因变量,为多元线性回归分析,表现这一数量关系的数学公式,称为多元线性回归模型。多元线性回归模型是一元线性回归模型的扩展，其基本原理与一元线性回归模型类似，只是在计算上更为复杂，需借助计算机来完成。

计算公式如下：

设随机 y 与一般变量 $x_1,x_2,\cdots,x_k$ 的线性回归模型为：

$$y = \beta_0 + \beta_1 x_1 + \beta_2 x_2 + \cdots + \beta_k x_k + \varepsilon$$

其中 $\beta_0,\beta_1,\cdots,\beta_k$ 是 $k+1$ 个未知参数，β_0 称为回归常数，$\beta_1,\beta_2,\cdots,\beta_k$ 称为回归系数；y 称为因变量；$x_1,x_2,\cdots,x_k$ 是 k 个自变量。

当 $p=1$ 时，上式即为一元线性回归模型，$k \geq 2$ 时，上式就叫作多元形多元回归模型。ε 是随机误差，与一元线性回归一样，通常假设

$$\begin{cases} E(\varepsilon) = 0 \\ \mathrm{var}(\varepsilon) = \sigma^2 \end{cases}$$

同样，多元线性总体回归方程为：

$$y = \beta_0 + \beta_1 x_1 + \beta_2 x_2 + \cdots + \beta_k x_k$$

系数 β_1 表示在其他自变量不变的情况下，自变量 x_1 变动到一个单位时引起的因变量 y 的平均单位。其他回归系数的含义相似。从集合意义上来说，多元回归是多维空间上的一个平面。

多元线性回归方程为：

$$\hat{y} = \hat{\beta}_0 + \hat{\beta}_1 x_1 + \hat{\beta}_2 x_2 + \cdots + \hat{\beta}_k x_k$$

其回归系数的估计一样可以使用最小二乘法，具体的推导过程这里省略，直接给出回归系数的计算公式。

$$\hat{\beta} = \begin{pmatrix} \hat{\beta}_0 \\ \hat{\beta}_1 \\ \vdots \\ \hat{\beta}_k \end{pmatrix} = (X'X)^{-1} X'Y$$

1. 回归系数的求解

设：$y = b_0 + b_1 x_1 + b_2 x_2 + \varepsilon \quad \varepsilon \sim (0,\sigma^2)$，$x_1$，$x_2$ 及 y 见表 7-8。

表 7-8　数据表

x_1	20	25	30	35	40	50	60	65	70	75	80	90
x_2	400	625	900	1225	1600	2500	3600	4225	4900	5625	6400	8100
y	1.81	1.70	1.65	1.55	1.48	1.40	1.30	1.26	1.24	1.21	1.20	1.18

将数据构造为 Pandas 中的 DataFrame 对象的代码如下所示：

```
...
# 设置中文
mpl.rcParams['font.sans-serif'] = ['SimHei']
df = pd.DataFrame({ 'x0': [1]*12,
            'x1': [20,25,30,35,40,50,60,65,70,75,80,90],
```

```
             'x2': [x**2 for x in x1],
             'y':[1.81,1.70,1.65,1.55,1.48,1.40,1.30,1.26,1.24,1.21,
             1.20,1.18]})
df
```

输出结果为:

	x0	x1	x2	y
0	1	20	400	1.81
1	1	25	625	1.70
2	1	30	900	1.65
3	1	35	1225	1.55
4	1	40	1600	1.48
5	1	50	2500	1.40
6	1	60	3600	1.30
7	1	65	4225	1.26
8	1	70	4900	1.24
9	1	75	5625	1.21
10	1	80	6400	1.20
11	1	90	8100	1.18

DataFrame 中的 x_0 表示线性方程中的截距。求解系数的过程为:

```
from numpy.linalg import det
from numpy.linalg import inv
X = df[["x0","x1","x2"]].values
y = df[["y"]].values
det(X.T.dot(X))>0  #X'X 的行列式不为 0，才有逆矩阵
B = inv(X.T.dot(X)).dot(X.T).dot(y) # 求回归系数 B
print(" 按公式求解的回归系数为 :\n",B)
```

输出结果为:
True
按公式求解的回归系数为:
[[2.19826629e+00]
[−2.25223580e−02]
[1.25065178e−04]]

2. 残差分析

同一元线性回归残差分析过程，对多元线性回归进行残差分析，过程如下:

```
# 残差分析
yhat = X.dot(B) # 根据回归方程，计算 y 的预测值
residuals = y-yhat  # 计算残差，残差为实际值和预测值的差
print("MSE 为 :",np.sum(residuals**2)/len(y))
Q = np.sum(residuals**2)/(len(y)-3)
print(" 残差预估方差为 :",Q)
print(" 残差标准差为 :",np.sqrt(Q))
```

输出结果为:

MSE 为：0.00011142707995697014
残差预估方差为：0.00014856943994262685
残差标准差为：0.012188906429316243
检查残差是否符合正态分布。

```
from scipy.stats import shapiro
# 残差的正态性验证
stat, p = shapiro(residuals)
p #p-value = 0.5058 >0.05, 可以认为residuals是正态分布的
```

输出结果为：
0.5058325529098511

绘制（预测值，残差）的散点图和残差分布直方图的代码如下所示。

```
import matplotlib.pyplot as plt
plt.figure(figsize=(14,6))
plt.subplot(121)
plt.grid(True)
plt.title("预测值-残差散点图",fontsize=16)
plt.xlabel('预测值',fontsize=12)
plt.ylabel('残差',fontsize=12)
plt.scatter(yhat,residuals,color='black',s=40)
# 在残差为0处，画出一条直线
plt.plot(yhat,[0]*len(yhat),'b-')
plt.subplot(122)
plt.title('残差频率分布直方图',fontsize=16)
plt.xlabel('残差',fontsize=12)
plt.ylabel('频率',fontsize=12)
plt.hist(residuals)
plt.show()
```

输出结果为：

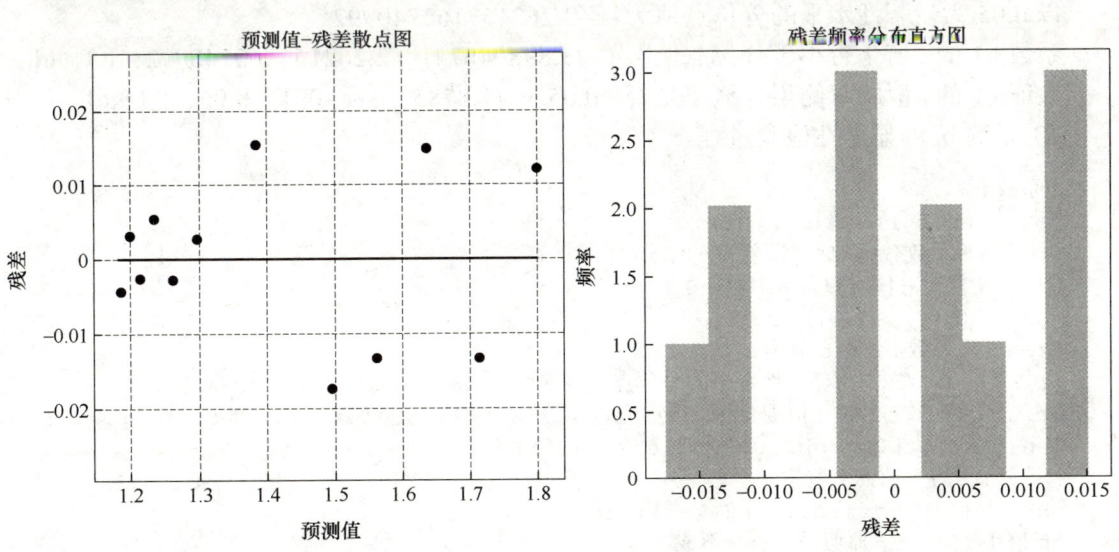

3. 回归系数及截距的显著性检验

多元线性回归系数及截距的标准误差定义为：

$$S_b = \sqrt{\hat{\sigma}^2 xb[i,i]}$$

其中 $xb[i,i]$ 为 $(X'X)^{-1}$ 与截距及系数对应的矩阵对角线上的值。

1）系数 b_1 的显著性检验过程。

```
from scipy.stats import t
# 截距和系数的显著性检验
xb = inv(X.T.dot(X))
print("xb 为：\n",xb)
# 系数 b1
sb1 = np.sqrt(Q*xb[1,1])
print(" 系数 b1 的标准误差为 :", sb1)
B1=0 # 假设总体回归系数 B1 为 0
tb1 = (B[1,]-B1)/sb1
print(" 系数 b1 的 t 值为 :",tb1)
print(" 以 0.05 为显著性水平的分位点值为 :",t.ppf(0.025,len(y)-3))
print(" 系数 b1 的 t 值是否小于分位点值?{0}<{1}:{2}".format(tb1,t.ppf(0.025,len(y)-3),tb1<t.ppf(0.025,len(y)-3)))
# 计算 b1 的 t 值的双侧累计概率
pb1 = t.cdf(tb1,len(y)-3)*2
#p 值小于 0.05, 原假设 b1=0 不成立
print(" 验证 b1 的 t 值的双侧累计概率是否 <0.05?{0} < 0.05:{1}".format(pb1,pb1<0.05))
```

输出结果为：

xb 为：

[[3.42260495e+00 −1.37908511e−01　1.20175031e−03]

[−1.37908511e−01　5.97824096e−03 −5.41439423e−05]

[1.20175031e−03 −5.41439423e−05　5.04516693e−07]]

系数 b1 的标准误差为：0.0009424350962701338

系数 b1 的 t 值为：[−23.89804674]

以 0.05 为显著性水平的分位点值为：−2.262157162740992

系数 b1 的 t 值是否小于分位点值？　[−23.89804674]<−2.262157162740992：[True]

验证 b1 的 t 值的双侧累计概率是否 <0.05？　[1.87856738e−09] < 0.05：[True]

2）系数 b_2 的显著性检验过程。

```
# 系数 b2
sb2 = np.sqrt(Q*xb[2,2])
print(" 系数 b2 的标准误差为 :",sb2)
B2=0 # 假设总体回归系数 B2 为 0
tb2 = (B[2,]-B2)/sb2
print(" 系数 b2 的 t 值为 :",tb2)
print(" 以 0.05 为显著性水平的分位点值为 :",t.ppf(0.975,len(y)-3))
print(" 系数 b2 的 t 值是否大于分位点值?{0}>{1}:{2}".format(tb2,t.ppf(0.975,len(y)-3),tb2>t.ppf(0.975,len(y)-3)))
# 计算 b2 的 t 值的双侧累计概率
pb2 = (1-t.cdf(tb2,len(y)-3))*2
#p 值小于 0.05, 原假设 b2=0 不成立
print(" 验证 b2 的 t 值的双侧累计概率是否 <0.05?{0} < 0.05:{1}".format(pb2,pb2<0.05))
```

输出结果为：

系数 b2 的标准误差为：8.65769960681247e-06
系数 b2 的 t 值为：[14.44554375]
以 0.05 为显著性水平的分位点值为：2.2621571627409915
系数 b2 的 t 值是否大于分位点值？ [14.44554375]>2.2621571627409915：[True]
验证 b2 的 t 值的双侧累计概率是否 <0.05？ [1.56395208e-07] < 0.05：[True]

3）截距的显著性检验过程。

```
# 截距
sb0 = np.sqrt(Q*xb[0,0])
print(" 截距的标准误差为 :", sb0)
si=0  # 假设截距为 0
ti = (B[0,]-si)/sb0
print(" 截距的 t 值为 :",ti)
print(" 以 0.05 为显著性水平的分位点值为 :",t.ppf(0.975,len(y)-3))
print(" 截距的t值是否大于分位点值?{0}>{1}:{2}".format(ti,t.ppf(0.975,
len(y)-3),ti>t.ppf(0.975,len(y)-3)))
# 计算截距的 t 值的双侧累计概率
pti = (1-t.cdf(ti,len(y)-3))*2
#p 值小于 0.05，原假设 si=0 不成立
print(" 验证截距的 t 值的双侧累计概率是否 <0.05?{0} < 0.05:{1}".format(pti,pti<0.05))
```

输出结果为：

截距的标准误差为：0.022549822644654046
截距的 t 值为：[97.48485929]
以 0.05 为显著性水平的分位点值为：2.2621571627409915
截距的 t 值是否大于分位点值？ [97.48485929]>2.2621571627409915：[True]
验证截距的 t 值的双侧累计概率是否 <0.05？ [6.43929354e-15] < 0.05：[True]

4. 回归方程的总体线性检验（F 检验）及判定系数

1）F 检验的过程。

```
from scipy.stats import f
my = np.mean(y)
# 拟合优度及 F 检验
SST = np.sum((y-my)**2)  # 总离差平方和
print("SST=",SST)
SSR = np.sum((yhat-my)**2)# 回归平方和
print("SSR=",SSR)
SSE = np.sum(residuals**2)# 残差平方和
print("SSE=",SSE)
df1 = 2
df2 = len(y)-3
#F 检验，计算 F 统计量
fv = (SSR/df1)/(SSE/(df2))
print("F 统计量为 :",fv)
print("F 统计量的累计概率为 :",(1-f.cdf(fv,df1,df2)))
#p 值小于 0.05，具有线性关系的 x 和 y 变量之间的关系是显著的
print(" 验证 F 统计量的累计概率是否 <0.05?{0} < 0.05:{1}".format((1-f.cdf(fv,
df1,df2)), (1-f.cdf(fv,df1,df2)) < 0.05))
```

输出结果为：

SST=0.5265000000000001
SSR=0.5251628750405223
SSE=0.0013371249594836417
F 统计量为：1767.3987168670917
F 统计量的累计概率为：2.096434137399683e−12
验证 F 统计量的累计概率是否 <0.05？ 2.096434137399683e−12 < 0.05：True
2）判定系数。

```
# 判定系数 R2
R2 = SSR/SST
print("判定系数 R2=",R2)
# 计算调整后的 R2
n = len(y)
print("调整后的 R2 为：",1-((n-1)*(1-R2)/(n-3)))
```

输出结果为：
判定系数 R2=0.9974603514539833
调整后的 R2 为：0.996895985110424

直接使用 scikit-learn 的线性回归模型 LinearRegression 进行建模，并输出模型的代码如下所示。

```
from sklearn.linear_model import LinearRegression
from sklearn import metrics
# 直接应用 scikit-learn 内置的线性回归函数
X = df[["x1","x2"]]
y= df[["y"]]
reg = LinearRegression().fit(X, y)
print("多元线性回归方程的系数为:",reg.coef_)
print("多元线性回归方程的截距为:",reg.intercept_)
print("多元线性回归方程的判定系数 R2 为:",reg.score(X,y))
# 使用模型预测
y_pred = reg.predict(X)
print("多元线性回归方程的 MSE 为:",metrics.mean_squared_error(y, y_pred))
```

输出结果为：
多元线性回归方程的系数为：[[−0.02252236   0.00012507]]
多元线性回归方程的截距为：[2.19826629]
多元线性回归方程的判定系数 R2 为：0.9974603514539722
多元线性回归方程的 MSE 为：0.00011142707995696968

直接得出线性模型的显著性检验的代码如下所示。

```
import statsmodels.api as sm
from scipy import stats
X2 = sm.add_constant(X)
est = sm.OLS(y, X2)
est2 = est.fit()
print(est2.summary())
```

输出结果为：

```
                            OLS Regression Results
==============================================================================
Dep. Variable:                      y   R-squared:                       0.997
Model:                            OLS   Adj. R-squared:                  0.997
Method:                 Least Squares   F-statistic:                     1767.
Date:                Sat, 20 Feb 2021   Prob (F-statistic):           2.10e-12
Time:                        11:52:28   Log-Likelihood:                 37.586
No. Observations:                  12   AIC:                            -69.17
Df Residuals:                       9   BIC:                            -67.72
Df Model:                           2
Covariance Type:            nonrobust
==============================================================================
                 coef    std err          t      P>|t|      [0.025      0.975]
------------------------------------------------------------------------------
const          2.1983      0.023     97.485      0.000       2.147       2.249
x1            -0.0225      0.001    -23.898      0.000      -0.025      -0.020
x2             0.0001   8.66e-06     14.446      0.000       0.000       0.000
==============================================================================
Omnibus:                        0.874   Durbin-Watson:                   2.783
Prob(Omnibus):                  0.646   Jarque-Bera (JB):                0.642
Skew:                          -0.096   Prob(JB):                        0.726
Kurtosis:                       1.884   Cond. No.                     2.65e+04
==============================================================================
```

第 8 章

大数据与深度学习

大数据技术是人工智能应用的基础和底座,只有很好地解决了海量数据的存储、查询、运算和分析等问题,才能有效地对 AI 模型进行训练、测试和泛化。本章介绍深度学习的一些基本概念,以及深度神经网络、卷积神经网络和循环神经网络的建模、训练、测试和评价的过程。

8.1 深度学习概述

深度学习的概念来源于深度神经网络(DNN),随着研究和应用的发展和深入,主要应用于计算机视觉领域的卷积神经网络(CNN),应用于序列预测的循环神经网络(RNN)也归入到深度学习的范畴中。

深度学习是人工智能应用的基础,自从深度学习在语音识别和图像识别任务中展现出突破性的成果,使用 DNN 的应用数量呈爆炸式增加。这些深度学习方法被大量应用在无人驾驶汽车、癌症检测和游戏等方面。在许多领域中,DNN 目前的准确性已经超过人类。最具有震撼力的深度学习的成果就是能够战胜人类顶尖围棋选手的围棋机器人——Alpha GO。

与早期的专家手动提取特征或制定规则不同,深度学习的优越性能来自于在大量数据上使用统计学习方法,从原始数据中提取高级特征的能力,从而对输入空间进行有效的表示。深度学习和人工智能、机器学习的关系如图 8-1 所示。

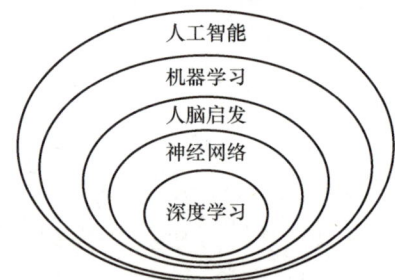

图 8-1 深度学习和人工智能、机器学习的关系

在人工智能领域内,有一个大的子领域是机器学习,由 Arthur Samuel 在 1959 年定义为:让计算机拥有不需要明确编程即可学习的能力。这意味着创建一个程序,这个程序可以被训练去学习如何做一些智能的行为,然后这个程序就可以自己完成任务。而传统的人工启发式方法,需要对每个新问题重新设计程序。

高效的机器学习算法的优点是显而易见的。一个机器学习算法,只需通过训练,就可以解决某一领域中每一个新问题,而不是对每个新问题特定地进行编程。在机器学习领域,有一部分被称作人脑启发计算。因为人类大脑是目前学习和解决问题最好的"机器",人们自然会从中寻找机器学习的方法。尽管科学家们仍在探索大脑工作的细节,但是有一点被公认的是:神经元是大脑的主要计算单元。人类大脑平均有 1000 亿个神经元。神经元相互连接,通过树突接受其他神经元的信号,对这些信号进行计算之后,通过轴突将信号传递给下一个神经元。一个神经元的轴突分支出来并连接到许多其他神经元的树突上,轴突分支和树突之间的连接被称为突触。据估计,人类大脑平均有 $10^{14} \sim 10^{15}$ 个突触。

突触的一个关键特性是它可以缩放通过它的信号大小。这个比例因子可以被称为权重(Weight),普遍认为,大脑学习的方式是通过改变突触的权重实现的。因此,不同的权重导致对输入产生不同的响应。学习的过程就是刺激导致的权重调整,而大脑组织(可以被认为是程序)并不改变。大脑的这个特征对机器学习算法有很好的启示。

8.1.1 从神经网络到深度学习

神经网络是一种模拟人脑的神经网络,以期实现类人工智能的机器学习技术。人脑中的神经网络是一个非常复杂的组织,成人的大脑中估计有 1000 亿个神经元之多。

1. 神经元

对于神经元的研究由来已久,1904 年生物学家就已经知晓了神经元的组成结构。一个神经元通常具有多个树突,主要用来接受传入信息,而轴突只有一条,轴突尾端有许多轴突末梢可以给其他多个神经元传递信息。轴突末梢跟其他神经元的树突产生连接,从而传递信号。这个连接的位置在生物学上叫作"突触",人脑中的神经元形状如图 8-2 所示。

神经元模型是一个包含输入、输出与计算功能的模型。输入可以类比为神经元的树突,而输出可以类比为神经元的轴突,计算则可以类比为细胞核。图 8-3 是一个典型的神经元模型:包含有 3 个输入,1 个输出,以及 2 个计算功能(求和及非线性函数)。注意中间的箭头线。这些线称为"连接",每个上有一个"权值"。

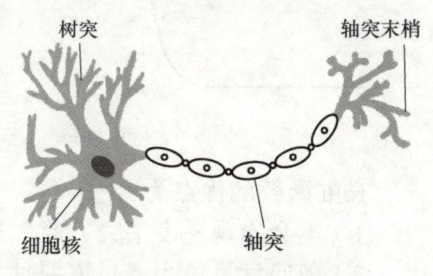

图 8-2 人脑的神经元形状

将神经元图中的所有变量用符号表示,并且写出输出的计算公式,如图 8-4 所示。

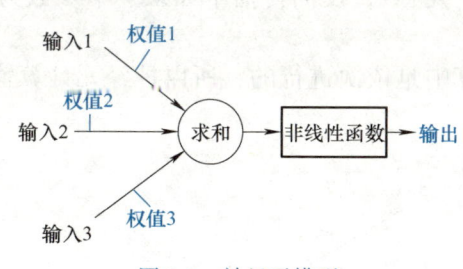

图 8-3 神经元模型

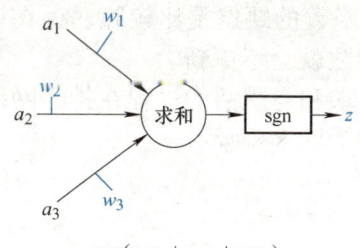

$z=g(a_1w_1+a_2w_2+a_3w_3)$

图 8-4 神经元模型的数学表达

g 表示激活函数,常用的激活函数有:

(1) sgn 函数

sgn 符号函数,计算结果大于 0 取 1,小于 0 取 -1。

(2) sigmoid 函数

sigmoid 激活函数的特点是当输入值很小时,输出值接近于 0;当输入值很大时,输出值接近于 1,非常适合分类问题,如图 8-5 所示。

但 sigmoid 激活函数有较大的缺点,主要有

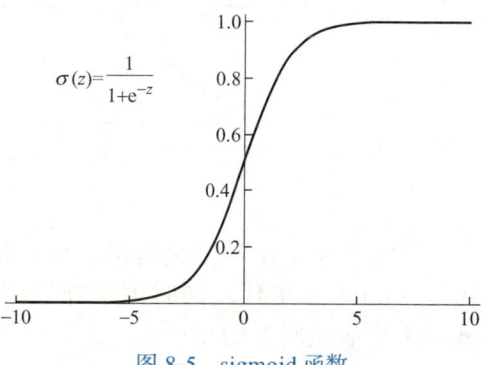

图 8-5 sigmoid 函数

两点：

1）容易引起梯度消失。当输入值很小或很大时，梯度趋向于0，相当于函数曲线左右两端函数导数趋向于0。

2）非0中心化，会影响梯度下降的动态性。

（3）tanh 函数

tanh 函数与 sigmoid 函数相比，输出值的范围变成了0中心化 [-1，1]。但梯度消失现象依然存在，如图8-6所示。

（4）relu 函数

relu 函数目前广泛用于深度神经网络中，如图8-7所示。

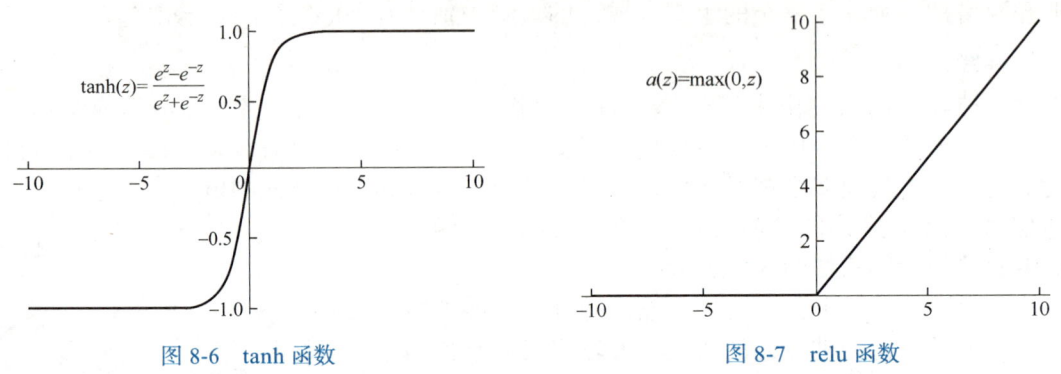

图8-6 tanh 函数　　　　　　　　图8-7 relu 函数

relu 函数的优点为：

1）不会出现梯度消失，收敛速度快。

2）前向计算量小，只需要计算 max(0，x)，不像 sigmoid 函数中有指数计算。

3）反向传播计算快，导数计算简单，无须指数、除法计算。

4）有些神经元的值为0，使网络具有"稀疏"性质，可减小过拟合。

relu 函数的缺点是比较脆弱，在训练时容易"死亡"，反向传播中如果一个参数为0，后面的参数就会不更新。

由于求和与激活的过程在神经网络的前向计算中是依次进行的，所以神经元计算输出可以简化为图8-8所示。

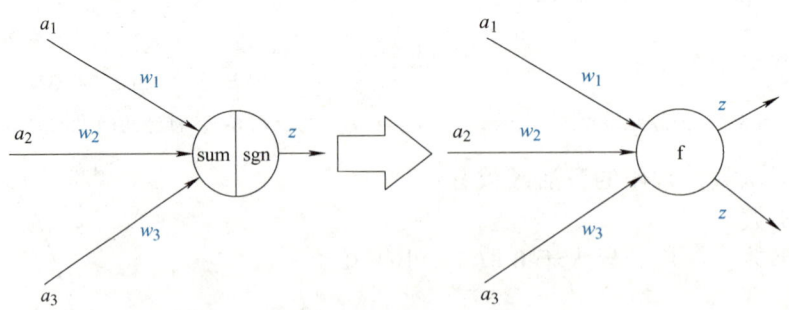

图8-8 神经元计算输出

当用"神经元"组成网络以后，描述网络中的某个"神经元"时，更多地会用"单元"（unit）来指代。同时由于神经网络的表现形式是一个有向图，有时也会用"结点"（node）来表达同样的意思。

2. 单层神经网络

1958 年，Rosenblatt 提出了由两层神经元组成的神经网络，给它起了一个名字——"感知机"（Perceptron），感知机是当时首个可以学习的人工神经网络。Rosenblatt 现场演示了其学习识别简单图像的过程，在当时的社会引起了轰动。人们认为已经发现了智能的奥秘，许多学者和科研机构纷纷投入到神经网络的研究中。美国军方大力资助了神经网络的研究，并认为神经网络比"原子弹工程"更重要。这种状态直到 1969 年才结束，这个时期可以看作神经网络的第一次高潮。

感知机模型在原来 MP 模型的"输入"位置添加神经元结点，标志其为"输入单元"，其余不变，如图 8-9 所示。从图 8-9 开始，将权值 w_1，w_2，w_3 写到"连接线"的中间。

在"感知机"中，有两个层次，分别是输入层和输出层。输入层里的"输入单元"只负责传输数据，不做计算。输出层里的"输出单元"则需要对前面一层的输入进行计算。把需要计算的层次称之为"计算层"，并把拥有一个计算层的网络称之为"单层神经网络"。有一些文献会按照网络拥有的层数来命名，这样"感知机"就可以称为两层神经网络。

假如要预测的目标不再是一个值，而是一个向量，如 [2，3]。那么可以在输出层再增加一个"输出单元"，如图 8-10 所示。

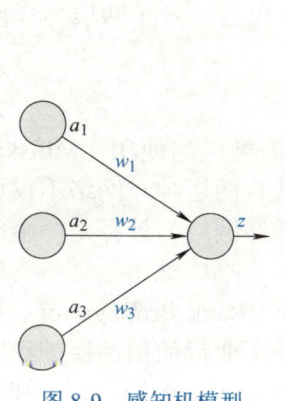

图 8-9 感知机模型

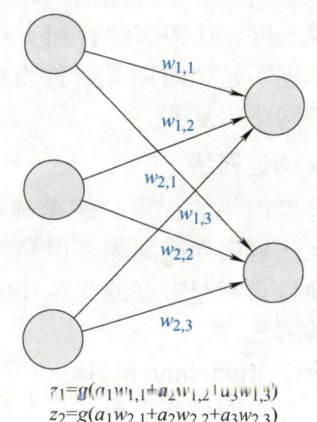

图 8-10 感知机的计算

如果仔细看输出的计算公式，会发现这两个公式就是线性代数方程组。因此可以用矩阵乘法来表达这两个公式。

例如，输入的变量是 $(a_1, a_2, a_3)^T$（代表由 a_1，a_2，a_3 组成的列向量），用向量 $\boldsymbol{a}$ 来表示。系数则是矩阵 $\boldsymbol{W}$（2 行 3 列的矩阵，排列形式与公式中的一样）。输出 $(z_1, z_2)^T$，用向量 $\boldsymbol{z}$ 来表示。于是，输出公式可以改写成：

$$g(\boldsymbol{W} \times \boldsymbol{a}) = \boldsymbol{z} \tag{8-1}$$

这个公式就是单层神经网络中计算输出的矩阵运算，这个过程称为正向计算。与神经元模型不同，感知机中的权值是通过训练得到的。因此，根据以前的知识，感知机类似一个逻辑回归模型，可以做线性分类任务。

可以用决策分界来形象地表达分类的效果。决策分界就是在二维的数据平面中画出一条直线，当数据的维度是 3 维的时候，就是画出一个平面，当数据的维度是 n 维时，就是画出一个 n−1 维的超平面。图 8-11 显示了在二维平面中画出决策分界的效果，也就是感知机的分类效果。

感知机只能做简单的线性分类任务。但是当时的人们热情太过于高涨，并没有人清醒地认识到这点。于是，当人工智能领域的巨擘 Minsky 指出这点时，事态就发生了变化。Minsky 在 1969 年出版了一本叫 *Perceptron* 的书，里面用数学详细地证明了感知机的弱点，尤其是感知机对异或（XOR）这样的简单分类任务都无法解决，异或问题如图 8-12 所示。

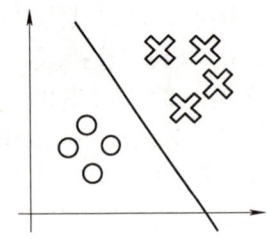

图 8-11　感知机的分类效果

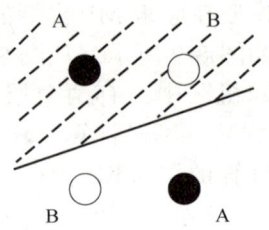

图 8-12　异或问题

Minsky 认为，如果将计算层增加到两层，计算量则会过大，而且没有有效的学习算法，所以他认为研究更深层的网络是没有价值的。由于 Minsky 的巨大影响力以及书中呈现出的悲观态度，让很多学者和实验室纷纷放弃了神经网络的研究，使得神经网络的研究陷入了冰河期。这个时期又被称为"AI Winter"。近 10 年后，对于两层神经网络的研究才带来神经网络的复苏。

3. 两层神经网络

两层神经网络的提出，使得神经网络开始了大范围的推广与使用。Minsky 说过单层神经网络无法解决异或问题。但是当增加一个计算层以后，两层神经网络不仅可以解决异或问题，而且具有非常好的非线性分类效果。不过两层神经网络的计算是一个问题，没有一个较好的解法。

1986 年，Rumelhar 和 Hinton 等人提出了反向传播（Back Propagation，BP）算法，解决了两层神经网络所需要的复杂计算量问题，从而带动了业界使用两层神经网络研究的热潮。目前大量关于神经网络的教材，都是重点介绍两层（带一个隐藏层）神经网络的内容。两层神经网络除了包含一个输入层，一个输出层以外，还增加了一个中间层。此时，中间层和输出层都是计算层。使用向量和矩阵来表示层次中的变量。$W^{(1)}$ 和 $W^{(2)}$ 是网络的矩阵参数，$a^{(1)}$ 为输入层结点向量，$a^{(2)}$ 为中间层结点向量，z 为输出向量，如图 8-13 所示。

使用矩阵运算来表达整个计算公式如下：

$$g(W^{(1)} \times a^{(1)}) = a^{(2)} \qquad (8-2)$$

$$g(W^{(2)} \times a^{(2)}) = z \qquad (8-3)$$

二层神经网络的中间层不论有多少个结点，输入的向量就是 $a^{(1)}$，输出就是 z，神经网络的前向计算涉及大量的矩阵计算。和线性回归模型与逻辑回归模型中的一样，二层神经网络的中间结点和输出结点都有一个偏置量 b，偏置量 b 类似于线性方程中的截距，带有偏置量的二层神经网络如图 8-14 所示，偏置量 b 的初始值均为 1。

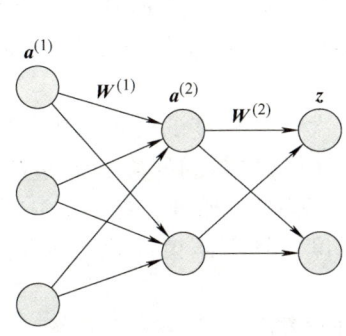

图 8-13 两层神经网络

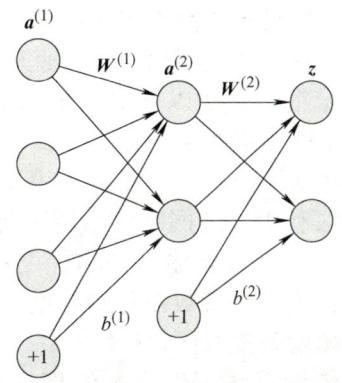

图 8-14 带偏置量的二层神经网络

使用了偏置以后的神经网络的矩阵运算如下：

$$g(W^{(1)} \times a^{(1)} + b^{(1)}) = a^{(2)} \quad (8\text{-}4)$$

$$g(W^{(2)} \times a^{(2)} + b^{(2)}) = z \quad (8\text{-}5)$$

两层神经网络使用平滑函数 sigmoid 作为函数 g。函数 g 也称作激活函数（Active Function）。事实上，神经网络的本质就是通过参数与激活函数来拟合特征与目标之间的真实函数关系。两层神经网络可以针对复杂的非线性问题进行分类，原因是隐藏层对原始的数据进行了一个空间变换，使其可以被线性分类，然后输出层的决策分界画出了一个线性分类分界线，对其进行分类。隐藏层的参数矩阵的作用就是使得数据的原始坐标空间从线性不可分，转换成了线性可分。

下面来讨论一下隐藏层的结点数设计。在设计一个神经网络时，输入层的结点数需要与特征的维度匹配，输出层的结点数要与目标的维度匹配。而中间层的结点数，却是由设计者指定的。因此，"自由"把握在设计者的手中。但是，结点数设置的多少，却会影响到整个模型的效果。如何决定这个自由层的结点数？目前业界没有完善的理论来指导这个决策。一般是根据经验来设置。较好的方法就是预先设定几个可选值，通过切换这几个值来看整个模型的预测效果，选择效果最好的值作为最终选择。这种方法又叫作网格搜索（Grid Search）。

使用神经网络进行分类的输出一般用一个向量表示。对于分类问题，可以用交叉熵来定义模型训练的损失函数：

$$H(p,q) = -\sum_{i=1}^{n} p(x_i) \log_2 q(x_i) \quad (8\text{-}6)$$

其中，$p(x_i)$ 为第 x_i 条记录对应的实际值，$q(x_i)$ 为预测值。假设是一个 3 元分类问题，x_i 对应的分类为 2，则 $p(x_i)=(0,1,0)$。

回归问题的损失函数一般为 RSME：

$$\text{RSME} = \sqrt{\frac{1}{n}\sum_{i=1}^{n}(y_i - \hat{y}_l)^2} \quad (8\text{-}7)$$

其中，y_i 表示实际值，$\hat{y}_l$ 表示预测值。

模型训练的关键问题就是使得损失函数值最小，使用的算法就是梯度下降算法。梯度下降算法每次计算参数在当前的梯度，然后让参数向着梯度的反方向前进一段距离，不断重复，直到梯度接近零时为止，此时所有的参数可使得损失函数值达到最低。训练神经网络的计算量很大，所以一般是采用随机梯度下降（SGD）或块批量梯度下降（BGD），全局的梯度下降一般很少使用。

在神经网络模型中，需要使用反向传播算法解决每次计算梯度的代价过大的问题。反向传播算法利用神经网络的结构进行计算，不一次计算所有参数的梯度，而是从后往前，逐步计算。首先计算输出层的梯度，其次是第二个参数矩阵的梯度，接着是中间层的梯度，然后是第一个参数矩阵的梯度，最后是输入层的梯度。计算结束以后，所要的两个参数矩阵的梯度就都有了。

反向传播算法可以直观的理解如图 8-15 所示。梯度的计算从后往前，一层层反向传播。前缀 E 表示相对导数。

梯度下降和反向传播的算法大家可以自己动手写一下。参考 James McCaffrey 的两篇博文，即 "Deep Neural Network Training" 和 "Deep Neural Network IO Using C#"。

反向传播算法的启示是数学中的链式法则。在此需要说明的是，尽管早期神经网络的研究人员努力从生物学中得到启发，但从 BP 算法开始，研究者更多地从数学上寻求问题的最优解。不再盲目模拟人脑网络是神经网络研究走向成熟的标志。正如科学家们可以从鸟类的飞行中得到启发，但没有必要完全模拟鸟类的飞行方式，也能制造出飞机。

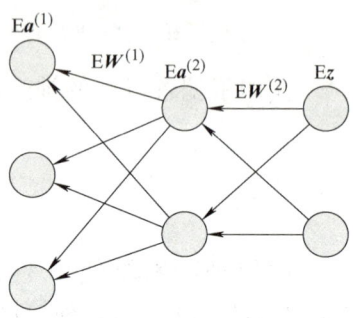

图 8-15　反向传播算法

优化问题只是训练中的一个部分。机器学习问题之所以称为学习问题，而不是优化问题，就是因为它不仅要求数据在训练集上求得一个较小的误差，在测试集上也要表现好。因为模型最终是要部署到没有见过训练数据的真实场景。提升模型在测试集上的预测效果的主题叫作泛化（Generalization），相关方法被称作正则化（Regularization）。

两层神经网络在多个地方的应用说明了其效用与价值。10 年前困扰神经网络界的异或问题被轻松解决。神经网络在这个时候已经可以用于语音识别、图像识别和自动驾驶等多个领域。

20 世纪 90 年代中期，由 Vapnik 等人发明的支持向量机（Support Vector Machines，SVM）算法诞生，很快就在若干个方面体现出了对比神经网络的优势：无须调参、高效、全局最优解。基于以上种种理由，SVM 迅速打败了神经网络算法而成为主流。神经网络的研究再次陷入了冰河期。当时，只要论文中包含神经网络相关的字眼，就非常容易被会议和期刊拒收，研究界那时对神经网络的不待见可想而知。

4. 多层神经网络

在被摒弃的 10 年中，有几个学者仍然在坚持研究。这其中的旗手就是加拿大多伦多大学的 Geoffrey Hinton 教授。2006 年，Hinton 在 *Science* 和相关期刊上发表了论文，首次提出了"深度信念网络"的概念。与传统的训练方式不同，"深度信念网络"有一个"预训练"（Pre-Training）的过程，这可以方便地让神经网络中的权值找到一个接近最优解的值，之后再使用"微调"（Fine-Tuning）技术来对整个网络进行优化训练。这两个技术的运用大幅度减少了训练多层神经网络的时间。他给多层神经网络相关的学习方法赋予了一个新名词——"深度学习"。

很快，深度学习在语音识别领域崭露头角，2012 年深度学习技术又在图像识别领域大展拳脚。Hinton 与他的学生在 ImageNet 竞赛中，用多层的卷积神经网络成功地对包含一千类别的一百万张图片进行了训练，取得了分类错误率仅为 15% 的好成绩，比第二名高了近 11 个百分点，充分证明了多层神经网络识别效果的优越性。在这之后，关于深度神经网络的研究与应用不断涌现。在两层神经网络的输出层后面，继续添加层。原来的输出层变成中间层，新加的层成为新的输出层，如图 8-16 所示。

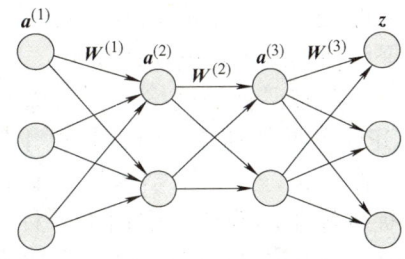

图 8-16　多层神经网络

依照这样的方式不断添加，可以得到更深的多层神经网络。公式推导和两层神经网络类似，使用矩阵运算表示，就是增加一个计算公式，如下所示。

$$g(W^{(1)} \times a^{(1)} + b^{(1)}) = a^{(2)} \quad (8\text{-}8)$$

$$g(W^{(2)} \times a^{(2)} + b^{(2)}) = a^{(3)} \quad (8\text{-}9)$$

$$g(W^{(3)} \times a^{(3)} + b^{(3)}) = z \quad (8\text{-}10)$$

在多层神经网络中，输出也是按照一层一层的方式来计算的。从最外面的层开始，算出所有单元的值以后，再继续计算更深一层。只有当前层所有单元的值都计算完毕以后，才会计算下一层。有点像计算公式向前不断推进的感觉。所以这个过程叫作"正向计算"。

深度神经网络的连接结点的边数和（$W^{(1)} + W^{(2)} + \cdots + W^{(n)}$）为：

$$W = \sum_{i=1}^{n-1} \text{LayerNode}_i \times \text{LayerNode}_{i+1} \quad (8\text{-}11)$$

其中 LayerNode_i 表示第 i 层的结点个数。

多层神经网络增加的层次可以更深入地表示特征，有更强的函数模拟能力。更深入地表示特征可以理解为：随着网络的层数增加，每一层对于前一层的抽象表示更深入。在神经网络中，每一层神经元学习到的是前一层神经元值的更抽象的表示。例如第一个隐藏层学习到的是"边缘"的特征，第二个隐藏层学习到的是由"边缘"组成的"形状"的特征，第三个隐藏层学习到的是由"形状"组成的"图案"的特征，最后的隐藏层学习到的是由"图案"组成的"目标"的特征。通过抽取更抽象的特征来对事物进行区分，从而获得更好的区分与分类能力。

更强的函数模拟能力是由于随着层数的增加，整个网络的参数就越多。而神经网络本质就是模拟特征与目标之间的真实关系函数的方法，更多的参数意味着其模拟的函数可以更加的复杂，可以有更多的容量（capacity）去拟合真正的关系。通过研究发现，在参数数量一样的情况下，更深的网络往往比浅层的网络具有更好的识别效率。这点也在 ImageNet 的多次大赛中得到了证实。从 2012 年起，每年获得 ImageNet 冠军的深度神经网络的层数逐年增加，2014 年最好的方法 GoogleNet 是一个多达 22 层的神经网络。

在 2015 年的 ImageNet 大赛上，拿到最好成绩的 MSRA 团队使用的更是一个深达 152 层的网络！关于这个方法更多的信息有兴趣的读者可以查阅 ImageNet 网站。在单层神经网络时，使用的激活函数是 sgn 函数。到了两层神经网络时，使用的最多的是 sigmoid 函数。而到了多层神经网络时，通过一系列的研究发现，relu 函数在训练多层神经网络时，更容易收敛，并且预测性能更好。因此，目前在深度学习中，最流行的非线性函数是 relu 函数。relu 函数不是传统的非线性函数,而是分段线性函数。其表达式非常简单,就是 $y=\max(x,0)$。简而言之,在 x 大于 0 时,输出就是输入,而在 x 小于 0 时,输出就保持为 0。这种函数的设计启发来自于生物神经元对于激励的线性响应,以及当低于某个阈值后就不再响应的模拟。

在多层神经网络中,训练的主题仍然是优化和泛化。当使用足够强的计算芯片(如 GPU 图形加速卡)时,梯度下降算法以及反向传播算法在多层神经网络的训练中仍然工作得很好。目前学术界主要的研究既在于开发新的算法,也在于对这两个算法进行不断地优化,例如,增加了一种带动量因子(Momentum)的梯度下降算法。在深度学习中,泛化技术变得比以往更加重要。这主要是因为神经网络的层数增加了,参数也增加了,表示能力大幅度增强,很容易出现过拟合现象。因此正则化技术就显得十分重要。目前,Dropout 技术,以及数据扩容(Data-Augmentation)技术是目前使用的最多的正则化技术。

神经网络发展的历程从单层神经网络(感知机)开始,到包含一个隐藏层的两层神经网络,再到多层的深度神经网络,一共有三次兴起过程,如图 8-17 所示。

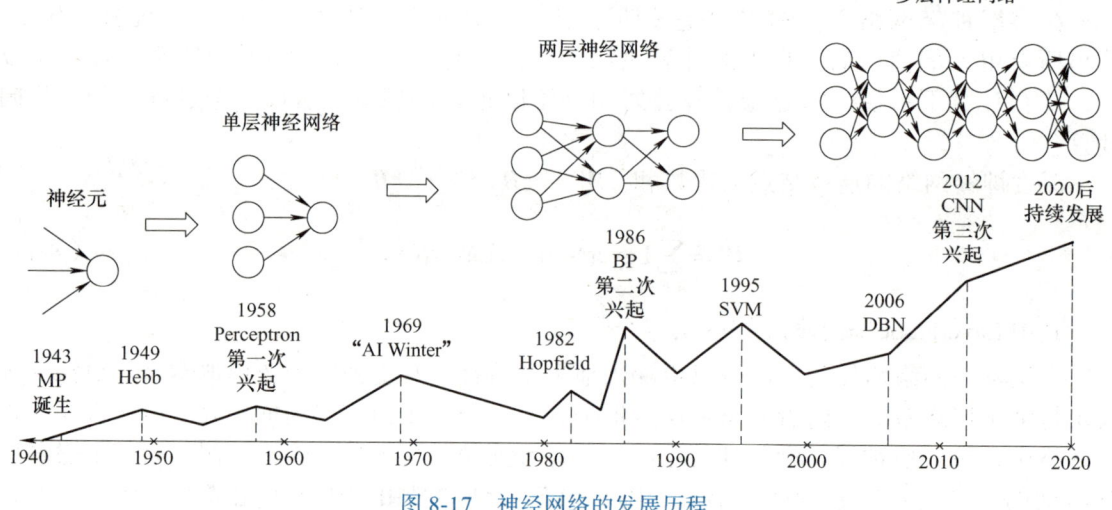

图 8-17 神经网络的发展历程

图 8-17 中的顶点与谷底可以看作神经网络发展的高峰与低谷。图中的横轴是时间,以年为单位。纵轴是一个神经网络影响力的示意表示。如果把 1949 年 Hebb 模型提出到 1958 年的感知机诞生这个 10 年视为下落(没有兴起)的话,那么神经网络算是经历了"三起三落"这样一个过程,经历过如此多波折的神经网络能够在现阶段取得成功也可以被看作是磨砺的积累。

8.1.2 深度学习框架 Keras

TensorFlow ™ 是一个采用数据流图(Data Flow Graphs)用于数值计算的开源软件库。结点(Nodes)在图中表示数学操作,图中的线(Edges)则表示在结点间相互联系的多维数据数组,即张量(Tensor)。其灵活的架构可以在多种平台上展开计算,如台式计算机中的一个或多个 CPU(或 GPU)、服务器和移动设备等。TensorFlow 最初由 Google 大脑小组(隶属于 Google 机器智能研究机构)的研究员和工程师们开发出来,用于机器学习和深度神经网络方面的研究,但这个系统的通用性使其也可广泛用于其他计算领域。

Keras 是一个用 Python 编写的高级神经网络 API，可以以 TensorFlow、CNTK 和 Theano 作为后端运行。Keras 支持快速的实验构建，能够在短时间内将原型转换为结果，这是做研究的关键，以下情况适合使用 Keras 深度学习库。
- 允许简单而快速的原型设计（由于用户友好、高度模块化和可扩展性）。
- 同时支持卷积神经网络和循环神经网络，以及两者的组合。
- 在 CPU 和 GPU 上无缝运行。

Keras 的特点为：

1）用户体验友好。把用户体验放在首要位置，提供一致且简单的 API，将常见用例所需的操作数量降至最低，并且在出现错误时提供清晰和可操作的反馈。

2）模块化。模型被理解为由独立的、完全可配置的模块构成的序列或图。这些模块能以尽可能少的限制组装在一起。特别是神经网络层、损失函数、优化器、初始化方法、激活函数和正则化方法，它们都是可以结合起来构建新模型的模块。

3）易扩展性。新的模块能以新的类和函数添加到学习库。

4）基于 Python 实现。Keras 没有特定格式的单独配置文件，模型定义使用 Python 代码实现，这些代码紧凑、易于调试，并且易于扩展。

后续的章节主要讲解以 Keras 为深度学习框架的多层神经网络（DNN）、计算机视觉（CNN）及循环神经网络（LSTM）。

8.2 深度神经网络

8.2.1 深度神经网络示例

下面演示使用 Keras 框架进行 DNN 建模及预测，步骤如下：
- 加载数据。
- 定义 Keras 模型。
- 编译 Keras 模型。
- 训练 Keras 模型。
- 评价 Keras 模型。
- 进行预测。

1. 加载数据

数据集为 PimaIndiansdiabetes.csv，有 8 个输入特征，输出为二元类别（0，1），具体描述见表 8-1。

表 8-1 糖尿病数据集

序号	特征	说明
1	Pregnancies	怀孕次数
2	Glucose	葡萄糖计数
3	BloodPressure	血压（mmHg）
4	SkinThickness	皮层厚度（mm）
5	Insulin	胰岛素：2 小时血清胰岛素（muU/ml）
6	BMI	体重指数 =（体重 / 身高）^{2}

(续)

序号	特征	说明
7	DiabetesPedigreeFunction	糖尿病谱系功能数值
8	Age	年龄（岁）
9	Outcome	标签（0或1）

数据集和前述一样使用 Pandas 包中的 readcsv 函数加载，在此不再赘述。

2. 定义 Keras 模型

示例使用 Keras Sequential model，也就是逐层定义模型，代码如下：

```
# 定义Keras 模型
model = Sequential()
model.add(Dense(12, input_dim=8, activation='relu'))
model.add(Dense(8, activation='relu'))
model.add(Dense(1, activation='sigmoid'))
```

1）input_dim=8 表示神经网络有 8 个输入结点（每个结点对应一个输入特征），Sequential model 将输入层和第一个中间层定义在一起，Dense 表示层与层之间的连接是全连接的。model.add（Dense（12，input_dim=8，activation='relu'））表示输入层有 8 个结点，第一个中间层有 12 个结点，输入层和第一个中间层之间为全连接，第一个中间层结点的激活函数为 relu。

2）第二个中间层有 8 个结点，与第一个中间层为全连接，结点的激活函数为 relu。

3）输出层的结点个数为 1，使用 sigmoid 为激活函数。

所定义的模型结构为：
- 输入层（8 个结点）。
- 第一个中间层（12 个结点，结点激活函数为 relu）。
- 第二个中间层（8 个结点，结点激活函数为 relu）。
- 输出层（1 个结点，激活函数为 sigmoid）。

多层神经网络的中间层结点的激活函数一般为 relu，输出层的激活函数根据输出的不同类型而定：
- 回归问题：输出为数值类型，故激活函数为 linear。
- 二元分类：输出为（0，1），激活函数为 sigmoid。
- 多元分类：输出为多个类别，此时输出使用向量化编码（One-Hot Encoding），激活函数为 softmax，输出层结点的个数为类别的个数。

softmax 函数是二分类函数 sigmoid 在多分类上的推广，对于第 i 个结点，定义为：

$$out(i) = \exp(\theta_i^T x)$$

其中，θ_i^T 为网络中最后一个中间层连接第 i 个输出结点的所有边上的权重值及偏置量，x 为最后一个中间层所有结点上的值。使用指数函数，是因为从（$-\infty$，$+\infty$）其取值均为正数。softmax 函数就是定义每个结点的 out 值占所有结点 out 值的百分比。对于第 i 个结点，其 softmax 函数的取值为：

$$p(i) = \frac{\exp(\theta_i^T x)}{\sum_{i=1}^{k} \exp(\theta_i^T x)}$$

其中，k 为输出层结点的个数，也就是训练集中输出的类别个数。softmax 函数的特点是保证了 $\sum p(i)=1$，故使用 softmax 函数的输出，就可以方便地使用交叉熵来计算损失，由于实际的输出使用 One-Hot Encoding，编码后的向量中只有一个 1，其他全部为 0，故对于某个记录的损失实际就是对应编码为 1 的那个 $p(i)$ 的 $-\log(p(i))$。

3. 编译 Keras 模型

模型定义完成后，需要对模型进行编译。Keras 调用其支撑的后台建立神经网络的计算框架，本例的后台为 Tensorflow，编译的过程会自动地对计算框架进行优化及确定硬件环境（使用 CPU 还是 GPU）。编译模型的语句为：

```
# 编译 Keras 模型
model.compile(loss='binary_crossentropy',optimizer='adam',metrics=['accuracy'])
```

loss='binary_crossentropy' 表示使用二元交叉熵为损失函数，optimizer='adam' 表示使用 'adam' 为梯度下降的算法，由于是平衡的分类问题，所以模型评价的依据为准确率（Accuracy）。

loss 损失函数的可能值为：
- 回归问题：MSE 或者 RSME。
- 二元分类：binary_crossentropy。
- 多元分类：categorical_crossentropy。

optimizer 优化算法（就是使得 loss 最小化的算法），优化算法都是梯度下降算法的扩展或者说不同的分类，可能取值为：
- sgd：随机梯度下降，需要调整学习率和动量。
- adam：需要调整学习率。
- rmsprop：需要调整学习率。

4. 训练 Keras 模型

反向传播算法（BP）需要通过多次的重复训练，才能得到理想的模型，故不可能是一次性对所有的训练集数据进行训练（由于内存的限制）。计算反向更新各个连接边的权重值、偏置量及结点值的梯度的方法为随机梯度下降算法，也就是每次只训练训练集中的一部分数据，以 batch_size 参数表示。重复训练的次数以 epochs 表示。
- batch_size：表示每次模型训练所取得的训练集中的记录个数。
- epochs：表示整个训练集循环训练的次数。

对于：

```
# 在数据集上拟合 Keras 模型
model.fit(X, y, epochs=150, batch_size=10)
```

表示每次训练模型的记录个数为 10 个，循环使用训练集训练模型 150 次。假设训练集一共有 100 条数据，则对于每次循环，训练集需要分 10 次才能训练完成。整个训练参数的过程为 150×（100/10）次 =1500 次。

5. 评价 Keras 模型

进行模型评价的语句为：

```
# 评估 Keras 模型
loss, accuracy = model.evaluate(X, y)
```

```
print('Accuracy: %.2f' % (accuracy*100))
```

模型评价返回的第一个参数为模型的损失值。第二个为编译模型时定义的评价指标 accuracy。下面的代码将前面 5 个步骤综合起来执行。

```
# 用 Keras 建立第一个神经网络
...
# 下载数据集
dataset = pd.read_csv('../Datafiles/PimaIndiansdiabetes.csv',header=0)
# 划分为输入(X)和输出(y)变量
X = dataset.values[:,0:8]
y = dataset.values[:,8]
# 定义 Keras 模型
model = Sequential()
model.add(Dense(12, input_dim=8, activation='relu'))
model.add(Dense(8, activation='relu'))
model.add(Dense(1, activation='sigmoid'))
# 编译 Keras 模型
model.compile(loss='binary_crossentropy',optimizer='adam',metrics=['accuracy'])
# 在数据集上拟合 Keras 模型
model.fit(X, y, epochs=150, batch_size=10)
# 评估 Keras 模型
loss, accuracy = model.evaluate(X, y)
print("\nLoss: %.2f, Accuracy: %.2f%%" % (loss, accuracy*100))
```

注意：读者测试的结果可能会有所不同，这是深度神经网络的特性所决定的。

6. 进行预测

得到模型后，可以使用 model.predict（X[：5，]）预测训练集中前 5 条记录的概率值。使用 model.predict_classes（X[：5，]）预测训练集中前 5 条记录的标签值。预测前 5 条记录的标签值，并与实际值进行比较的代码如下：

```
# 使用模型进行类预测
predictions = model.predict_classes(X[:5,])
# 比较前 5 条记录的实际值和预测值
for i in range(5):
    print('%s => %d (expected %d)' % (X[i].tolist(), predictions[i], y[i]))
```

8.2.2 模型的保存和读取

Keras 框架提供将训练好的模型保存到硬盘上的功能，文件的扩展名为".h5"，保存模型的代码如下所示：

```
# 将模型和体系结构保存到单个文件
model.save("model.h5")
print("Saved model to disk")
```

模型保存成功后，加载保存的模型的代码如下：

```
# 加载模型
model = load_model('model.h5')
# 模型结构描述
model.summary()
# 加载数据集
```

```
dataset = loadtxt("..\Datafiles\PimaIndiansdiabetes2.csv",
delimiter=",")
#划分为输入(X)和输出(y)变量
X = dataset[:,0:8]
y = dataset[:,8]
# 评估模型
score = model.evaluate(X, y, verbose=0)
print("%s: %.2f%%" % (model.metrics_names[1], score[1]*100))
```

输出结果为:

```
Model: "sequential_5"
_____
Layer (type)                 Output Shape              Param #
=================================================================
dense_13 (Dense)             (None, 12)                108
_____
dense_14 (Dense)             (None, 8)                 104
_____
dense_15 (Dense)             (None, 1)                 9
=================================================================
Total params: 221
Trainable params: 221
Non-trainable params: 0
_____
accuracy: 73.31%
```

8.2.3　模型训练的历史过程

下面的代码演示了如何将每个循环（Epoch）的训练集和测试集的 loss 和 accuracy 的变化的历史过程展示出来。特别是 loss 的变化趋势，可以判断在模型训练过程中是否出现过拟合的情况。

```
...
# 加载 pima-inIndians 数据集
dataset = numpy.loadtxt("..\Datafiles\PimaIndiansdiabetes2.csv",
delimiter=",")
# 划分输入(X)和输出(Y)变量
X = dataset[:,0:8]
Y = dataset[:,8]
# 建立模型
model = Sequential()
model.add(Dense(12, input_dim=8, activation='relu'))
model.add(Dense(8, activation='relu'))
model.add(Dense(1, activation='sigmoid'))
# 编译模型
model.compile(loss='binary_crossentropy', optimizer='adam',
metrics=['accuracy'])
# 拟合模型
history = model.fit(X, Y, validation_split=0.33, epochs=150, batch_
size=10, verbose=0)
# 列出历史中的所有数据
print(history.history.keys())
# 画出模型训练过程中的准确率变化曲线
```

```
plt.plot(history.history['accuracy'])
plt.plot(history.history['val_accuracy'])
plt.title('model accuracy')
plt.ylabel('accuracy')
plt.xlabel('epoch')
plt.legend(['train', 'test'], loc='upper left')
plt.show()
# 画出模型训练过程中的损失变化曲线
plt.plot(history.history['loss'])
plt.plot(history.history['val_loss'])
plt.title('model loss')
plt.ylabel('loss')
plt.xlabel('epoch')
plt.legend(['train', 'test'], loc='upper left')
plt.show()
```

输出结果为：

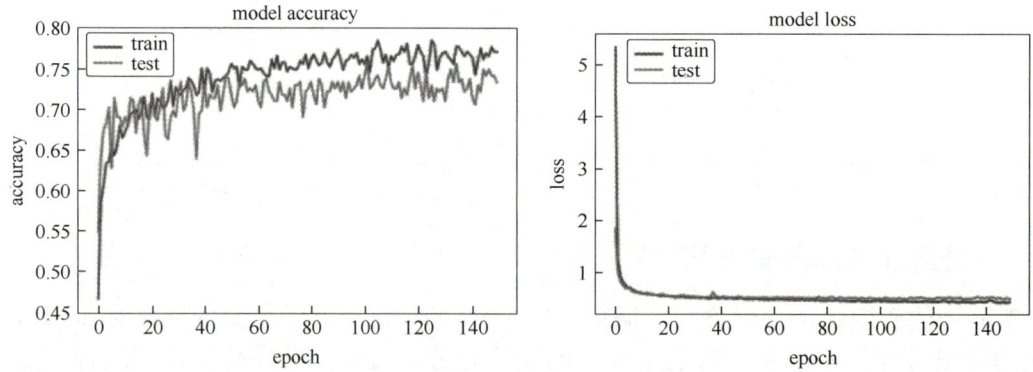

观察 model loss 的变化曲线，在训练过程中，测试集的 loss 和训练集的 loss 始终保持下降的趋势，说明在训练过程中没有出现过拟合的情况。

8.3 卷积神经网络

使用深度神经网络解决图像分类、分类和定位、目标检测、语义分割和实例分割等问题，统称为计算机视觉技术，卷积神经网络在计算机视觉技术中的应用较为广泛。

1）图像分类（Classification），对于一幅给定的图像，预测它属于的分类标签。计算机根据图像分辨率和尺寸，将图像转换为以像素值表示的多维数组，如一张 JPG 格式的 240×480 大小的彩色图片，那么它对应的像素值数组就是 240×480×3。其中每个数字的值从 0～255 不等，每个数值描述了对应那一个像素点的 R、G、B 值。图像分类根据提供给计算机像素值数组，输出描述该图像属于某一特定分类的概率的数字（比如：82% 是猫、15% 是狗、2% 是帽子、1% 是马克杯），如图 8-18 所示。

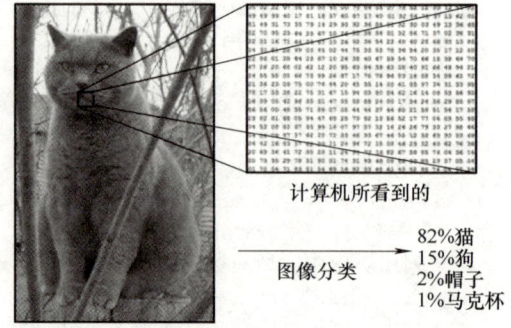

图 8-18　图像分类

2）分类和定位（Classification+Localization），对于一幅给定的图像，除了预测其所属的类别标签外，还需要将所预测的类别的矩形框（Box）画出，如图8-19所示。

3）目标检测（Object Detection），预测图像中的不同类别，并用矩形框将预测的类别框起来，如图8-20所示。

图8-19　分类和定位　　　　　　　　图8-20　目标检测

注意目标检测与图像分类和定位的区别在于，目标检测将图像中的所有类别（属于同一个类别标签或者不同类别标签）都进行了预测，并用Box框起来。图8-21展示了检测图像中不同类别标签的效果。

4）语义分割是目标检测更进阶的任务，目标检测只需要框出每个类别目标，语义分割需要进一步判断图像中哪些像素属于哪个目标。但是，语义分割不区分属于相同类别的不同实例。例如，当图像中有多只羊时，语义分割会将多只羊整体的所有像素预测为"羊"这个类别，图8-22展示了语义分割的效果。

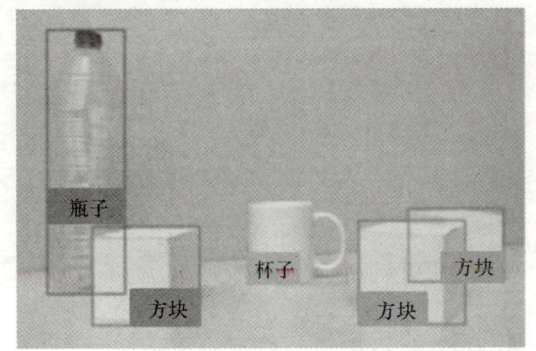 

图8-21　目标检测不同类别　　　　　　图8-22　语义分割

5）实例分割采用语义分割和目标检测相结合的技术。给定一幅图像，希望预测该图像中目标的位置和类别（类似于目标检测），但是，不是去预测这些目标的边界框，而是去预测这些目标的整个分割掩码，即输入图像中的哪个像素对应于哪个目标实例。在此基础上，图像中的每一只绵羊分别得到了分割掩码，而语义分割中所有的绵羊都得到了相同的分割掩码。图8-23展示了实例分割的效果。

图8-24展示了图像分类、分类和定位、目标检测以及实例分割的区别。

也有些学者将计算机视觉的应用领域归纳为以下的分类：

• Image Classification：图像分类。

• Image Classification With Localization：图像分类后，将分类的图像从整个图片中标识出来。

• Object Detection：目标检测。

• Object Segmentation：图像分割。

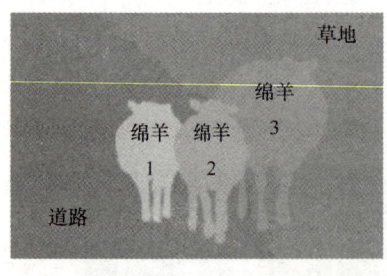

图 8-23 实例分割

图 8-24 图像分类、分类和定位、目标检测以及实例分割的区别

- Image Style Transfer：图像风格转换（不同画派的风格）。
- Image Colorization：图像着色（黑白变彩色，而且要自然）。
- Image Reconstruction：图像重构（残缺的图像还原）。
- Image Super-Resolution：图像分辨率提高。
- Image Synthesis：图像合成（图像转换，生成新的图像）。

8.3.1 卷积神经网络的层

卷积神经网络（Convolutional Neural Network，CNN）主要用于计算机视觉应用领域，用于图像分类的 CNN 一般包含以下几个层。

- 数据输入层：Input Layer。
- 卷积计算层：Convolutional Layer。
- ReLU 激励层：ReLU Layer。
- 池化层：Pooling Layer。
- 全连接层：Fully-Connected Layer。

CNN 网络结构如图 8-25 所示。

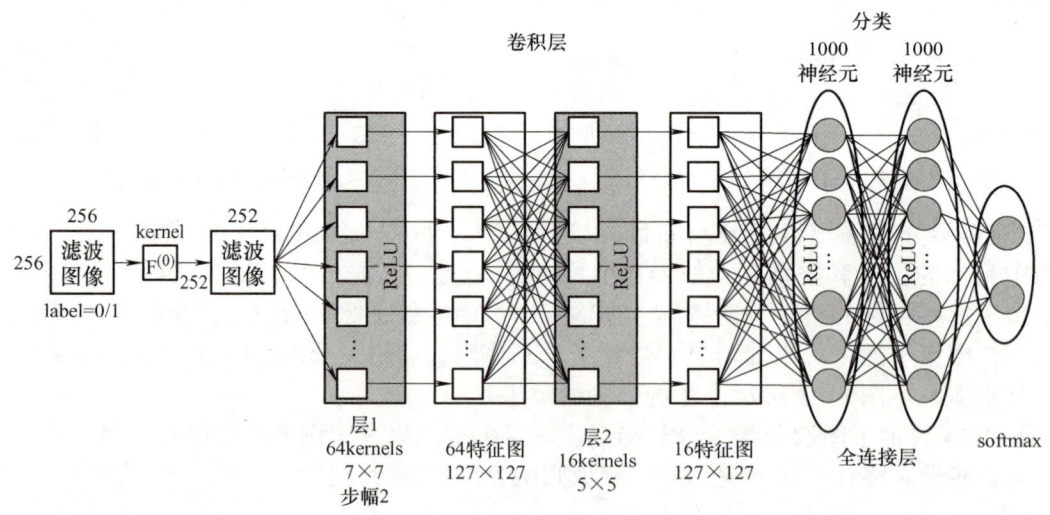

图 8-25 CNN 网络结构

1. 数据输入层

该层要做的处理主要是对原始图像数据进行预处理，其中包括：

1）取均值。把输入数据各个维度都中心化为 0，如图 8-26 所示，其目的就是把样本的中心拉回到坐标系原点上。

2）归一化。幅度归一化到同样的范围，如图 8-26 所示，即减少各维度数据取值范围的差异而带来的干扰，比如有两个维度的特征 A 和 B，A 范围是 0～10，而 B 范围是 0～10000，如果直接使用这两个特征是有问题的，好的做法就是归一化，即 A 和 B 的数据都变为 0～1 的范围。

3）PCA/白化。用 PCA 降维和白化是对数据各个特征轴上的幅度归一化，如图 8-27 所示。

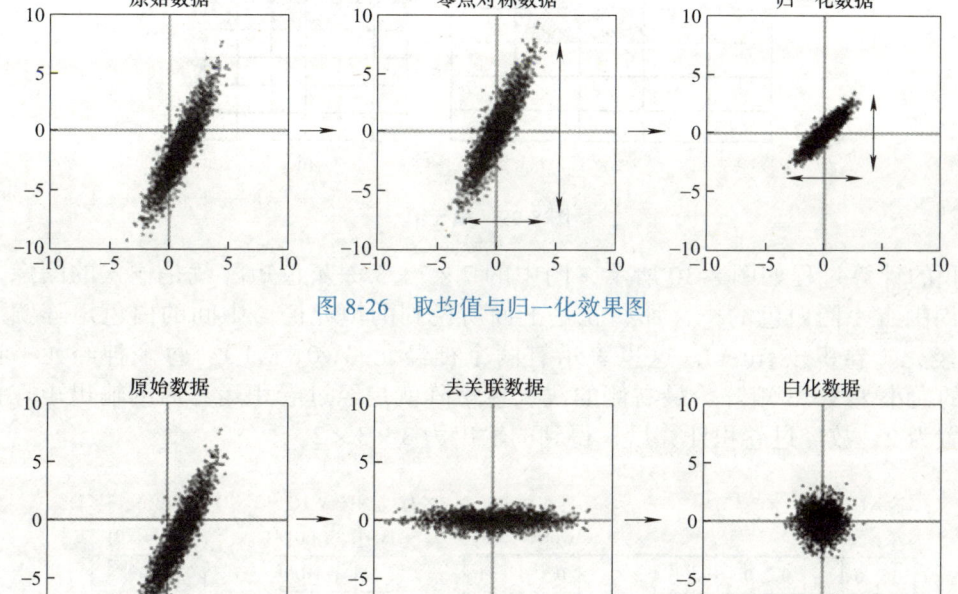

图 8-26　取均值与归一化效果图

图 8-27　去相关与白化效果图

2. 卷积计算层

这一层就是卷积神经网络最重要的一个层次，也是"卷积神经网络"的名字来源。在卷积层，有两个关键操作：

- 局部关联，每个神经元看作一个滤波器（filter）。
- 滑动窗口，滤波器对局部数据计算。

先介绍卷积层遇到的几个名词，解释如图 8-28 所示。

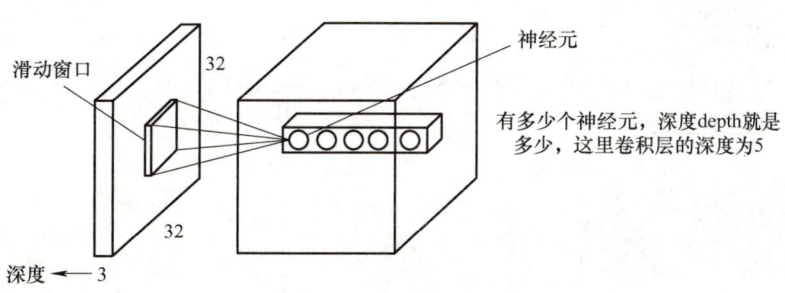

图 8-28　卷积层深度

- 深度（depth）。
- 步长（stride）（窗口一次滑动的长度）。
- 填充值（zero-padding）。

卷积的神经元也称为卷积核（filter）。为了更好地理解填充值的概念，以图 8-29a 所示为例，有这么一个 5×5 的图片（一个格子一个像素），滑动窗口取 2×2，步长取 2，可以发现还剩下 1 个像素没法滑完，为了解决这种情况，可以在原先的矩阵加一层填充值，使其变成 6×6 的矩阵，那么窗口就可以刚好把所有像素遍历完，如图 8-29b 所示，这就是填充值的作用。

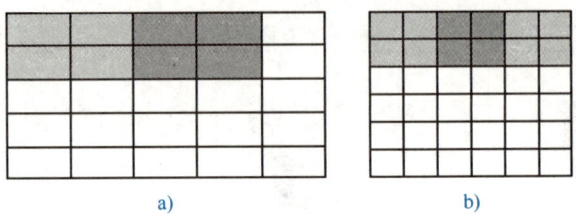

图 8-29 填充值

卷积的计算过程如图 8-30 所示，图中的 7×7×3 深灰色矩阵就是输入的图像，深灰色矩阵周围有一圈白色的框，那些就是上面所说到的填充值。中间的白色矩阵就是卷积层的神经元（卷积核 filter），这里表示有两个神经元（w0，w1）。每个神经元（卷积核 filter）的大小为 3×3 矩阵。最右侧的浅灰色矩阵就是经过卷积运算后的输出矩阵，由于步长设置为 2，故经过卷积计算后，得到的输出为 3×3×2。

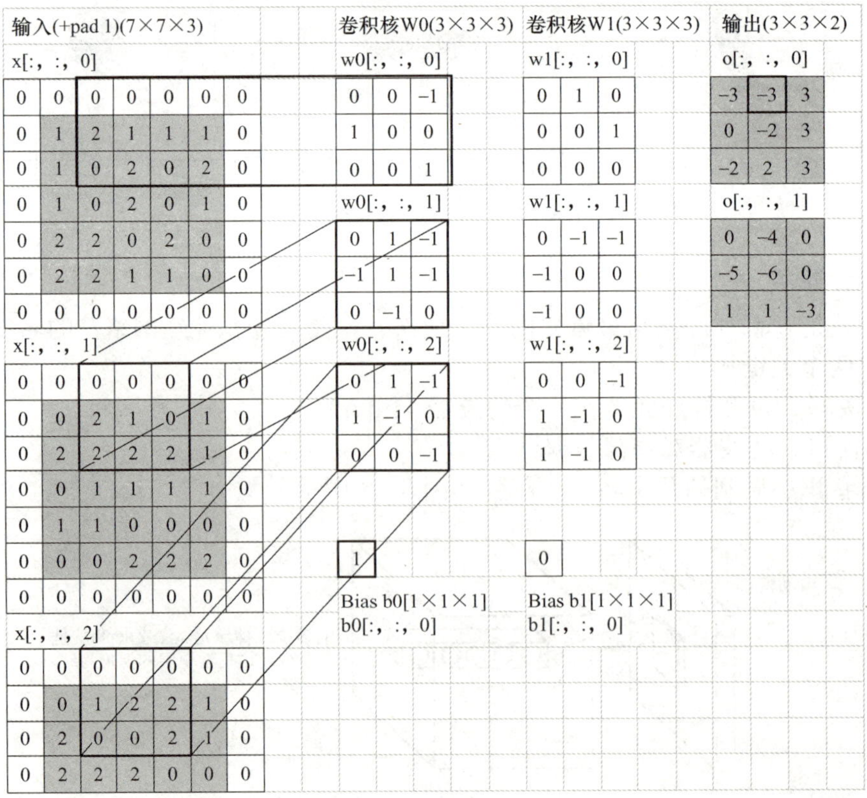

图 8-30 卷积的计算

深灰色的矩阵（输入图像）对白色的矩阵（filter）进行矩阵内积计算并将三个内积运算的结果与偏置值 b 相加（比如上面图的计算：2+（-2+1-2）+（1-2-2）+1=2-3-3+1=-3），计算后的值就是浅灰色框矩阵的一个元素。图 8-31 详细地演示了卷积计算的过程，关于卷积计算的理论知识，请读者参考文献（DUMOULIN V，VISIN F. A guide to convolution arithmetic for deep learning[J]. 2016.）。

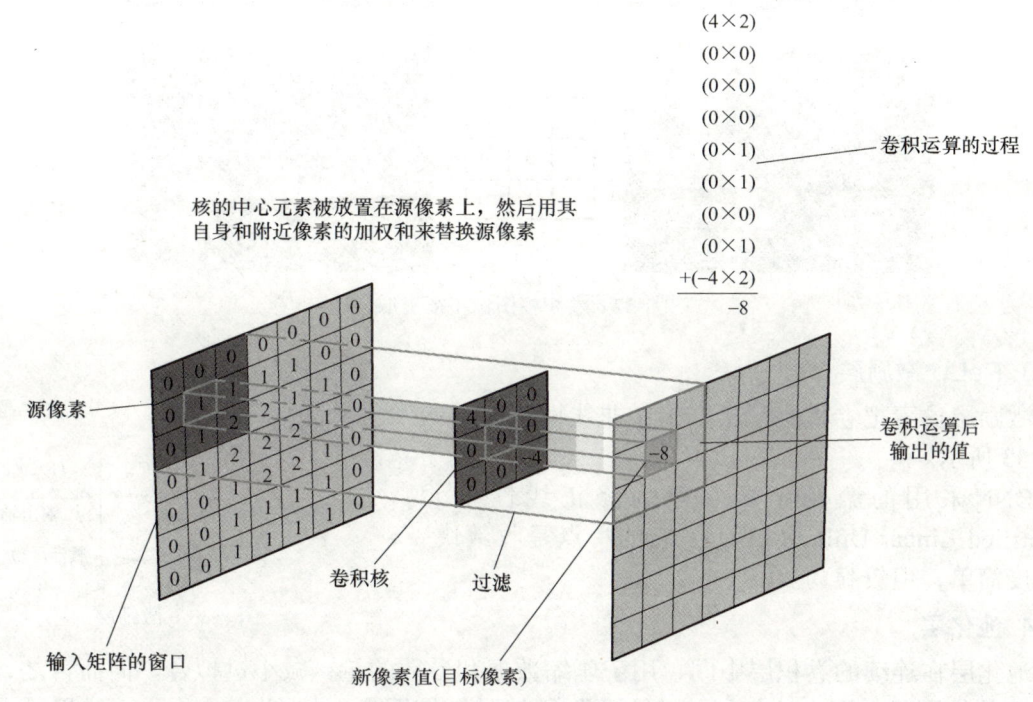

图 8-31　卷积计算的详细过程

如果采用深度神经网络模型，则需要读取整幅图像作为神经网络模型的输入（即全连接的方式），当图像的尺寸越大时，其连接的参数将变得越多，从而导致计算量非常大。而人类对外界的认知一般是从局部到全局，先对局部有感知的认知，再逐步对全体有认知，这是人类的认知模式。在图像中的空间联系也是类似的，局部范围内的像素之间联系较为紧密，而距离较远的像素则相关性较弱。因而，每个神经元其实没有必要对全局图像进行感知，只需要对局部进行感知，然后在更高层将局部的信息综合起来就得到了全局的信息。这种模式就是卷积神经网络中降低参数数量的重要手段——局部感受野，局部感受野具体描述为：

1）在卷积层中每个神经元连接数据窗的权重是固定的，每个神经元只关注一个特性。神经元就是图像处理中的滤波器，比如边缘检测专用的 Sobel 滤波器，即卷积层的每个滤波器都会有自己所关注一个图像特征，如垂直边缘、水平边缘、颜色和纹理等，这些所有神经元加起来就好比是整张图像的特征提取器集合。

2）使得需要估算的权重个数大幅减少，如 AlexNet 将需要计算的权重个数从 1 亿个减少到 3.5 万个。

3）实现的过程就是一组固定的权重和不同窗口内数据做内积计算，即卷积。

使用卷积核进行图像不同特征提取的过程如图 8-32 所示。

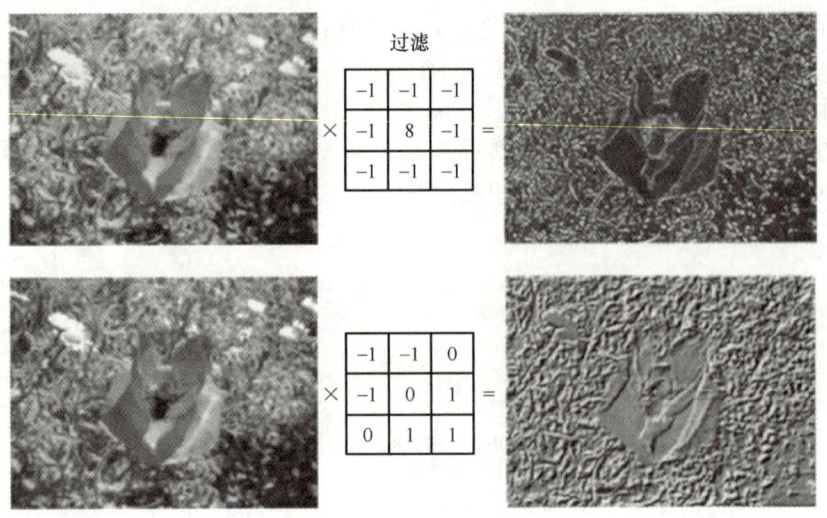

图 8-32　卷积核图像特征提取

3. ReLU 激励层

激励层负责把卷积层输出结果做非线性映射，如图 8-33 所示。

CNN 采用的激励函数一般为修正线性单元（Rectified Linear Unit，ReLU），它的特点是收敛快、求梯度简单，但较脆弱。

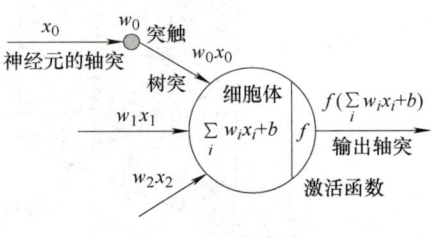

图 8-33　激励层

4. 池化层

池化层在连续的卷积层中间，用于压缩数据和参数的量，减小过拟合。简而言之，如果输入的是图像，那么池化层的最主要作用就是压缩图像，如图 8-34 所示，这里再展开叙述池化层的具体作用。

1) 特征不变性，也就是在图像处理中经常提到的特征的尺度不变性。池化操作就是图像的缩放，平时一张狗的图像被缩小了一倍还能认出这是一张狗的照片，这说明这张图像中仍保留着狗最重要的特征，一看就能判断图像中画的是一只狗，图像压缩时去掉的信息只是一些无关紧要的信息，而留下的信息则具有尺度不变性的特征，是最能表达图像的特征。

2) 特征降维，知道一幅图像含有的信息是很大的，特征也很多，但是有些信息对于做图像任务时没有太多用途或者有重复，可以把这类冗余信息去除，把最重要的特征抽取出来。

3) 在一定程度上防止过拟合，更方便优化。

池化层用的方法有 Max pooling 和 Average pooling，而实际用得较多的是 Max pooling。Max pooling 思想非常简单，就是取滑动窗口所在矩阵元素的最大值，如图 8-35 所示。

对于每个 2×2 的窗口选出最大的数作为输出矩阵的相应元素的值，比如输入矩阵第一个 2×2 窗口中最大的数是 6，那么输出矩阵的第一个元素就是 6，依此类推。

5. 全连接层

两层之间所有神经元都有权重连接，通常全连接层在卷积神经网络尾部。也就是跟传统的神经网络神经元的连接方式是一样的。

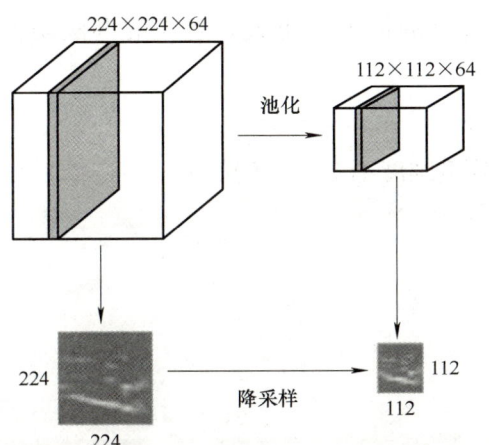

图 8-34 池化层图像压缩

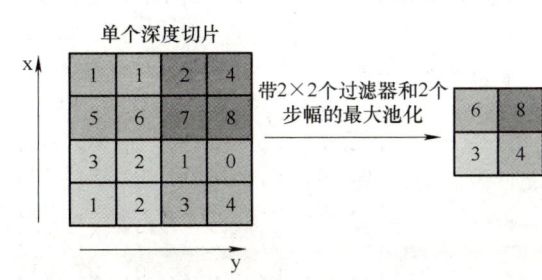

图 8-35 Max pooling 池化层

下面的示例演示了卷积核的计算,示例输入为(8,8)的二维矩阵,滑动窗口为(3,3),步长为(1,1),卷积层后得到的矩阵为(6,6),64-36=28,少 28 个像素。原因是存在边界效应。

```
...
# 定义输入数据
data = [[0, 0, 0, 1, 1, 0, 0, 0],
        [0, 0, 0, 1, 1, 0, 0, 0],
        [0, 0, 0, 1, 1, 0, 0, 0],
        [0, 0, 0, 1, 1, 0, 0, 0],
        [0, 0, 0, 1, 1, 0, 0, 0],
        [0, 0, 0, 1, 1, 0, 0, 0],
        [0, 0, 0, 1, 1, 0, 0, 0],
        [0, 0, 0, 1, 1, 0, 0, 0]]
data = asarray(data)
data = data.reshape(1, 8, 8, 1)
# 创建模型
model = Sequential()
# 滑动窗口 3×3,1 个 filter
model.add(Conv2D(1, (3,3), input_shape=(8, 8, 1)))
# 自定义 filter 的值
detector = [[[[0]],[[1]],[[0]]],
            [[[0]],[[1]],[[0]]],
            [[[0]],[[1]],[[0]]]]
weights = [asarray(detector), asarray([0.0])]
# 设置模型的权重
model.set_weights(weights)
# 确认模型的权重
print(model.get_weights())
# 对输入数据应用筛选器
yhat = model.predict(data)
# 输出结果
for r in range(yhat.shape[1]):
    print([yhat[0,r,c,0] for c in range(yhat.shape[2])])
```

边界效应对于像素值较大、滑动窗口小的情况,影响不大,但对像素值较小、滑动窗口大的情况影响大。或者进行重叠卷积时，边界的损失会更大。解决的办法是使用 padding 填充技术。代码演示如下所示：

```
model.add(Conv2D(1, (3,3), padding='same',input_shape=(8, 8, 1)))
```

使用 padding='same' 可以保证经过卷积后的数组维度不变，示例如下：

```
...
# 定义输入数据
data = [[0, 0, 0, 1, 1, 0, 0, 0],
        [0, 0, 0, 1, 1, 0, 0, 0],
        [0, 0, 0, 1, 1, 0, 0, 0],
        [0, 0, 0, 1, 1, 0, 0, 0],
        [0, 0, 0, 1, 1, 0, 0, 0],
        [0, 0, 0, 1, 1, 0, 0, 0],
        [0, 0, 0, 1, 1, 0, 0, 0],
        [0, 0, 0, 1, 1, 0, 0, 0]]
data = asarray(data)
data = data.reshape(1, 8, 8, 1)
# 创建模型
model = Sequential()
# 滑动窗口 3×3,1 个 filter
model.add(Conv2D(1, (3,3), padding='same',input_shape=(8, 8, 1)))
model.summary()
# 自定义 filter 的值
detector = [[[[0]],[[1]],[[0]]],
            [[[0]],[[1]],[[0]]],
            [[[0]],[[1]],[[0]]]]
weights = [asarray(detector), asarray([0.0])]
# 设置模型的权重
model.set_weights(weights)
# 对输入数据应用筛选器
yhat = model.predict(data)
# 输出结果
for r in range(yhat.shape[1]):
    print([yhat[0,r,c,0] for c in range(yhat.shape[2])])
```

CNN 建模时，默认的步长为（1，1），也就是先顺着行的方向依次移动一个像素，然后顺着列的方向依次移动一个像素。也可以实现需要加大步长的移动，下面的代码演示将步长设置为（2，2）后的卷积效果（注意，没有使用 padding，存在边界效应）。

```
# 步长为 2 的 filter 示例
from numpy import asarray
from keras.models import Sequential
from keras.layers import Conv2D
# 定义输入数据
data = [[0, 0, 0, 1, 1, 0, 0, 0],
        [0, 0, 0, 1, 1, 0, 0, 0],
        [0, 0, 0, 1, 1, 0, 0, 0],
        [0, 0, 0, 1, 1, 0, 0, 0],
        [0, 0, 0, 1, 1, 0, 0, 0],
        [0, 0, 0, 1, 1, 0, 0, 0],
        [0, 0, 0, 1, 1, 0, 0, 0],
        [0, 0, 0, 1, 1, 0, 0, 0]]
```

```python
data = asarray(data)
data = data.reshape(1, 8, 8, 1)
# 创建模型
model = Sequential()
model.add(Conv2D(1, (3,3), strides=(2, 2), input_shape=(8, 8, 1)))
# 得到模型信息
model.summary()
# 定义filter
detector = [[[[0]],[[1]],[[0]]],
            [[[0]],[[1]],[[0]]],
            [[[0]],[[1]],[[0]]]]
weights = [asarray(detector), asarray([0.0])]
# 将权重存储在模型中
model.set_weights(weights)
# 对输入数据应用filter
yhat = model.predict(data)
# 输出结果
for r in range(yhat.shape[1]):
    print([yhat[0,r,c,0] for c in range(yhat.shape[2])])
```

池化层对卷积层的输出结果进行进一步的压缩输出，下面的代码演示使用（2，2）的 MaxPooling，对卷积层的输出进行处理的结果。(2，2) 的池化移动窗口，使得卷积层的输出矩阵中值的个数减少到原来的四分之一。

```
...
# 定义输入数据
data = [[0, 0, 0, 1, 1, 0, 0, 0],
        [0, 0, 0, 1, 1, 0, 0, 0],
        [0, 0, 0, 1, 1, 0, 0, 0],
        [0, 0, 0, 1, 1, 0, 0, 0],
        [0, 0, 0, 1, 1, 0, 0, 0],
        [0, 0, 0, 1, 1, 0, 0, 0],
        [0, 0, 0, 1, 1, 0, 0, 0],
        [0, 0, 0, 1, 1, 0, 0, 0]]
data = asarray(data)
data = data.reshape(1, 8, 8, 1)
# 创建模型
model = Sequential()
model.add(Conv2D(1, (3,3), activation='relu', input_shape=(8, 8, 1)))
model.add(MaxPooling2D())
# 得到模型信息
model.summary()
# 定义filter
detector = [[[[0]],[[1]],[[0]]],
            [[[0]],[[1]],[[0]]],
            [[[0]],[[1]],[[0]]]]
weights = [asarray(detector), asarray([0.0])]
# 设置模型的权重
model.set_weights(weights)
# 对输入数据应用filter
yhat = model.predict(data)
# 输出结果
for r in range(yhat.shape[1]):
```

```
print([yhat[0,r,c,0] for c in range(yhat.shape[2])])
```

8.3.2 使用 CNN 进行图像分类

1. 手写数字识别

使用 CNN 进行图像分类的"Hello World！"就是对手写数字的"MNIST dataset"进行分类。MNIST dataset 如图 8-36 所示。

每个图片为一个 28×28 的像素矩阵（一共 784 个像素）。训练集包含 60000 张图片，测试集包含 10000 张图片。手写数字识别是一个图像分类问题，一共有 0～9 个数字，共 10 个类别需要预测。可以用准确率来评估预测的效果。大型的 CNN 已经能将 MNIST dataset 的预测误差降低到 0.2%。下面的代码演示如何加载 MNIST dataset 数据集。

图 8-36 MNIST dataset

```
...
# 加载 MNIST 数据集
(X_train, y_train), (X_test, y_test) = mnist.load_data()
# 将 4 个图像绘制为灰度
plt.subplot(221)
plt.imshow(X_train[0], cmap=plt.get_cmap('gray'))
plt.subplot(222)
plt.imshow(X_train[1], cmap=plt.get_cmap('gray'))
plt.subplot(223)
plt.imshow(X_train[2], cmap=plt.get_cmap('gray'))
plt.subplot(224)
plt.imshow(X_train[3], cmap=plt.get_cmap('gray'))
# 展示图像
plt.show()
```

输出结果为：

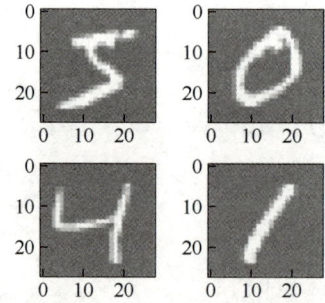

下面的代码先建立一个简单的多层神经网络模型，作为和 CNN 模型的比较基准，基准模型的错误率为 1.69% 左右。

```
...
# 加载数据
(X_train, y_train), (X_test, y_test) = mnist.load_data()
# 默认的训练集为 (60000,28,28) 的多维数组
X_train.shape
```

```python
# 输出为 (60000,) 的一维数组
y_train.shape
#DNN 仅接受一维向量作为输入，故需要将包含 28×28 个像素的图像转换为包含 784 个元素的
# 一维向量
num_pixels = X_train.shape[1] * X_train.shape[2]
# 训练集和测试集的数据类型转换
X_train = X_train.reshape((X_train.shape[0], num_pixels)).astype('float32')
X_test = X_test.reshape((X_test.shape[0], num_pixels)).astype('float32')
# 训练集 (60000,784)
X_train.shape
# 测试集 (10000,784)
X_test.shape
# 输入特征归一化 0 ~ 255 到 0 ~ 1
X_train = X_train / 255
X_test = X_test / 255
# 向量化编码输出的 0 ~ 9 这 10 个类别
y_train = np_utils.to_categorical(y_train)
y_test = np_utils.to_categorical(y_test)
num_classes = y_test.shape[1]
# 定义基准模型，输入层 784 个结点，中间层 784 个结点，输出 10 个结点
def baseline_model():
    # 创建模型
    model = Sequential()
    model.add(Dense(num_pixels, input_dim=num_pixels, kernel_initializer='normal', activation='relu'))
    model.add(Dense(num_classes, kernel_initializer='normal', activation='softmax'))
    # 编译模型
    model.compile(loss='categorical_crossentropy', optimizer='adam', metrics=['accuracy'])
    return model
# 建立模型
model = baseline_model()
# 拟合模型
model.fit(X_train, y_train, validation_data=(X_test, y_test), epochs=10, batch_size=200, verbose=2)
# 模型的最终评估
scores = model.evaluate(X_test, y_test, verbose=0)
print("Baseline Error: %.2f%%" % (100-scores[1]*100))
```

输出结果为：

Baseline Error：1.69%

创建对手写数字图像进行预测的函数。

```
...
def PredMinst(X_test,start,end):
ti = X_test[start:end,]
ti.shape[0]
h = ti.shape[0] // 9 + 1
fg = plt.figure(figsize=(9*h,9))
print("预测图像为:")
for I in range(ti.shape[0]):
```

```
            ax = plt.subplot(h, 9, I + 1)
            plt.imshow(ti[i].reshape(28,28),cmap='gray')
            plt.axis("off")
plt.show()
# 得到预测结果
pre = model.predict(ti)
print(" 预测结果为 :")
print(pre.argmax(axis=1))
```

调用 PredMinst() 函数进行预测,代码如下所示:

```
# 对图片进行预测
PredMinst(X_test,21,39)
```

输出结果为:

```
6 6 5 4 0 7 4 0 1
3 1 3 4 7 2 7 1 2
预测结果为:
[6 6 5 4 0 7 4 0 1 3 1 3 4 7 2 7 1 2]
```

下面建立一个简单的 CNN 模型来对手写数字进行分类。Keras 框架下的 CNN 模型,需要图片的输入格式为:

$$[width][height][channels]$$

- width,height:图片的像素,如 480×480 像素。
- channels:表示 RGB,图片的颜色构成。

由于 MNIST 数据集中的手写图片均为黑白图片,故仅用灰度这 1 个 channel 就可以表示图片中的每个像素点,故将表示每个图片的 28×28 像素矩阵转换为 $28 \times 28 \times 1$,代码如下所示。

```
# 加载数据
(X_train, y_train), (X_test, y_test) = mnist.load_data()
# 重塑为 [samples][width][height][channels]
X_train = X_train.reshape(X_train.shape[0], 28, 28, 1).astype('float32')
X_test = X_test.reshape(X_test.shape[0], 28, 28, 1).astype('float32')
```

对训练集和测试集进行归一化处理,对输出进行向量化处理,代码如下所示。

```
# 将输入从 0~255 归一化为 0~1
X_train = X_train / 255
X_test = X_test / 255
# one-hot 编码输出
y_train = np_utils.to_categorical(y_train)
y_test = np_utils.to_categorical(y_test)
num_classes = y_test.shape[1]
```

CNN 模型的结构定义如下:

1)第一个层为 Convolution2D 层和输入特征层,Convolution2D 层定义 32 个特征映射(深度、神经元),滑动窗口大小为 5×5,输入图片的多维数组维度为 $(28 \times 28 \times 1)$。

2)第二层为池化层(MaxPooling2D),滑动窗口大小为 2×2。

3)定义 Dropout 正则规则,随机选择 20% 结点,使得与之相连接的边上的权重在计算的过程中不更新。

4)定义膨胀(Flatten),将池化层输出的二维矩阵转换为一维向量,作为后面的全连接层的输入。

5)定义全连接层,结点数为 128 个,激活函数为 relu。

6)定义输出层,由于已经使用向量化编码,所以输出的结点个数为图像类别的个数 10。每个输出结点的值为所属对应分类的概率值。

```
def baseline_model():
    # 创建模型
    model = Sequential()
    model.add(Conv2D(32, (5, 5), input_shape=(28, 28,1), activation='relu'))
    model.add(MaxPooling2D(pool_size=(2, 2)))
    model.add(Dropout(0.2))
    model.add(Flatten())
    model.add(Dense(128, activation='relu'))
    model.add(Dense(num_classes, activation='softmax'))
    # 编译模型
    model.compile(loss='categorical_crossentropy', optimizer='adam', metrics=['accuracy'])
    return model
```

建立模型,对测试集进行测试,得到错误率。错误率为 1.18% 左右,较前面的基准模型有所降低。

```
# 建立模型
model = baseline_model()
model.summary()
# 拟合模型
model.fit(X_train, y_train, validation_data=(X_test, y_test), epochs=10, batch_size=200, verbose=2)
# 模型的最终评估结果
scores = model.evaluate(X_test, y_test, verbose=0)
print("CNN Error: %.2f%%" % (100-scores[1]*100))
```

下面建立一个结构较为复杂的 CNN 模型对手写数字图片进行分类识别。CNN 模型结构的定义为:

1)Convolution2D 层定义 30 个特征映射(深度、神经元),滑动窗口大小为 5×5,输入图片的多维数组维度为(28×28×1)。

2)MaxPooling2D 池化层,滑动窗口大小为 2×2。

3)Convolution2D 层定义 15 个特征映射(深度、神经元),滑动窗口大小为 3×3。

4)MaxPooling2D 池化层,滑动窗口大小为 2×2。

5)定义 Dropout 正则规则,随机选择 20% 结点,使得与之相连接的边上的权重在计算的过程中不更新。

6)膨胀层,矩阵转换为向量。

7)定义第一个全连接层,128 个结点。

8)定义第二个全连接层,50 个结点,激活函数均为 relu。

9)输出层。

复杂 CNN 模型的手写图片分类错误率为 0.82% 左右。

...

```
# 加载数据
```

```python
(X_train, y_train), (X_test, y_test) = mnist.load_data()
# 重构为 [samples][width][height][channels]
X_train = X_train.reshape((X_train.shape[0], 28, 28, 1)).astype('float32')
X_test = X_test.reshape((X_test.shape[0], 28, 28, 1)).astype('float32')
# 将输入从 0～255 归一化为 0～1
X_train = X_train / 255
X_test = X_test / 255
# one-hot 编码输出
y_train = np_utils.to_categorical(y_train)
y_test = np_utils.to_categorical(y_test)
num_classes = y_test.shape[1]
# 定义更大的模型
def larger_model():
    # 创建模型
    model = Sequential()
    model.add(Conv2D(30, (5, 5), input_shape=(28, 28, 1), activation='relu'))
    model.add(MaxPooling2D())
    model.add(Conv2D(15, (3, 3), activation='relu'))
    model.add(MaxPooling2D())
    model.add(Dropout(0.2))
    model.add(Flatten())
    model.add(Dense(128, activation='relu'))
    model.add(Dense(50, activation='relu'))
    model.add(Dense(num_classes, activation='softmax'))
    # 编译模型
    model.compile(loss='categorical_crossentropy', optimizer='adam', metrics=['accuracy'])
    return model
# 建立模型
model = larger_model()
model.summary()
# 合模型
model.fit(X_train, y_train, validation_data=(X_test, y_test), epochs=10, batch_size=200)
# 模型的最终评估
scores = model.evaluate(X_test, y_test, verbose=0)
print("Large CNN Error: %.2f%%" % (100-scores[1]*100))
```

2. 物体识别

CIFAR-10 数据集包含 60000 张图片，分为 10 个类别（含 100 个类别为 CIFAR-100 数据集），其中 50000 张为训练集，10000 张为测试集，每张图片的像素为 32×32，CIFAR-10 数据集如图 8-37 所示。

下面的示例演示 CIFAR-10 数据集中的图片加载。

```
...
# 加载数据
(X_train, y_train), (X_test, y_test) = cifar10.load_data()
# 创建一个 3×3 图像的网格
```

图 8-37 CIFAR-10 数据集

```
for i in range(0, 9):
 pyplot.subplot(330 + 1 + i)
 pyplot.imshow(X_train[i])
# 展示图像
pyplot.show()
```

输出结果为:

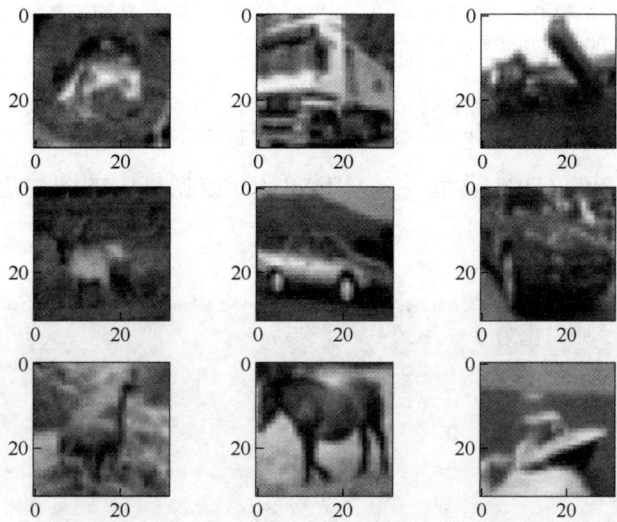

下面先建立一个简单的 CNN 模型,对 CIFAR-10 数据集中的图片进行分类识别。

```
...
# 加载数据
(X_train, y_train), (X_test, y_test) = cifar10.load_data()
# 将输入从 0～255 归一化为 0～1.0
X_train = X_train.astype('float32')
X_test = X_test.astype('float32')
X_train = X_train / 255.0
X_test = X_test / 255.0
# one-hot 编码输出
y_train = np_utils.to_categorical(y_train)
y_test = np_utils.to_categorical(y_test)
num_classes = y_test.shape[1]
# 创建模型
model = Sequential()
model.add(Conv2D(32, (3, 3), input_shape=(32, 32, 3), padding='same',
activation='relu', kernel_constraint=maxnorm(3)))
model.add(Dropout(0.2))
model.add(Conv2D(32, (3, 3), activation='relu', padding='same', kernel_
constraint=maxnorm(3)))
model.add(MaxPooling2D())
model.add(Flatten())
model.add(Dense(512, activation='relu', kernel_constraint=maxnorm(3)))
model.add(Dropout(0.5))
model.add(Dense(num_classes, activation='softmax'))
model.summary()
# 编译模型
```

```python
epochs = 25
lrate = 0.01
decay = lrate/epochs
sgd = SGD(lr=lrate, momentum=0.9, decay=decay, nesterov=False)
model.compile(loss='categorical_crossentropy', optimizer=sgd, metrics=['accuracy'])
# 拟合模型
model.fit(X_train, y_train, validation_data=(X_test, y_test), epochs=epochs, batch_size=32)
# 模型的最终评估
scores = model.evaluate(X_test, y_test, verbose=0)
print("Accuracy: %.2f%%" % (scores[1]*100))
```

下面定义一个复杂的 CNN 模型，对 CIFAR-10 数据集中的图片进行分类识别。

```python
...
# 导入数据
(X_train, y_train), (X_test, y_test) = cifar10.load_data()
# 将输入从 0～255 归一化为 0～1.0
X_train = X_train.astype('float32')
X_test = X_test.astype('float32')
X_train = X_train / 255.0
X_test = X_test / 255.0
# one-hot 编码输出
y_train = np_utils.to_categorical(y_train)
y_test = np_utils.to_categorical(y_test)
num_classes = y_test.shape[1]
# 创建模型
model = Sequential()
model.add(Conv2D(32, (3, 3), input_shape=(32, 32, 3), activation='relu', padding='same'))
model.add(Dropout(0.2))
model.add(Conv2D(32, (3, 3), activation='relu', padding='same'))
model.add(MaxPooling2D())
model.add(Conv2D(64, (3, 3), activation='relu', padding='same'))
model.add(Dropout(0.2))
model.add(Conv2D(64, (3, 3), activation='relu', padding='same'))
model.add(MaxPooling2D())
model.add(Conv2D(128, (3, 3), activation='relu', padding='same'))
model.add(Dropout(0.2))
model.add(Conv2D(128, (3, 3), activation='relu', padding='same'))
model.add(MaxPooling2D())
model.add(Flatten())
model.add(Dropout(0.2))
model.add(Dense(1024, activation='relu', kernel_constraint=maxnorm(3)))
model.add(Dropout(0.2))
model.add(Dense(512, activation='relu', kernel_constraint=maxnorm(3)))
model.add(Dropout(0.2))
model.add(Dense(num_classes, activation='softmax'))
model.summary()
# 编译模型
epochs = 25
lrate = 0.01
```

```
decay = lrate/epochs
sgd = SGD(lr=lrate, momentum=0.9, decay=decay, nesterov=False)
model.compile(loss='categorical_crossentropy', optimizer=sgd,
metrics=['accuracy'])
model.summary()
# 拟合模型
model.fit(X_train, y_train, validation_data=(X_test, y_test),
epochs=epochs, batch_size=64)
# 模型的最终评估
scores = model.evaluate(X_test, y_test, verbose=0)
print("Accuracy: %.2f%%" % (scores[1]*100))
```

上述两个示例模型若使用 CPU 进行训练，则耗时较长。对于 CNN 深度卷积神经网络，最好还是使用 GPU 进行训练，关于 GPU 如何安装及配置，在此不展开说明，有兴趣的读者可以自行查阅相关文献。

8.3.3 使用 VGG16 网络模型

Keras 深度学习框架支持已经提前训练好权重的深度神经网络模型，可以将这些预训练的网络模型用于图像的分类预测、特征提取及迁移学习过程中。下面将以 VGG16 模型为例，就在 Keras 框架下如何使用预训练的深度神经网络模型展开说明。

1. VGG16 模型的网络结构

加载 VGG 模型时，若设置 include_top=True，则表示会加载完整的 VGG16 模型，包括加载最后 3 层的全连接层，若 include_top=False，表示加载的 VGG16 的模型不包括最后 3 层的全连接层，通常是用于迁移学习和特征提取。加载 VGG16 模型的代码如下所示。

```
from tensorflow.keras.applications.vgg16 import VGG16
from tensorflow.keras.models import Sequential
vgg16_model_notop = VGG16(weights='imagenet', include_top=False, input_
shape=(224, 224, 3))
vgg16_model = VGG16(weights='imagenet', include_top=True)
# 查看模型结构
vgg16_model.summary()
vgg16_model_notop.summary()
```

在加载 VGG16 模型时，Keras 会自动下载模型文件到用户目录中，对于 Windows 目录为 C:\Users\XXX\.keras\models（XXX 为具体的登录系统的用户名），对于 Linux 目录为 ~\.keras\models。包含全连接层的 VGG16 模型文件名为 vgg16_weights_tf_dim_ordering_tf_kernels.h5，不包含全连接层的 VGG16 模型文件名为 vgg16_weights_tf_dim_ordering_tf_kernels_notop.h5，如果 Keras 自动下载的速度太慢，读者可以在其他的下载源下载好模型文件后，复制到相应的目录中即可。

2. 使用 VGG16 用于图像分类

包含全连接层的 VGG16 模型可以直接用于预测图像的类别，VGG16 模型的权重为使用 ImageNet 数据集获得，ImageNet 数据集本身包含 1000 个图像分类。使用 VGG16 模型用于图像类别预测的代码如下所示。

```
...
def percent(value):
    return '%.2f%%' % (value * 100)

model = VGG16(weights='imagenet', include_top=True)
# 要识别的图像
img_path = '../DataFiles/tiger.jpg'
# 转化为 224×224 的标准尺寸
img = image.load_img(img_path, target_size=(224, 224))
x = image.img_to_array(img)                    # 转化为浮点型
x = np.expand_dims(x, axis=0)                  # 转化为张量 size 为 (1, 224, 224, 3)
x = preprocess_input(x)
# 预测得到 features, 维度为 (1,1000)
features = model.predict(x)
# 取得前 5 个最有可能的类别及概率
pred=decode_predictions(features, top=5)[0]
# 整理预测结果,va
values = []
bar_label = []
for element in pred:
    values.append(element[2])
    bar_label.append(element[1])
# 输出预测结果
fig=plt.figure(u"Top-5 预测结果 ")
ax = fig.add_subplot(111)
ax.bar(range(len(values)), values, tick_label=bar_label, width=0.5, fc='g')
ax.set_ylabel(u'probability')
ax.set_title(u'Top-5')
for a,b in zip(range(len(values)), values):
    ax.text(a, b+0.0005, percent(b), ha='center', va = 'bottom', fontsize=7)
fig = plt.gcf()
plt.show()
```

通过设置 decode_predictions() 函数中的 top 参数，可以获得预测的结果，示例设置 top=5，表示取可能性最大的 5 个预测结果，该示例预测图像为 tiger 的概率最大。TOP-5 准确率也是 ImageNet 挑战赛的评价指标之一。

3. 使用 VGG16 用于迁移学习

当将深度神经网络用于自定义的数据集时，由于自定义的数据集包含的图像数量一般不多，通过自定义数据集提取的图像特征有限，如果完全重新定义一个网络结构去训练，往往耗时且效果不佳。通过迁移学习可以解决这个问题，迁移学习利用预训练模型一般都在某个大型数据集上进行了充分的训练，已经提取了较丰富的图像特征的特点，首先去掉预训练模型的全连接层，定义用于自定义数据集的新的全连接层，将预训练模型的卷积层和新的全连接层组合在一起，然后将后续的学习过程划分为两个阶段：

1) 迁移阶段（Transfer Learning）: 在这个阶段将卷积层的权重参数冻结，仅仅训练新的全连接层的权重。

2) 微调阶段（Fine-tuning）: 在这个阶段，将卷积层的权重参数解冻，允许在训练过程中修改，但会将学习率设置得很小，仅仅让卷积层的参数做微量的修改。

下面的代码演示了将 VGG16 模型用于手写数字识别，代码仅仅演示了迁移阶段，关于如何进行微调，请读者参阅 https://keras.io/guides/transfer_learning/。由于 VGG16 模型要求输入的图像尺寸必须大于 32×32，且深度（channel）为 3，故代码首先对 MNIST 数据集中的图像进行了处理，将 $28\times28\times1$ 转换为 $48\times48\times3$。

```
...
(X_train_data, Y_train), (X_test_data, Y_test) = mnist.load_data()
X_train_data = X_train_data.astype('float32')[0:6000,:,:]  # uint8-->float32
X_test_data = X_test_data.astype('float32')[0:1000,:,:]
X_train_data /= 255   # 归一化到 0～1 区间
X_test_data /= 255
# (60000, 48, 48, 3)
X_train = []
# (10000, 48, 48, 3)
X_test = []
# 把 (28, 28, 1) 维的数据转化成 (48, 48, 3) 维的数据
for i in range(X_train_data.shape[0]):
    X_train.append(color.gray2rgb(transform.resize(X_train_data[i], (48, 48))))
for i in range(X_test_data.shape[0]):
    X_test.append(color.gray2rgb(transform.resize(X_test_data[i], (48, 48))))

X_train = np.array(X_train)
X_test = np.array(X_test)
# one-hot 编码
y_train = np_utils.to_categorical(Y_train[0:6000], num_classes=10)
y_test = np_utils.to_categorical(Y_test[0:1000], num_classes=10)
# 构建网络
vgg16_model = VGG16(weights='imagenet', include_top=False, input_shape=(48, 48, 3))
for layer in vgg16_model.layers:
    layer.trainable = False             # 冻结卷积层参数
# 创建新的全连接层
top_model = Sequential()
top_model.add(Flatten(input_shape=vgg16_model.output_shape[1:]))
top_model.add(Dense(256, activation='relu'))
top_model.add(Dropout(0.4))
top_model.add(Dense(10, activation='softmax'))
# 组合 VGG16-notop 及新的全连接层
model = Sequential()
model.add(vgg16_model)
model.add(top_model)
model.compile(optimizer='adam', loss='categorical_crossentropy', metrics=['acc'])
# 训练模型
model.fit(X_train, y_train, batch_size=128, epochs=5)
scores = model.evaluate(X_test, y_test)
print("Accuracy: %.2f%%" % (scores[1]*100))
```

8.4 循环神经网络

8.4.1 RNN

在 DNN 和 CNN 网络模型中，从输入层到隐含层再到输出层，层与层之间是全连接的，每层之间的结点是无连接的，训练样本的输入和输出也是比较确定的。但是有一类问

题 DNN 和 CNN 不好解决，就是训练样本输入是前后关联的连续序列，且序列的长短不一。典型的就是基于时序的序列，如一段段连续的语音、一段段连续的文字。这些序列比较长，且长度不一，难以直接拆分成一个个独立的样本来通过 DNN/CNN 进行训练。循环神经网络（RNN）可以较好地解决基于时序数据的建模。

一个典型的 RNN 网络包含一个输入 x、一个输出 h 和一个神经网络单元 A。和普通的神经网络不同的是，RNN 网络的神经网络单元 A 不仅仅与输入和输出存在联系，其与自身也存在一个回路。这种网络结构就揭示了 RNN 的实质：上一个时刻的网络状态信息将会作用于下一个时刻的网络状态。RNN 网络以时间序列展开如图 8-38 所示。

RNN 网络中最初始的输入是 $x0$，输出是 $h0$，这代表着 0 时刻 RNN 网络的输入为 $x0$，输出为 $h0$，网络神经元在 0 时刻的状态保存在 A 中。当下一个时刻 1 到来时，此时网络神经元的状态不仅仅由 1 时刻的输入 $x1$ 决定，也由 0 时刻的神经元状态决定。以后的情况都以此类推，直到时间序列的末尾 t 时刻。

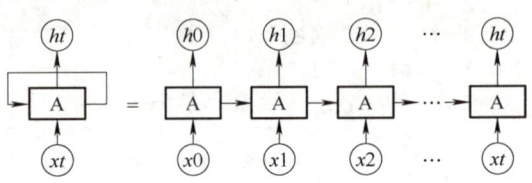

图 8-38　RNN 的展开形式

上面的过程可以用一个简单的例子来论证：假设现在有一句话"I want to play basketball"，由于自然语言本身就是一个时间序列，较早的语言会与较后的语言存在某种联系，例如句子中"play"这个动词意味着后面一定会有一个名词，而这个名词具体是什么可能需要更遥远的语境来决定。如果将刚才那句话编码后作为 RNN 的输入，则这句话中的 5 个单词是以时序出现的，首先是单词"I"，它作为时序上第一个出现的单词被用作 $x0$ 输入，拥有一个 $h0$ 输出，并且改变了初始神经元 A 的状态。单词"want"作为时序上第二个出现的单词被用作 $x1$ 输入，这时 RNN 的输出和神经元状态将不仅仅由 $x1$ 决定，也将由上一时刻的神经元状态或者说上一时刻的输入 $x0$ 决定。之后的情况以此类推，直到上述句子输入到最后一个单词"basketball"。将 RNN 按时间线展开如图 8-39 所示。

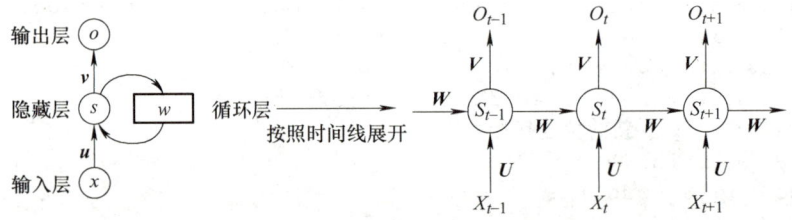

图 8-39　RNN 按时间线展开

其中 $X(x_{t-1}, x_t, x_{t+1})$ 为输入的时序数据，$O(o_{t-1}, o_t, o_{t+1})$ 为输出，$S(s_{t-1}, s_t, s_{t+1})$ 为隐藏层的神经元状态，W、U 为输入的参数矩阵，V 为输出的参数矩阵，则 O_t、S_t 的计算公式为：

$$O_t = g(V \cdot S_t) \tag{8-12}$$

$$S_t = f(U \cdot X_t + W \cdot S_{t-1}) \tag{8-13}$$

S_t 的值不仅取决于 X_t，还取决于 S_{t-1}。图 8-40 展示了计算的过程。

隐藏层 S_{t-1} 神经元结点的个数为 2，输入序列 X_t 的长度为 1，拼接 X_t 与 S_{t-1} 为 1×3（0.3，0.6，0.8）的输入向量，拼接 U 和 W 为 3×2 的参数矩阵，计算后输出为 1×2（1.12，0.38）的向量，加上偏置量（0.2，0.1）后，使用 tanh 函数激活得到 S_t（0.87，0.45），S_t

将作为输入，继续参加下一个时序的计算。

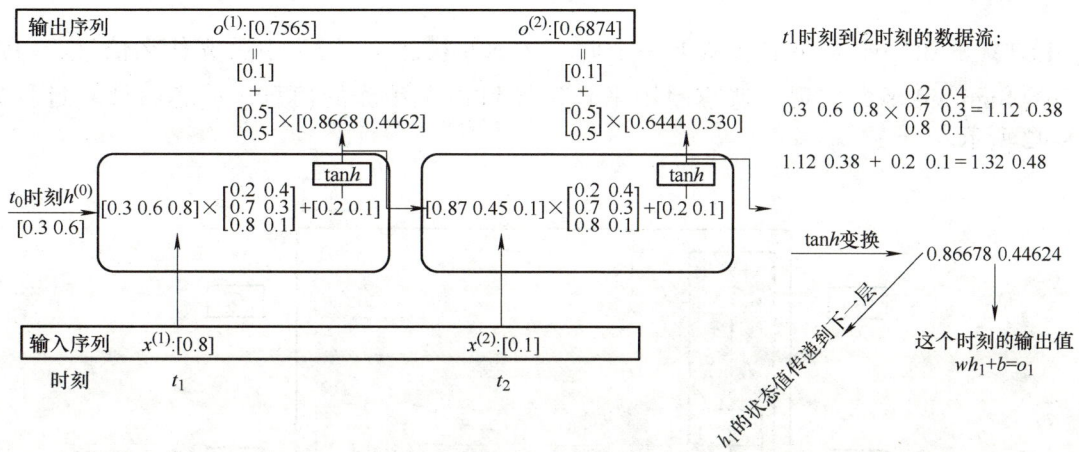

图 8-40　RNN 计算过程

RNN 的共享参数矩阵，导致在进行反向传播计算梯度的时候，很容易得到一个指数形式的式子，一旦参数矩阵的值或大或小的时候，在指数的作用下就轻轻松松地产生梯度消失或者梯度爆炸的问题。RNN 还有长期依赖问题，简而言之就是对于长序列会产生"遗忘"的问题，处理过程中可能忘记距离较远的词，比如一段文本，刚开始时有一句话，"我是一个中国人"，中间间隔了很多的词，到一定距离之后，RNN 对一句话进行预测，比如"我会说＿＿"，这时人类在阅读的时候，一定会记得前边的中国人的背景，所以会自然地想到这个词应该预测为中文。但是对于 RNN 来讲，它只会根据距离较近的一些词来做预测，因此可能预测为某一种语言，如此就使得模型的效果不好。

8.4.2　LSTM

长短期记忆（Long Short-Term Memory，LSTM）是一种特殊的 RNN，主要是为了解决长序列训练过程中的梯度消失和梯度爆炸问题。简单来说，就是相比普通的 RNN，LSTM 能够在更长的序列中有更好的表现。不同于 RNN 只有一个保持记忆的状态 h_t，LSTM 有两个保持上一个序列记忆的状态 C_t 和 h_t，并且在网络内部设置了不同的"门"来控制状态的值。LSTM 记忆单元的状态变化及"门"如图 8-41 所示。

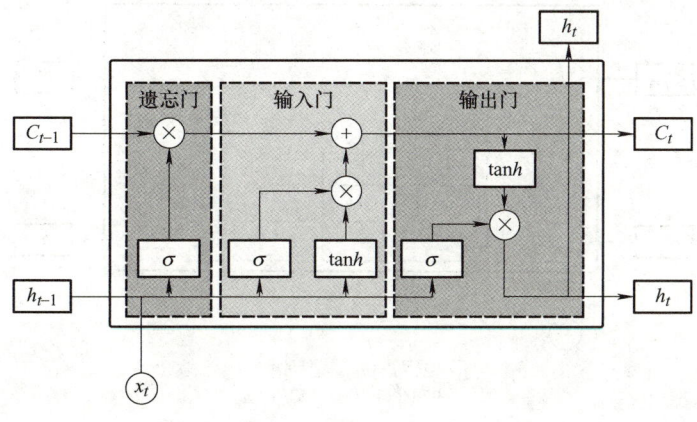

图 8-41　LSTM 记忆单元

"门"的作用是有选择性地保留单元存储的信息,各种"门"的作用描述如下。

1. 遗忘门

LSTM 的第一步是决定要从上一个时序的 cell 状态(C_{t-1})中丢弃什么信息,由遗忘门的 Sigmoid 函数实现,遗忘门用来忘记导致错误预测的信息,遗忘门计算过程如图 8-42 所示。

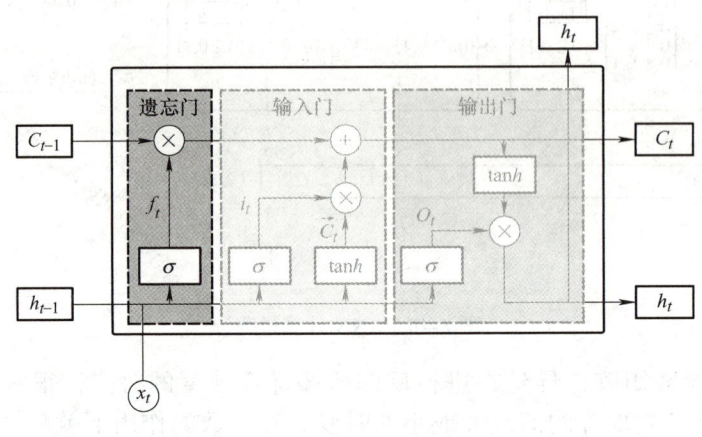

$$f_t = \sigma(W_f \cdot [h_{t-1}, x_t] + b_f)$$

图 8-42 遗忘门

其中 W_f 为权重系数矩阵,h_{t-1} 为上一个结点的输出值,x_t 为当前结点的输入,b_f 为偏置量。σ 为 Sigmoid 网络层,这样 f_t 中的每个值都是介于 0 和 1 之间的数字,而圈中的"×"代表了 Element-wise multiplication 计算,即逐元素相乘。故上一个状态 C_{t-1} 经过计算后,会有选择的遗忘掉一些信息。

2. 输入门

下一步是决定要在 cell 状态中存储什么新信息,分为两个部分。首先,tanh 网络层创建一个可以添加到 cell 状态的向量 $\vec{C_t}$,然后 Sigmoid 网络层为 $\vec{C_t}$ 中的每个值输出一个介于 0~1 之间的数字,来决定要更新哪些状态值,以及更新程度。输入门的计算过程如图 8-43 及图 8-44 所示。

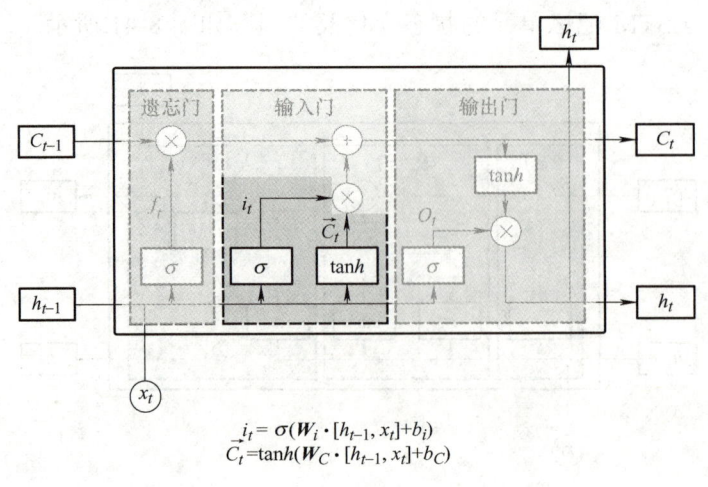

$$i_t = \sigma(W_i \cdot [h_{t-1}, x_t] + b_i)$$
$$\vec{C_t} = \tanh(W_C \cdot [h_{t-1}, x_t] + b_C)$$

图 8-43 输入门 1

将旧状态 C_{t-1} 乘以 f_t，忘记了之前决定要忘记的事情。然后加上 $i_t \vec{C}_t$，这是新的状态 C_t。

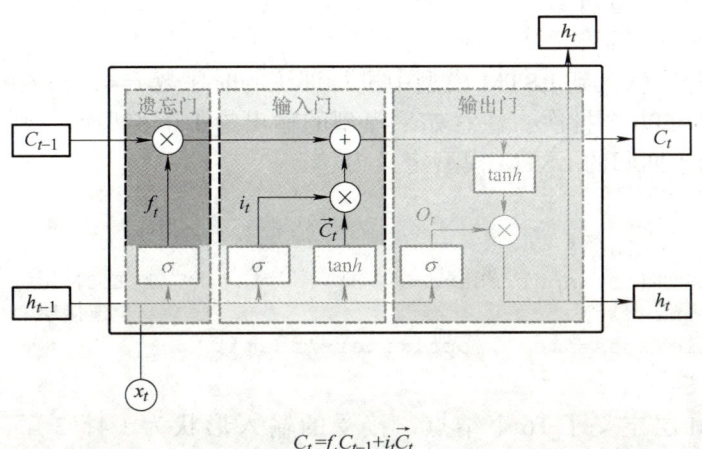

$$C_t = f_t C_{t-1} + i_t \vec{C}_t$$

图 8-44　输入门 2

3. 输出门

最后将基于单元格状态 C_t 决定输出什么。首先运行一个 Sigmoid 网络层，决定输出单元状态 C_t 的哪些部分。然后，将单元格状态 C_t 通过 tanh 函数（将值归到 $-1 \sim 1$ 之间）乘以 Sigmoid 网络层的输出 o_t，得到最终的输出 h_t，输出门的计算过程如图 8-45 所示。

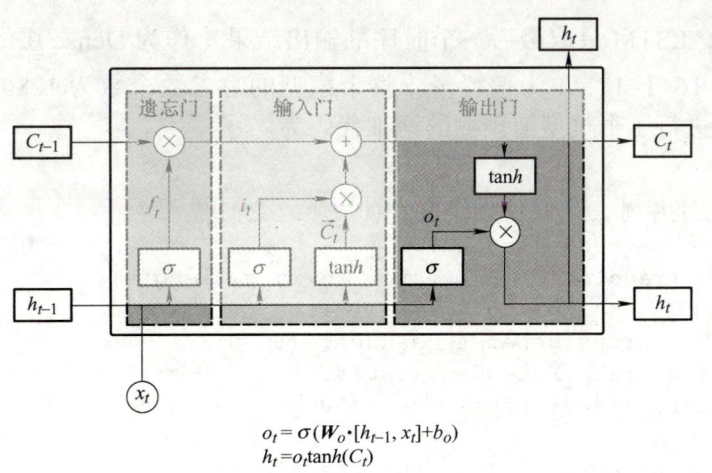

$$o_t = \sigma(W_o \cdot [h_{t-1}, x_t] + b_o)$$
$$h_t = o_t \tanh(C_t)$$

图 8-45　输出门

可以发现 LSTM 网络中有四个权重矩阵（W_f、W_i、W_c、W_o）需要通过训练得到，那么这四个矩阵的形状和 LSTM 网络参数的个数如何确定呢？ Keras 中 LSTM 模型规定的输入是一个（b, t, n）三维向量，其中 b 表示输入的 batch_size，可以理解为有多少批数据参加训练，t 表示参加一次训练的时序个数，n 表示输入的特征个数。例如将随机生成的 6000 个值在 $0 \sim 99$ 之间的整数序列，转换为 LSTM 模型输入的代码为：

```
...
def generate_sequence(length):
```

```
        return [randint(0, 99) for _ in range(length)]
# 生成训练集
seq_train_X = array(generate_sequence(6000))
train_X = seq_train_X.reshape(500,4,3)
train_y = array(generate_sequence(500))
```

train_X 表示每次输入到 LSTM 模型中进行训练的时序数 $t=4$，输入的特征数 $n=3$，这样的输入一共有 $b=500$ 个批次。注意如果模型的输出为 1 个整型值，则 train_y 的长度和 b 相等，对应的用于回归的 LSTM 模型定义为。

```
...
model = Sequential()
model.add(LSTM(16,input_shape=(4,3)))       # LSTM 层
model.add(Dense(1))                         # 全连接层
model.compile(loss='mae', optimizer='adam')
model.summary()
```

模型的 LSTM 层定义了 16 个结点，接受的输入形状为（4，3），对应输入的 $t=4$，$n=3$，全连接层 Dense 定义的结点个数为 1，对应于输出 1 个整型值。

根据前面的定义，h_0 对应前一个时序的输出，由于 LSTM 层定义了 16 个结点，故 h_0 的长度为 16，x_1 对应当前时序的输入特征，故 x_t 的长度为 3，$[h_0, x_1]$ 的长度为 16+3=19，（W_f、W_i、W_c、W_o）均为 19×16 的二维矩阵，LSTM 层的参数个数为 [19×16+16]×4=1280，后面的"+16"表示每个矩阵偏置量。注意 LSTM 层参数的个数只与特征 n 和定义的结点个数有关，与时序个数 t 无关，也就是每个时序共享一组参数进行训练。

默认情况下，LSTM 只取最后一个时序的输出结果 h_4 作为 Dense 层的输入，故 Dense 层的参数个数为 16+1=17，1 为偏置量。整个模型的总参数个数为 1280+17=1297。使用单层 LSTM 模型进行 1 个整型值预测的详细代码为。

```
...
# 生成指定长度的序列，序列中的每个值在 [0 ~ 99] 之间
def generate_sequence(length):
    return [randint(0, 99) for _ in range(length)]
# 生成训练集
seq_train_X = array(generate_sequence(6000))
train_X = seq_train_X.reshape(500,4,3)
train_y = array(generate_sequence(500))
# 生成测试集
seq_test_X = array(generate_sequence(600))
test_X = seq_test_X.reshape(50,4,3)
test_y = array(generate_sequence(50))
# 单层模型预测 1 个值
model = Sequential()
model.add(LSTM(16,input_shape=(4,3)))   # LSTM 层
model.add(Dense(1))     # 全连接层
model.compile(loss='mae', optimizer='adam')
model.summary()
# 训练模型
history = model.fit(train_X, train_y, epochs=50, batch_size=5,
validation_data=(test_X, test_y))
```

```
# 画出训练集和测试集的 loss 曲线
pyplot.plot(history.history['loss'], label='train')
pyplot.plot(history.history['val_loss'], label='test')
pyplot.legend()
pyplot.show(
```

代码将训练 50 个 epoch，每次参加训练而导致参数更新的 batch_size 为 5，也就是完成 1 个 epoch，需要更新 500/5=100 次参数。LSTM 还可以叠加，形成多层 LSTM 模型，如图 8-46 所示。

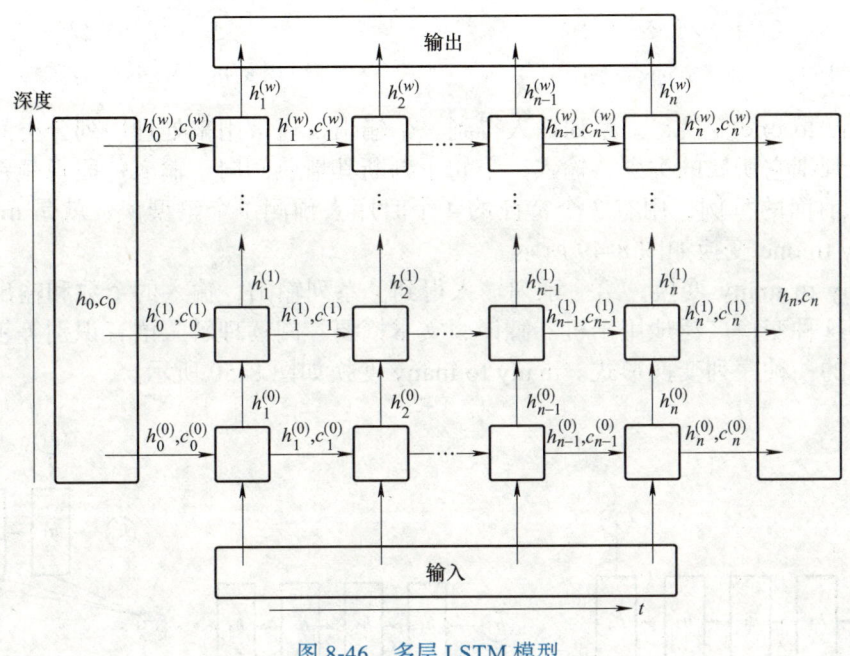

图 8-46　多层 LSTM 模型

从图 8-46 可以发现，第 n 个 LSTM 层的输入就是第 $n-1$ 层的输出，Keras 中的 LSTM 模型提供了 return_sequences=True 选项得到第 $n-1$ 层的所有输出。故针对上面单层 LSTM 模型预测 1 个整型值的问题，所建立的 2 层 LSTM 模型为。

```
...
# 双层模型预测 1 个值
model = Sequential()
model.add(LSTM(16,input_shape=(4,3),return_sequences=True))    # 第 1 层 LSTM
model.add(LSTM(32))                                             # 第 2 层 LSTM
model.add(Dense(1))                                             # 全连接层
model.compile(loss='mae', optimizer='adam')
model.summary()
```

第 1 层 LSTM 的参数个数还是 1280 不变，第 2 层 LSTM 的结点个数设置为 32，故第 2 层 LSTM 的参数个数为 [（16+32）×32+32]×4=6272，还是取第 2 层的最后一个时序 h_4 作为 Dense 层的输入，故 Dense 层的参数个数为 32+1=33。

如果要用 LSTM 模型来预测 2 个整型的输出值，模型应该怎么设计呢？这实际上是循环神经网络中的序列变换问题，称为 seq2seq 模型。常见的序列变换方式有以下几种。

1）one to one 变换，一个输入得到一个输出，是经典 RNN 要求的序列变换结构，用于语音处理、时序处理等场景。one to one 变换如图 8-47 所示。

2）one to many 变换，一个输入得到一系列输出，用于从图像生成文字、从类别生成语音等场景。one to many 变换如图 8-48 所示。

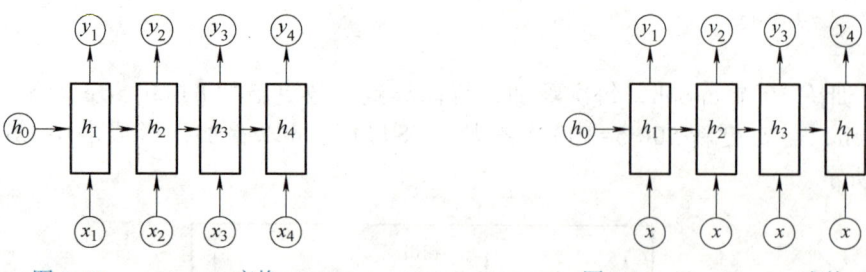

图 8-47　one to one 变换　　　　　图 8-48　one to many 变换

3）many to one 变换，一系列输入得到一个输出，通常用来处理序列分类问题。如输入一段文字判别它所属的类别，输入一个句子判断其情感倾向，输入一段视频判断它的类别等场景。前面的举例，用有 3 个特征的 4 个时序去预测 1 个整型值，就是 many to one 变换。many to one 变换如图 8-49 所示。

4）many to many 变换，给一系列输入得到一系列输出，输入的个数和输出的个数不一定相等，这种变换广泛地用于机器翻译、文本摘要、阅读理解、语音识别等领域，是应用范围最广的一种序列变换形式。many to many 变换如图 8-50 所示。

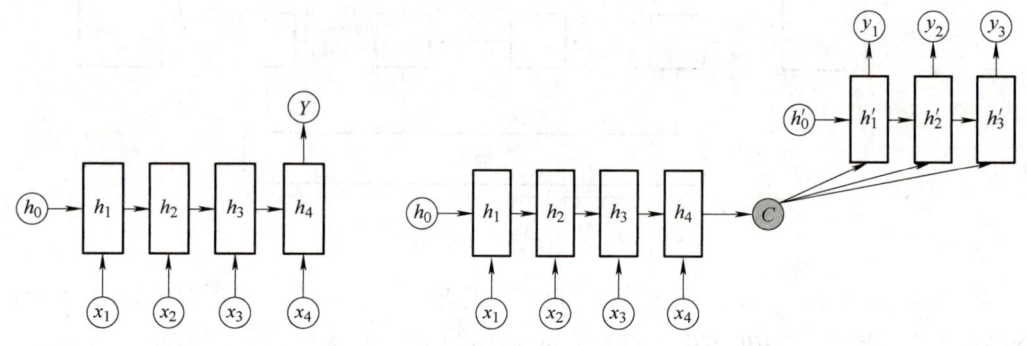

图 8-49　many to one 变换　　　　　图 8-50　many to many 变换

这种变换至少要用到 2 个 LSTM 层，第 1 个 LSTM 层可以看作编码器（Encode），负责得到输入时序的状态 C，第 2 个 LSTM 层负责将状态 C 进行解码，得到输出序列。前面提出的预测 2 个整型值的问题，就是 many to many 变换，具体的建模方式如下所示。

```
...
# 双层模型预测2个值
model = Sequential()
# 第一层LSTM,Encode
model.add(LSTM(16,input_shape=(4,3)))
# 将第一层的输出转换为与输出个数相等的序列
model.add(RepeatVector(2))
# 第二层LSTM,Decode
model.add(LSTM(32,return_sequences=True))
# 共享使用1组全连接层
model.add(TimeDistributed(Dense(1)))
model.compile(loss='mae', optimizer='adam')
model.summary()
```

第 1 个 LSTM 层作为编码器，由于默认的 return_sequences=False，故仅输出最后 1 个包含 16 结点值的序列。由于要预测 2 个整型值，需要使用 RepeatVector（2）层将输出序列进行复制，以保证序列个数与要输出的个数相等。第 2 个 LSTM 层作为解码器，使用 return_sequences=True，输出 2 个包含 32 个结点值的序列，注意这 2 个序列使用 TimeDistributed（Dense（1））层共享使用 1 个全连接层，得到两个整型的输出值，这也是为什么用于预测 2 个整型值的 2 层 LSTM 模型结构和前面用于预测 1 个整型值的 2 层 LSTM 模型不同，但参数个数却相等的原因。用于预测 2 个整型值的全部代码如下所示。

```
...
# 生成指定长度的序列,序列中的每个值在[0～99]之间
def generate_sequence(length):
    return [randint(0, 99) for _ in range(length)]
# 生成训练集
seq_train_X = array(generate_sequence(6000))
train_X = seq_train_X.reshape(500,4,3)
seq_train_y = array(generate_sequence(1000))
train_y = seq_train_y.reshape(500,2)
# 生成测试集
seq_test_X = array(generate_sequence(600))
test_X = seq_test_X.reshape(50,4,3)
seq_test_y = array(generate_sequence(100))
test_y = seq_test_y.reshape(50,2)
# 双层模型预测 2 个值
model = Sequential()
# 第一层 LSTM,Encode
model.add(LSTM(16,input_shape=(4,3)))
# 将第一层的输出转换为与输出个数相等的序列
model.add(RepeatVector(2))
# 第二层 LSTM,Decode
model.add(LSTM(32,return_sequences=True))
# 共享使用 1 组全连接层
model.add(TimeDistributed(Dense(1)))
model.compile(loss='mae', optimizer='adam')
model.summary()
# 训练模型
history = model.fit(train_X, train_y, epochs=50, batch_size=5,
validation_data=(test_X, test_y))
# 画出训练集和测试集的 loss 曲线
pyplot.plot(history.history['loss'], label='train')
pyplot.plot(history.history['val_loss'], label='test')
pyplot.legend()
pyplot.show()
```

关于 LSTM 模型中的注意力机制及 GRU 改进模型，请读者自行查阅相关资料学习。在本书配套的慕课中有关于如何使用 LSTM 模型，对空气质量污染物 PM2.5 进行未来 1 小时及未来 7 小时的预测示例。

参 考 文 献

[1] 孟小峰，慈祥.大数据管理：概念、技术与挑战[J].计算机研究与发展，2013，50（1）：146-169.

[2] 王珊，王会举，覃雄派，等.架构大数据：挑战、现状与展望[J].计算机学报，2011，34（10）：1741-1751.

[3] 米允龙，米春桥，刘文奇.海量数据挖掘过程相关技术研究进展[J].计算机科学与探索，2015，9（6）：641-659.

[4] 宋泊东，张立臣，江其洲.基于Spark的分布式大数据分析算法研究[J].计算机应用与软件，2019，36（1）：39-44.

[5] 张红，王晓明，曹洁，等.Hadoop云平台MapReduce模型优化研究[J].计算机工程与应用，2016，52（22）：22-25.

[6] Apache SoftWare Foundation.Apache Hadoop 2.7.3[EB/OL].（2016-08-18）.https://hadoop.apache.org/docs/r2.7.3/.

[7] WHITE T.Hadoop权威指南[M].2版.周敏奇，王晓玲，金澈清，等译.北京：清华大学出版社，2011.

[8] CSDN.Hadoop生态系统介绍[EB/OL].（2014-02-22）.https://blog.csdn.net/woshiwanxin102213/article/details/19688393.

[9] CSDN.Hadoop mapreduce原理学习[EB/OL].（2013-02-01）.https://blog.csdn.net/thomas0yang/article/details/8562910.

[10] 博客园.Hadoop新MapReduce框架Yarn详解[EB/OL].（2014-11-05）.https://www.cnblogs.com/gw811/p/4077315.html.

[11] CSDN.Hadoop 2.4.0和YARN的安装过程[EB/OL].（2015-03-13）.https://blog.csdn.net/menghuannvxia/article/details/44240219.

[12] 博客园.Windows下配置Eclipse连接Hadoop开发环境[EB/OL].（2012-05-29）.https://www.cnblogs.com/shitouer/archive/2012/05/29/2522860.html.

[13] CSDN.hadoop2.3安装和wordcount运行验证[EB/OL].（2014-03-06）.https://blog.csdn.net/hzhxxx/article/details/20639593.

[14] 博客园.Hadoop集群：第9期 MapReduce初级案例[EB/OL].（2012-06-04）.https://www.cnblogs.com/xia520pi/archive/2012/06/04/2534533.html.

[15] Apache SoftWare Foundation.Apache HBase[EB/OL].（2024-03-29）.https://hbase.apache.org/.

[16] George L.HBase权威指南[M].代志远，刘佳，蒋杰，译.北京：人民邮电出版社，2013.

[17] 博客园.HBase系统架构[EB/OL].（2012-06-04）.https://www.cnblogs.com/shitouer/archive/2012/06/04/2533518.html.

[18] 博客园.eclipse+HBASE开发环境搭建：已实践[EB/OL].（2016-08-29）.https://www.cnblogs.com/foreverstars/p/5818015.html.

[19] 博客园.HBase概念学习：七 HBase与Mapreduce集成[EB/OL].（2014-07-31）.https://www.cnblogs.com/mengfanrong/p/3880045.html.

[20] Apache SoftWare Foundation.Apache Hive[EB/OL].http://hive.apache.org/.

[21] CAPRIOLO E，WAMPLER D，RUTHERGLEN J.Hive编程指南[M].曹坤，译.北京：人民邮电出版社，2013.

[22] 博客园.Hive安装与配置详解[EB/OL].（2018-01-04）.https://www.cnblogs.com/dxxblog/p/8193967.html.

[23] CSDN.Hive安装及与HBase的整合[EB/OL].（2016-08-31）.https://blog.csdn.net/carl810224/article/details/52382885.

[24] Apache SoftWare Foundation.Apache Spark[EB/OL].http://spark.apache.org/.

[25] 冯兴杰，王文超.Hadoop与Spark应用场景研究[J].计算机应用研究，2018，35（9）：2561-2566.

[26] 吴信东，嵇圣硙.MapReduce与Spark用于大数据分析之比较[J].软件学报，2018，29（6）：

1770-1791.

[27] MENG X R, BRADLEY J K, YAVUZ B, et al.MLlib：Machine Learning in Apache Spark[J]. Journal of Machine Learning Research，2015，17（1）：1235-1241.

[28] 廖湖声，黄珊珊，徐俊刚，刘仁峰.Spark性能优化技术研究综述[J].计算机科学，2018，45（7）：7-15+37.

[29] 博客园.Hadoop2.7.3+Spark2.1.0完全分布式集群搭建过程[EB/OL].（2017-02-28）.https://www.cnblogs.com/zengxiaoliang/p/6478859.html.

[30] 博客园.sparkJavaApi逐个详解[EB/OL].（2017-12-22）.https://www.cnblogs.com/jinggangshan/p/8086492.html.

[31] 腾讯云开发者社区.Spark之SparkSQL[EB/OL].（2018-09-08）.https://cloud.tencent.com/developer/news/311003.

[32] DATIO.UNDERSTANDING THE DATA PARTITIONING TECHNIQUE[EB/OL].（2016-11-11）. http://www.datio.com/iaas/understanding-the-data-partitioning-technique/.

[33] Apache SoftWare Foundation.Apache Flink Documentation[EB/OL].https://nightlies.apache.org/flink/flink-docs-stable/.

[34] 知乎.第五章：Flink的DataStream API v1.7[EB/OL].（2021-08-02）.https://zhuanlan.zhihu.com/p/394578636.

[35] 知乎.如何正确使用Flink Connector？[EB/OL].（2019-09-07）.https://zhuanlan.zhihu.com/p/81467969.

[36] CSDN.Flink Data Source[EB/OL].（2022-06-30）.https://blog.csdn.net/mxk4869/article/details/125533927.

[37] CSDN.Kafka基础详解[EB/OL].（2022-05-27）.https://blog.csdn.net/m0_67322837/article/details/125005548.

[38] CSDN.细说Kafka Partition分区[EB/OL].（2021-05-07）.https://blog.csdn.net/duysh/article/details/116481414.

[39] OomSpot.Flink：十九 Flink中的水位线 Watermark[EB/OL].（2022-11-06）.https://www.oomspot.com/post/flinkshijiuflinkzhongdeshuiweixianwatermark.

[40] CSDN.第六章 Flink原理之WaterMark详解[EB/OL].（2023-03-20）.https://blog.csdn.net/qq_27924553/article/details/120855981.

[41] CSDN.Flink中的窗口[EB/OL].（2022-10-15）.https://blog.csdn.net/m0_63475429/article/details/127194476.

[42] 博客园.Flink：Table API和Flink SQL[EB/OL].（2021-02-02）.https://www.cnblogs.com/shengyang17/p/14342173.html.

[43] EMC Education Services.数据科学与大数据分析[M].曹逾，刘文苗，译.北京：人民邮电出版社，2016.

[44] Matplotlib.Matplotlib Document[EB/OL].https://matplotlib.org/stable/contents.html.

[45] 知乎.Python数据预处理[EB/OL].（2019-07-26）.https://zhuanlan.zhihu.com/p/75273943.

[46] CSDN.Python数据分析三剑客之Matplotlib[EB/OL].（2020-06-09）.https://blog.csdn.net/qq_36759224/category_9780418.html.

[47] 博客园.Python机器学习笔记：主成分分析PCA算法[EB/OL].（2019-01-10）.https://www.cnblogs.com/wj-1314/p/8032780.html.

[48] Scikit-learn.Scikit-learn User Guide[EB/OL].https://scikit-learn.org/stable/user_guide.html.

[49] Machine Learning Mastery.Making Developers Awesome at Machine Learning[EB/OL].（2019-05-27）. https://machinelearningmastery.com/start-here/#python.

[50] 张军阳，王慧丽，郭阳，等.深度学习相关研究综述[J].计算机应用研究，2018，35（07）：1921-1928+1936.

[51] CSDN.神经网络：最易懂最清晰的一篇文章[EB/OL].（2018-08-24）.https://blog.csdn.net/illikang/article/details/82019945.

[52] Keras.Keras 3 API documentation[EB/OL].https://keras.io/api/.
[53] Tensorflow.Tensorflow 指南 [EB/OL].（2020-12-26）.https://tensorflow.google.cn/guide.
[54] 严春满，王铖.卷积神经网络模型发展及应用 [J].计算机科学与探索，2021，15（1）：27-46.
[55] 陈超，齐峰.卷积神经网络的发展及其在计算机视觉领域中的应用综述 [J].计算机科学，2019，46（03）：63-73.
[56] 邱宁佳，王晓霞，王鹏，等.结合迁移学习模型的卷积神经网络算法研究 [J].计算机工程与应用，2020，56（5）：43-48.
[57] CSDN.rnn 循环神经网络 基本原理 [EB/OL].（2023-08-25）.https://blog.csdn.net/m0_46926492/article/details/128701350.
[58] 知乎.详解 LSTM[EB/OL].（2018-08-22）.https://zhuanlan.zhihu.com/p/42717426.